長谷川裕一，大野渉，土岐孝平 ● 著

Webアプリケーションの基礎からCloud Nativeの入り口へ！

技術評論社

**● 免責**

本書に記載された内容は，情報の提供だけを目的としています。したがって，本書を用いた運用は，必ずお客様自身の責任と判断によって行ってください。これらの情報の運用の結果について，技術評論社および著者はいかなる責任も負いません。

本書記載の情報は，2016 年 5 月現在のものを掲載していますので，ご利用時には，変更されている場合もあります。

また，ソフトウェアに関する記述は，特に断りのない限り，2016 年 5 月現在でのバージョンをもとにしています。ソフトウェアはバージョンアップされる場合があり，本書での説明とは機能内容や画面図などが異なってしまうこともあり得ます。本書ご購入の前に，必ずバージョン番号をご確認ください。

以上の注意事項をご承諾いただいた上で，本書をご利用願います。これらの注意事項をお読みいただかずに，お問い合わせいただいても，技術評論社および著者は対処しかねます。あらかじめ，ご承知おきください。

**● 商標，登録商標について**

・本書に登場する製品名などは，一般に各社の登録商標または商標です。なお，本文中に ™, Ⓡ などのマークは特に記載しておりません。

ずいぶん登ったけど、頂上ははるか先。
つまり、まだまだ楽しめるってことだ
——トム・エンゲルバーグ

# 謝辞／著者の言葉

本書を完成させるまでに，たくさんの方のご支援，ご協力をいただきました。
最初に本書を執筆させていただく機会を与えてくれた皆様に感謝します。

## 株式会社TIO（ティ・アイ・オー）の皆さん

平日も仕事で忙しい中，何回も土曜日に会社を開けて社員総出で本書をレビューしていただき，ありがとうございました。

## レビュアーの皆さん（あいうえお順：敬称略）

岩塚 卓弥（日本電信電話株式会社）　風間 淳一郎
辻 昌佳（株式会社マネーパートナーズソリューションズ）　てらひで（@terahide27）
藤岡 和也（アソビュー株式会社）　槙 俊明（@making）
増田 亨（有限会社 システム設計）　都元 ダイスケ（クラスメソッド株式会社）
本橋 賢二

お仕事もお忙しい中，問題点の指摘や貴重なご意見をありがとうございました。もし，それらを書籍に反映させることができていなかったとすれば，それは私たちの技量不足によるものです。申し訳ございません。

本書は著者達だけで作ったものではなく，今までにお仕事や勉強会などさまざまな場所で出会った皆さまのお力があって作り上げることができました。そして，皆さまが自信を持って「俺が，私が，手を貸して作り上げた本なんだ」と言えるようなものにすることができました。ここでお名前を挙げることができなかった方々も，ぜひ，いろいろなところで，この本を，そして著者達を育て上げたことを自慢していただければと思います。

## 個人的な謝辞

### 土岐孝平

前著『Spring3入門』に引き続き共著に誘っていただいた長谷川さん，お忙しい中レビューしていただいた皆様，東京での生活を心配して電話してくれる宮崎の両親，心から感謝いたします。

### 大野渉

遅筆のためご迷惑をおかけした関係者の皆様に，この場を借りてお詫び申し上げます。そして執筆，仕事に追われ大変な中，温かく見守り献身的に支えてくれた妻 暁子に感謝致します。

### 長谷川裕一

仕事を好き・嫌いで選ぶバカな旦那を支え，そればかりか経理や総務の仕事まで一手に引き受けてくれる妻へ，本当にありがとう。お姉ちゃんとバカ息子へ，君達の笑顔は世界最高です。僕があるのは，君達3人のおかげです。

# はじめのはじめに

僕が初めてJava/Webアプリケーションと関わりを持ったのは1997年ごろのことだ。

そのころ，僕はC++を使用した開発に従事していたのだけれど，ポインタとかメモリリークとかの不具合でいろいろと悩まされていたので，そういった問題を解消するJavaの仕様に感動して，さっそく余暇を利用してJavaのプログラムを書き始めた。

そのころ，僕はJavaイコールApplet[注1]だと思っていたので（世間的にもそういう認識が強かったと思う），僕は初めてのJavaアプリケーション，つまりAppletをふんだんに盛り込んだ自社（当時）のホームページを作った。結局，僕の最初のJavaアプリケーションは，当時の上司に提出したのだが，まったく顧みられることなく捨てられてしまった。ホームページは商品を売らない一般企業には不要と思われていた時代だったのだ。

しかし，それにもめげずにJavaの勉強を続けていたら，いつの間にかJavaの仕事を任されるようになり，XML（eXtensible Markup Language）[注2]やCORBA（Common Object Request Broker Architecture）[注3]を使った分散ミドルウェアや，JSP（Java Server Pages），Servlet，EJB（Enterprise JavaBeans）を使ったWebアプリケーションの仕事を主として担当するようになっていた。

それからしばらく経ったころ，Webアプリケーションの開発に携わるエンジニアの間では，JSPやServlet，EJBを含むJ2EE（Java2 EE。現在はJava EE）の仕様が複雑で肥大化し過ぎて，理解・利用しづらいことが問題として取り上げられることが多くなっていた。

僕も「うん。確かにそのとおり，特にEJBは使いづらいなぁ」なんて思いながらWebアプリケーションの仕事に携わってきた中で，J2EEの複雑化や肥大化に対応できるWebアプリケーション開発の「切り札」となるSpring（Spring Framework）というJava/Webアプリケーション用のフレームワークに出会い，そのフレームワークの将来性や優れた設計思想，利用方法を多くのエンジニアに伝えることができればと，JSUG（日本Springユーザ会）を立ち上げ，書籍「Spring入門」を2004年に上梓し，その後，Springのバージョンが上がるたびに「Spring2入門」「Spring3入門」とメンバが少しずつ変わりながらも上梓し続けてきた。

そうした流れの中で，今回，内容的に少々古くなってしまったSpring3入門を，現在（2015年7月）のバージョン4に沿うように，また仕事をしていく中で考えたことを，修正を加えて新しい本にしようと考えた。

でも一応，本書は2012年の「Spring3入門」の目的をそのまま踏襲している。つまり「Javaを覚えた。JSP，Servlet，JDBCでWebアプリケーションを作った」「次はSpringだ」というエンジニアの方に向けて，Webアプリケーションの正しい設計とは何か，DIやAOPとは何であって設計をどう助けるのか，そして，RDBにはどうアクセスして，トランザクションはどう管理すればよいのか，Spring MVCはどのように使うのかを中心に伝えることだ。人によっては，コピペで使えるサンプルや，とりあえず動かすことで満足という人もいるかもしれないが，そういう人にはこの本は期待外れ

注1　ネットワークを通じてWebブラウザにダウンロードされ実行されるJavaプログラム。Appletを利用することによってHTMLだけではできないアニメーションなどによる動的な表現が可能となった。

注2　文書やデータの意味や構造を記述するためのマークアップ言語。Springなどのフレームワークの動作を定義するファイルに利用されている。

注3　OMG（Object Management Group）というオブジェクト指向技術の標準化，普及を進める団体が定めた分散オブジェクト技術の仕様。

だろう。私達は，基本を重要視しており，そういう方針で書いていないからだ。

また，Cloud Native入門としてSpring Bootの解説なども書いてはいるのだが，残念だけど，Springをすでにバリバリ使っている人や，Spring BootにDocker[注4]を使った最新の開発の話などを読みたい方には，本書は向いていない。筆者達が行うSpringセミナーに参加していただくか（これはもちろん有料です），3ヶ月に1回程度，そのときの気分で企画され実施されるJSUG（日本Springユーザ会）の勉強会に参加してほしい（東京が中心なので，東京以外に居住されている方には申しわけないのだが……）。

本書は，システム開発の現場で，コンサルタントやアーキテクトとして切磋琢磨する3人の仲間達で書かせてもらった。3人の仲間達は今も現場で，壁にぶつかり，悩み，解決策を模索している。こんな僕達の書く技術書なので，その中には，偏見や独断に満ちたものもあるかもしれない。僕達にはベストプラクティスだと思えるものが，もしかしたら，皆さんのベストプラクティスでないかもしれない。もし，皆さんのほうがそう判断した場合は，その部分は切り捨てて読んでほしいと思う。世の中にはすべてのプロジェクトに適合するベストプラクティスなどないのだから。

また本書では，僕達がいつも新入社員に教えるような「仕事に向かう姿勢」も書いてゆきたいと思っている。常に楽しんで前向きに仕事をしている僕達の，仕事に対する取り組み方や考え方を本書に取り込んでいければその目的も達成できると思う。

本書が，皆さんのお力になれれば幸いです。できれば，いつの日か皆さんとご一緒に仕事ができますように。

3人を代表して　長谷川裕一

注4　オープンソースのコンテナ管理ソフトウェア。

## 本書の読み方

本書を手に取った方には，いろいろな経歴を持っている人達がいるだろう。

新人研修でWebアプリケーションを初めて作り終えた人，自社フレームワークでの開発経験はあるけどSpringは使ったことがない人，開発でSpringを使わされたけど結局Springがなんだかわからなかった人，Java/Webアプリケーションの大御所で僕達の書籍の出来具合をチェックしている人。もしかしたら，これからJavaを勉強しようと思っている人もいるかもしれない。

本書は，Webアプリケーション初級者（先の例でいえば，新人研修でWebアプリケーションを初めて作り終えた人や開発経験はあるけどSpringは使ったことがない人）で，Spring初心者のエンジニアを対象にしている。

だから，これからJavaを勉強する人には難し過ぎるかもしれない。

もちろん，本書が対象としている開発経験者でも，設計に関わったことがない方には，難しいところがあるかもしれない。

そもそも，Springは他のフレームワークなどと比較すると，使い方を覚えることよりも，どう使うか（つまり設計とかアーキテクチャに関わる部分）が重要だという側面が大きい。そのため，Springはサンプル集をコピペすれば使えるという書籍にはなりにくいし，よくわからないけどなんとなくサンプルをコピペして何かを作ってしまったとしたら，それは結構危ないことだと僕達は考えている。

だから初級者の人は，そうしたことを念頭に置いて，この本に難しいところがあっても，あきらめないで読み続けて，その部分を頭に入れておいてほしい。他の技術書を読んだり，経験を積めば，ある日すべてのパズルのピースがぴったりはまるかのようにその部分がわかる日がくるものだ。

難しいところであきらめてしまうか，それとも，あきらめないで勉強を続けるか，あなたが今後優秀なプログラマやアーキテクトになりたいのなら，あきらめないで頑張ろう。

## サンプルコードについて

本書に出てくるソースコードは，GitHub上に置いてあり，ネットにつながる環境であれば，以下のURLにアクセスすることでどなたでもダウンロードして利用可能だ（第10章「Cloud Nativeの入り口」はコードを自動生成するというシナリオになっているため，サンプルコードはない）。

```
https://github.com/starlight-storm/Spring4
```

# 各章の概略ナビゲーション

## 第1章　SpringとWebアプリケーションの概要

SpringとWebアプリケーションについての基礎知識を説明しよう。Springの詳しい説明はないが，Springを使う上でもWebアプリケーションを作る上でも重要となる，アプリケーションのアーキテクチャを理解してほしい。初級者の人は必読だ。

## 第2章　SpringのCore

SpringのCoreであるDIとAOPについて説明しよう。ここを読み終えればDIとAOPを利用して，どのようにWebアプリケーションを作っていくか，その骨格とも言うべき部分が出来上がっているはずだ。

## 第3章　データアクセス層の設計と実装

データアクセス層の設計上の問題点や解決策について説明したのち，Spring JDBCやSpring Data JPAについて説明しよう。

Spring JDBCやSpring Data JPAの利点，および使用法について理解してほしい。

## 第4章　ビジネスロジック層の設計と実装

トランザクションとは何かを説明しよう。その後，Springのトランザクション機能について説明するので，宣言的トランザクションと明示的トランザクションについて理解できるようになることが目標だ。

## 第5章　プレゼンテーション層の設計と実装

SpringのMVCフレームワークについて，サンプルアプリケーションを通して説明しよう。最近着目されているREST通信なども交えながら，MVCフレームワークを構成する基本的なクラスの利用方法を見ていこう。ある意味，Webアプリケーションの肝とも言うべきプレゼンテーション層の技術が十分に理解できるはずだ。

## 第6章　認証・認可

Webアプリケーションには不可欠，かつ，その重要さの割には理解している人が少ないと思われる認証・認可機能について説明しよう。基本的な概念から始め，WebアプリケーションにSpring Securityを導入して認証・認可を実装する方法までを説明するので，しっかりと理解してほしい。

## 第7章　ORM連携 ── Hibernate，JPA，MyBatis

代表的なORMのデータアクセス技術であるHibernate，JPA，MyBatisとの連携方法を説明しよう。この章を読み終えると，ORM単体で使うよりSpringと連携させたほうがよいことや，それぞれのORMの特徴を理解して，実際の現場で何が最適かを考えることができるようになるだろう。

### 第8章　キャッシュ抽象機能（Cache Abstraction）―― Spring Cache

キャッシュはWebアプリケーションを作る際には意外に利用される技術だ。ここではSpring Cacheについてサンプルを用いて簡単に説明しよう。Webアプリケーションでキャッシュをどのように使えばよいかが理解できるはずだ。

### 第9章　バッチの設計と実装

バッチのないプロジェクトはないだろう。ここではバッチの基礎を説明した上で，Spring Batchについて簡単なものから順を追って難しいサンプルまで説明しよう。バッチとは何か，バッチをどのように作るかがわかるはずだ。

### 第10章　Cloud Nativeの入り口

いよいよ最後の章，ここを理解したら最先端の開発にタッチしたも同然だ。

ここではCloud Nativeの入り口として，Spring Bootの説明をしよう。最先端の開発であるMicroservicesやCloud Nativeとはどのようなものか体感してほしい。

では，早速，本文に入っていこう。できればいつでも手を動かして内容を確かめられるように，マシンを立ち上げておこう！

# 目次

## 第2章 ■ SpringのCore 45



## 第3章 ■ データアクセス層の設計と実装 107

# 第1章

# Springと Webアプリケーション の概要

# 第1章 SpringとWebアプリケーションの概要

Springをどう利用するか，設計や実装の詳しい説明に入る前に，Springの概要やWebアプリケーションの概要をおさえておこう。この章がしっかり理解できれば，その先にあるSpringを利用した設計や実装についてもスンナリと頭に入るはずだ。

## 1.1 Springの最新事情

Webアプリケーションの設計やSpringの概要をおさえる前に，まず最初に，Spring事情について理解しておこう。

本書ではSpringはSpring Frameworkの略称として利用しているが，IT業界で単にSpringといった場合は，Spring Frameworkだけではなく，その周辺プロダクトをも含む広義の意味として利用される機会も多くなっている。そのため，本書でSpringを勉強する読者には，狭義と広義のSpringについても，まずは，ざっくりと理解してほしい。

### 1.1.1 Springの歴史

では，Springがどのように発展していったのか，その歴史を追いながら，Springの主なプロダクトにどのようなものがあるかを簡単に解説しよう。

Springが初めて世の中に登場したのは2002年。ロッド・ジョンソン氏の著書『実践 J2EEシステムデザイン（Expert One on One J2EE Design and Development）』の中で，MVCを解説している部分に「このフレームワークはサンプルではなく，公開され自由に使えます」といった主旨の文章に続いてひっそりとSpringの名前が記されていたのが最初である[注1]。

このとき，このフレームワークは良いもので，きっと広まるだろうと予測した人間は少なからずいただろうが，今のようにSpringが多くのシステムで利用され，Springに関連したプロダクトがここまで広がるとは誰も予想しなかっただろう。

**表1.1**に示すようにSpringの正式な登場は2004年3月，OSS（Open Source Software）として登場したSpringは，現在もPivotal社（`http://pivotal.io/`）管理のもと，OSSとしてApacheライセンスのバージョン2.0の使用条件下で利用可能となっている。

現在では，Javaのエンタープライズ・システムにおいてSpringは，よほどの理由[注2]がない限り，利用するのが当たり前となっているといっても過言ではない。また，2015年のSpring Oneのキャッ

注1　正確には最初はinterface21という名前で，その後，Yann Caroff氏の提案でSpringになった。ただし日本語版の『実践J2EEシステムデザイン』では最初からSpringという名称が使われていた。

注2　「JavaEEの標準化というものを信じて愛している」「Seasar2が忘れられない」など。

チフレーズ「Get Cloud Native」のキーワードからもわかるように，Springは次の時代を見据えて進化しようとしている（詳細は1.2.7.6項「部品化の未来」と第10章「Cloud Nativeの入り口」を参照）。

表1.1　Spring Frameworkの歴史

| 公開日 | バージョン | 主な特徴 |
|---|---|---|
| 2004年3月〜 | 1.x | DIxAOPコンテナ[注3]の原点。Bean定義ファイル[注4]時代の幕開け。<br>1.1で，Bean定義ファイルの簡略化(これはちょっと評判が悪かった)。<br>1.2ではさらなるBean定義ファイルの簡略化 |
| 2006年10月〜 | 2.x | Bean定義ファイルがDTDからXMLスキーマ形式に変更(独自スキーマが使えるようになった)。<br>アノテーションの登場，Bean定義ファイルに代わるか!?<br>JPAやスクリプト言語のサポートと多機能化へ突入。<br>2.5でJava1.4，JUnit4対応。アノテーションを強化 |
| 2009年12月〜 | 3.x | さらなるアノテーションの強化。<br>しかし，大手企業を中心にBean定義ファイルにもまだまだファンがいる。<br>クラウド時代への対応，Spring にCache機能も登場。<br>Java7対応(Java 1.5以上，JUnit 4.7)，Hibernate 4，Servlet 3 |
| 2014年4月〜 | 4.x | Java8のサポート。Java6以上, Webコンポーネントの充実(RestController, WebSocketなど)，Spring Bootの登場 |
| 2017年ごろを予定 | 5 | Java9のサポート(もともと，Spring5は2016年に提供の予定だったが，Java9のリリースが遅れるため，2017年に延期)。<br>Reactiveの提供 |

さて，そのSpring（バージョン1系）が，国内のシステム開発で頻繁に利用されるようになってきたのは2006年ごろからである。

当時はSpringが提供するDIやAOPの機能を中心として，主にStruts（国内で大きなシェアを握ったStruts1系のこと）やHibernateと組み合わせた，いわゆるSSHと呼ばれる構成でWebアプリケーションのフレームワークとして利用されていた（**図1.1**）。Strutsの代わりにSpring MVCを利用する例もあったが，これらはごく少数派であった。現在のシステム開発では，2013年にサポートが切れ，脆弱性も多く指摘されるStrutsよりも，Spring MVCを採用する例のほうが多い。

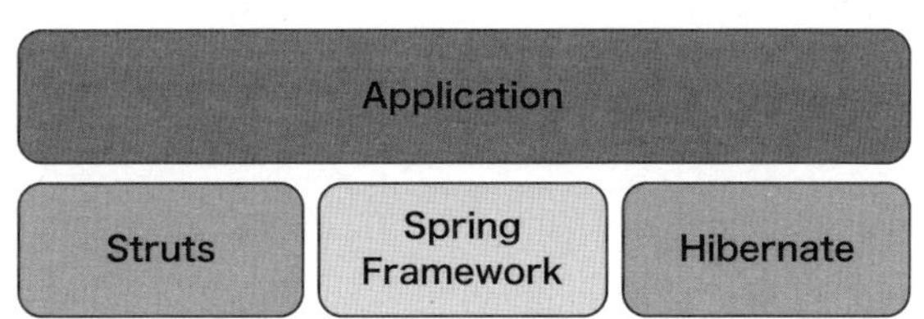


図1.1　SSH

Springが普及し始めた当初は，Springの動作を規定するBean定義ファイルの肥大化と管理の困難さが問題視されることもあったが，バージョン2.5系からは，Bean定義ファイルに代わってアノ

注3　DIxAOPコンテナ：Springの中心的な機能。DIxAOPコンテナは，Springが登場した当初はDIコンテナはIoC（Inversion of Control）コンテナと呼ばれ，その後，DI+AOPコンテナといわれていたのだが，DIとAOPの組み合わせは「+（加算）」ではなく，「×（乗算）」だろうということで，DIxAOPコンテナといわれるようになった（「×（かける：乗算）」ではなく「x（小文字のX）」を使うのだ）。詳しくは2.1節「SpringのDI」と2.2節「SpringのAOP」を参照。

注4　Bean定義ファイル：DIxAOPコンテナの動作を定義するXML形式のファイル。のちにアノテーションで記述できるようになったが，Spring登場当初は，このファイルが肥大し過ぎて問題視されることが多かった。

テーションを利用することで，Spring，特にBean定義ファイルをよりシンプルに利用できるようになっている。また現在では，JavaConfigというJavaのプログラムでBean定義が行える。Springのサンプルコードなどではjavaconfigが使われることも多くなっており，また，JavaEEでもXMLのBean定義ファイル（以降，Bean定義ファイルと記述した場合はXMLで記述されたものとする）が減ってきていることから，将来的にはXMLがなくなり，Javaによる定義へ進むのではないかとの予測もある。

なお，現在ではBean定義のベストプラクティスはJavaConfigとアノテーションの融合とされているが，本書では章によってBean定義ファイルとアノテーション，JavaConfigを併記したり，適宜使い分けたりしているので，何をどのように選択するかは，本書のサンプルコードも参考にしてほしい。

## 1.1.2 Springのプロジェクト

初期のSpringの周辺プロジェクトとしては，画面遷移をフローとして管理するSpring Web Flowがあった。その後，認証・認可の処理を管理するSpring Securityなどが追加され，さらには，バッチ用のSpring Batchなどが出現し，特に最近ではアプリケーションの開発を容易にするSpring Bootの注目度が高くなっている。

しかし，Springの周辺プロダクトはそれだけではない。そもそも，昨今ではSpringはWebアプリケーションのベースではなく，もっと大きくエンタープライズシステムのベースになるものととらえるほうが正しい。もしくは，ビジネスのアイデアをアジャイルにシステムとして実現するためのベースとなるものでもある。つまり，大から小までなんでもドンとこいなのだ。もちろん，本書で解説するSpringのDIやAOPなどのコアな部分を理解するのは重要であるが，システムのアーキテクチャを設計するアーキテクトを目指す人は，それだけでなく，Springに関連する周辺プロジェクトについても，よく理解しておいたほうがよいだろう。プロジェクトについては，Pivotal社がネット上で公開（`https://pivotal.io/jp/oss`から`https://spring.io/`）しているのでそちらを参照してほしい。

本書で取り扱うプロジェクトは，Spring Framework（DIxAOP，Spring MVC，Spring JDBC），Spring Cache，Spring Security，Spring Data，Spring Batch，Spring Bootである。

なお，Spring関係のプロジェクトに関しては毀誉褒貶も激しいため，常に最新のニュースなどと照らし合わせるようにしてほしい。

## 1.1.3 Springの国内動向

Springは海外だけではなく，国内でも広く利用され，その適用範囲は販売や物流，金融，医療，さまざまな分野のシステムにおよんでいる。

特に国内では，多くのSIベンダがSpringを自社フレームワークの基盤としている。筆者達がかかわる日本Springユーザ会（JSUG）で発表されたフレームワークだけでも，NTTデータのTERASOLUNA，日本ユニシスのMaiaなどがある。

ほかにも契約や守秘義務などの関係で表には出てこない例も多くある。このように，現在のエンータープライズなシステムの開発にはSpringの理解が欠かせないのだ。

### 1.1.4 日本Springユーザ会

筆者達もかかわる日本Springユーザ会（JSUG）は，日本におけるSpringの情報交換を目的として2006年に設立されたユーザコミュニティだ。

東京を中心に50～100名程度の参加者を募った勉強会を不定期に行っており，2015年には500名を集めた大きなイベントも開催している。

ネット上には，勉強会やイベントで発表された資料が公開されているので，本書を読んだあとにSpringについてさらに勉強したい方の役に立つだろう。

こうしたイベントの開催告知や資料公開のお知らせなどはTwitter（@japan_spring）やFacebook（日本Springユーザ会）で行っている。

なお，JSUGでは常に勉強会の発表者を募集している。Springを勉強した1つのマイルストーンを，勉強会での発表にしてみてはいかがだろうか？

### 1.1.5 Springの教育

最後に，Springにかかわる教育についての最新情報を記述する。

まず，Springに関する研修はさまざまな企業で実施されているが，Springに関する公式な研修はPivotal社だけが提供している。Springの公式な研修についての詳細はサイト（http://pivotal.io/training）を参照してほしい。

2016年5月現在，国内ではCore Springという研修が実施されており，今後はSpring MVCの実施も予定されている。

Springには研修と併せて資格試験も実施されており，国内での受験も可能である（現在のところ，英語での受験のみ）。

また公式な研修は，講師の資格が認定制であり，2016年5月現在で，国内にはほんの数名しか認定講師がいないが，そのうちの認定講師第1号は著者の1人である土岐（Core SpringとSpring MVCの両方の講師資格を持つ）である。

## 1.2 Webアプリケーション概論

### 1.2.1 SpringとWebアプリケーション

Springは，Webアプリケーションに特化したフレームワークではないし，Cloud Native（詳細は第10章を参照）なアプリケーションを作るためだけのフレームワークでもない。簡単に言えば，Javaで多少の大きさがあるアプリケーションを作ろうとすれば必要となるフレームワークである。

しかし，なんでもかんでもと欲張った解説ではわかりづらいので，本書では従来型のWebアプリケーションをターゲットにして解説することにしよう。Webアプリケーションをターゲットにはしていても，その中には他のアプリケーションを開発する上で利用できる汎用的な話だってあるのだ。

では，Springの詳しい解説に入る前に，Webアプリケーションとその設計理論について解説していこう。Webアプリケーションを理解し，その設計理論を理解することが，Springを利用するためには重要だ。なんといってもSpringは実装のためのフレームワークではなく，設計のためのフレームワークだといっても言い過ぎではないからだ。

ちょっと長いが，なにごともまず基本から，特にWebアプリケーション初心者の方は，「早くSpringの実装を示してくれないかな」と言わずに読んでいってほしい。「基本があれば1を100にすることだってできる[注5]」のだ。

## 1.2.2 Webアプリケーションとは?

1994年ごろ，WWW（World Wide Web）とHTML（Hyper Text Markup Language）が主に雑誌などで紹介され始めた。そのころのホームページには絵などはほとんどなく日本語で書かれたページすら少なかった。仕事で使う者もほとんどおらず，趣味の世界の話だからniftyの掲示板のほうが人気があった時代だ。今の状況を考えると大変なつかしい（というか，そういう話題についてこられないエンジニアが多くなって，個人的には寂しい）。

WWWが流行った原因はたくさんあるが，1つにはWebブラウザがあれば会社内だけではなく外部の人であっても同じ情報を共有することができるということが挙げられるだろう。つまり，ユーザや顧客といったコンピュータの世界と縁遠い人でもパソコンとWebブラウザが操作できさえすれば簡単に利用できる技術として普及したのだろう。まぁ，スマートフォンとスマートフォン用のアプリが登場して，利用されている今の状況と置き換えてみると若い人にもその感覚がわかってもらえるかもしれない。

基本となるWWWの仕組みは簡単だ。静的なコンテンツであれば，クライアントマシン上のWebブラウザがネットワークの先にあるWebサーバ（静的なコンテンツを作成するサーバ）から，要求したHTMLを読み込んで表示するだけだ。動的なコンテンツであれば，Webサーバからアプリケーションサーバ（Webサーバからの要求に従ってコンテンツを動的に作成するサーバ）に処理の要求を行い，たいていの場合はRDBからデータを読み取ったり，加工しながら，その処理結果をWebサーバで受け取りWebブラウザに表示する（**図1.2**）。現在では，ブラウザ上でAjax[注6]が動作することで，リッチな画面をWebブラウザ上で実現するようになっていたり，RDBの代わりにKVS（Keyによって Value（データ）を保存／管理する方式）が使われていたり，クライアントがスマートフォンだったり，サービスの実体が雲（クラウド）の中に隠れていて，単にインターネット上のサービス（たとえば，メールやSNSなどのサービスがそれだ）として存在している場合もあるが，まずおさえておきたい基本的な動作は上記のとおりだ。

注5　ちょっと古くなってしまったが，サッカーの中田英寿選手の言葉。中田語録より。

注6　Ajax（Asynchronous JavaScript + XML）:JavaScriptの非同期通信（XMLHttpRequest）を使い，Webブラウザ上の画面を遷移させずに一部を書き換えることで，画面の使いやすさを向上させる技術。代表的な使われ方として，Google Mapで地図を移動させたり，地図上にお店情報を表示することが挙げられる。

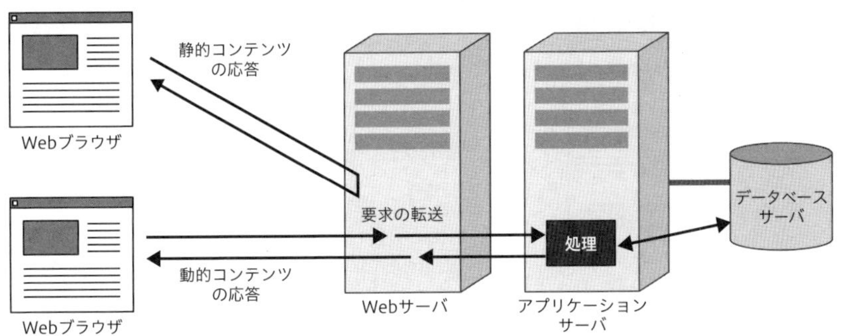


図 1.2 WWW の仕組み

ここまでは一般的なWWWの話。では，本書で取り上げるWebアプリケーションについて定義してしまおう。

本書では業務で使えることを前提としてWebアプリケーションを「複数のユーザがインターネットを通じてデータベースにアクセスし，安全に情報の読み書きするために作られた，WebブラウザとRDBを利用したアプリケーション」と定義しよう（**図1.3**）。

この定義に当てはまるWebアプリケーションとしてはチケットや商品の予約システムや受発注システムなどがあるだろう。

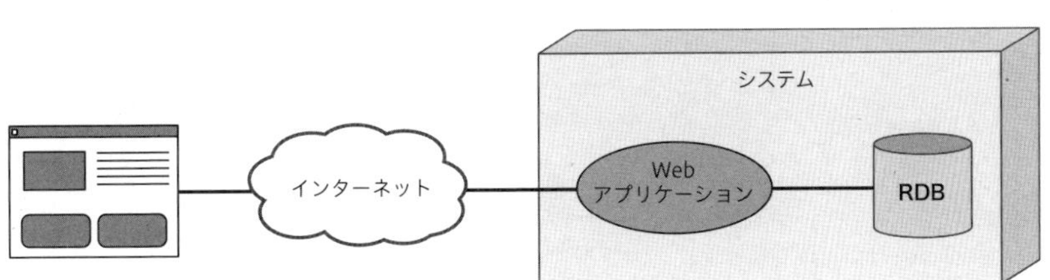


図 1.3 Web アプリケーション

こうした定義を持つWebアプリケーションの動作だが，要約すると，その動作はかなり単純になる。具体的には以下のような動作の繰り返しだ（**図1.4**）。

① Webブラウザからボタンをクリック

② ボタンに対応したビジネスロジックがRDBのデータを利用して処理を行う

③ 処理の結果を送信する

④ Webブラウザに表示する

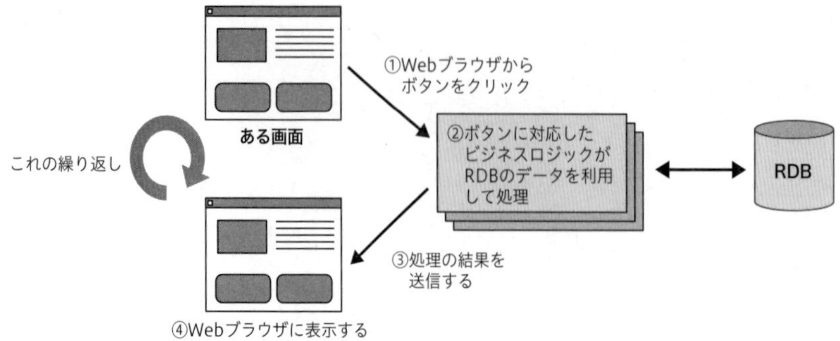


図1.4　Webアプリケーションの動作

Webアプリケーションで1つ注意すべき点があるとすれば「処理の結果を送信」したあとに接続（セッション）を切ってしまう[注7]ことで状態を保持できない（ステートレス）ことだ。この点に関しては別の章で詳しく解説する。

では続いて，Webアプリケーションが業務で使われ始めてからJSP，Servlet，EJBを経て，現在のSpringに至るまでの技術の歴史を見ていこう（**図1.5**）。

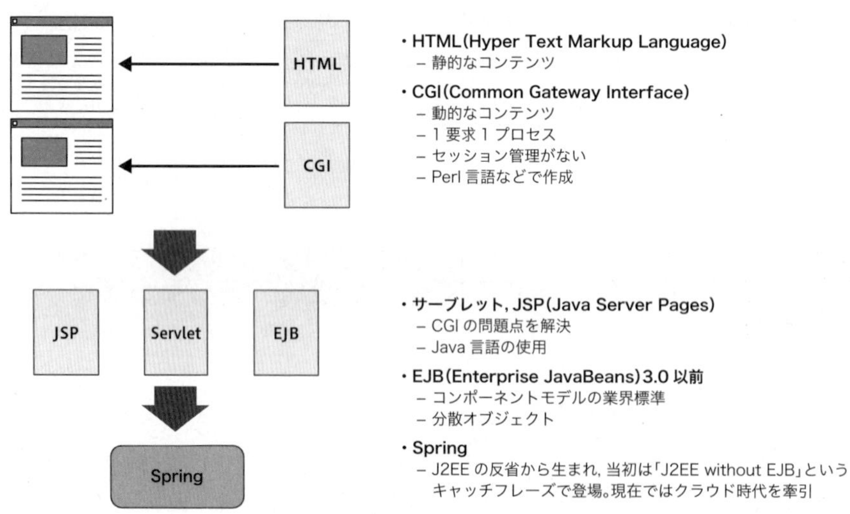


図1.5　Javaエンタープライズの歴史

注7　HTTP1.1から接続を維持できるKeep Aliveもサポートされている。

## Coffee Break　僕と若手プログラマの会話

「どうして，Springの勉強をするのに，最初にWebアプリケーションや，JSPやServlet，EJBの歴史を知らないといけないんですか?」

「それはだね。その技術が生まれた背景を理解しているのといないのとでは，その技術の理解が十分にできないと僕が考えているからだよ。それに，過去にとらわれない，まったくの新しい技術なんていうのはないから，技術の背景をきちんと理解していれば，その積み重ねである新しい技術を理解するのも早いと考えているからだ。
ところで，君はどうしてSpringを勉強しようと思ったの?」

「最近のシステム開発では，Springが常識だって聞いたからですけど」

「確かに，今の君ならそれでよいかもしれないね。でも，今は使い方だけを覚えるだけでよいかもしれないけど，もう何年か経てば君は多くのプログラマや，場合によっては，お客さんに，Springを使いましょうと提案する立場になると思うんだ。そのとき，君はどうやってほかの人にSpringの利点なんかを説得するんだい。皆が使ってますから使いましょうで納得させるなんてことはないだろ」

「そうか。そのときに，Webアプリケーションとはこういう特徴を持っていて，今までの技術だけだとこういう問題があって，Springだとそれをどう解決できるのかとか，説明して理解してもらうことができるわけですね」

「そのとおり。Springを理解するには，Webアプリケーションの特徴や過去の技術も含めて理解しないといけないってことだね。その辺をおざなりにしていると，Springを使っていながら，Springをどうして使っているのかわからないというエンジニアになってしまうよね」

「そうか，言われてみれば僕のまわりはそういう人が多かったです。でも，それだと覚えることがいっぱいありますね」

「こんなのは序の口だよ。もし，君がアーキテクトを目指しているなら，最近のシステム開発は大規模で複雑なものが多くなっているし，昔と違ってクライアントマシンだってパソコンだけではなくスマートフォンだってある。それにクラウド[注8]だって意識しなくちゃいけないよ。Webアプリケーションの特徴を知っているだけでは，まったく通用しない世界になってきている。利用しなければならない技術も，ハードウェアやミドルウェアを含めて，クラウドを利用するのか自分達で用意するのかとか，考えなければいけない範囲が格段に増えているんだよ。それに，そのうちプロジェクト管理や統一プロセスやアジャイルなどの開発

注8　ソフトウェアやハードウェアを所有せずに，インターネットを介してサービスとして利用（もしくは提供）すること。ここでは多く語れないので詳細は調べてほしい。

手法，DevOps注9なんて考え方も理解しなくちゃいけないんだから」

「えー，僕なんかじゃ一生かかっても覚えられないや」

「大丈夫。良い先輩と良い仕事に恵まれれば5，6年で覚えられるよ。毎晩勉強だけどね。でも，一流といわれるエンジニアは今でも毎晩3時4時くらいまで勉強しているよ。逆に僕なんか20年以上も仕事は金儲けの手段と割り切って言われた仕事だけしかやっていなかったから，今になってそのツケがまわってきて，ここ最近は寝不足さ。逆に，今のうちから頑張れば，君もすぐに日本のトップレベルといわれるエンジニアには追いつけるよ。はっきりいって，今のエンジニアの多くは勉強不足で，デキル人というのは本当に限られているし，どこからも求められているんだよ。それに，システム開発はチャレンジしがいのある仕事だと思うよ」

「ふーん。なんだか勉強する気になってきました」

「そうなればしめたもの。まずは手始めにJSP，Servlet，EJBといったところの歴史の勉強を始めようか」

### 1.2.2.1 JSP，Servletの登場

Webの技術は，当初，静的なコンテンツ（HTMLファイル）を表示するだけの技術だった。つまり，Webブラウザからの要求に対して毎回同じコンテンツしか返せなかった。次第にWebを業務として利用したいと考えるようになったが，静的コンテンツだけでは業務として利用するには機能不足だ。そこで登場するのがCGI（Common Gateway Interface）と呼ばれる技術だ。CGIはHTTPのリクエストによって起動されるプログラムのことだ。CGIによってWebブラウザからの要求に対して該当するプログラムが実行され処理結果として同じ要求に対し異なるコンテンツを返すことができるようになった。いわゆる動的なコンテンツが返せるようになったのだ。

しかし，昔のCGIにはいくつかの問題点があった。その中でも特に大きな問題は，処理要求のたびにプログラムが起動されることや，セッション管理がないという問題だ。これらの問題は処理要求が多いときのパフォーマンス劣化やトランザクション管理の難しさにつながった。

そこでJSP，Servletの登場である。JSP，Servletはマルチスレッドで実行され，JSP，Servletの実行基盤であるWebコンテナ（**図1.6**）は開発者にセッション管理を意識させることなく行ってくれる。また，CGIがページの生成ロジックとビジネスロジックを分離することが困難なことに対し，JSPでページの生成を行いビジネスロジックをServletで行えるといったアーキテクチャ上の魅力もあった。こうしてCGIのデメリットを解消するWebアプリケーションの技術としてJSP，Servletは普及したのだ。

もちろん，普及の陰には，JSPとServletによってデザイナーとプログラマが分離できるといった

注9　開発（Development）と運用（Operations）をうまくつなげようという開発手法。テストやデプロイなどの自動化ツールの必要性と共に語られる。

噂や，オブジェクト指向の売りである「再利用」といった，今からするとかなり疑問符が付く，宣伝のおかげでもあるのだけれども。

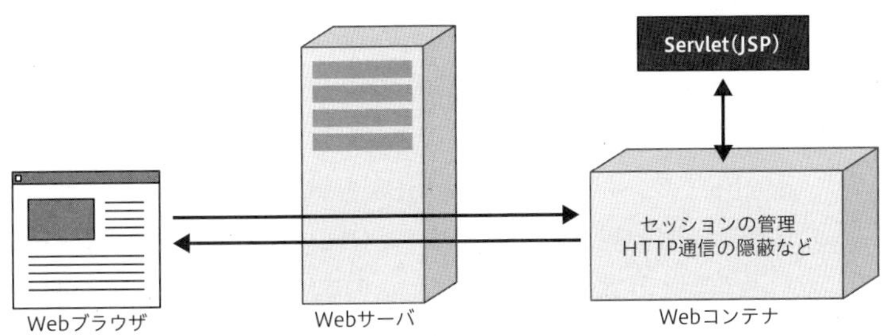


図1.6 JSP，ServletとWebコンテナ

### 1.2.2.2 EJBの登場と衰退

EJB (Enterprise Java Beans) は当初，EJBコンテナ (**図1.7**) によって，分散して存在するEJBコンポーネントをあたかも同一マシン上に存在しているかのようにアクセスできるようにしたり，分散して存在するデータベースのトランザクションをあたかも1つのデータベースしかないようにトランザクション制御をすることができる「分散処理と分散トランザクションの融合コンポーネント」として誕生した技術だ。その発展の源は，同じ分散技術であるCORBAにある。CORBAがベンダそれぞれの思惑でインタオペラビリティ (相互運用性) を損なってしまったためにインタオペラビリティを確保するために現れた技術がEJBだともいえるだろう。

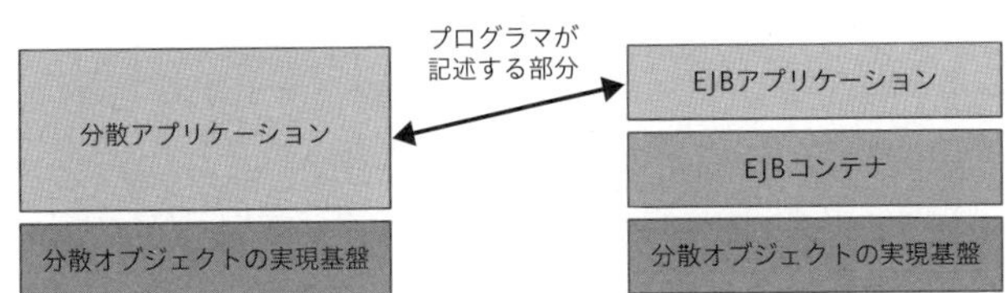


図1.7 EJBの登場

このようにEJBとはもともと分散環境のためのコンポーネントとして登場したのであって，JSP，Servletといった Webアプリケーションのための技術ではなかったのだ。

実は過去のEJBに関しては，この辺に誤解がある。というか誤解するように宣伝した人々がいたのだが，いつの間にかEJBはWebアプリケーション用の「再利用可能なコンポーネント」や「SQLの記述が不要なDBアクセスフレームワーク」になってしまった。

そして，JSPとServletでプレゼンテーションを実装し，ビジネスロジックはEJBで実装するのがWebアプリケーションでの推奨設計ということにまでなった。

しかし，その推奨設計を信じてWebアプリケーションを開発した開発者達から不満の声が上がりだす。そもそもEJBは分散用のコンポーネントなのでリモートアクセスしかない。ところが，Webアプリケーションでは分散処理などは滅多に使わないので，ローカルアクセスが欲しくなる。また，

EJBコンテナに依存しているEJBはテストがしづらいなどの問題点も指摘され始め，その仕様の複雑さもあって，多くの開発者から敬遠される存在になってしまった。

EJBはトランザクションをソースコードから分離したり，コンポーネントをプーリングしてリソースを節約するなど，非常に優れた設計思想を持っていたので，EJBを無理にWebアプリケーションのビジネスコンポーネントとうたわずに，うまくWebアプリケーション用に再構築していればSpringも生まれてこなかったかもしれない。

しかし皮肉なことに，JavaEEで装いも新たになったEJB3以降は，本稿でも取り上げるSpring + Hibernateに非常に似た仕様として再登場してきた。時すでに遅しという感じもあるし，それまでのEJBと仕様があまりに違い過ぎていて，個人的には「久しぶりにTVでガンダム見たけど，アムロもシャアも出てこないし，そもそも絵が全然違うのに，これでもガンダムなの？」っていうのと同じくらいに，それまでのバージョン3以前のEJBと現在のEJBは別物だ。ところが昨今，1.2.7.6項「部品化の未来」に記述するようなマイクロサービスアーキテクチャが登場したのだが，なんだか，これは過去のEJBの焼き直しではないかという話も出てきた。Webサービスの焼き直しという話もあるが，時代は繰り返すようだ。

### 1.2.2.3 Springの登場

1990年代の終わりごろ，JavaのEnterprise EditionであるJ2EEはバージョンアップを重ねるたびにJSP，Servlet，EJBも高機能となって，新たな標準も追加される。こうして年を経るたびにJ2EEは肥大化し複雑になってきた，Webアプリケーションの開発で利用したいのはもっとシンプルで軽いもの，それに比べてJ2EEはどうやら重過ぎると考え始めた人達がいた。

Springの開発をリードしてきたロッド・ジョンソン氏もその1人だ。彼らは，重量級のJ2EEコンテナに代わる軽量コンテナとして，DI（Dependency Injection）やAOP（Aspect Oriented Programming）の機能を持つDIxAOPコンテナ，Springを考え出したのだ。

DIxAOPコンテナは，POJO（Plain Old Java Object）と呼ばれるコンテナやフレームワークなどに依存しない普通のオブジェクトのライフサイクルの管理や，オブジェクト間の依存関係の解決を行うアーキテクチャを実装したコンテナのことである。

Springに代表されるような高機能なDIxAOPコンテナは，EJBの利点の1つである宣言的トランザクション管理を，POJOで実現することが可能だ。データベースへのアクセスはさまざまなORM（Object-Relational Mapper：詳しくは1.2.6項「データアクセス層の役割」を参照）を利用すればよい。

DIxAOPコンテナを利用してEJBコンテナ（EJB3以前のこと）を利用しないとすれば，その大きな理由は，DIxAOPコンテナ上に載せることが可能なオブジェクトがPOJOといわれる普通のJavaオブジェクトであるということだ。

EJBコンテナに依存したEJBコンポーネントはUnitテストが行いづらいなどの問題点を抱えているが，DIxAOPコンテナに管理されているPOJOは，DIコンテナに依存していないという特徴のおかげでUnitテストが容易にできるのだ。

しかし，そうしているうちにSpringは定番化し，それに比例して，だんだんと肥大化してきた。今では誰もSpringを軽量コンテナとは言わなくなっている。

#### 1.2.2.4 Springの現在

さて，Springは2015年現在，Java/JavaEEのデファクトフレームワークということができるだろう。僕達も参加している日本Springユーザ会の勉強会でも，多くのSI企業がSpringやSpringをベースにしたフレームワークを自社の標準フレームワークとしていることを発表してくれた。日本のアーキテクトと呼ばれる人の中にも「Javaで開発をするなら，Springを利用しないという選択肢を見つけるほうが難しい」と言っている人がいるくらいだ。

Java自体がこれからクラウドに向かって進化し，ますます利用されていくであろうことを考えると，同じようにクラウドに向かっているSpringの情報をキャッチアップしていくことは，今後も非常に重要だと思う。より，詳しいことは第10章に記述するが，なにしろ，Javaの進化を促しているのは，ほかならぬSpringのほうなのだから。

## 1.2.3 アプリケーションアーキテクチャ

アプリケーションアーキテクチャはシステム開発を成功させる上で，最も重要なものの1つだ。「僕はプログラマだから設計とかアーキテクチャとかは関係ない」などと言わずにぜひ読んでほしい。それに僕達が考えるプログラマとはアプリケーションアーキテクチャを理解してようやく一人前，リファレンスや仕様書が読めてJavaでコーディングができる程度じゃ半人前だと思っている。それに，アプリケーションアーキテクチャの理解なしには，SpringがなぜWebアプリケーションの開発に必要なのかを理解することはできないのだ。

#### 1.2.3.1 アプリケーションアーキテクチャの必要性

アプリケーションアーキテクチャは一般的に「アプリケーション全体の構造，共通の方式（メカニズム）」と定義される。つまり，システム内のアプリケーションが共通で利用できる，ユーザインタフェースの仕組みやデータベースへのアクセスの仕組みなどシステムの基盤になる部分のことだ（困ったことにアーキテクチャの定義はさまざまある。これはその1つであり，絶対的な定義でもないことは承知しておいてほしい）。

##### Webアプリケーション開発のアプリケーションアーキテクチャ目標

アプリケーションアーキテクチャを設計する際には，目標が必要だ。目標がなければ，アプリケーションアーキテクチャを適当に考えましたということになってしまう。一般的な目標は大きく2つある。Webアプリケーション開発では，これら2つの目標をより詳細に具体化すればよい。

1つは，ユースケースなどで表される機能要求やレスポンスタイムなどを規定した非機能要求を含む利用者にとって有益な要件を満たすという目標だ。

2つめは，非機能要件や制約に含まれる開発期間の厳守や変更や機能追加のしやすさや，テストのやりやすさなど，開発者やそれを保守する者にとって有益な目標だ。僕達が主に取り上げるのはこの2つめの開発者のための目標を満たすアプリケーションアーキテクチャとしよう。具体的には以下のような構造を持ったアプリケーションアーキテクチャを実現したい。

**開発効率**

- 意図を把握しやすく，理解しやすい構造
- テストが容易に行える構造

**柔軟性**

- 変更しやすく，機能追加しやすい構造
- 将来の環境の変動に耐える柔軟な構造

もちろん，開発者やそれを保守する者に有益な目標を満たすだけでなく，利用者に有益な目標も満たすことが前提ではある。

さて，開発者やそれを保守する者のためのアプリケーションアーキテクチャは，理解のしやすさやテストの容易さといった開発効率と，変更容易性といったアーキテクチャの柔軟さの2つに分類できた。

それでは，なぜ，このような目標が必要なのか解説しよう。

### 開発効率とアプリケーションアーキテクチャの必要性

まず，開発効率だが，この目標がなぜ必要になるのかは直感的に理解できるだろう。アプリケーションアーキテクチャを理解するのに5000ページもあるドキュメントを読まなければいけなかったり，意味不明の呪文をコードに埋め込まなければ機能しないのでは，コストがかかってお話にならない。アプリケーションアーキテクチャは簡単に理解できて簡単に使えなければならない。

テストも同様だ。あるオブジェクトをテストするのに面倒な準備が必要だったり，テストのために実装を変更したり（これは最低のやり方だ）するのでは面倒だ。テストは簡単に実施できたほうがよい。

### Webアプリケーションのライフサイクルとアプリケーションアーキテクチャの必要性

次に，アプリケーションアーキテクチャの目標に，なぜ，変更や機能追加のしやすさ，将来の環境の変動に耐えられる柔軟さが必要なのだろうか。なぜなら，Webアプリケーションに対するユーザの要求が変化しやすいものだからだ。要求の変更はWebアプリケーションの開発中にも，Webアプリケーションをリリースしたあとにも発生する。Webアプリケーションがリリースされているか開発中かにかかわらず，Webアプリケーションのライフサイクルは「リリース」「要件の変更」「変更や機能追加」の状態をWebアプリケーションが廃棄されるまで繰り返しているのだ（**図1.8**）。このように，廃棄されるまで変更され続ける状態を指して「Webアプリケーションが完成するときは，Webアプリケーションを廃棄するとき」と言われたりもする。

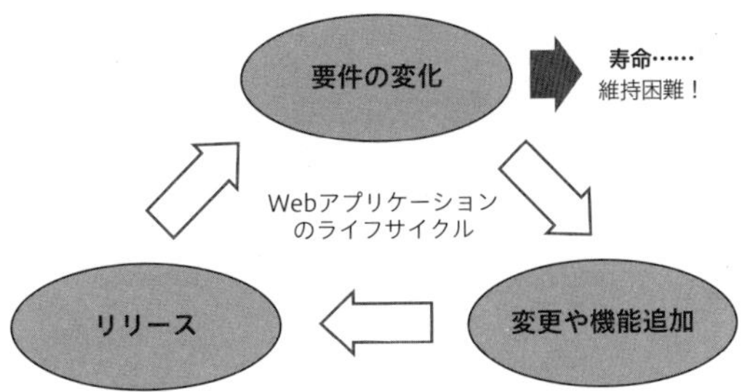


図1.8 Webアプリケーションのライフサイクル

この状態の中で，変更や機能追加に柔軟でないアプリケーションアーキテクチャを採用したWebアプリケーションの場合，変更要求にアプリケーションアーキテクチャが耐えきれずWebアプリケーションの維持が困難になり，開発中であれば，つぎはぎだらけの理解不可能なWebアプリケーションを作り上げたり，最悪な場合はWebアプリケーションが納品できない状態になる。また，Webアプリケーションのリリース後であれば現行のWebアプリケーションを捨てて新しいWebアプリケーションを導入することになってしまうのだ。

もしかしたら，Webアプリケーションがそんなに長持ちをすることはないと考える人もいるかもしれない。しかし，予想以上に一度導入されて使われているWebアプリケーションは長期にわたってこうしたライフサイクルを繰り返す。

### ■僕の経験

これを思い知らせてくれたのは西暦2000年問題[注10]だ。1980年代後半ごろに作ったシステムではメモリを節約するために西暦の下2桁しか利用しないのは設計の定石だったし，そのころの僕らの口癖といえば「こんなシステム5年も使わないよ」だったのだからお粗末だ。一度稼働したシステムが長期にわたって利用されるとは僕も含めて当時の開発者はあまり考えていなかったのだ。できれば，この教訓を生かして大晦日に出社するような経験を君達はしないでほしい。

話がそれたが，システム開発中であれ，リリース後であれ，ユーザからの要求変更に対し柔軟に対応できるアプリケーションアーキテクチャの必要性というものがわかってもらえただろうか。

### ■アプリケーションアーキテクチャは自由な発想で

ただ，ここで1つ勘違いしないでほしいのは，ユーザの要求によっては変更のしやすさや機能拡張の容易さなどを無視して，画面表示などの役割を持ったプログラムから直接データベースにアクセスするアプリケーションアーキテクチャを採用してもよいということだ。いろいろな書籍で画面表示などの役割を持ったプログラムからデータベースにアクセスするのは悪みたいに記述されているが，それだってユーザの要求を満たすための立派な技術だ。ユーザの要件やいろいろな条件も考えずに，書籍に書いてあることだから，とか，外国の有名人が言っていたからという理由だけで，あれ

注10 日付データの年号部分を2桁で管理しているため，西暦2000年に00年を1900年と誤認してしまい，データを正しく処理できなくなってしまう問題。

はダメ，これはダメというエンジニアも世の中には多いが，僕達はこうした決まりきった考え方をすることには反対だ。それこそが，エンジニアの創造力を奪って，僕達から仕事の楽しさを取り上げてしまうものだから。

さて，僕達が目指すWebアプリケーション開発では，利用者と開発者・保守する者の2つの目標を満たすアプリケーションアーキテクチャがフレームワークやライブラリといった実装として，解説ドキュメントとともに初期の開発段階で開発者に提供されるのだ。

では，開発者の要求を含んだWebアプリケーションのアプリケーションアーキテクチャが具体的にどのような構造や技術を持ち，どのように設計すればよいのかを解説しよう。

### 1.2.3.2 ティアとレイヤ

Webアプリケーションのアーキテクチャは，大きくはティアといわれる物理層とレイヤといわれる論理層に分かれている。ティアとレイヤの両方とも日本語にすると「層」になってしまうので，注意してほしい（人によってはティアを「段」，レイヤを「層」と区別する向きもあるようだが，一般的には両方とも「層」と訳される）。

ティアはクライアント層，中間層，EIS（Enterprise Information System）層の3層となるのが基本だ（**図1.9**）。ティアの考え方は，リモート通信で分散環境を実現しようと考えた初期のEJBからきている。そのため，J2EEのパターンでは層＝ティアなのであるが，前述のとおり分散環境は普通のシステムでは必要なかったのだ。

基本的にWebアプリケーションとして考えるべきは中間層であるが，現在のWebアプリケーションでは，クライアント層がデスクトップパソコンで，中間層にあるWebアプリケーションから，WebブラウザにHTMLを送るだけでは済まない，たとえばクライアントがスマートフォンで，その上のアプリがWebアプリケーションの機能の一部分を実現するようなケースもある。その場合は，レイヤの一部がクライアントにあると考えるのだ。

図1.9　ティア

さて，そのレイヤだが，上に述べたようにクライアント層に一部存在することもあるが，基本的には中間層に存在する，Webアプリケーションを論理的に分けたものだ。

ここでは，レイヤを疎結合に保ち，変更や機能追加に強いWebアプリケーションを作るための，基本的な考え方を解説する。

レイヤはもともとアーキテクチャパターンの1つで，レイヤは互いに隣接するレイヤ間でのみ片方向のアクセスが可能であるという特性を持つものだ。

最もわかりやすいレイヤは次に示すような3層に分け，それぞれ異なった責務を与えるというものである。

- **プレゼンテーション層**：ユーザインタフェースと（UIの）コントローラを提供する。この層には，クラス名にControllerやActionの付いたクラスが置かれる
- **ビジネスロジック層**：ビジネスロジックを提供する。この層には，クラス名の末尾にServiceの付いたユースケースをコントロールするようなクラスや，会社（Company）や従業員（Employee），注文（Order）など業務の対象となる名称が付いたクラス（Entityなどとも呼ばれる）が置かれる
- **データアクセス層**：データベースへのアクセスを抽象化する。この層には，クラス名の末尾にDao（Data Access Object）もしくは，Repositoryの付いたクラスが置かれる

なお，コントローラやビジネスロジックなどの用語には複数の解釈や別の名前が付けられていることがある。用語の不統一はエンジニア間のコミュニケーションを阻害するし，統一された用語はコミュニケーションを円滑にする。本書では**表1.2**のとおりに用語を統一することにしよう。

表1.2　用語の使い方

<table>
<tr><td colspan="2">コントローラ</td><td>画面遷移や画面でボタンが押されたときの動作制御やセッションの管理などを行う</td></tr>
<tr><td rowspan="2">ビジネスロジック</td><td>サービス<br>（アプリケーション）</td><td>ユースケースに表されるような特定業務や特定部署の処理のまとまりをコントロールする。トランザクションの起点。<br>一般的にはステートレス（自分自身の状態を示すような値を持たない）なクラス</td></tr>
<tr><td>ドメイン</td><td>サービスから起動される，ビジネスを行う上で当たり前に認識される顧客や注文といったクラスの集まり。<br>自分自身が何者かを示す値と，その値を利用した処理を実現する</td></tr>
</table>

このほかにも，Webアプリケーションのレイヤはいろいろな分け方があるが（**表1.3**），名称が違う程度で基本的な考え方は同じなので，プロジェクトや利用技術によって使い分けてほしい。

ただし，レイヤを分ければ分けるほど良いWebアプリケーションになるってものではない。このことについては，1.2.6.4項「部品化」で解説しよう。

表1.3　さまざまなレイヤの考え方

<table>
<tr><th>よくあるレイヤ1</th><th>よくあるレイヤ2</th><th>よくあるレイヤ3</th><th>よくあるレイヤ4</th></tr>
<tr><td rowspan="2">プレゼンテーション</td><td rowspan="2">プレゼンテーション</td><td>プレゼンテーション</td><td>クライアント層に存在するプレゼンテーション</td></tr>
<tr><td>アプリケーション<br>コントローラ</td><td>中間層のプレゼンテーション</td></tr>
<tr><td rowspan="2">ビジネス</td><td>サービス</td><td rowspan="2">ドメイン</td><td rowspan="2">ビジネス</td></tr>
<tr><td>ドメイン</td></tr>
<tr><td>データアクセス</td><td>パーシステンス</td><td>インテグレーション</td><td>インテグレーション</td></tr>
<tr><td colspan="3">非レイヤ</td><td>リソース</td></tr>
</table>

ただし，現実のWebアプリケーションのレイヤといわれているものには，隣接するレイヤに対する片方向のアクセスだけではなく，両方向への依存（**図1.10**）があったりする。そうしたものはレイヤではない。せいぜい，「画面まわり」とか「データベースまわり」といったところだ。もし，そうしたものを見つけたらリファクタリング[注11]してほしい。

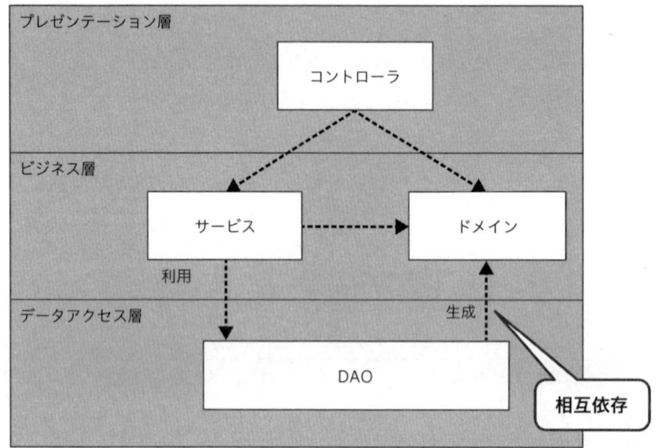


図1.10　相互依存のレイヤ

### 1.2.3.3 凹型レイヤ

そもそも，Webアプリケーションのレイヤは，ビジネスにかかわる部分と，ビジネスロジックの結果をいかにして表現するかを実現する仕組みの部分，この2つに大きく分けることができる（**図1.11**）。この2層から，ビジネスロジックこそがアプリケーションの中で一番偉く，ビジネスロジックの結果をどのように扱うのかという実装技術，たとえばブラウザに表示するとかRDBに保存するとか，にビジネスロジックが影響を受けないことが良い設計だと考えることができる。

そこで，僕達は従来の縦割り型のレイヤを捨てて，新しい形のレイヤを考えた。それが，ここで取り上げる凹型レイヤだ。

本書では，凹型レイヤ（**図1.12**）で説明を行っていこう[注12]。ちなみに図について補足しておくと，これはUML風に描いてある。図中の丸いのはUMLのinterface，四角いのはclassといった具合だ。UMLについてはJavaを利用するエンジニアなら読めるようになるのが必須。もし，丸とか四角，そこから延びる点線矢印の意味が全然わからないようだったら，少しまずいので別の書籍などを購入して勉強してほしい。

注11　「読みやすさ」や「変更の容易さ」，「パフォーマンス・アップ」などを目的に，プログラムの外的な振る舞いを変えないでプログラム内部に変更を加えること。

注12　もし，現状のまま従来のレイヤを利用せざるを得ない場合は，レイヤを「層」ではなく昔から「画面まわり」などといって使用してきた「まわり」と訳して利用するのがよいと思う。つまり「プレゼンテーションまわり」や「データアクセスまわり」である。その場合はパッケージングで凹型を目指すとよい。

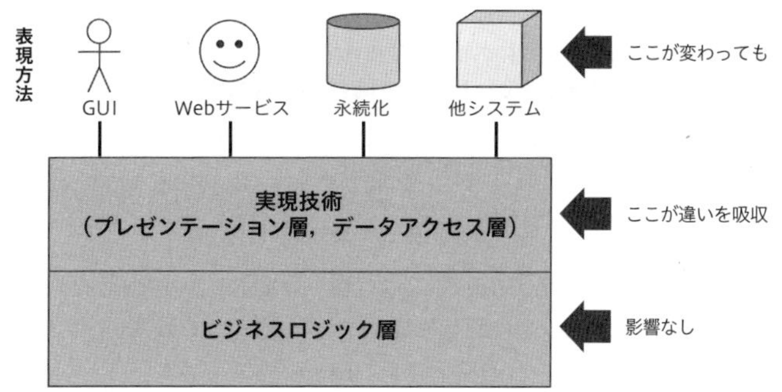


図1.11　レイヤの考え方

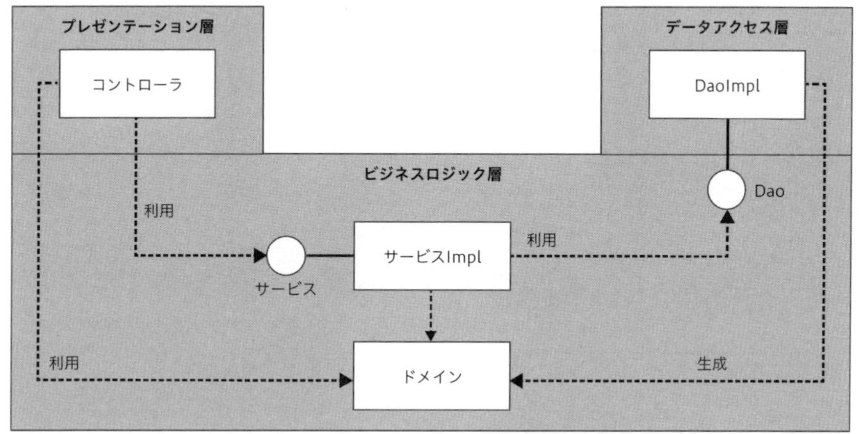


図1.12　凹型レイヤ

さて，凹型レイヤとは変な名前だが，安定依存原則（Stable Dependencies Principle）とか依存関係逆転原則（Dependency Inversion Principle）とかに裏打ちされた結構真面目なものだ（コラム参照）。

凹型レイヤで重要なことは，プレゼンテーション層から扱う利用技術がブラウザを扱うようなものから，携帯端末を扱うように変更になった場合や，データアクセス層で扱う利用技術がRDBからいわゆるNoSQLに変更になった場合などに，ビジネスロジック層に影響を与えないことだ。つまり，ビジネスロジック層こそがシステムの中心とか基盤といわれる部分になるのであって，表示の仕組みや永続化の仕組みが変わったとしても影響を受けないようにすることが重要なのだ。

つまり，ビジネスロジック層を他の層の変更から分離するためには，システムを形の上だけでレイヤに分割するのではなく，レイヤ間の結合部分にインタフェースを導入した疎結合な設計や実装を考慮する必要があるということだ。

凹型レイヤごとの詳細な設計と実装についてはSpringに依存する部分が多いので，のちほど解説することにして，次にレイヤごとの概要を解説しよう。まずは大雑把でもレイヤごとにその責務と設計指針を理解してほしい。

## COLUMN 安定依存原則(Stable Dependencies Principle)と依存関係逆転原則(Dependency Inversion Principle)と凹型レイヤ

安定依存原則と依存関係逆転原則はパッケージのための原則である。

安定とは他のパッケージが変更されたときに影響を受けないこと。安定依存原則とは安定した方向に依存しなさいということだ。

依存関係逆転原則とは，他のパッケージに最も影響を与えるような位置にいるパッケージの依存方向性を変えるための原則だ。依存関係が逆転するとインタフェースの所有権も変わってしまうことに注意してほしい。

凹型レイヤは，これらの原則を基礎にしている。ビジネスロジック層が最も安定すべきもので，データアクセス層は最も他のレイヤに影響を与える位置にいたのでビジネスロジック層と依存関係を逆転し，ビジネスロジック層がデータアクセス層のインタフェースを所有するようになった。

そしてまた，部品化のところでも述べるように「偉いほうがインタフェースを持つ」という原則にも則っているのだ。

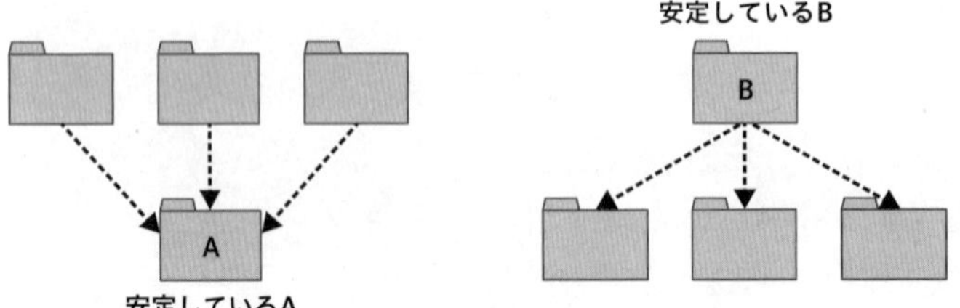


図 1.13　安定依存の原則

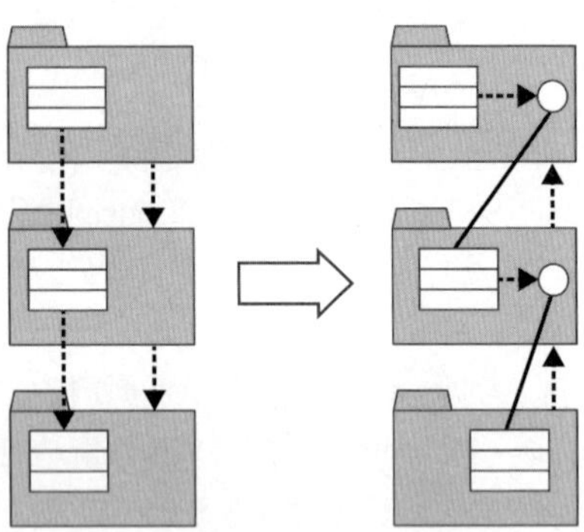

図 1.14　依存の逆転

## 1.2.4 プレゼンテーション層の役割

プレゼンテーション層の主な役割は，ユーザインタフェースの提供と，コントローラの提供だ。

ユーザインタフェースとは，ユーザが直接操作する画面や帳票のこと。最近ではIoTよりの画面のない端末もあるが，本書でユーザインタフェースといった場合には画面のことを指すことにする。

コントローラは，ユーザインタフェースを通じてユーザからの入力を受け付け，適切なビジネスロジックを呼び出し，その結果をユーザインタフェースに返す作業を行うものだ。もう1つ，コントローラの重要な作業は，Webアプリケーションにおける状態（セッション）に格納し利用するデータの管理を行うことだ。

コントローラは，一般にMVC2といわれるJSPモデルのコントローラとして知られている。

### 1.2.4.1 MVC2とは何か

一昔前のJ2EEのMVC2（Model-View-Controller）（**図1.15**）はSmalltalkで確立されたMVCパターンを参考にしたもので，Modelの部分にJavaBeans（EJB），Viewの部分にJSP，Controllerの部分にはServletを当てはめる。MVC2の名前の由来だが，SmalltalkのMVCパターンの二番煎じとか，JSP Model 2（**図1.16**）がMVCパターンに似ていることから作成された造語だろう。

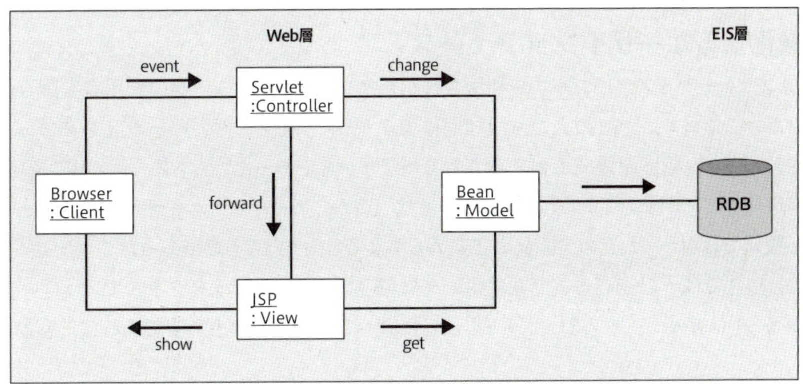


図1.15　MVC2

一般的にコントローラはSpringの提供するSpring MVCなどのオープンソースのMVCフレームワークから提供されているのでこれを利用することが多い。まさか今どきはいないだろうが，プロジェクトのたびにゼロからコントローラを自作することは無駄なので避けよう。

## COLUMN　MVC2とJSPモデル

JSPモデルは表示部分であるプレゼンテーションとビジネスロジックをどのように分離し，変更を局所的におさえるかの技術の歴史の見本だといえるだろう。

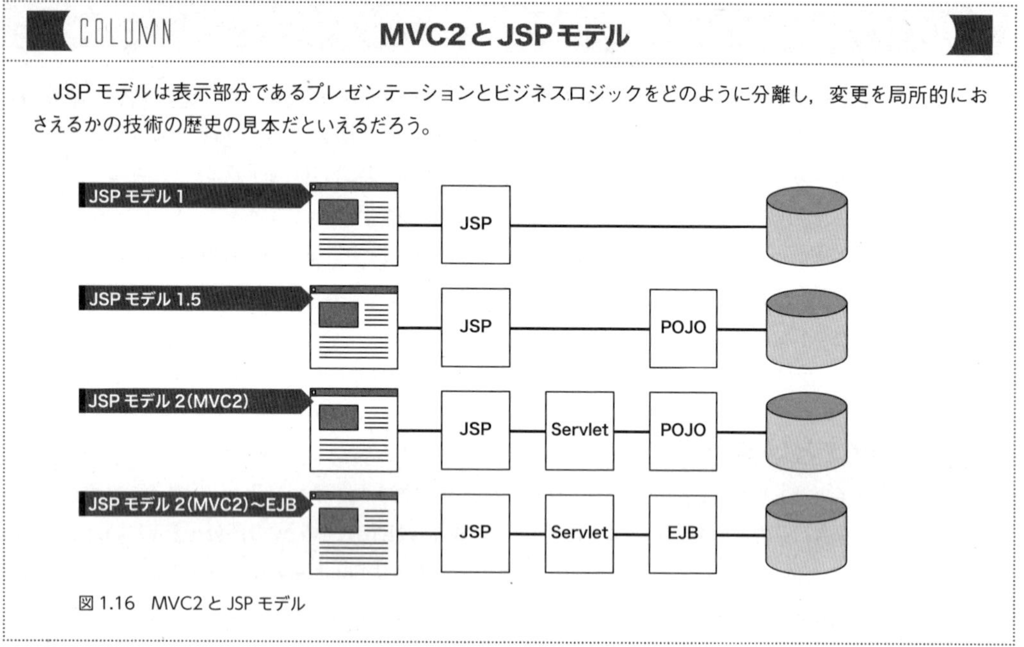


図1.16　MVC2とJSPモデル

### 1.2.4.2 多様化するユーザインタフェース

Webアプリケーションがビジネスで利用され始めた当初，コンピュータの利用者は限られたビジネスマンだけであって，一般の人たちの利用は少なかった。そのため，ユーザインタフェースに関しても，システムの稼働が優先され，おざなりになりがちであった。もちろん，ボタンの位置だとか，表の位置など，細かいところにこだわることは当時からあったが，ユーザインタフェース自体が現在ほど複雑ではなかったため，開発の工数から考えると微々たるものであった。

しかし，現在では一般家庭にまでコンピュータ（そもそも，コンピュータなんていう言い方自体が古い気がする）は普及し，インターネットを使った調べごとは普通の小学生であれば，容易にこなしてしまう。

Webブラウザ上ではAjaxによる非同期通信で使いやすさの向上がはかられ，iPhoneやAndroidのようなスマートフォンではTVゲームのようなユーザインタフェースが提供される。そのような状況下にあっては，ユーザインタフェースへのこだわり，そこから生まれる使いやすさの良否がWebアプリケーションの成功の鍵ともいえるまでになっている。

現在のWebアプリケーションでは，そうしたユーザインタフェースを実現する方法は多々ある。リッチクライアント製品を購入することもあるだろうし，ReactやAngularなどを利用することもあるはずである。

プレゼンテーション層の作りは，ユーザの要望によっていろいろなパターンが増え多様化している。そうなってくると，アーキテクチャ的にも入力データの構文検証[注13]は，JSP，Servletで作られるWebアプリケーションであれば中間層で行われるが，Ajaxを使ったWebアプリケーションであれば一部はクライアント層で行われることもあるだろうし，iPadやAndroid端末などでは，それをクライアント層として，別のアプリケーションがレイヤに配置されることだってある。

現在のプレゼンテーション層は，こうした多様化が進み，一般論としてこうすべきといった指針が出せないのが特徴だ。今後，皆さんがWebアプリケーションを開発する上では，プレゼンテーション層にどのような利用技術を使うかを決めた上で，その利用技術にあった設計を考えてほしい。

また，お金を持ったユーザにごり押しされればおかしなユーザインタフェースを作らざるを得ない場面も僕自身経験しているが，ペルソナ／シナリオ法やペーパプロトタイピングなど画面駆動ともいえる開発手法などを参考にして，恥ずかしくないユーザインタフェースを作ってほしい。

## 1.2.5 ビジネスロジック層の役割

ビジネスロジック層は，サービスやドメインといったビジネスロジックを実現するWebアプリケーションの中心となるところだ。僕は，Webアプリケーションの成否はビジネスロジック層にかかっていると思っている。

ビジネスロジック層は**表1.2**で表したように，ユースケースに表されるような特定業務や特定部署の処理のまとまりであるサービスと，サービスから起動される，ビジネスを行う上で当たり前に認識される顧客や注文といった処理を実現するクラスの集まりであるドメインで構成される。このサービスとドメインは，それぞれ，ビジネスロジック層内に作られたサービスパッケージ内のクラスとドメインパッケージ内のクラスで実現する。

ところで，開発時や運用時にかかわらず，Webアプリケーションの機能追加や変更とは主にビジネスロジック層のロジックの変更である。つまり，柔軟なアーキテクチャを持ったWebアプリケーションを作るためには，この部分をうまく作ることが最重要だ。特に最近では，プレゼンテーション層とデータアクセス層は定番のフレームワークを利用することで，障害などのリスクは概ね回避することができる。しかし，ビジネスロジックには業務用フレームワークが少ないことから，毎回スクラッチで作られる。しかも，ビジネスロジック層で実現したい業務に最も詳しいのは，開発者ではなくユーザである。

最近，僕達はいくつかの「動かないコンピュータ」の検証作業をしているが，たいていの問題は，こうしたユーザとベンダ間のコミュニケーションの問題と，このビジネスロジック層の作りの問題である。

注13　ユーザから入力されたデータの検証には，構文検証とセマンティック検証の2つがある。構文検証は，「数字のみ」や「半角12文字」などのチェックであり，セマンティック検証は「パスワードの検証」や「在庫数の確認」などデータベースにアクセスが必要な検証だ。

### 1.2.5.1 ビジネスロジック層のパターン

ビジネスロジック層の設計を行う際には，どのクラスにロジックを割り当てるかが問題となってくる。非常に見極めの難しい課題だが，設計の腕の見せ所でもある。ここで失敗してしまうと大変なことになるので，実際の開発では，あせらず，じっくり考えよう。

#### トランザクションスクリプト

一般的な指針として，データベースの内容を表示・更新するだけで業務処理すなわちビジネスロジックが少ないWebアプリケーション（これを「入れポン出しポン・アプリケーション」という）の場合には，ロジックをすべてサービスクラスに含めてしまうほうがよい。また，オブジェクト指向の知識がないであろうプログラマが大量に働く大規模開発プロジェクトでもドメインにはなるべくロジックを含めないようにしたほうがよいだろう（**図1.17**）。この場合はドメインではなく，単に値を格納するだけのオブジェクト，人によってはVO（ValueObject：値を格納するオブジェクト）とかDTO（Data Transfer Object：値の受け渡しをするためだけのオブジェクト）と呼ばれることになる。そもそも，基幹系とかエンタープライズと呼ばれる業務系のシステムは，データが命であることが多い。その場合は，DOA（データ中心アプローチ）的な考え方のほうがうまくいく場合だって多い。

こう書くと「ロジックのないドメインクラスじゃオブジェクト指向じゃない」などと批判する人もいるだろうが，気にしないでいこう。批判は学者連中に任せて，僕達はプロジェクトを成功させるベストな方法を考えているのだから。

ただし，いつまで経っても「オブジェクト指向わかりません」では，エンジニアとしてどうかとも思う。最近ではエリック・エヴァンスが提唱するドメイン駆動設計[注14]にも注目が集まっている。大規模開発であっても，重要なドメインであれば，次に記述するドメインモデルでWebアプリケーションを作ってもらいたいと思う。

#### ドメインモデル

大規模開発ともなると，基本的にトランザクションスクリプトで作ることが多いが，最近のシステム開発はビジネスロジックが複雑なものも多い。また，Webアプリケーションのライフサイクルを考慮して，オブジェクト指向の利点である継承などを生かした変更や拡張の容易性が求められることも多い。そうした場合，トランザクションスクリプトでビジネスロジック層を作ってしまうと，ビジネスロジックが複雑になり，さながら，構造化言語で作ったような大きくて複雑なビジネスロジックができてしまう。こうしたことを防ぐにはドメインパッケージ内のクラスにドメインロジックを持たせた，ドメインモデルでビジネスロジック層を作るようにしよう（**図1.18**）。

ただし，実際の開発でドメインモデルで美しく作ることにこだわり過ぎて，納品できない・動かないアプリケーションを作るのだけはやめよう[注15]。ドメインモデルで作っていて限界を感じたら，さっさとトランザクションスクリプトで作り直してしまうといった頭の柔軟性というのも現実には必要だ。

注14　ドメイン駆動設計（Domain-driven design，DDD）とは，エリック・エヴァンス氏によってまとめられた，ドメインモデルを生成するためのパターンや哲学。

注15　ドメインモデルがうまく作れないという問題もあるが，経験上，ドメインモデルがうまく作れない理由は，勉強しない（来年は営業に戻るので……とか）・業務を知らない（実は業務で使えないので，情シスに飛ばされました……とか）などなども含めたユーザ側に問題があることも多い。

ちなみに，業務システムでドメインモデルを作るための考え方の1つとして，もともとの業務は帳票で回していた→1つの帳票をExcelで作るとどうなるか考える→そのExcelをクラスにしてはどうかと考える……などという方法もあるのではないかと思っている。

さらに，今後に向けて1つだけ注意したいことがある。それは，Springの中心となるDIxAOPコンテナは，ドメインモデルの構築や管理にはあまり役には立たないということだ。ドメインモデルというのはロジックを持ったメソッドだけでなく属性，すなわち値を持ったインスタンスとして生成されるが，値を持ったインスタンスは，RDBから読み込まれ，RDBとのやり取りで管理される。すなわちドメインの生成や管理は，DIxAOPコンテナではなく，データアクセス層の仕組みに依存するのである。別の言い方をすると，Springはドメインモデル以外のことは全部用意するフレームワークであるということだ。

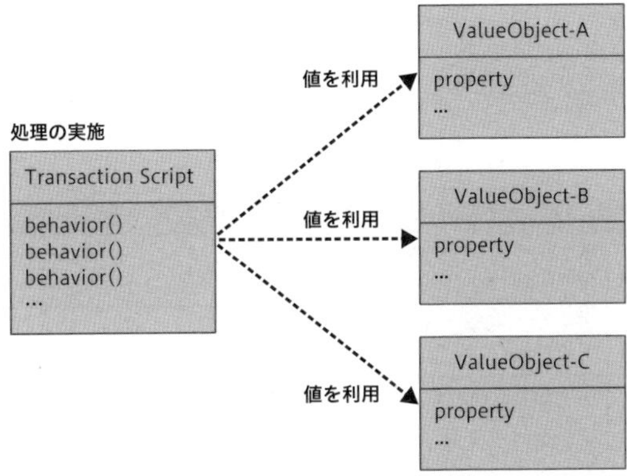


図1.17 トランザクションスクリプト

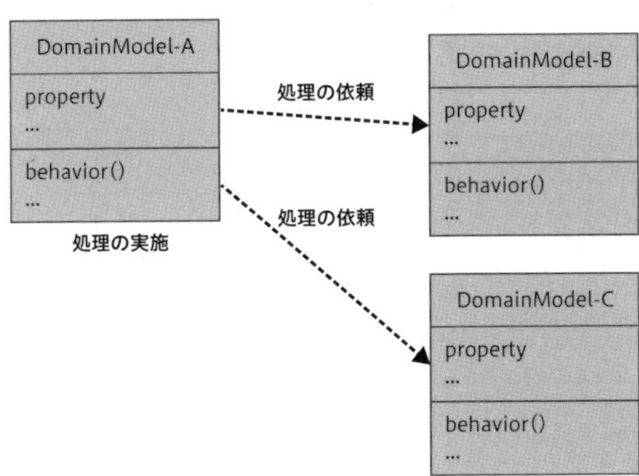


図1.18 ドメインモデル

### 1.2.5.2 トランザクション管理

トランザクションとは，簡単にいうと「処理の単位」だ。処理の単位には，たとえば「Webサイトで検索を行って商品一覧を見るまで」といったものや，「Webサイトで商品を注文してから商品が家に届くまで」といった長いもの，「注文の依頼を受けて，発注テーブルと顧客テーブル，在庫テーブルを更新する」といったデータベースへのトランザクションがある。ここで取り上げるのは，そのうちデータベースのトランザクションだが，いろいろなトランザクションがあることを忘れないでほしい。

さて，トランザクションには守るべきACID属性というものがある（**表1.4**）。この中でアプリケーションアーキテクチャとして気をつけるのは，**図1.19**の原子性（Atomicity）と，独立性（Isolation）だ。このうち，一貫性（Consistency）と独立性（Isolation）については第3章「データアクセス層の設計と実装」でもう少し詳しく見ていくことにしよう。

一方，永続性（Durability）は，僕達が作るアプリケーションの前提条件といえるだろう（アプリケーションで，どうやって永続性を保証するのだ？）。

表1.4 ACID特性

| ACID | 意味 | 解説 |
|---|---|---|
| Atomicity | トランザクションの原子性 | トランザクション内のすべての処理は，すべて行われたか，もしくは何も行われなかったかのどちらかだけであること |
| Consistency | データの一貫性 | データに一貫性があること。<br>一貫性を守ってない例：親テーブルがないのに子テーブルがある |
| Isolated | トランザクションの独立性 | 並行して走るトランザクションが互いに独立していること |
| Durability | データの永続性 | データが永続化されていること。永続化されているデータが読み出せること |

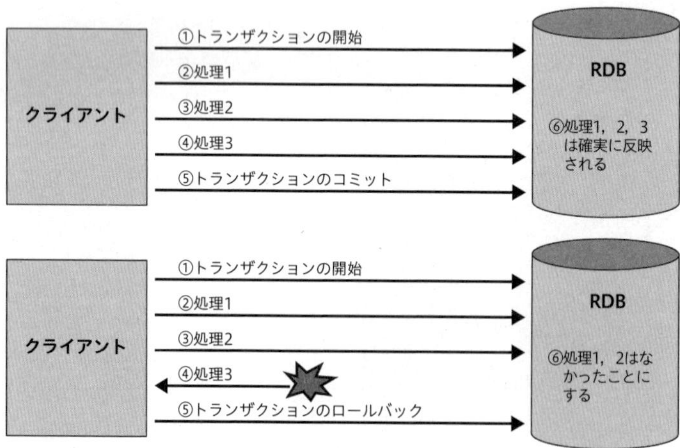


図1.19 原子性

システムを構築するときは原子性の範囲を決めてやる必要がある，つまりすべての処理が実行されたか・されなかったかという処理の単位（トランザクション）を決めるのだ。

一般的にトランザクションは，メソッドに入ったら「トランザクション開始」，そのメソッドを抜けたら「トランザクションのコミット」のように決める（**図1.20**）。トランザクション対象となるメソッドから呼び出されたメソッドはすべてトランザクションの対象となるわけだ。

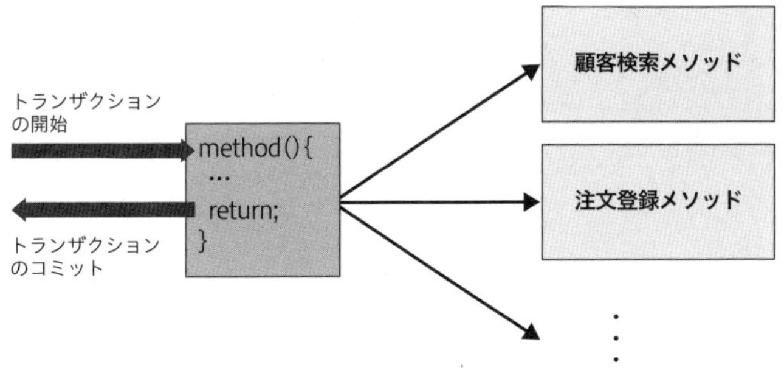


図1.20　トランザクション管理の基本

だから，トランザクション対象のメソッドがあらゆる層に散らばっていては管理が大変だ。そこで，管理がしやすいように，一定のルールでトランザクションの開始と終了となるメソッドを決めてやる必要がある。こうしたルールのもとに作られたトランザクションの開始・終了は論理的にレイヤ上の線となって現れる。これがトランザクションの境界線だ。

トランザクションの境界線は，プレゼンテーション層とビジネスロジック層の間に引くのが一般的だ（**図1.21**）。より具体的に言うとプレゼンテーション層に公開されたビジネスロジック層のサービスクラスのメソッドが，トランザクションの開始であり終了である。つまりプレゼンテーション層のクラスから，サービスクラスのメソッドが呼び出されたらトランザクションの開始，サービスクラスのメソッドが終了し，プレゼンテーション層のクラスに戻るときがトランザクションの終了である。

問題はトランザクション境界を作るためのトランザクションの実装をどのように設計するかだ。

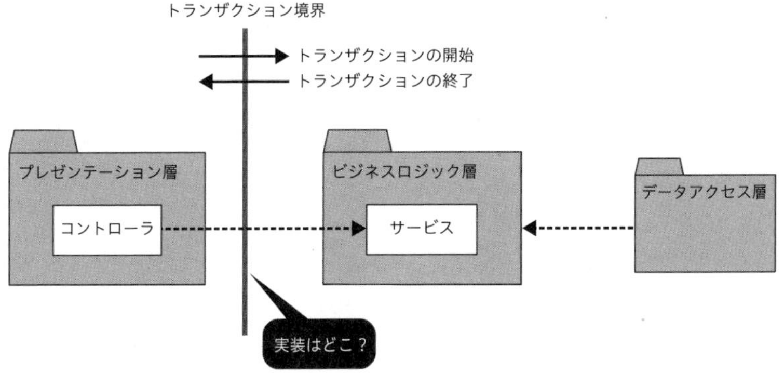


図1.21　トランザクション境界

トランザクションの開始やコミット，ロールバックといったRDBに対するトランザクション管理をソースコードに明示することを明示的トランザクション（**図1.22**），ソースコードに記述せず定義ファイルなどで宣言し，フレームワークなどから提供されるトランザクション処理にトランザクション管理を行わせることを宣言的トランザクション（**図1.23**）という。

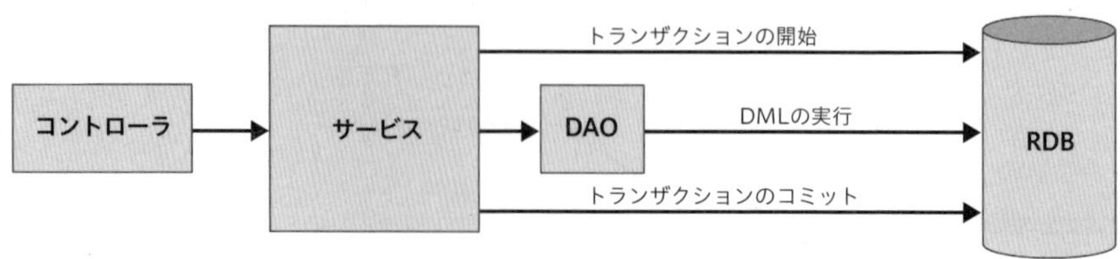


図1.22 明示的トランザクション

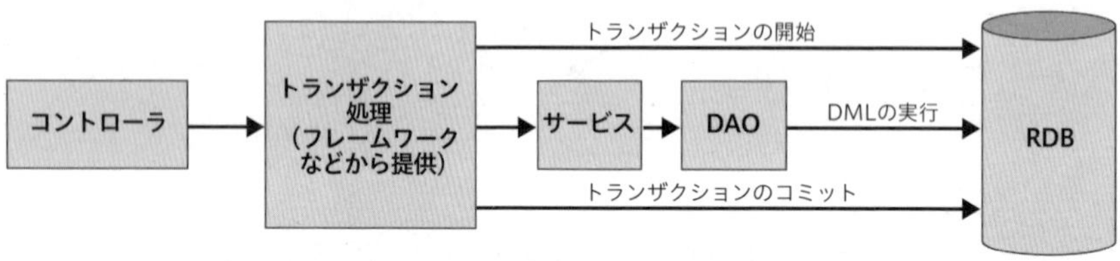


図1.23 宣言的トランザクション

## 宣言的トランザクション

宣言的トランザクションを利用することによって，ビジネスロジック層に含まれるコンポーネントは自由に組み合わせることができ，また開発者もトランザクションを意識することなくロジックの記述に専念することが可能になる。

アプリケーションアーキテクチャを柔軟なものとするために積極的に宣言的トランザクションを積極的に採用しよう。

宣言的トランザクションを利用する場合，トランザクション境界となるのは，サービスクラスのメソッドだ。サービスクラスのメソッドが呼び出されたらトランザクションが開始され，メソッドが終了したらトランザクションがコミットされる。

## 明示的トランザクション

もし，何らかの理由で，明示的トランザクションを実装しなければならない場合は，プレゼンテーション層のコントローラでトランザクションを実装し，ビジネスロジック層に含まれるコンポーネントはトランザクションから自由にすべきだ。

そのほうがトランザクションが入れ子になってしまうことを気にせず，ビジネスロジック層に存在するコンポーネントを自由に組み合わせることができるからだ。

また，プレゼンテーション層でトランザクションを実装する場合には，トランザクション管理を1ヵ所で行うようにすべきだ。たとえば，コントローラクラスでサービスクラスのメソッドを呼び出す前後にトランザクションの開始と終了を行うのがよいと思う。

最悪なパターンは，ビジネスロジック層に含まれる複数のクラスがjava.sql.Connectionを扱い，トランザクション管理を行うものだ。コンポーネントの組み合わせなど以前に，テストを含めた開発工数がどれだけかかるか，クローズ処理や例外処理の複雑さを考えてみると僕なんかぞっとしてしまう。

## 1.2.6 データアクセス層の役割

データアクセス層は基本的にRDB（テーブル）へのアクセスをビジネスロジック層から隠蔽し，ビジネスロジックに必要なデータをテーブルから取得しオブジェクトにマッピングするものだ。

このようにオブジェクトとテーブルをマッピングすることをORマッピングという（OはObjectで，RはRelational（テーブル）の略だ）。

データアクセス層ではオープンソースのDBアクセスフレームワークを利用するのが一般的だ。

### 1.2.6.1 ORマッピング

ORマッピングには，システム開発の方法によって「OからR」「RからO」[注16]と異なる2つの方向のORマッピングが存在する（**図1.24**）。

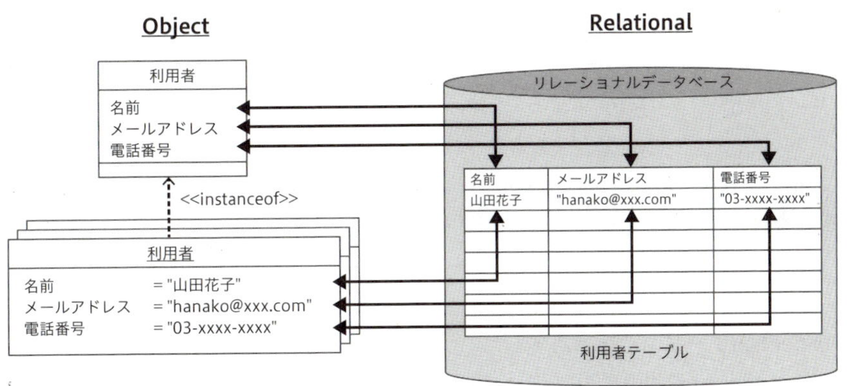


図1.24　OとR

一般論として，「OからR」のORマッピングは，オブジェクト指向分析でエンティティ（ドメインモデルのクラス）を抽出し，そのエンティティをもとに設計段階でテーブルを作成するものだ。基本的に，テーブルの1レコードが1オブジェクトに対応する。オブジェクト指向で分析設計すれば一般的にはこのようなORマッピングになる。

同様に「RからO」のORマッピング（紛らわしいのでROマッピングということにしよう）は，システムのデータ分析をDOA（データ中心アプローチ）などで行いテーブルを作成した場合や，システ

注16　これを別の宗派では，モデルファーストやデータベースファーストと呼ぶらしい。

ム開発以前にすでにテーブルが存在している場合に利用するものだ。

また，主に参照系のWebアプリケーションや入れポン出しポン・アプリケーションの場合は画面に表示すべきデータのみを集めて1つのオブジェクトにしたほうが効率が良いので「ORマッピング」を避け，あえて「ROマッピング」を選択することも考えられる。たとえば，社員の氏名と基本給の一覧表示画面が必要なとき，社員テーブル（項目：社員番号・氏名・年齢・住所・役職など）と給与テーブル（項目：社員番号・基本給・調整手当など）から社員オブジェクトと給与オブジェクトを生成して表示するよりも，社員テーブルと給与テーブルから給与一覧オブジェクト（属性：氏名・基本給）を生成して表示したほうが効率が良いことは明白だろう。

### 1.2.6.2 DBアクセスフレームワークの種類

DBアクセスフレームワークとして，一般的に知られているのはORM（O/Rマッピングフレームワーク）だ。ORMは，XMLやアノテーションなどで記述されたマッピングの設定によってオブジェクトとテーブルのマッピングを行う。マッピングの設定を記述するのは手間がかかることが多いが，開発者はSQL文を意識しないでよいのが特徴だ。

ORMの代表的なフレームワークがHibernateだ。

一方，直接SQL文を使用することを前提としたDBアクセスフレームワークもある。Springに含まれるSpring JDBCや，MyBatis[注17]がそれにあたる。

### 1.2.6.3 データアクセス層の設計指針

まず，設計を考える前にデータアクセス層の実装を考えてみよう。データアクセス層の実装はORマッピングかROマッピングかによって変わる。

ORマッピングであればORMといわれるHibernateなどを利用する。ROマッピングで，かつテーブルの構造が複雑であればSpring JDBCのように直接SQLを利用することも考えよう。

Hibernateのようなフレームワークを利用すると，本来は設計で考慮すべき以下の点が含まれている。

**Connectionプーリングを利用する**

- Connectionを利用するたびに生成し解放するのは効率が悪い。一般的なDBアクセスフレームワークではConnectionプーリングが利用できるようになっている

**RDB（製品）が変わったときに実装に影響がないようにする**

- 一般的なDBアクセスフレームワークでは設定ファイルで利用するRDB，たとえばHSQLDBやOracleなどを指定するので，RDBが変わった場合でも実装に影響がない

**利用するRDBに依存したSQL文を記述しない**

- ORMでは，設定ファイルで指定されたRDBによって出力されるSQL文が変わる

注17　MyBatisは，以前はiBatisの名称で親しまれていた。現在，すべて小文字のmybatisをロゴとしている。本書では正式なリファレンスマニュアルの中で利用されているMとBが大文字のMyBatisを使う。なお，MyBatisを好むのは日本だけのようで，海外のエンジニアにMyBatisを使っていると言うとたいてい驚かれる。

- 残念ながら直接SQL文を記述するタイプのDBアクセスフレームワークでは，RDBに依存しないSQL文を記述しないように注意が必要だ。特に注意すべきはインクリメンタルなプライマリキーの生成方法と現在日時などを取得する関数などベンダに依存してしまう機能だ

ここまで解説したところでおわかりだと思うが，データアクセス層で設計すべきところはDBアクセスフレームワークが内包してくれているのでほとんどない。データアクセス層のインタフェースさえ設計すればOKなのだ。設計すべきは，テーブルとドメインの関係，つまりORマッピングの部分だ。テーブルとドメインの設計が終わったところで，そのシステムの特徴と求められるパフォーマンスが得られるDBアクセスフレームワークを選択すればよいのだ。

### ビジネスロジック層とデータアクセス層の分離

しかし，これだけでは問題点がまだ残る。僕達が目指すのはビジネスロジック層とデータアクセス層の相互依存をなくした凹型レイヤである。

通常に設計したのではトランザクションを制御するために，ビジネスロジック層でjava.sql.Connection（HibernateならSessionだ）を取得して，データアクセス層に渡すような作りになってしまう。これでは，いくらインタフェースベースにしてもデータアクセス層がビジネスロジック層に依存してしまう。インタフェースからConnectionを分離する方法としてはThreadLocalを利用したパターンを使うことなどが考えられるが，結構めんどくさい。本書では，あとでSpringを利用して簡単に実現しよう。

### COLUMN パーティションもしくはインフラ層

Springをレイヤに入れこもうとするのは難しい。プレゼンテーション層のSpring MVCやデータアクセス層のSpring JDBCはよいのだが，コアとなるDIxAOPやSpring Securityのようなモノはレイヤをまたがる。本書ではこの問題を無視して，3層（プレゼンテーション層／ビジネスロジック層／データアクセス層）にSpringを割り当てているところもあるが，本質的にはSpringはレイヤから独立しており，レイヤには自分達が作成するモノが入ると考えたほうがよい。

それでも，どうしてもそうした図が欲しいという場合もあるだろう。そのときには，レイヤと独立したパーティション，もしくは，レイヤとしてインフラ層を設けて，そちらにSpringを入れることを考えたほうがよいと思う（図1.25）。

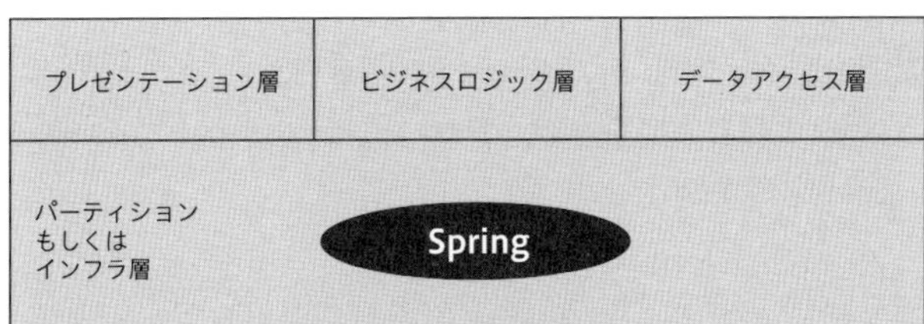


図1.25　パーティションもしくはインフラ層

### 1.2.6.4 部品化

ここまで，アプリケーションの設計目標を，開発効率や柔軟性の高さなどとし，それを実現するための方法として，ティアとかレイヤについて話をしてきた。これらの話をまとめると，アプリケーションは部品を疎結合に組み立てて作ろうという話になる。部品として大きいほうから，ティアやレイヤとなり，それよりも小さい部品がパッケージだとかコンポーネントとなる。そして部品同士はインタフェースでつなぐ。これらは，大雑把に言えば全部，部品化の話なのだ。

もっと簡単にいうと，アプリケーションを，「テレビやDVDデッキ，スピーカなど」や「パソコンにディスプレイ，マウス，そしてマザーボードにCPUとメモリなど」のように部品で組み上げる電気製品と同じようなアーキテクチャにすることで，開発効率や柔軟性を上げたいのだ。

ティアやレイヤのように大きい部品は，現実世界では電気製品のパソコンやディスプレイ，スピーカに該当すると考えてほしい。だとすると，パッケージやコンポーネントはパソコンの中に入っているマザーボードやCPUやメモリだ。クラスはマザーボードやCPUやメモリに入っている，より小さな単体部品だ。

そうした部品化を促進することで，開発効率や柔軟性が上がるのだ。まず，開発効率という点では，電気製品のように部品ごとに違うメーカに製造（もちろんテストを含めて）を依頼することができるようになる。そして柔軟性という点では，パソコンのマウスやディスプレイが容易に交換できるのと同じような柔軟性が得られる。加えて，何かが故障したら，その部品だけを修理すればよい。そもそも，オブジェクト指向自体が部品化を促進する技術だと考えられるではないか。まぁ，システム開発の現場では電気製品ほどはうまくいっていないのだが，そういうことだ。

ここで，重要なことがある。部品化するにはインタフェースが重要だということだ。電気製品でわかるように，部品は必ずコンセントやモジュラージャックのような何らかのインタフェースでつながっている（**図1.26**）。それ以外の部分ではつながらないのだ。マウスをパソコンにつなげるときに「USBでつなげたあとに，マウスから延びている赤いコードをパソコン本体のマザーボードにハンダでつなげてください」などということはあり得ない。もしそうであれば，かなりダメな製品だ（**図1.27**）。また，凹型レイヤのところで説明した，双方向の依存がダメな理由も，電気製品の部品化を考えてみるとダメなことに気がつくだろう。

そして，アプリケーションも同じようにインタフェースでつながるように部品化したいし，あとで記述するようにSpringは，このインタフェースでつなげる部品化のアーキテクチャを作るのに大変有用なのだ。

ここで，僕達が考える部品化の2つのポイントについて解説しよう。

まずは，2つの部品があった場合，インタフェースはどちらの部品が持つべきかということ，電気製品でいえばインタフェースとは「差し込む穴の開いているほう」，Javaでいえば「Interfaceの定義を持っているほう」はどちらの部品かということだ。

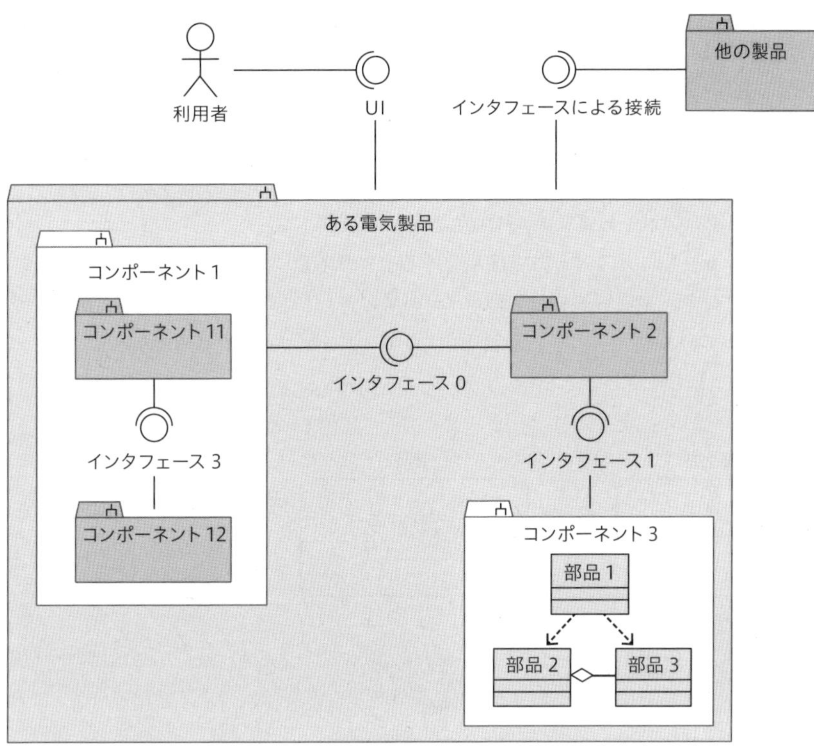


図1.26　部品化できている製品

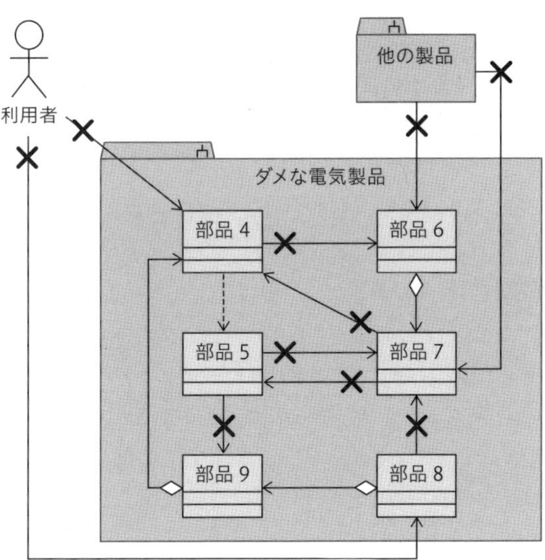


図1.27　部品化できていない製品

これは，電気製品を見ればわかるが「偉いほう」だ。パソコンとマウスではパソコン側が穴が開いているほうだし（**図1.28**），テレビとスピーカもテレビ側が穴が開いているほうだ。そしてパソコンもテレビも電気をもらうために，穴の開いたコンセントが必要だ。パソコンとマウスでは，なぜパソコンのほうが「偉い」のかは僕の感覚的なもので論理的にうまく説明できないが，変化の少ないほう・それがないと困るほうなどの理由が考えられる。まぁ，深く聞かれると困るのだがそういうことだ（もしかしたら単に僕達のボキャブラリが貧困なだけかもしれない）。

アプリケーションも同様の考え方で部品化するべきである。JavaのAPIだってインタフェースはAPI側が持っている。先に解説した凹型レイヤの考え方も「ビジネスロジック層」が最も偉いという考え方に基づいている（**図1.12**）。これは著名なトム・エンゲルバーグ氏も「偉いほうがインタフェースを持つ法則」として推奨している[注18]。

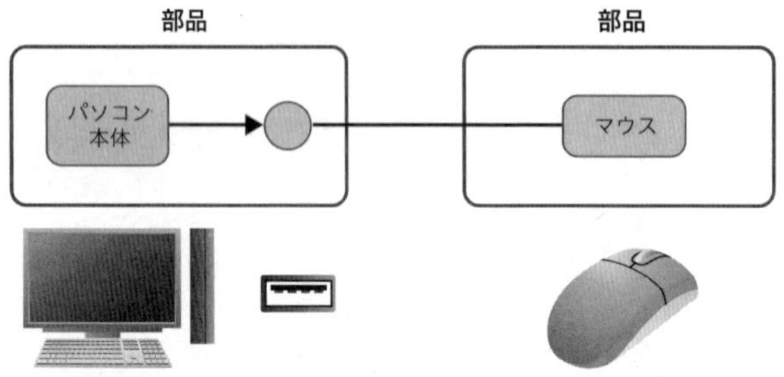


図1.28　部品化とインタフェース

蛇足かもしれないが，なんでも部品化してインタフェースを付ければよいというわけではない。細かい部品の中には，インタフェースがなくてもよいものがある。たとえば，パソコンの中にささっている緑色の基盤を1つの部品と考えると，基盤上の部品はそれぞれインタフェース抜きで直結していたり，ハンダでくっついている。そこを間違えて不必要にインタフェースを付けないように注意してほしい。

さて，2つめのポイントは，では，どの程度まで部品化すればよいか，部品の1つの大きさをどの程度にするか，ということだ。

これには絶対的な解答はない。「部品化の必要があるだけ，適切な大きさに部品化しなさい」というのが正解だ。これも電気製品を考えればわかってもらえるだろう。デスクトップパソコンを買うときに，ディスプレイ一体型はダメということはないし，ステレオだってスピーカやアンプ，プレイヤーをバラで買ったほうがよいか，一体型がよいかは，購入者が，どこまでステレオを拡張するのか，故障したときに面倒かどうか，いくらまで払えるか，もしくは，それらの部品をどのように製造依頼するのか（システム開発でいえば，どのチームにどの単位で製造を依頼するかということ），などの要件で決まるもので，どちらがよいというものではない。

アプリケーションも同様である。もちろん，そこには部品化を進めるとパフォーマンスに影響があったりするなどの制約や要件の違いがあるだけである。

注18 『間違いだらけのソフトウェア・アーキテクチャ ― 非機能要件の開発と評価』（技術評論社）

ただし，1つ言えることは，もし部品化に迷いがあるのであれば，本書で勧める3レイヤから考えたほうがよいということだ。設計する上で，レイヤは増やすよりも減らすほうが簡単である。よくわからないから1レイヤから始めて2レイヤ，3レイヤに増やすのは難しい。かといって，レイヤを10から始めるのは行き過ぎである。その適度なところが3レイヤである。もし，どこまで部品化すればよいかを迷ったら，3レイヤから始めて，必要があれば減らしたり増やしたりしてほしい。

## 1.2.7 Webアプリケーションの抱える問題

ここまでで，Webアプリケーションのアーキテクチャについては，わかってもらえたと思う。そこで，次にSpringを利用しない場合にWebアプリケーションの抱える問題点（逆に言えばSpringが解決できる問題）について明らかにしていこう。

### 1.2.7.1 EJBの問題（っていうのはもうない）

Springというと以前はアンチEJBという感じだったが，EJB自体がバージョン3.0になってDIコンテナ，AOPフレームワークになってしまったため，もはやEJBと比較することでSpringの優位性を明らかにするという手法は成り立たなくなっている。

過去にEJBという重量コンテナのアンチテーゼとして軽量コンテナと自ら称して登場したSpringであるが，現在ではコンテナの問題を飛び越えて，Springと比較するのはJavaEEとなるほどに大きく成長している。

### 1.2.7.2 オブジェクトのライフサイクルの問題

さて，先に解説したようにWebアプリケーションのプレゼンテーション部分にはServletをコントローラにしたMVC2モデルを採用することが一般的だ。コントローラを実現するServletはView部分にアクセスするユーザ数が増えるたびにインスタンス化されることによるガーベージコレクト時のパフォーマンス低下やメモリへの圧迫を防ぐようマルチスレッドで動作させる。しかし，コントローラから呼ばれるサービスロジックのオブジェクトを毎回インスタンス化するように設計／実装してしまえば，View部分にアクセスするユーザ数が増えたときにインスタンスが増え，ガーベージコレクト時のパフォーマンス低下，メモリの圧迫が発生してしまう恐れがある。

これを防ぐためには，サービスロジックのオブジェクトはSingleton[注19]にしなければならないが，オブジェクトをSingletonにするためには実装を変更する必要があり，何らかの都合でオブジェクトがSingletonである必要がなくなったときの変更コストは大きくなってしまうのだ。

また，同様にオブジェクトがSingletonのように，長生きしてもらっては困る，HTTPのSessionの間だけオブジェクトが存在していてくれればよいとか，Requestのときだけでよいといった場合，オブジェクトのライフサイクルの作り込みも大変である。

Springは，そのあたりのオブジェクトのライフサイクル管理もしてくれるのだ。

注19 Singletonはデザインパターンの1つであり，指定したクラスのインスタンスをシステム内で1つにしたい（保証したい）場合に利用する。Singletonの詳細はデザインパターンについて書かれている書籍（いわゆるGoF本など）などを参考にしてほしい。

### 1.2.7.3 部品化の問題

Webアプリケーションを構成するオブジェクト間の依存関係は，インタフェースを介して実装非依存にすることで，オブジェクト間を疎結合に保ち，オブジェクトの拡張や変更を容易にし，開発効率を上げ，システムを高品質に保つことができるということは，部品化のところで解説したとおりである。

たとえば，オブジェクト同士がインタフェースにのみ依存していれば，インタフェースの実装が拡張／変更されても利用しているオブジェクトには何の影響もない。また，インタフェースの背後にあるオブジェクトが未完成の場合も，Mockオブジェクトなどに置き換えることで開発を止めることなく進めることができ[注20]，テスト用のクラスに置き換えることで容易にテストが実施できる。この考えを推し進めれば，電気製品と同じように部品ごとに開発拠点を分けて作成することができる（**図1.29**）。

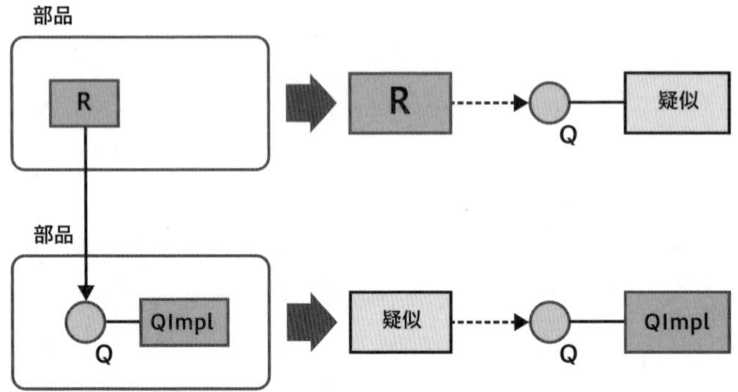


図1.29　部品ごとの開発

しかし，Springのようなフレームワークを利用せずに，このようなインタフェース依存／実装非依存を実現するにはテクニックを要する。

たとえば，単にインタフェースを利用するだけでは，実装非依存にはならない（**図1.30**）。

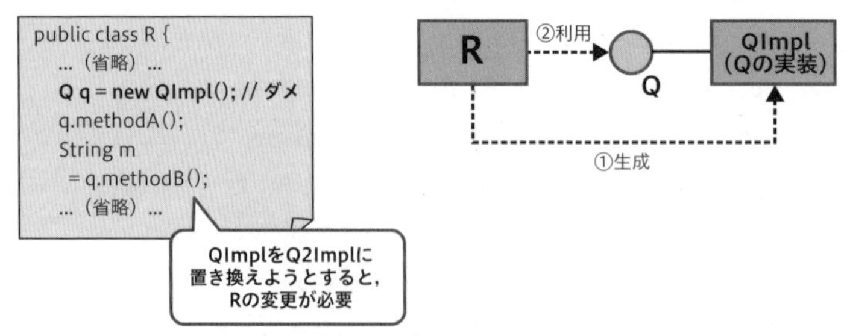


図1.30　実装依存

注20　もちろんMockito（依存するクラスをモックに置き換えてくれる。http://mockito.org/）のようなものを利用すればインタフェース（JavaのInterface）はなくても開発は可能である。ただし，それを加味してもある程度の規模でチーム開発を行う場合には，チーム間の境界線上にインタフェースは必要であるし，部品化をより明確にするためにも必要だと考えている。できればUML（では実現関係と使用依存）のように，実現されているインタフェースと実現しなければならないインタフェースが明確になるよう，2種類のインタフェースが欲しいくらいである。

そこで，通常はFactoryMethod[注21]などを導入して，実装非依存を実現する（**図1.31**）。

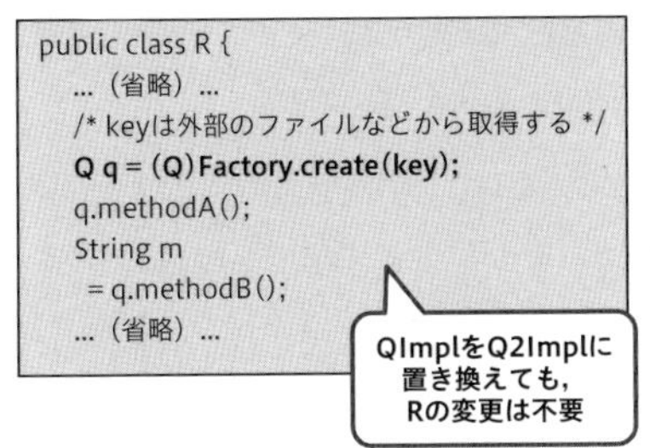


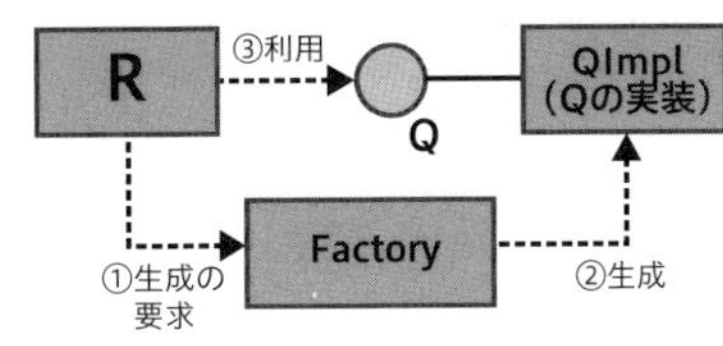


図1.31　実装非依存

しかし，実際の開発現場ではそのような仕掛けを作っていくこと自体を知らない，もしくは，コストに合わないと考えられ[注22]，結局はインタフェースに依存し実装に非依存な設計／実装がされることはなく，開発効率や変更／拡張の容易性，テストによる品質の維持を捨ててしまうことになるのだ。

### 1.2.7.4 技術隠蔽や不適切な技術隠蔽の問題

また，開発者のレベルを考慮せずに高レベルの技術を初級レベルの開発者に利用させて不具合を引き起こしてしまったり，不適切な技術隠蔽をしてその技術の利用が困難になってしまうといったような技術隠蔽の問題（**表1.5**）も開発現場ではよくある問題だ。

それに，顧客クラスや受注クラスの中に，顧客や受注の処理とは言い難いトランザクションや例外，ロギングのような処理が入ってくるのは，プログラムの可読性を著しく落としてしまう。

また，例外処理がいくつも書かれているということは，ソースコードの中の分岐が増えるということだ。可読性はもちろん，Unitテストの容易性だって落としてしまうことになる（例外処理すなわちtry-catchやif文がまったくないメソッドと，try-catchやif文で分岐が大量にあるメソッドでは，Unitテストの容易さが大きく異なることは想像に難くないだろう）。

それに，複数のクラスにまたがって存在するトランザクションや例外処理，ロギング処理は部品化の促進も損なっている。

表1.5　技術隠蔽の問題

| | |
|---|---|
| 技術を隠蔽しないために発生した問題 | トランザクションの制御を初心者にコーディングさせてしまい，統合テストでトランザクションの不具合が頻発 |
| | 例外処理の手順が周知されず，コンポーネント間のどこかで例外がなくなってしまう事象を運用前に発見して大騒ぎ |
| 不適切に技術を隠蔽した問題 | トランザクション制御を開発者から隠蔽しようとフレームワークを作ってみたものの，やたら手続きが複雑で，同僚達からはわかりづらいと言われて使ってもらえなかった |

注21　FactoryMethodはデザインパターンの1つである。ここではJavaのリフレクション機能を利用してnew演算子を利用しないでインスタンス化することを指している。FactoryMethodの詳細はデザインパターンについて書かれている書籍などを，Javaのリフレクション機能についてはJavaの参考書などの書籍を参照してほしい。

注22　メンテナンス性や品質を考えれば本来はコストに見合うはずである，無理な納期に間に合うようにと考えてそうしたシステム特性を捨ててしまうことは，粗悪なシステムの乱開発につながる。

### 1.2.7.5 問題解決はSpringにお任せ

ここまで，Springを利用しなかった場合のWebアプリケーションの3つの問題点について記述した。ここで問題点を整理してみよう。

- オブジェクトのライフサイクルの問題
- 部品化の問題
- 技術隠蔽や不適切な技術隠蔽の問題

このような問題を解決しない限り，Webアプリケーションはリソースを上手に利用できない，テストがしづらい，拡張や変更もやりづらいものになってしまうだろう。

Springはこのような問題を背景として，問題を解決するために生まれたコンテナであるともいえる。

Springは，あとで解説するように，こうした問題を解決してくれるのだ。

- オブジェクトのライフサイクルの問題はDIコンテナで解決
- 部品化の問題はDIコンテナで解決
- 技術隠蔽や不適切な技術隠蔽の問題はAOPで解決

### 1.2.7.6 部品化の未来

ここまでの部品化の話は，アーキテクチャとしてはモノリシックなものを対象にしてきた。ここでちょっと未来（といってもすでに一部では実現されており，皆さんが開発するような業務系のシステムにも近いうちにやってくるかもしれない未来）の話をしておこう。

まず，モノリシックなアーキテクチャとは，Webアプリケーションが1つのプロジェクトとして一塊になって環境にデプロイされるものだ。ゆえに，モノリシックなアーキテクチャでは，部品化が進んだところで，ある部品の修正は全体のデプロイになってしまう。これでは，せっかく部品化したのにもったいない（図1.32）。

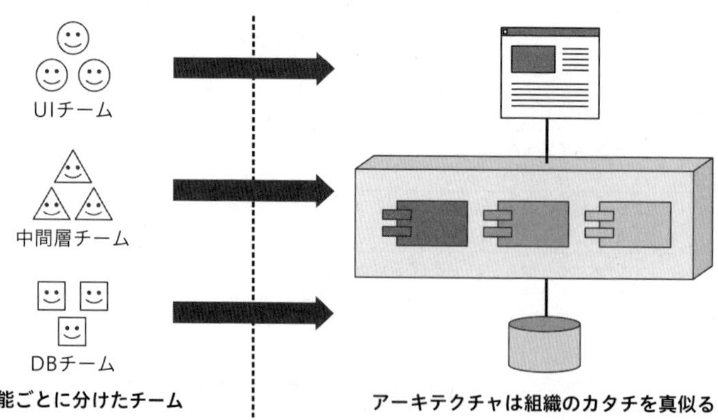


図1.32　モノリシックなアーキテクチャ

そこで，ある程度の大きさで，かつ，モノリシックにとらえるには複雑過ぎるシステムは，部品を個別に作成，修正してデプロイできるようにと考えられたのが[注23]，マイクロサービス(Microservices)[注24]である。ある程度とは，どの程度なのかというと，あるビジネス要件に特化した単位で，そこにはUIからDBのアクセスまでを含んでもかまわない（ただし，ライブラリのような汎用，共有な部品は別）とされている[注25]。こうして切り出した部品をサービスと呼ぶ（いわゆるビジネスロジック層のサービスとは異なる概念なので注意してほしい），そのサービスは1つのプロダクトなのだという考えでチームを分けて開発し，プロダクトに最適な言語などを選び（そう，別にJavaじゃなくてもかまわない），そうしたサービスを軽量な通信手段（RESTやRabbitMQ）などで緩やかに結合させてシステムを作るというのが，マイクロサービスアーキテクチャだ（**図1.33**）。今までの部品化の話と比較するとずいぶん大きな部品になるが，もちろん，それらのサービスの中身は細かい部品で成り立っているのが妥当だ。

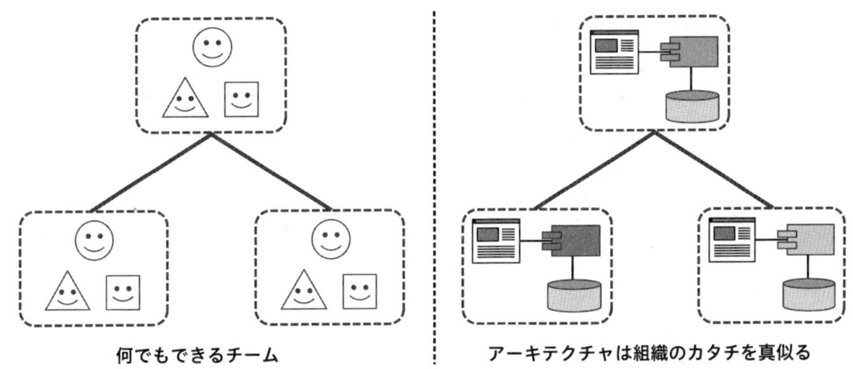
何でもできるチーム
アーキテクチャは組織のカタチを真似る

図1.33　マイクロサービスアーキテクチャ

なんだか，画面を含まなければ，EJBが最初に目指していた方向や，その後を引き継いだWebサービスやSOAのような話だが，実際のところ海外の偉い人達が，それらとマイクロサービスアーキテクチャは同じか否かの議論をしているくらいなので，まぁ，それほど変わらないと考えてもよいだろう。結局のところ，昔から部品の透過性というのが目指す方向にあり，変更は絶え間なく起きるという現状と，クラウドの急速な発展と採用がそれを後押ししているのだと思っている。

こうしたマイクロサービスアーキテクチャの詳細やDDDの話，またマイクロサービスに付随するDevOpsとか，そうしたことは本書が解説すべき範疇から逸脱していると思うので多く書くことは控えるが，Springを使う以上，さまざまなアーキテクチャについて理解することは重要なことだ。もちろん，今開発中，運用中のシステムを，すぐにでもマイクロサービスアーキテクチャに作り替えなければならないというコトでもない。そもそも，運用面でいえば経験が豊富なモノリシックなアーキテクチャよりも，マイクロサービスアーキテクチャのほうが大変なことはなんとなくわかるだろう。そ

注23　すいません，かなり端折ってます。本来はメモリの消費や並行処理，下位互換などを考慮して考えられたのがマイクロサービスです。詳細は脚注21を参照してください。

注24　http://microservices.io/

注25　マイクロサービスの大きさは，2週間以内に作ることができる大きさと言う人もいる。

れに本質的に難しいドメインでは，マイクロサービスによって，そこそこ見通しを良くすることは可能だろうが，その難しさをなかったことにはできないだろう（そもそも，新しい技術ももちろん，概念や哲学のようなものを含んだキーワード（バズワードともいう）に関しては，どこかに落とし穴があると，斜に構えていたほうが無難だと思う）。

さて最後になるが，Springはそのマイクロサービスアーキテクチャの実現にどのようにかかわっているのか。

その回答の1つはSpring Boot（Spring Bootについては第10章を参照）である。Spring Bootで開発されるアプリケーションがサービスであり，それらを組み合わせることで，マイクロサービスアーキテクチャが実現できるのではないかと考えている。そう，Springは最新のアーキテクチャに関して，なんでもそろっているのだ。

そして，Cloud Native（最初からCloudに向いたアプリケーションを作ろうという考え方）なアーキテクチャ（**図1.34**）こそ，2020年で目指すべき姿なのだと考える人たちも多くいるのだ（Cloud Nativeについては第10章を参照）。

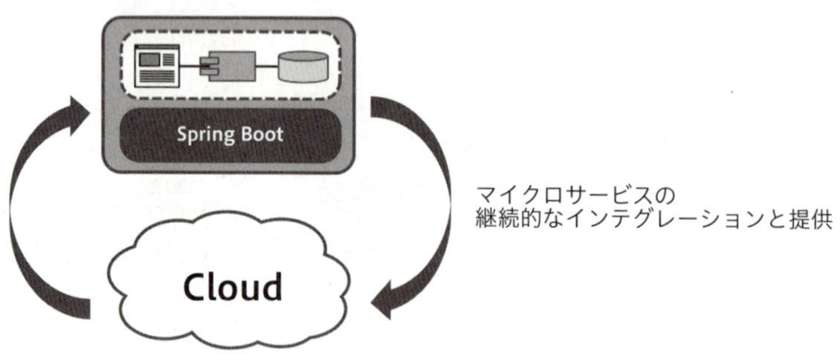


図1.34　2020年のアーキテクチャ

# 1.3 Spring概要

さて，いよいよSpringの概要だ。まだ実装は出てこないが，まずは，今まで解説してきたWebアプリケーションとアプリケーションアーキテクチャとの関係からSpringの必要性や特徴を理解してほしい。

## 1.3.1 Springとは?

Springは，DIxAOPコンテナを中心に，MVCフレームワーク（Spring MVC，Spring Web Flow），JDBCを抽象化したフレームワーク（Spring JDBC），既存フレームワークとのインテグレーション機能などを開発者に提供してくれるアプリケーションアーキテクチャのベースとなるものだ。

では続いて，本書で解説するSpringの機能が，Webアプリケーションのレイヤ上でどのように利用できるのか簡単に解説しよう。

## 1.3.2 プレゼンテーション層

### 1.3.2.1 Spring MVC

プレゼンテーション層では，Spring MVCやSpring Web Flowが利用可能だ。これはWebアプリケーションのプレゼンテーション層でよく利用されていたMVCフレームワークに相当するものだ（なお，Spring3入門にあったSpring Web Flowは，プロジェクトの更新が止まっているため，本稿の解説からは除外した）。

Spring MVCやSpring Web Flowを利用することで，本書では解説しないがAjaxなどとの連携も利用可能となる。

### 1.3.2.2 Spring Security

正確には，プレゼンテーション層，ビジネスロジック層，データアクセス層を超えて利用可能なものだが，特に利用されるのがプレゼンテーション層で画面ごとにアクセス制限を行う仕組みを実現することであるため，ここで解説する。

Spring Securityは認証／認可の仕組みを提供するもので，ベーシック認証やOAuth（デスクトップPCやモバイル端末などのセキュアでオープンなプロトコル）に準拠した認証サービス（Facebook，Twitter，Googleなど）を使うことができる。

## 1.3.3 ビジネスロジック層

この項ではSpringの核となるDIxAOPコンテナとSpring Cacheについて解説しよう。ビジネスロジック層で解説しているが，正確には両方とも，複数の層（レイヤ）に関係する。**図1.25**でDIxAOPコンテナと層の位置づけを確認しておこう。

### 1.3.3.1 SpringのDIxAOPコンテナ

DIxAOPコンテナはSpringを最も特徴付ける機能だ。

DIの部分は，オブジェクトの生成，オブジェクト同士の関連の生成を行うものであり，それにより，アプリケーションの部品化，つまりコンポーネント化の設計を推進する。DIを利用することで，インタフェースベースのコンポーネントを容易に実装可能とするのだ。

DIxAOPコンテナはもちろん，AOPの機能も，持っている。

AOPを利用することにより，オブジェクトの責務以外のロジック（ロギング，トランザクション管理や例外処理など）を，ソースコードに明示的に記述することなく，あとから追加することができる。ソースコードにはその責務以外の処理は必要なくなり，開発者はビジネスロジックの作成に集中することができ，すっきり読みやすくなるだろう。

AOPによって，責務以外のロジックがなくなることで，DIを利用したコンポーネント化をより推進でき，Unitテストやチーム開発が容易になり，システム開発における作業コストを大幅に削減することが可能となるのだ。

#### 1.3.3.2 Spring Cache

利用者の数が増えてくるとパフォーマンスの問題が出てくる。パフォーマンスの多くはRDBとのやり取りで発生する。Spring Cacheは文字どおり，データをキャッシュすることで，RDBとのやり取りを減らし，パフォーマンスの向上をはかるものだ。

### 1.3.4 データアクセス層

#### 1.3.4.1 Spring JDBC

開発者がJDBCを直接扱うことは永続化ロジックを複雑にしてしまうとの考えから，SpringはJDBCを抽象化するためのフレームワーク，Spring JDBCを提供している。

Spring JDBCはSQL文を利用するタイプのデータアクセスフレームワークだ。Spring JDBCの利用方法は主に「SELECT文」と「SELECT結果とエンティティクラスとのマッピング」を記述するだけでよいためSQL文に慣れている開発者であれば簡単に使いこなせるだろう。

最近はXMLを利用してオブジェクトとテーブルのマッピングを行うフレームワークも多く存在するが，SQL文を扱い慣れた開発者や参照系が主体となるWebアプリケーションではSpring JDBCの利用もお勧めだ。

#### 1.3.4.2 Spring Data

RDB（リレーショナルデータベース）やNoSQLといった異なるデータストアに対するアクセスの統一化と簡易化を目的としたプロダクトであり，RDBに対してはJPA，NoSQLに対してはドキュメント指向DBのMongoDB，グラフDBのNeo4jなどへのアクセスが可能だ。ただし「異なるデータストアに対するアクセスの統一化」に関しては正直いまいちであり，JPAとMongoDB，Neo4jなどはすべて別プロダクトとして理解してほしい。

#### 1.3.4.3 Spring ORMインテグレーション機能

MVCフレームワークと同様に，データアクセス層でもSpring JDBCを必ず利用する必要はない。Springが提供するORMインテグレーション機能を利用すればJPAやHibernateなどが簡単に利用できるのもSpringのメリットの1つだ。Spring ORMインテグレーション機能を利用した場合，それぞれのフレームワークを単独で利用するよりも簡単になるのだ。

しかし，ORMのフレームワークでは新しいフレームワークのほうがインテグレーション機能を持っていて，Spring ORMインテグレーション機能の重要性と有用性は減っている。ただ，古いフレームワークを利用するのであれば重要で有用であることに変わりはない。

### 1.3.5 バッチ

ここまではWebアプリケーションを念頭に，本書で扱うSpringの機能をレイヤごとに紹介してきたが，実際のシステム開発ではバッチ処理も必要となる。

バッチ処理には，大量データの一括処理，そのための複数処理の同時並行実行などの考慮が必要である。

Springはそのバッチ処理を行うためのテンプレートとしてSpring Batchを提供している。JavaEE7で発表されたjBatchはSpring Batchの影響を色濃く受けている。

### 1.3.6 Spring Boot

Spring Bootは，ソフトウェア開発のためのインフラのフレームワークとも言うべきものである[注26]。

Spring Bootは上記までに説明したレイヤに存在するSpringの技術やその他のライブラリ（TomcatやH2DB，Commonsなど）を適切にまとめたテンプレートをバリエーション豊かに提供してくれ，Webアプリケーションを素早く開発できるように導いてくれるものだ。

大規模な業務系システムでの実績はまだ少ないが，アジャイルやマイクロサービスアーキテクチャ（1.2.7.6項「部品化の未来」を参照），クラウドといったキーワードには馴染みやすく，今後，要注目の技術である。

「Springがどうして Webアプリケーションに有効なのかわかってきましたよ」

「頼もしいな。じゃあ，君が理解した範囲でSpringが有効なポイントはどこだと思う?」

「1つは，DIコンテナを利用することでソフトウェアの部品化を進めることが実現できて，要求の変更に対する実装への影響も部品化によって最小限に留めることができます。あと，AOPを利用した宣言的トランザクション管理。AOPもコードの中から共通する部分を抜き出すことのできる，部品化を促進する技術ですよね。もう1つは，既存のフレームワークを有効に活用できること。どうでしょうか?」

「合格点だ。あと，部品化によって，チーム開発やUnitテストが容易だってことも重要だから忘れないように。次からはコーディングも含めてますます実践的になってくるから，その調子で頑張っていこう」

「ありがとうございます。いよいよ実装か。やる気がまたわいてきたぞ～」

注26 Springのステロイド剤という説もある。

### 1.3.7 Springを使う理由

まず憶えておいてほしいのは，Springはロッド・ジョンソン氏を中心に開発されたJava/JavaEE用のOSSフレームワークであり，現在はPivotal社の少数精鋭なエンジニアによって管理されているということだ。

よく，システム開発時にOSSは「誰が作っているのかわからない」から採用を躊躇するという話を聞くが，Springに限っていえばその登場当初から「企業によって管理されているOSS」なので，他の企業が製品として売っているフレームワークやパッケージなどと同様に，安心して使ってほしい。

システム開発時に「将来のメンテナンスを考えると標準であるJavaEEがよい」という話でSpringの採用を躊躇するという話も聞く。しかし，考えてほしい。まず，標準という言葉ほどITの世界では役に立たないことを。たとえば，EJBバージョン1を利用したシステムを改修する際に，どれだけEJBが標準であることに意味があったのか？ それに，JavaEEのCDI（Contexts and Dependency Injection）はSpringのDIよりも後発であり，GoogleやSpringの影響によって実現されたともいわれる。JPAも同様にOSSであるHibernateの影響を大きく受けている。また，JavaEE7で発表されたJavaのバッチ（Batch Applications for the Java Platform，jBatch）は，Spring Batchを参考にしている。

結局のところ，JavaEEの仕様を作っているのはSpringやHibernateなどを支える人々も加わって構成されており，JavaEEの実装が世の中に出回るころには，OSSは時代のさらに先を行っており，JavaEEは結局それを真似て修正されることになるのだ。かつ，JavaEEのほうがSpringやHibernateよりも概ねできる範囲が狭い。システムに今欲しい最新技術を利用する際にも，JavaEEよりもSpringのほうが有利である。たとえば過去，WebSocket（クライアントとサーバの双方向通信を可能にする技術。これによりサーバに起こった変化を，サーバからクライアントに通知することが可能となる）などを利用したかったとき，JavaEEではそれに準拠したサーバの登場を何年も待つ必要があったが，Springを採用すればすぐにでも利用可能だったのである。

また，次の時代を予見させるマイクロサービスアーキテクチャ（1.2.7.6項「部品化の未来」を参照）やCloud Native（第10章を参照）なアプリケーションは，Spring Bootなくしては語れないだろう。

こうしたことから，今後もますます，Springが利用されることは判断できる。今，Springを利用するか否かで悩んでいるのであれば，ぜひ利用することを勧めたい。

# 第2章

# SpringのCore

第2章

# SpringのCore

さて，いよいよSpringのCore，DIとAOPについて解説しよう。

Springは，MVCフレームワーク（Spring MVC）やJDBCを抽象化したフレームワーク（Spring JDBC）などさまざまな機能を開発者に提供してくれるアプリケーションアーキテクチャのベースとなるものだが，そのコアとなるのが，DIxAOPコンテナだ。

この章では，DIとAOPのそれぞれについて，概要からSpringでの特徴や利用方法，DIやAOPをどのように利用するかを解説していこう。

## 2.1 SpringのDI(Dependency Injection)

### 2.1.1 DIとは？

まずはSpringが提供するDIxAOPコンテナのうち，DIの部分について解説をしよう。DIはインタフェースを利用した部品化を実現するものだ。ここでは，それを意識して読んでほしい。

DI（Dependency Injection）とは日本語に訳すと「依存性の注入」となる。依存性の注入では具体性に欠けてピンとこないと思うが，簡単に言えば「オブジェクト間の依存関係を作成」するものだ。オブジェクト間の依存関係を作成するとは，あるオブジェクトのプロパティ（インスタンス変数のこと）にそのオブジェクトが利用するオブジェクトを設定することだ。これをアカデミックにいうと，あるオブジェクトが依存（利用）するオブジェクトを，注入あるいはインジェクション（プロパティに設定）するというのだ。

そして，DIは単純にこのようなインジェクションのことを指すのだが，DIを実現するコンテナとなると，そのほかに，「クラスのインスタンス化」などのライフサイクル管理を行う機能を持つことが多いのである。

インタフェースを利用しない単純な例で解説しよう。製品（Product）を管理するようなWebアプリケーションを「模した」サンプルアプリケーションを考えてみる（**図2.1**）。簡単に動かすためにmainメソッドを持ったProductSampleRunクラスをまずは用意する。これはWebアプリケーションのViewとControllerの代わりと考えてほしい。続いて，ビジネスロジックを実現するProductServiceクラスを用意し，データベースアクセスを行うことを「模した」ProductDaoクラス（データベースアクセスオブジェクトをDAO（Data Access Object）と総称する。クラス名はXxxDaoと付けられる。サンプルでは複雑になることを避けるためデータベースにはアクセスしていない）を用意する。

最も単純な作りであれば，ProductSampleRunがProductServiceを，そしてProductServiceがProductDaoをnewすることにより，それぞれのインスタンスを生成して利用する（**図2.1-①②**）。

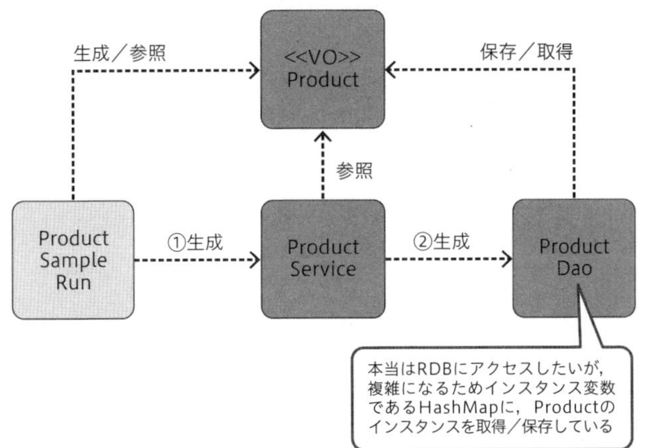


図2.1 最初のProductアプリ

続いてDIコンテナを利用する例だ。DIコンテナを利用すれば，ProductSampleRunが利用するProductServiceのインスタンス，そしてProductServiceが利用するProductDaoのインスタンスはDIコンテナが生成してくれる（**図2.2-①②**）。そして，インスタンスを利用する側であるProductServiceにインジェクションしてくれる（**図2.2-③**）。

なお，mainメソッドを持つProductSampleRunは，DIコンテナの生成やProductServiceの取得などを行わなければならないが，こうした作業は2.1.6項「ApplicationContext」で記述するように，本当のWebアプリケーションではプログラムから排除される。まずは，簡単なサンプルアプリケーションだから仕方ないと考えてほしい。

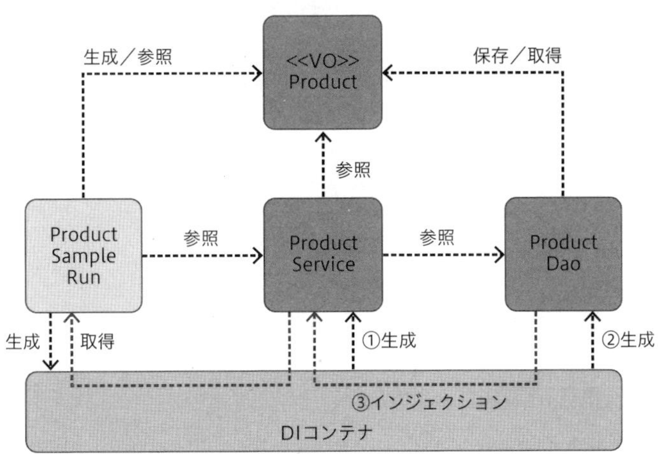


図2.2 DIを使ったProductアプリ

さて，DIコンテナが扱うProductServiceクラス，ProductDaoクラスには，DIをするための特殊な仕掛けは必要ない。つまりDIコンテナがインスタンスを生成するクラス，インスタンスを渡してもらうクラス，これらはすべてPOJO（Plain Old Java Object：コンテナやフレームワークに非依存のJavaオブジェクト）として作成してよい[注1]。

ここまでの解説だけでは，DIコンテナの利点はクラスからnew演算子が消えるだけ，つまりPOJOを使って単にPOJOをインスタンス化しないための技術で，インタフェースベースのコンポーネント化（これまで解説してきた部品化のこと）とは関係ないように見える。

だが，実はクラスからnew演算子が消えたことが重要なのだ。クラスからnew演算子が消えたということは開発者がFactoryMethodなどのデザインパターンを駆使しなくても，DIコンテナから受け渡されるインスタンスをインタフェースで受け取れば，インタフェースベースのコンポーネント化が実現できるわけだ。

DIを利用するときは原則として，クラスはインタフェースにのみ依存して，実現クラスには依存しないようにする必要がある。だから図2.2のような設計は原則的には誤りだ。先の例ではProductServiceクラスとProductDaoクラスという具象クラスを用いて解説した。しかし，インタフェースベースのコンポーネント化を実現するためにはProductServiceとProductDao（という名前）をインタフェースにして，その実現クラスはインタフェース名にImplを付加したものとする。DIコンテナを利用する場合は，こうしたインタフェースベースのコンポーネント化を意識した設計をする必要がある（図2.3）。

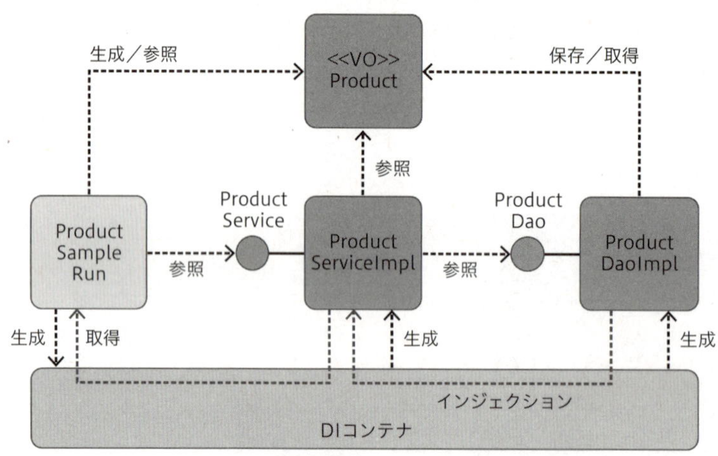


図2.3　ServiceとDAOがコンポーネント化されたProductアプリ

また，DIコンテナは具象クラスのインスタンス化は（デフォルトでは）1回しか行わず，それを必要に応じて使い回す。これによって，サービスやDAOのようなSingletonとして実装したいコンポーネントを，Singletonを実装することなく容易に実現してくれる。

これで，Webアプリケーションを「模した」サンプルアプリケーションは完成である。インタフェー

注1　これから記述するようなSpringが提供するアノテーションを利用すると，プログラムはSpringに依存してしまい，POJOではなくなってしまうと思うが，世間的にはアノテーションの利用は依存とは考えないようなので，本書もそれにならう。なお，アノテーションを使わずにBean定義ファイルだけを使えば，本当のPOJOとすることも可能だ。

スとDIコンテナを利用することにより，部品化の利点を享受できるようになっており，これで開発効率を上げながらも，変更や拡張に強く，品質の高いアプリケーションとなった。

最後にサンプルの動作をシーケンス図で理解しよう。**図2.4**はサンプルのシーケンス図（正確ではないが，わかりやすいように記述した）だ。



### ●シーケンスNo：1〜1.1

あなたがEclipseやSTSから，ProductSampleRunのmainメソッドを起動すると，メソッドexecuteが呼び出される。

### ●シーケンスNo：1.1.1〜1.1.2

メソッドexecuteではDIコンテナ（ここではApplicationContext。これはインタフェースなので実体はClassPathXmlApplicationContextやAnnotationConfigApplicationContextなどである）を生成し，DIコンテナのメソッドgetBeanでProductService（これはインタフェースなので，実体はProductServiceImpl）を取得する。

### ●シーケンスNo：1.1.3〜1.1.3.1

「100円のホチキス」であるインスタンスProductを生成し，ProductServiceのメソッドaddProduct，ProductDao（実体はProductDaoImpl）のメソッドaddProductを利用して，保存している（何度も書くがProductDaoImplはデータベースにアクセスしていない。ソースを見るとわかるが，インスタンス変数（HashMap）に保存している）。

### ●シーケンスNo：1.1.4〜1.1.4.1

続けて，ProductServiceのメソッドfindByProductName，ProductDaoのメソッドfindByProductNameを利用して，保存したインスタンスProductを取得している。

### ●シーケンスNo：1.1.5

取得したインスタンスProductの内容を標準出力に出力している。

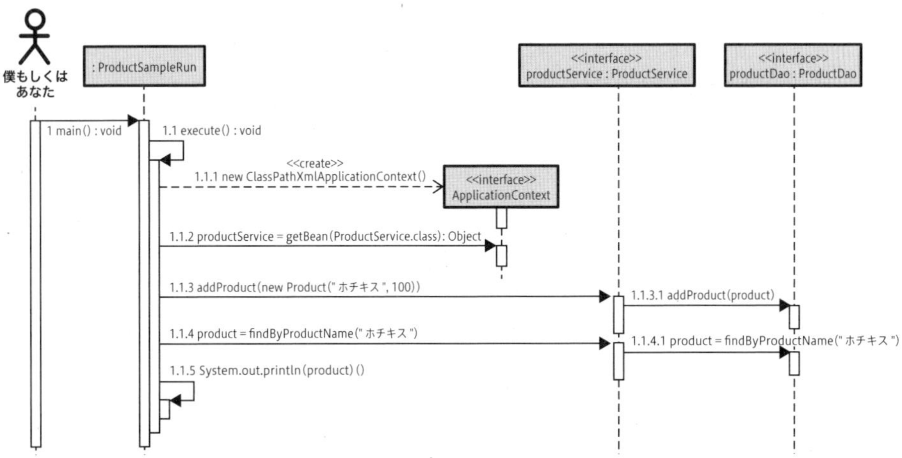


図 2.4　サンプルのシーケンス図

## 2.1.2 DIの使いどころ

Webアプリケーション概説のドメインモデルのところにも書いたのだが，DIは値をRDBから持ってきてインスタンス化する作業には向かない（プロパティファイルのような固定された値を持ったインスタンスを生成するのは得意である）。**図2.3**でいえば，Productクラスの生成の部分だ。ここを勘違いして，ドメインオブジェクト間の依存関係をDIで構築してから値をRDBから読み込んで設定することはしてはいけない。レイヤの部品でいえば，コントローラとサービス，サービスとDAOの依存関係を構築するにはDIが向くが，サービスとドメイン，DAOとドメインの依存関係の構築にはDIは向かないのだ。

また，以前にDIとインタフェースの関係を強調したところ，あらゆるクラスにインタフェースを付けてしまう設計を見たことがあるが，インタフェースは外部に公開している部品の接続部分だ。すべてのクラスが単体で部品になるはずはないので，気をつけてほしい。

## 2.1.3 アノテーションを使ったDI

さて，いよいよ実際にどのようにSpringのDIコンテナをサンプルで使っているかを解説していこう。

Springには大きくXMLで書かれたBean定義ファイル（以降，Bean定義ファイル）を使ったDIと，アノテーションを使ったDI，Javaプログラム（以降，JavaConfigと称する）によるDIがある。この節では簡単にDIを利用できるアノテーションでの実現方法について解説する。

### 2.1.3.1 基本 ―― @Autowiredと@Component

では，**図2.3**を実現するソースコードのうち，インタフェースが付加されたServiceとDaoのソースコードを見てみよう（**リスト2.1**，**リスト2.2**，**リスト2.3**，**リスト2.4**）。

**リスト2.1**はProductServiceインタフェース，**リスト2.3**はProductDaoインタフェースであるが，インタフェースには何の仕掛けもないので解説はない。

続いて仕掛けのある部分，**リスト2.2**のProductServiceImplクラスと**リスト2.4**のProductDaoImplクラスを見てみよう。クラス宣言の前に「@Component」というアノテーションが（**リスト2.2-①**，**リスト2.4-①**），ProductServiceImplクラスのインスタンス変数の前に「@Autowired」というアノテーションが（**リスト2.2-②**）付加されていることがわかる。

リスト2.1　ProductServiceインタフェース

```
package sample.di.business.service;

import sample.di.business.domain.Product;

public interface ProductService {
  void addProduct(Product product);
  Product findByProductName(String name);
}
```

リスト 2.2　ProductServiceImpl クラス

```
package sample.di.business.service;

import org.springframework.beans.factory.annotation.Autowired;
import org.springframework.stereotype.Component;

import sample.di.business.domain.Product;

@Component     ←❶
public class ProductServiceImpl implements ProductService {
  @Autowired  ←❷
  private ProductDao productDao;

  public void addProduct(Product product) {
    productDao.addProduct(product);
  }

  public Product findByProductName(String name) {
    return productDao.findByProductName(name);
  }
}
```

リスト 2.3　ProductDao クラス

```
package sample.di.business.service;

import sample.di.business.domain.Product;

public interface ProductDao {
  void addProduct(Product product);
  Product findByProductName(String name);
}
```

リスト 2.4　ProductDaoImpl クラス

```
package sample.di.dataaccess;

import java.util.HashMap;
import java.util.Map;

import org.springframework.stereotype.Component;

import sample.di.business.domain.Product;
import sample.di.business.service.ProductDao;

@Component ←❶
public class ProductDaoImpl implements ProductDao {
  // Daoだけど簡単にするためRDBにはアクセスしていません。
  // MapはRDBの代わり
  private Map<String, Product> storage = new HashMap<String, Product>(); ←❷

  public Product findByProductName(String name) {
    return storage.get(name);
  }

  public void addProduct(Product product) {
```

```
    storage.put(product.getName(), product);
  }
}
```

この@Componentや@Autowiredとは何であろうか。詳しい解説は後述するが，インスタンス変数の前に@Autowiredを付けると，DIコンテナがそのインスタンス変数の型に代入できるクラスを，@Componentが付いているクラスの中から探し出し，そのクラスのインスタンスをインジェクションしてくれるのだ（正確には，あとで述べるBean定義でクラスをスキャンする範囲を決めなければならない）。

なお，インスタンス変数へのインジェクションは，**リスト2.2-②**のようにアクセス修飾子がprivateであってもインジェクションできるので，「public void setProductDao(...)」のようなSetterメソッドを用意する必要はない[注2]。

もし，@Componentの付いているクラスが複数あったとしても，型が違っていれば@Autowiredが付いているインスタンス変数にインジェクションされることはない。こうした，型を見てインジェクションする方法をbyTypeという。

DIの基本は以上だ。しかし，クラスを作っただけではDIはできない。XMLで記述されたBean定義ファイル，もしくはJavaConfigも作らなければならない。JavaConfigは置いておくとして，先に解説したProductServiceImplクラスとProductDaoImplクラスを使ったDIを実現するためのBean定義ファイルは**リスト2.5**のようになる。

リスト2.5　アノテーションを使ったBean定義ファイル[注3]

```
<?xml version="1.0" encoding="UTF-8"?>
<beans xmlns="http://www.springframework.org/schema/beans"
  xmlns:xsi="http://www.w3.org/2001/XMLSchema-instance"
  xmlns:context="http://www.springframework.org/schema/context"
  xsi:schemaLocation="
   http://www.springframework.org/schema/beans
   http://www.springframework.org/schema/beans/spring-beans.xsd
   http://www.springframework.org/schema/context
   http://www.springframework.org/schema/context/spring-context.xsd">

  <context:annotation-config />                       ←①
  <context:component-scan base-package="sample"/>    ←②

</beans>
```

Bean定義ファイルの内容であるが，Bean定義ファイルの一番外側のタグとしてbeansタグを記述している，その属性として，利用するXMLタグのスキーマとしてbeansとcontextの2つのスキーマを宣言している（スキーマにはbeansとcontext以外も存在する。主にどのようなスキーマがあるのかは**表2.1**を見てほしい）。なお，Bean定義ファイルの名前は慣習的に「applicationContext.xml」

注2　Setterメソッドがないのにprivateなインスタンス変数の中を書き変えるのは，カプセル化の情報隠蔽に反するのではないかという議論も過去にはあった。現在は便利さに負けて，そのような議論が起きることはない。

注3　スキーマにはバージョン番号は記述しないほうがよい。バージョン番号を付与しないことで，利用するSpringのバージョンが上がったときもBean定義ファイルの修正をしないでよいからだ。
- バージョン番号あり：http://www.springframework.org/schema/beans/spring-beans-3.1.xsd
- バージョン番号なし：http://www.springframework.org/schema/beans/spring-beans.xsd

とすることが多い。

表2.1 主なスキーマ

| 名称 | スキーマファイル | URI | 解説 |
|---|---|---|---|
| beansスキーマ | spring-beans.xsd | http://www.springframework.org/schema/beans | Bean(コンポーネント)の設定 |
| contextスキーマ | spring-context.xsd | http://www.springframework.org/schema/context | Bean(コンポーネント)の検索やアノテーションの設定 |
| utilスキーマ | spring-util.xsd | http://www.springframework.org/schema/util | 定数定義やプロパティファイルの読み込みなどのユーティリティ機能の設定 |
| jeeスキーマ | spring-jee.xsd | http://www.springframework.org/schema/jee | JNDIのlookupおよび，EJBのlookupの設定 |
| langスキーマ | spring-lang.xsd | http://www.springframework.org/schema/lang | スクリプト言語を利用する場合の設定 |
| aopスキーマ | spring-aop.xsd | http://www.springframework.org/schema/aop | AOPの設定 |
| txスキーマ | spring-tx.xsd | http://www.springframework.org/schema/tx | トランザクションの設定 |
| mvcスキーマ | spring-mvc.xsd | http://www.springframework.org/schema/mvc | Spring MVCの設定 |

スキーマに続けて記述されているタグ（**リスト2.5-①②**）は，@Autowiredと@Componentを実現するためのタグだ，その意味は**表2.2**を参照してほしいが，とりあえずこれだけで，アノテーションを利用したDIが実現することができる。

表2.2 タグ解説

| タグ | 解説 |
|---|---|
| <context:annotation-config /> | @Autowired，@Resourceを利用する場合の宣言。<br>次に記述するcontext:component-scanやSpringMVCで解説するmvc:annotation-drivenがBean定義ファイル上に記述されている場合は省略も可能である。<br>よって本来は**リスト2.5**でも省略可能 |
| <context:component-scan base-package="パッケージ名，..."/> | @Component，@Serviceなどのアノテーションが設定されているクラスを読み込み，DIコンテナに登録する。<br>base-package属性で指定したパッケージ名以下のコンポーネントを検索する。<br>import文と同じようにワイルドカード「*」が利用できる。<br>パッケージの検索を細かく分けたい場合など，import文と同じように必要に応じて複数記述することも可能。<br>また，開発者に対して間違ったパッケージを作ったり，間違った名前のコンポーネントを登録しても使えないようにするためにcontext:exclude-filter（検索しないコンポーネントの条件）や，use-default-filters="false"（デフォルトの設定(@Component，@Repository，@Service，@Controllerを読み込む)を無効化する）とcontext:include-filter（検索するコンポーネントの条件）を組み合わせて，利用するコンポーネントを限定することもできる（**図2.5**のcontext:exclude-filter，**図2.6**のuse-default-filters="false"，**図2.7**のcontext:include-filterを参照）。<br>なお，本書以前ではパッケージ名の最後に「com.xxx.*」のようにワイルドカードの「*」を付加するケースがあったが，最近では「*」は付与しないのが流行りだ |

```
<context:component-scan base-package="jp.co">
        <context:exclude-filter type="regex" expression=".*hoge.*"/>
</context:component-scan>
```

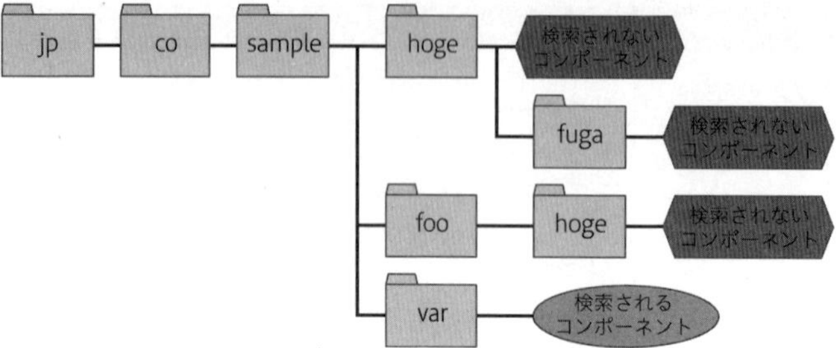


図 2.5　context:exclude-filter

```
<context:component-scan base-package="jp.co" use-default-filters="false">
        <context:include-filter type="regex" expression=".*hoge.*"/>
</context:component-scan>
```

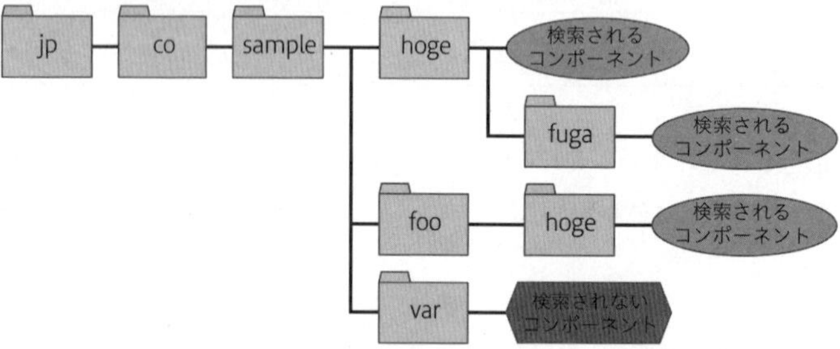


図 2.6　use-default-filters="false"

```
<context:component-scan base-package="jp.co" use-default-filters="false">
        <context:include-filter type="aspectj" expression="jp.co..hoge.*"/>
</context:component-scan>
```

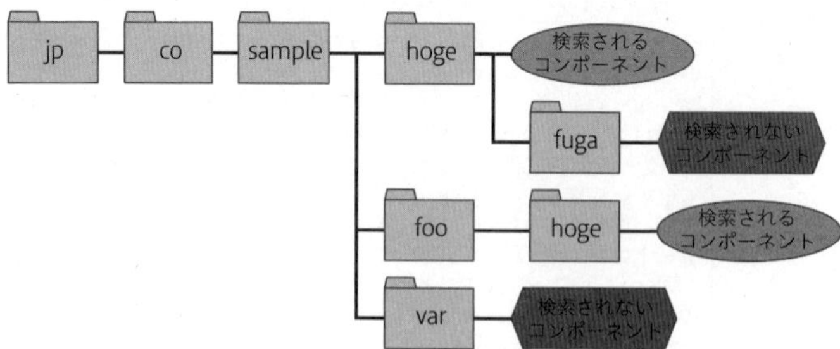


図 2.7　context:include-filter

### 2.1.3.2 とりあえず@Autowiredと@Componentを動かしてみる

ここまでで，アノテーションを使ったDIの簡単な解説は終わりにして，動作確認をしてみよう。

mainメソッドを持ったProductSampleRunクラスは**リスト2.6**，ValueObjectとして登場するProductクラスは**リスト2.7**だ。

mainメソッドの中には解説していない部分もあるが，まずは動かすためのオマジナイだと割り切って動かしてみてほしい[注4]。

どうだろう。ちゃんと動いてコンソール上に**図2.8**のような結果が出ただろうか？ では，サンプルアプリケーションが動いてDIのイメージがつかめたところで，@Autowiredや@Componentを含めた，DIについてのより詳しい解説を行おう。

リスト 2.6　ProductSampleRun クラス

```
package sample;

import org.springframework.beans.factory.BeanFactory;
import org.springframework.context.support.ClassPathXmlApplicationContext;

import sample.di.business.domain.Product;
import sample.di.business.service.ProductService;

public class ProductSampleRun {

  public static void main(String[] args) {
    ProductSampleRun productSampleRun = new ProductSampleRun();
    productSampleRun.execute();
  }

  @SuppressWarnings("resource")
  public void execute() {
    BeanFactory ctx = new ClassPathXmlApplicationContext(
            "/sample/config/applicationContext.xml");
    ProductService productService = ctx.getBean(ProductService.class);

    productService.addProduct(new Product("ホチキス", 100));

    Product product = productService.findByProductName("ホチキス");
    System.out.println(product);

  }
}
```

注4　なお，サンプルコードは普通のJavaアプリケーションとして動作する。サンプルコードを最近流行のSpring Bootで動作させることも読者から期待されているのではないかなどと考えたが，本章で理解してほしいこと以外の解説が多くなるためやめた。Spring Bootについては第10章を参照してほしい。

リスト 2.7　Product クラス

```
package sample.di.business.domain;

public class Product {
  private String name;
  private int price;

  public Product(String name, int price) {
    this.name = name;
    this.price = price;
  }

  public String getName() {
    return name;
  }

  public int getPrice() {
    return price;
  }

  @Override
  public String toString() {
    return "Product [name=" + name + ", price=" + price + "]";
  }
}
```

価格は普通intではないが，それを言い始めるとMoneyクラスが必要になるのでサンプルということで勘弁してほしい

```
Product [name=ホチキス, price=100]
```

図 2.8　実行結果

### 2.1.3.3 @Autowired

これまでにも簡単に解説したが@Autowiredは，インジェクション（してもらうため）の設定だ。

@Autowiredは，**リスト 2.2**のようにインスタンス変数の前に付ける以外に，**リスト 2.8**のように適当なメソッドの宣言の前にも付けることができる。**リスト 2.8-①**では引数に設定されたFooクラス（**リスト 2.9**）のインスタンスだけがインジェクションされるが，**リスト 2.8-②**のようにすることで，引数に設定されたFooクラス（**リスト 2.9**）とBarクラス（**リスト 2.10**）,2つのインスタンスをインジェクションすることも可能だ。また，**リスト 2.11**のようにコンストラクタにも利用可能だ。

リスト 2.8　メソッド・インジェクション

```
  @Autowired
  public void setFoo(Foo foo) { ←①
    this.foo = foo;
  }

  @Autowired
  public void setFoo(Foo foo, Bar bar) { ←②
    this.foo = foo;
    this.bar = bar;
  }
```

リスト2.9 @ComponentがFooクラス

```
@Component
public class Foo {
...（省略）...
}
```

リスト2.10 @Componentが設定されたBarクラス

```
@Component
public class Bar {
...（省略）...
}
```

リスト2.11 コンストラクタ・インジェクション

```
public class Foo {
  @Autowired
  public Foo(Bar b) {...}
```

@Autowiredは基本的には，インジェクションを必須（インジェクション可能なクラスがないとエラーになる）とするものだが，**リスト2.12**のように記述することで，インジェクションを必須でなくすることも可能だ。

リスト2.12 必須ではないインジェクション

```
@Autowired(required = false)
public void setFoo(Foo foo) {
  this.foo = foo;
}
```

ところで，**図2.9**のように@Autowiredでインジェクション可能なクラスの型が2つ存在したら，どのようになるだろうか。その答えは「エラー」である。インジェクション可能なクラスの型は必ず1つだけにしなければならない[注5]。

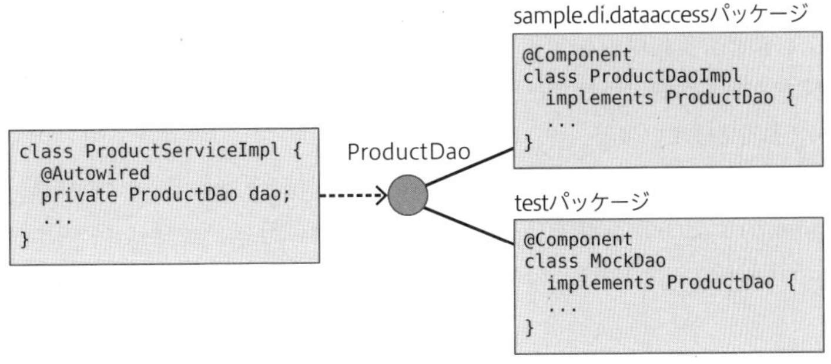


図2.9 インタフェースに実現クラスが2つ

注5 正確には後述するbyTypeのインジェクションの話である。

しかし，これではインタフェースの実現クラスをテスト用のクラスなど他のクラスに置き換えたりするときに，不便である。ということで，回避する方法を3つ紹介する（SpringのUnitテストについては2.2.8項「SpringのUnitテスト」を参照）。

1つめは，優先すべきデフォルトのBeanを設定する@Primaryを@Beanや@Componentに付与する方法だ（Bean定義ファイルでは<bean primary="true">だ）。3つある中で一番簡単なやり方だ。

リスト 2.13 @Primaryを付与する

```
@Component
@Primary
public class ProductDaoImpl implements ProductDao {
...（省略）...
```

2つめは，**リスト2.14**のように@Autowiredと併せて@Qualifierを使うことだ。ただし，この場合は@Componentにも**リスト2.15**のように名前を付加することが一般的だ（@Componentに名前を付加しない場合は，クラス名の先頭を小文字にしたものがデフォルトの名前になる）。こうした，インジェクションするクラスを型でなく名前で見つけてくれるやり方をbyNameという。もちろん，@Componentで同じ名前の付いたクラスが2つあったら，やはりエラーになる。

リスト 2.14 @Autowired ＋ @Qualifier

```
@Autowired
@Qualifier("productDao")
private ProductDao productDao;
```

リスト 2.15 名前付きの@Component

```
@Component ("productDao")
public class ProductDaoImpl implements ProductDao {
...（省略）...
}
```

3つめのやり方は，Bean定義ファイルのcontext:component-scanをうまく利用することだ。context:component-scanをある程度の粒度のコンポーネントごとに書くことで，もし，あるコンポーネントをテスト用に置き換えるのであれば，そのコンポーネント部分の定義をテスト用の部品をスキャンするようにしてしまえばよいのだ。

そもそも，**図2.10**のようにServiceとDaoの2つのコンポーネントがあるのであれば，**リスト2.16**のように，context:component-scanをServiceとDaoの2つに分けて書けばよいのである。もし，開発中でDaoの代わりにテスト用のコンポーネントを使いたい場合は，**リスト2.17**のようにDaoのコンポーネントをコメントにするか，use-default-filters="false"を指定して，テスト用のコンポーネントを記述すればよい。テストなどでコンポーネントを置き換えたりするのであればアノテーションでbyNameを使うためにソースコードを変えてしまうより，Bean定義ファイルの「context:component-scan」を書き変えるほうが，無駄なコンパイルや修正ミスによるバグも発生しにくくスマートだ。

またテスト時に，異なるソースフォルダの同じパッケージでMockクラスを管理したい場合，たとえばDaoクラスをMockにする場合は，**リスト2.18やリスト2.19**のようにするとよい[注6]。

また，Bean定義をグループ化して，有効／無効のグループを求めるプロファイル機能を使えば，さらにスマートに切り替えられるだろう。プロファイル機能については，2.1.9項「Bean定義ファイルのプロファイル機能」を参照してほしい。

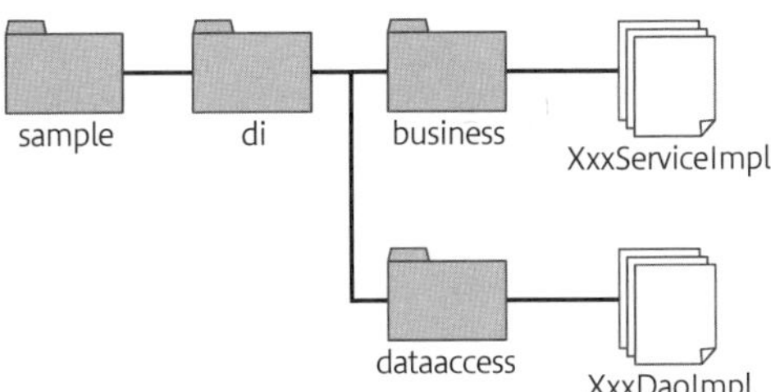


図2.10 2ヵ所のスキャン

リスト2.16 コンポーネントごとにスキャン

```
<?xml version="1.0" encoding="UTF-8"?>
<beans xmlns="... (XMLスキーマは省略) ...">

  <context:annotation-config />
  <context:component-scan base-package="sample.di.business"/>
  <context:component-scan base-package="sample.di.dataaccess"/>

</beans>
```

リスト2.17 コンポーネントのスキャンを変更する

```
<?xml version="1.0" encoding="UTF-8"?>
<beans xmlns="... (XMLスキーマは省略) ...">

  <context:annotation-config />
  <context:component-scan base-package="sample.di.business"/>
  <!-- <context:component-scan base-package="sample.di.dataaccess"/> -->
  <context:component-scan base-package="test.*"/>

</beans>
```

リスト2.18 Mockクラス

```
// Mockクラスにはアノテーションを設定しない
public class MockProductDao {
  ... (省略) ...
}
```

注6 または「@Mock」などの独自のアノテーションを作成してMockクラスに設定しておき，type="annotation"のinclude-filterでそのアノテーションを設定するというのも1つの方法だろう。

リスト2.19 Mockをスキャンする

```
<!--
<context:component-scan base-package="sample.di.dataaccess"/>
-->
<context:component-scan base-package="sample.di.dataaccess">
// include-filterでスキャン対象を指定する。typeでスキャンするタイプを指定する。
// ここでは正規表現で，スキャンする対象をMockが先頭に付加されたクラスとしている。
<context:include-filter type="regex"
  expression="sample\.di\.dataaccess\.Mock.*"/>
// exclude-filterでスキャンから除外する。typeで除外するタイプを指定する。
// ここではアノテーションのうち，Repositoryアノテーション(後述)が付加されたクラスをスキャンから
// 除外している。
<context:exclude-filter type="annotation"
  expression="org.springframework.stereotype.Repository"/>
</context:component-scan>
```

さて，@Resourceというアノテーションを利用すれば，@Autowiredと同じことができる。そしてSpringの公式リファレンスにも，@Resourceを使ってDaoクラスをインジェクションするやり方が解説されている。ただし，@Resourceを@Autowiredと同等に使うというやり方は間違いだと思う。「@Resourceは@Autowiredと同じことができない」というわけではない。「@Resourceの使い方」が間違いなのだ。@ResourceはJSR-250であり，JSR-250ではJNDIを利用したDataSourceなどのインジェクションをするための仕様となっている（悩んでいる最中なので仕様そのものが変わるかもしれないが）。だいたい，@Resourceも@Autowiredも同じことしかできないなら，片一方は必要ないのだ[注7]。

### 2.1.3.4 @Component

これまでにも解説してきたように，@ComponentはDIコンテナが管理する，主にインジェクションするためのインスタンスを指定するものだ。クラス宣言の前に@Componentと付ければ，SpringのDIコンテナが探し出して管理し，@Autowiredが付いているインスタンス変数やメソッドなどに，インジェクションしてくれる。また，byNameでインジェクションさせたいときは，**リスト2.15**のように@Componentに続けて名前を付けることもできる。

@Componentと同様に，**表2.3**のように拡張されたアノテーション，ステレオタイプアノテーションがある。@Configurationは除くとして，Webアプリケーションの開発では，@Componentを利用するのではなく，そのクラスがどのレイヤに配置されるのかを考えて，配置されるレイヤに合った@Componentを拡張したアノテーションを使ってほしい（**図2.11**）。たとえば，**リスト2.2**のProductServiceImplクラスは@Componentではなく，それっぽく@Serviceに変えたほうがよいし，**リスト2.4**のProductDaoImplクラスも偽のDAOだが，それっぽくするために@Componentではなく@Repositoryに変えたほうがよいだろう。DDDの流行もあって，人によってはこれを機に，クラス名をXxxDaoとするのではなくXxxRepositoryと付けるほうがよいという人もいるが，この辺は今のところ好みの問題だ。

注7 詳細に解説すると，CollectionやMapに対して@Resourceしたときと，@Autowired @Qualifierしたときでは挙動が違うのだが，本筋ではないため本書では割愛する。

表2.3　ステレオタイプアノテーション

| アノテーション | 解説 |
|---|---|
| @Controller | プレゼンテーション層Spring MVC用アノテーション。<br>詳細は第5章を参照 |
| @Service | ビジネス層Service用アノテーション。@Componentと同じ。<br>本アノテーションでトランザクション管理ができるとの噂があったが，いまだ実現していない |
| @Repository | データアクセス層のDAO用アノテーション。<br>データアクセスに関する例外をDataAccessExceptionに変換する |
| @Configuration | Bean定義をJavaのプログラムで行うJavaConfig用のアノテーション |

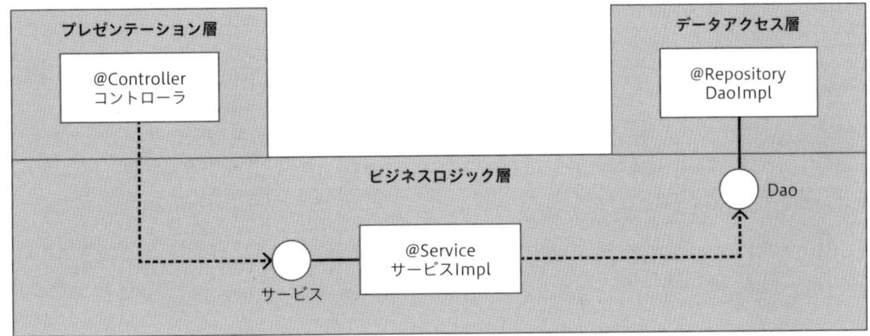


図2.11　レイヤとアノテーション

@Componentと一緒に利用するアノテーションの1つに，@Scopeがある（**リスト2.20**）。@Scopeに続けてvalue属性を付けることで，インスタンス化と削除を制御できる。@Scopeは省略すると，そのクラスはSingletonとなるので，**リスト2.20**は冗長な記述例だ。**表2.4**に@Scopeの主なvalue属性をまとめた。たとえば，@Scopeのprototypeを使うことで，利用するたびにクラスがインスタンス化される。幸いなことにサンプルではクラスProductDaoImpl（**リスト2.4**）がインスタンス変数に製品データを保持している（**リスト2.4-②**）。クラスProductDaoImplに@Scopeを付加して，singletonとprototypeで製品データがどのように変わるかを試してみるとよいだろう。

リスト2.20　@Scope

```
@Component
@Scope("singleton") // 冗長だが明示的にするため，追加してみた
public class ProductDaoImpl implements ProductDao {
```

表2.4　@Scopeの主なvalue属性

| Value属性 | 解説 |
|---|---|
| singleton | インスタンスをSingletonとする |
| prototype | 利用するたびに，インスタンス化する |
| request | Servlet APIのrequestスコープの間だけ，インスタンスが生存する |
| session | Servlet APIのsessionスコープの間だけ，インスタンスが生存する |
| application | Servlet APIのapplicationスコープの間だけ，インスタンスが生存する |

なお value 属性の値は直接文字列を指定することもできるが，定数が用意されているのでそれを使用したほうがよいだろう（**表2.5**）。

表2.5 スコープ指定と定数

| スコープ | 定数 |
|---|---|
| singleton | BeanDefinition.SCOPE_SINGLETON |
| prototype | BeanDefinition.SCOPE_PROTOTYPE |
| request | WebApplicationContext.SCOPE_REQUEST |
| session | WebApplicationContext.SCOPE_SESSION |
| application | WebApplicationContext.SCOPE_APPLICATION |

### request/session/application スコープの指定

前述のように，@Scope や bean タグの scope 属性に指定するスコープには singleton や prototype 以外にも，Web アプリケーションに特化した request や session，application を指定することができる。これらを使用するためには，まず RequestContextListener または RequestContextFilter を Web アプリケーションに設定する必要がある。なお Spring MVC の DispatcherServlet を導入している場合には，設定は不要だ。

もう一点，スコープの長い Bean にインジェクションする場合には，Scoped Proxy の設定が必要だ。一度インジェクションされた Bean は，そのプロパティを持つ Bean が終了されるまでずっと残り続けてしまうからだ。たとえば，ユーザAのセッションで管理されている Bean が一度 Singleton で管理されているインスタンスにインジェクションされると，そのインスタンスが終了するまで，つまり Web アプリケーションが終了するまでユーザAの Bean が設定されたままである。ユーザBやユーザCの Bean に置き換わることがないのだ。

この問題に対応するためには，スコープの長い Bean にインジェクションされる Bean に対して，Scoped Proxy の設定を行う。Bean 定義ファイルの場合は以下のように設定する。

```
<bean id="xxx" class="xxx" scope="session">
  <aop:scoped-proxy /> <!-- Scoped Proxyの設定 -->
</bean>
```

@Scope アノテーションで設定する場合（@Component などで直接クラスに設定する場合，または @Bean を使って JavaConfig で設定する場合）は，以下のように proxyMode 属性を設定する。

```
@Scope(
  value = WebApplicationContext.SESSION_SCOPE,
  proxyMode = ScopedProxyMode.TARGET_CLASS)
```

または component-scan で，scoped-proxy 属性で設定することも可能だ。

```
<context:component-scan base-package="xxx" scoped-proxy="targetClass"/>
```

ほかにも，**リスト2.21**のように@Componentと一緒に使うアノテーションには，@Lazyがある。@Lazyはインスタンスの生成を遅らせることのできるアノテーションで，そのオブジェクトが必要となったときにDIコンテナによって生成されることを意味する。@Lazyがない場合は，DIコンテナが起動したときに@Componentが付加されたクラスはいっぺんにインスタンス化される。通常のWebアプリケーションであれば，いっぺんにインスタンス化されても何の問題もないように思えるが，開発中のテストフェーズであれば大量のBeanが一度にインスタンス化されるとパフォーマンスが悪くなるので，テストで使うクラスだけをインスタンス化したいときがある。そうしたテストフェーズでは有効なアノテーションだろう[注8]（もちろん，テストフェーズ後に削除してしまうようなソースコードをいじることは止めたほうがよい）。

リスト 2.21 @Lazy

```
@Component
@Lazy
public class ProductDaoImpl implements ProductDao {
...（省略）...
}
```

## 2.1.3.5 ライフサイクル管理

SpringのDIコンテナには，インスタンスの生成と削除のタイミングで呼ばれるメソッドを設定するための@PostConstructと@PreDestroyという2つのアノテーションが用意されている（この2つのアノテーションはJava SE 6で用意されているものだ。Java SE 5では標準で含まれていないため，Java SE 5環境で使用する場合はjavax.annotationライブラリが別途必要となる）。

表 2.6 ライフサイクルで起動する[注9]

| アノテーション | 解説 | 利用例 |
|---|---|---|
| @PostConstruct | 初期処理を行うメソッドの宣言。メソッド名は任意（startでもinitでもなんでもかまわない）。ただしメソッドは引数なしで戻り値はvoid型でなければならない | @PostConstruct<br>public void start() {...} |
| @PreDestroy | 終了処理を行うメソッドの宣言。メソッド名は任意。ただしメソッドは引数なしで戻り値はvoid型でなければならない | @PreDestroy<br>public void stop() {...} |

@PostConstructと@PreDestroyの使いどころだが，@PostConstructはDIコンテナによってインスタンス変数に何かインジェクションされたあとに呼ばれる。つまり，インジェクションされた値を使った初期処理を行うときに使用するものだ（そうでなければコンストラクタで初期処理を行えばよい）。

@PreDestroyの使いどころだが，@PreDestroyなど使用せずとも終了処理はデストラクタでやればよいと思った人は，Javaに毒されていない偉い人である。しかし，残念なことにJavaにはデストラクタはない。つまり，終了処理を行いたいときには@PreDestroyを使うしかないのである。

注8 性能問題に@Lazyを使うのはアンチパターンとの意見もあった。ApplicationContextの作成時には利用することができない外部リソースを使う必要がある場合など，どうしても必要なとき以外は@Lazyは使うべきではないということだ。

注9 アノテーションで設定する方法以外にも，InitializingBeanインタフェースやDisposableBeanインタフェースをimplementsする方法もある。Springが用意しているクラスでライフサイクル管理が必要なクラスの多くは，これらのインタフェースをimplementsしている。

#### 2.1.3.6 リフレクションの問題

さて，ここまで，アノテーションによるDIを解説してきたが，一般的な疑問として「DIコンテナがリフレクション注10を利用してインスタンスを生成することによるパフォーマンスの低下はないのか？」というのがあると思う。しかし，僕達はリフレクションによるパフォーマンスの低下はさほど心配していない。リフレクションはたいていどのシステムでも利用されることだし，経験上，リフレクションの多用（つまり柔軟な設計が優先されるシステムだ）でパフォーマンスが大きな問題になったことはない。パフォーマンスの低下についてはデータベースのアクセスなどのほうがよほど深刻で問題になりやすい。

### 2.1.4 Bean定義ファイルでDependency Injection

ここまでDIで利用する主要なアノテーションを見てきたが，ここからは，Bean定義ファイルを中心に主要なDIの利用方法を解説しよう。アノテーションを使ったDIは非常に便利で小規模開発ではよく使われるが，大規模な開発となってくると，あまりにもさまざまなプログラマがやってくるので，その人達が書いたアノテーションを管理するのは容易ではない（実は書かれたアノテーションよりも，書かれていなければならないアノテーションが書かれていないことを管理するほうが大変なのだ）。そこで，大規模開発ではDIにはアノテーションを利用せず，アーキテクトチームとか基盤チームがBean定義ファイルを利用してDIを管理することがよく行われる。それは，プログラマにはダメな人間も多いという前提から生まれた，ちょっと嫌なやり方だが，現実的には仕方ない面もある。

またSpringや他のフレームワークが用意しているクラスをDIコンテナで管理する場合や，機能拡張や変更をSpring設定ファイルで行う必要がある場合（銀行振込払いをクレジットカード払いに変更するといった場合）などは，アノテーションを使ったDIとBean定義ファイルによるDIを併用することもよくある。ぜひこちらの方式もおさえておこう。

#### 2.1.4.1 BeanFactory

Bean定義ファイルの解説の前に，まずは，DIコンテナについて解説しよう。**リスト2.6**のProductSampleRunクラスに存在するオマジナイの意味もわかってくるはずだ。

DIコンテナの実体の核となるのは，BeanFactory（正確にはBeanFactoryインタフェースとその実現クラス群であるが，ここでは単にBeanFactoryとしよう）である。BeanFactoryは，その実行時に渡されるBean定義ファイル（デフォルトはapplicationContext.xml）に基づいてインスタンスを生成し，インスタンスのインジェクションを行う。

Webアプリケーションの開発などで，開発者がBeanFactoryを直接利用（**リスト2.22**）することは少ないが，DIコンテナからインスタンスを取得するということは，具体的にはBeanFactoryからインスタンスを取得しているということになる。ちなみにProductSampleRunクラスで生成しているClassPathXmlApplicationContextは，BeanFactoryの上位にあり，BeanFactoryが拡張されたものであるから，**リスト2.22**でもBeanFactoryではなくApplicationContextを使っても問題ない。

注10　ここでは実行に，Classクラスなどを使って，クラスの情報を取得したり，インスタンスの生成などをすること。

リスト2.22　BeanFactoryの利用

```
Resource resource = new ClassPathResource("Bean定義ファイル.xml");
BeanFactory beanFactory = new ClassPathXmlBeanFactory(resource);
// ProductSampleRunクラス（<span class="listref">リスト2.5</span>）と同じT型を使ったgetBeanメソッド
クラス名 オブジェクト名 = beanFactory.getBean(クラス.class);
/*** 昔風の名前を指定するやり方。
名前付きの@Componentで指定した名前を使ったgetBeanメソッド
クラス名 オブジェクト名 = (クラス)beanFactory.getBean("bean名");
***/
```

### 2.1.4.2 Bean定義ファイル

Bean定義ファイルはLDAPやRDBMS，プロパティファイルにも記述することが可能であるが，XMLファイルとして記述されるのが一般的だ。本章でもBean定義ファイルはXMLファイルに記述されたものを扱っていく。

前節では，アノテーションが中心であったため，Bean定義ファイルの中身はたいしたことがなかったが，たとえば，前節で@Autowiredと@Componentの2つのアノテーションで実現したことと同じことを定義ファイルで書き変えると**リスト2.23**のようになる。なお，この場合ProductServiceImplクラス（**リスト2.24**）やProductDaoImplクラスからはアノテーションがなくなり，ProductServiceImplクラスにはインジェクションのためのSetterメソッドが必要になる（**リスト2.24-①**）。

リスト2.23　@Autowiredと@Componentの代わり

```
<?xml version="1.0" encoding="UTF-8"?>
<beans xmlns="http://www.springframework.org/schema/beans"
  xmlns:xsi="http://www.w3.org/2001/XMLSchema-instance"
  xsi:schemaLocation="
   http://www.springframework.org/schema/beans
   http://www.springframework.org/schema/beans/spring-beans.xsd">

  <bean id = "productService"
        class = "sample.di.business.service.ProductServiceImpl"
        autowire="byType" />
  <bean id = "productDao"  class = "sample.di.dataaccess.ProductDaoImpl" />

</beans>
```

リスト2.24　ProductServiceImplクラス

```
package sample.di.business.service;

import sample.di.business.domain.Product;

public class ProductServiceImpl implements ProductService {
  private ProductDao productDao;

  public void setProductDao(ProductDao productDao) {    ←①
    this.productDao = productDao;
  }

  @Override
```

```
  public void addProduct(Product product) {
    productDao.addProduct(product);
  }

  @Override
  public Product findByProductName(String name) {
    return productDao.findByProductName(name);
  }
}
```

なお，beanタグを使ったインジェクションの基本的な定義の仕方は，**リスト2.25**を参照してほしい。

リスト 2.25　bean タグの基本的な使い方

```
<beans>

<!--クラスYにクラスXをAutowiredでインジェクションする -->
  <bean id="オブジェクト名X" class="パッケージ名.クラス名X" />
  <bean id="オブジェクト名Y" class="パッケージ名.クラス名Y " autowire="byType" />

<!--クラスBにクラスAを明示的にインジェクションする -->
  <bean id="オブジェクト名A" class="パッケージ名.クラス名A" />
  <bean id="オブジェクト名B" class="パッケージ名.クラス名B">
    <property name="インスタンス変数名" ref="オブジェクト名A" />
  </bean>

<!--プロパティに文字列とスカラ値をセットする-->
  <bean id="オブジェクト名C " class="パッケージ名.クラス名C">
    <property name="インスタンス変数名" value="Hello" />
    <property name="インスタンス変数名" value="109" />
  </bean>
</beans>
```

#### 2.1.4.3 beanタグ

**表2.7**はbeanタグに設定できる主な属性である。アノテーションで説明した@Autowiredや@Scope，@LazyなどがBean定義ファイルの設定だけで実現できることがわかるだろう。

表 2.7　bean タグの属性

| 属性 | 意味 | |
|---|---|---|
| id | オブジェクトを一意にするID | |
| name | オブジェクト名を定義する。<br>オブジェクトに複数の名前を設定したい場合や，IDには設定できない名前を指定する場合に利用する<br>例）name = "/showEmployee" name="bean1,bean2" | |
| class | idの実体。パッケージ名+クラス名 | |
| scope | オブジェクトのスコープを指定する。指定できる値は**表2.4**を参照 | |
| parent | 設定を引き継ぐBeanのオブジェクト名を指定する | |
| abstract | true | インスタンスは作りたくないが，共通の設定を定義しておきたい場合に指定する |
| | false | 属性を省略した場合のデフォルト。インスタンスを作りたい場合 |

| 属性 | | 意味 |
|---|---|---|
| lazy-init | true | インスタンス化を遅らせる |
| | false | 属性を省略した場合のデフォルト。BeanFactoryの起動時にインスタンス化する |
| autowire | no | 省略した場合のデフォルト。<property>タグには<ref>タグで指定されたオブジェクトがプロパティに設定される |
| | byName | プロパティ名に一致するIDまたはオブジェクト名のBeanが自動でインジェクションされる<br>例）setEmployeeメソッドがある => idまたは名前がemployeeのオブジェクトがインジェクションされる。 |
| | byType | プロパティの型に一致するBeanがインジェクションされる<br>例）setEmployee(Employee emp)メソッドがある => 型がEmployeeのオブジェクトがインジェクションされる。 |
| | constructor | コンストラクタを利用してインジェクションする。<br>必要なオブジェクトは，byTypeと同様の挙動でインジェクションされる |
| depend-on | 依存関係の対象となるオブジェクトの存在をチェックする | |
| init-method | メソッド名を記述することにより，インスタンス変数の設定後に呼ばれる。<br>ここで指定するメソッドには引数がなく，戻り値はvoid型であること | |
| destroy-method | メソッド名を記述することにより，システム終了時に呼ばれる。<br>ここで指定するメソッドには引数がなく，戻り値はvoid型であること，かつ，メソッドを持つオブジェクトはSingletonであること | |

※基本的にはbyNameやbyTypeは設定するbeanが明示されないので勧めない。

### 2.1.4.4 Bean定義ファイルの分割

Bean定義ファイルが大きいと読むのがやっかいだ。そこで，Bean定義ファイルを分割することが必要になる。

**リスト2.26**，**リスト2.27**はBean定義ファイルをapplicationContext.xmlとapplicationContext-bean.xmlの2つに分割した例だ。例ではapplicationContext-bean.xmlでfriendlyDAOのインスタンス変数が<ref ="dataSource">を利用して異なるBean定義ファイルapplicationContext.xmlのdataSourceを参照している。

分割したBean定義ファイルは個別に読み込んでもよいが（Webアプリケーションで Bean定義ファイルの読み込みを参照），importタグを利用して読み込んでもよい（**リスト2.28**）。

リスト 2.26 applicationContext.xml

```
...（省略）...
<beans>
...（省略）...
  <bean id="dataSource" class="org.springframework.jdbc.datasource.DriverManagerDataSource">
    <property name="driverClassName" value="${jdbc.driverClassName}" />
    <property name="url" value="${jdbc.url}" />
    <property name="username" value="${jdbc.username}" />
    <property name="password" value="${jdbc.password}" />
  </bean>
...（省略）...
  <!-- ====== event bean ======================== -->
  <bean id="customEventListener" class="sample.di.petsite.event.CustomEventListener"/>
</beans>
```

リスト2.27 applicationContext-bean.xml

```
...（省略）...
<beans>
  <!-- ====== target bean  ========================= -->
  <bean id="friendlyService" class="sample.di.petsite.business.FriendlyServiceImpl">
    <property name="friendlyDao" ref ="friendlyDao" />
  </bean>
  <bean id="friendlyDao" class="sample.di.petsite.dao.spring.JdbcFriendlyDao">
    <property name="dataSource" ref ="dataSource" />
  </bean>
</beans>
```

リスト2.28 importの利用

```
<beans>
  <import resource="config/services.xml"/>
  <import resource="resources/dataaccess.xml"/>

  <bean id="service" class="..."/>
  <bean id="dao" class="..."/>
</beans>
```

### 2.1.4.5 プロパティファイルの利用

Bean定義ファイルの中で，プロパティファイルを読み込んで利用することも可能だ。**リスト2.29**と**リスト2.30**はBean定義ファイルで，**リスト2.31**と**リスト2.32**はアノテーションで，Messageクラスがmessage.propertiesファイル（**リスト2.33**）に設定されているメッセージを利用できるようにした例だ。

なお，JDBC用のプロパティファイルを読み込んでDataSourceを作成する場合などは，property-placeholderなどを利用することになるので第3章のデータアクセス層の設計と実装を参照してほしい。

リスト2.29 message.propertiesを割り当てるapplicationContext.xml（Bean定義）

```
<?xml version="1.0" encoding="UTF-8"?>
<beans xmlns="http://www.springframework.org/schema/beans"
  xmlns:xsi="http://www.w3.org/2001/XMLSchema-instance"
  xmlns:util="http://www.springframework.org/schema/util"
  xsi:schemaLocation="
   http://www.springframework.org/schema/beans
   http://www.springframework.org/schema/beans/spring-beans.xsd
   http://www.springframework.org/schema/util
   http://www.springframework.org/schema/util/spring-util.xsd">

  <util:properties id="msgProperties"
                  location="classpath:sample/config/message.properties"/>

  <bean id="message" class="sample.MessageServiceImpl">
    <property name="message" value="#{msgProperties.message}"/>
  </bean>
</beans>
```

リスト 2.30　MessageServiceImpl クラス（Bean 定義）

```
public class MessageServiceImpl implements MessageService {

  private String message;

  public void setMessage(String message) {
    this.message = message;
  }

  public String getMessage() {
    return message;
  }
}
```

リスト 2.31　message.properties を割り当てる applicationContext.xml（アノテーション）

```
<?xml version="1.0" encoding="UTF-8"?>
<beans xmlns="http://www.springframework.org/schema/beans"
  xmlns:xsi="http://www.w3.org/2001/XMLSchema-instance"
  xmlns:context="http://www.springframework.org/schema/context"
  xmlns:util="http://www.springframework.org/schema/util"
  xsi:schemaLocation="
   http://www.springframework.org/schema/beans
   http://www.springframework.org/schema/beans/spring-beans.xsd
   http://www.springframework.org/schema/context
   http://www.springframework.org/schema/context/spring-context.xsd
   http://www.springframework.org/schema/util
   http://www.springframework.org/schema/util/spring-util.xsd">

  <context:annotation-config />
  <context:component-scan base-package="*"/>
  <util:properties id="msgProperties"
                  location="classpath:sample/config/message.properties"/>
</beans>
```

リスト 2.32　MessageServiceImpl クラス（アノテーション）

```
@Component
public class MessageServiceImpl implements MessageService {

  @Value("#{msgProperties.message}")
  private String message;

  public String getMessage() {
    return message;
  }
}
```

リスト 2.33　message.properties

```
message = "Hello Spring"
```

## 2.1.5 JavaConfig で Dependency Injection

ここでは，Spring3.1から導入されたBean定義をJavaのプログラムで記述するJavaConfigについて解説しよう。

JavaConfigについては，好き嫌いや慣れで評価が分かれるところだが，1人でEclipseなど自動でコンパイルを実施してくれるIDEを使ってプログラミングするのであれば，これほど便利なものはない。また，Javaの流れとしても，今までXMLで記述されていた定義がJavaのプログラムで記述されるようになってきているので，今後はさらにその傾向は強まるだろうという予感はある。

JavaConfigがXMLによるBean定義よりも優れている点としてよく挙げられるのは，タイプセーフ（プロパティの名前やクラス名の誤りがコンパイルエラーになる）ということだ。実際はツールの進化によって，XMLによるBean定義でも間違いの指摘はしてくれるのだが。

開発の現場でも，Bean定義ファイルとアノテーション，JavaConfigのいずれを利用すべきか悩むところだと思う。指針としては，1人でアプリケーションを作るのであればJavaConfig，プログラマ一人一人をリーダが管理できるような小規模な開発であればアノテーションも利用し，大人数での開発ではBean定義ファイルを中心として，一部，アノテーションを利用する。たとえば，トランザクションはBean定義ファイルに記述し，DIやAOPの対象となるコンポーネントの定義はアノテーションを利用するという具合である。基盤チームとかアーキテクトチームがBean定義ファイルを書いてもよいし，さらに工夫してExcelのクラス仕様書などというものからBean定義ファイルやクラスを自動生成したりして，プログラマにはなるべくSpringのBean定義ファイルやアノテーションを意識させないとよいだろう。

なお，Bean定義ファイルでも，アノテーション，JavaConfigでも，どちらでも問題が起きやすいのはトランザクション管理の部分である。これはどちらを利用するにしろ，基となる管理された仕様書が必要である。

実際の開発では，XMLによるBean定義なのか，JavaConfigなのかは，可読性や保守性を考えて適宜選択してほしい。

### 2.1.5.1 サンプルを使ったJavaConfig

前節でBean定義ファイルを使ったProductServiceやその実装，ProductDaoとその実装などのサンプルを解説した。そのときのBean定義ファイル（**リスト2.23**）をJavaConfigに修正したものが，**リスト2.34**である。

リスト2.34　AppConfig.java

```
@Configuration                                ←①
public class AppConfig {
  @Bean(autowire = Autowire.BY_TYPE) ←②
  public ProductServiceImpl productService() {
    return new ProductServiceImpl();
  }
```

```
  @Bean                                         ←③
  public ProductDaoImpl productDao() {
    return new ProductDaoImpl();
  }
}
```

①の@Configurationは，このJavaプログラムがJavaConfigであるというアノテーションである。

②と③の@Beanは，XMLのbeanタグに該当するアノテーションだ。②のautowire = Autowire.BY_TYPEは，beanタグのautowire属性であり，BY_NAMEも指定できる。もし，②をBY_NAMEにするのであれば，③の@beanでname属性を使用して，name属性で指定した名前をインジェクションすればよい。

@Beanの属性にはSINGLETONやPROTOTYPEを指定するscope属性（アノテーションの@Scopeに該当）や，インスタンス化（new）したあとに初期処理を行うメソッドを指定するinitMethodName属性（アノテーションの@PostConstructに該当）や，終了処理を指定するdestroyMethodName属性（アノテーションの@PreDestroyに該当）などがある。

また，コンポーネントの検索場所を指定するために，context:component-scanタグの代わりとなる，@ComponentScanも用意されている（**リスト2.35-①**）。

リスト 2.35　@ComponentScan

```
...（省略）...
@Configuration
@ComponentScan("sample.web.controller") ←①
public class AppConfig {
...（省略）...
```

複数のBean定義ファイルをimportできるのと同様に，複数のJavaConfigをimportするために，@Importも用意されている（**リスト2.36-①**）。

リスト 2.36　@Import

```
...（省略）...
@Configuration
@Import({InfrastructureConfig.class, WebConfig.class }) ←①
public class AppConfig {
...（省略）...
```

JavaConfigを使用して，かつ@Autowiredアノテーションを使用せずにインジェクションするには，プログラムとして実現する必要がある。たとえば，コンストラクタインジェクションを利用したい場合は，**リスト2.37-①**のように記述する。セッターインジェクションを利用したい場合も同様にプログラムとして実現する。

リスト 2.37　AppConfig.java

```
...（省略）...
  @Bean
```

```
  public ProductServiceImpl productService() {
    return new ProductServiceImpl(productDao); ←①
  }
... (省略) ...
```

ただこの場合，参照先であるproductDaoを何らかの手段で取得する必要がある。この方法はJavaConfigを使いこなす上で大事な内容なので，しっかり確認しておこう。大きく以下の3つの方法がある。

- @Beanメソッドの引数から取得
- @Beanメソッドを呼び出して取得
- @Autowiredプロパティから取得

## @Beanメソッドの引数から取得

まずは@Beanメソッドの引数から取得する方法だ。**リスト2.38-①**のように，@Beanメソッドの引数に設定したいオブジェクトを指定するだけだ。あとは引数を使用してオブジェクトを生成すればよい（**リスト2.38-②**）。

リスト2.38　@Beanメソッドの引数から取得

```
... (省略) ...
  @Bean
  public ProductService productService(ProductDao productDao) { ←①
    return new ProductServiceImpl(productDao);                 ←②
  }
... (省略) ...
```

@Autowiredアノテーションは設定しなくても，@Autowiredアノテーションを設定したのと同じようにメソッドの引数に設定されるのだ。もちろん，JavaConfigが分割されている場合でも問題なく取得することができる。

もしDIコンテナでProductDaoのオブジェクトが生成されていない場合は，@Autowiredアノテーションが設定されている場合と同じようにエラーとなる。そのため，productDaoがnullで設定された不完全なProductServiceが生成される心配はいらない。

## @Beanメソッドを呼び出して取得

次は@Beanメソッドを呼び出して取得する方法だ。**リスト2.39-①**のように@Beanメソッドを実行して，その結果を使ってインジェクションを実行する（**リスト2.39-②**）。

リスト2.39　@Beanメソッドを呼び出して取得

```
... (省略) ...
  @Bean
  public ProductDao productDao() {
```

```
    return new ProductDaoImpl(); ←①
  }

  @Bean
  public ProductService productService() {
    return new ProductServiceImpl(productDao()); ←②
  }
...（省略）...
```



この方法は同じJavaConfigの中に@Beanメソッドが定義されていることが前提だが，インジェクション対象のオブジェクトがどこでどのように生成されているかが追いやすい。特にEclipseなどのIDEを使っている場合は，productDaoメソッドの定義に簡単にジャンプできるので，その点では便利だろう。

ちなみにこのJavaConfigを見て気になった方もいるのではないだろうか。たとえば**リスト2.40**のようなケースだ。

リスト2.40 複数個所から@Beanメソッドを呼び出して取得

```
...（省略）...
  @Bean
  public ProductDao productDao() {
    return new ProductDaoImpl();
  }

  @Bean
  public ProductService productService() {
    return new ProductServiceImpl(productDao()); ←①
  }

  @Bean
  public OrderService OrderService() {
    return new OrderServiceImpl(productDao()); ←②
  }
...（省略）...
```

productDaoメソッドを**リスト2.40-①**と**リスト2.40-②**の2ヵ所から呼び出している。ぱっと見ると，「new ProductDao()」が2回実行されるのではないかと心配してしまう。だが心配無用だ，Springがしっかりと制御してくれる。一度@Beanメソッドが呼び出されるとその結果はしっかりとDIコンテナに登録される。再度同じ@Beanメソッドが呼び出されても，メソッドの中を実行するのではなくDIコンテナに登録されたものを返すのだ。結果として，productDaoメソッドは一度しか実行されない。

ただしこの挙動はスコープをsingletonに設定した場合の挙動だ。その他のスコープを設定した場合は，その設定によって変わるので注意しよう。

### @Autowiredプロパティから取得

最後は@Autowiredプロパティから取得する方法だ。**リスト2.41-①**のように@Autowiredアノテーションを設定しておけばDIコンテナのオブジェクトが設定されるので，これを使ってオブジェクトを生成する（**リスト2.41-②**）。

リスト2.41 @Autowiredプロパティから取得

```
...（省略）...
  @Autowired
  private ProductDao productDao;                    ←①

  @Bean
  public ProductService productService() {
    return new ProductServiceImpl(productDao);     ←②
  }
...（省略）...
```

@Beanメソッドの引数として取得する場合と同様に，JavaConfigが分割されている場合でも問題なく取得することができる。

### 2.1.5.2 サンプルコードの実行

**リスト2.6**のProductSampleRunクラスでは，ClasspathXmlApplicationContextクラスを使用してBean定義ファイルを読み込んでいたが，JavaConfigを利用する場合（**リスト2.42**）は，AnnotationConfigApplicationContextクラスを使用してJavaConfigのclassファイルを読み込み，インスタンス化する。

リスト2.42 サンプルコードの実行

```
...（省略）...
  ApplicationContext ctx =
    new AnnotationConfigApplicationContext(AppConfig.class);
  ProductService productService = ctx.getBean(ProductService.class);
...（省略）...
```

なおコンストラクタの引数には複数のJavaConfigクラスを指定することもできる（**リスト2.43**）。

リスト2.43 複数JavaConfigの指定

```
...（省略）...
  ApplicationContext ctx =
    new AnnotationConfigApplicationContext(
      AppConfig1.class, AppConfig2.class, AppConfig3.class);
...（省略）...
```

### 2.1.5.3 再度，JavaConfigの使いどころ

文章を読んだだけでは，なかなか理解できないところだが，JavaConfigは開発ツール，たとえばEclipseやSTSを利用して1人でコーディングしていると，その良さが理解できると思う。

頭の中でコンポーネントの組み合わせを考え，それをJavaConfigで書いていけば，ツールの補完機能でインスタンス化したいクラスも（もちろん処理は空っぽだが），インタフェースもどんどん自動

生成していくことができるのだ。Bean定義ファイルやアノテーションでは味わえない，途切れない製造というのは非常に気持ちがよい。

また，Bean定義のベストプラクティスは，JavaConfig＋アノテーションを利用することだという説もある。

ただ，これが，ある程度の人数になり，JavaConfigと，そこでインスタンス化されるクラスを別の人が作るとなったら，どうだろう。JavaConfigは「クラスがありません」という警告だらけである。

特にJavaConfigはJavaのプログラムであるため，しっかりと頭で切り分けるようにしないと，何が処理を記述したクラスで，何が設定を記述したクラスなのかがわからず，混乱してしまう可能性もある。

こうしたことを念頭に置いて，JavaConfigを試してもらいたいと思う。

## 2.1.6 ApplicationContext

ApplicationContext（これも正確にはApplicationContextインタフェースとその実現クラス群のことだが，ここではApplicationContextと総称する）は2.1.4.1項「BeanFactory」でも解説したように，BeanFactoryを拡張したものであり，Bean定義ファイルの読み込みと，2.1.6.3項「メッセージソース」や2.1.6.4項「イベント処理」などの機能をBeanFactoryに追加したものだ。

この節では，Webアプリケーションでよく利用されるApplicationContextの解説をしよう。

### 2.1.6.1 WebアプリケーションでBean定義ファイルの読み込み

Webアプリケーションの場合，ContextLoaderListenerクラスもしくはContextLoaderServletクラスによって自動的にApplicationコンテキスト（XmlWebApplicationContextクラス）がロードされるので，それを利用することになる。Springが一般的に利用されるようになったころには，クライアントからのリクエストごとに毎回クラスの中で，**リスト2.6**のようにDIコンテナを生成しているWebアプリケーションがあった。さすがにそれはもう最近は見なくなったが，同じ間違いをしないよう初心者の皆さんは気をつけてほしい。

**リスト2.44**はweb.xmlでBean定義ファイルとContextLoaderListenerクラスを定義しているところだ[注11]。

リスト2.44 web.xml

```
<context-param>
  <param-name>contextConfigLocation</param-name>
  <param-value>/WEB-INF/Bean定義ファイル.xml</param-value>
</context-param>
...（省略）...
<listener>
  <listener-class>org.springframework.web.context.ContextLoaderListener</listener-class>
```

注11 ContextLoaderListenerクラスは，Servletのバージョンが2.2の場合は使用できないので，その場合はクラスContextLoaderServletクラスを利用しよう。

```
</listener>
<!--
<servlet>
  <servlet-name>context</servlet-name>
  <servlet-class>org.springframework.web.context.ContextLoaderServlet</servlet-class>
  <load-on-startup>1</load-on-startup>
</servlet>
-->
```

Bean定義ファイルが複数ある場合は，ブランクや改行，セミコロン（;），カンマ（,）で区切ればよい。**リスト2.45**はWebアプリケーションで2つのBean定義ファイルを設定している例だ。

なお，Bean定義ファイルがクラスパス上にあるときは，「classpath:設定ファイルのパス」形式で読み込むことが可能だ。

リスト2.45 web.xml（複数のBean定義ファイルがある場合）

```
<context-param>
  <param-name>contextConfigLocation</param-name>
  <param-value>/WEB-INF/applicationContext.xml /WEB-INF/applicationContext-petsite.xml</param-value>
</context-param>
```

WebアプリケーションではApplicationContextをクラスの中から直接利用することはないと思うが，本書のように簡単なサンプルを作りたい場合は，**リスト2.6**のProductSampleRunクラスのようにClassPathXmlApplicationContextクラスをインスタンス化して利用するとよい。もしBean定義ファイルが複数ある場合は，ClassPathXmlApplicationContextクラスの引数としてBean定義ファイル名がセットされたStringの配列を渡せばよい（**リスト2.46**）。

リスト2.46 ProductSampleRunクラス（Bean定義ファイルが複数の場合）

```
ApplicationContext context =
  new ClassPathXmlApplicationContext("a.xml", "b.xml","c.xml");
```

また，Webアプリケーションであっても，時にはApplicationContextをPOJOとして作られたクラスの中から直接利用したい場合もある。そのときは@AutowiredでApplicationContextをインジェクションするとよい。**リスト2.47**はDaoをインジェクションするのではなく，ApplicationContextをインジェクション（**リスト2.47-①**）して，ApplicationContextからDaoをゲットしている（**リスト2.47-②**）。

リスト2.47 ApplicationContextを利用したProductServiceImplクラス

```
@Component
public class ProductServiceImpl implements ProductService {
  //@Autowired
  private ProductDao productDao;

  @Autowired
  private ApplicationContext ac; ←①
```

```
  public Product findByProductName(String name) {
    productDao = (ProductDao) ac.getBean(ProductDaoImpl.class); ←②
    return productDao.findProduct(name);
  }
}
```

### 2.1.6.2 WebアプリケーションでJavaConfigの読み込み

ここでは，WebアプリケーションでJavaConfigを利用する場合を解説する。

**リスト2.48**は，**リスト2.44**のJavaConfigを読み込むように修正してみたものだ。Bean定義ファイルを利用した場合は，Webアプリケーションに使用するXmlWebApplicationContextクラスをSpringがデフォルトで適用してくれるため，web.xmlに明示的に記述することはなかったが，JavaConfigを利用する場合は，Webアプリケーションに使用するAnnotationConfigApplicationContextクラスを明示的に指定し，パラメータでJavaConfigを渡さなければならない。

リスト2.48　web.xml

```
...（省略）...
  <context-param>
    <param-name>contextClass</param-name>
    <param-value>
      org.springframework.web.context.support.AnnotationConfigWebApplicationContext
    </param-value>
  </context-param>
  <context-param>
    <param-name>contextConfigLocation</param-name>
    <param-value>sample.config.AppConfig</param-value>
  </context-param>
  <listener>
    <listener-class>org.springframework.web.context.ContextLoaderListener</listener-class>
  </listener>
  <servlet>
    <servlet-name>sampleServlet</servlet-name>
    <servlet-class>
      org.springframework.web.servlet.DispatcherServlet
    </servlet-class>
    <init-param>
      <param-name>contextClass</param-name>
      <param-value>
        org.springframework.web.context.support.AnnotationConfigWebApplicationContext
      </param-value>
    </init-param>
  </servlet>
...（省略）...
```

### 2.1.6.3 メッセージソース

ApplicationContextはMessageSourceインタフェースを実装している。

ApplicationContextが扱うメッセージは国際化（internationalization，I18N）により特定の言語・地域・文化環境に依存する部分を，システムから分離するようになっている。

Webシステムであれば Webブラウザの言語設定によって，表示するメッセージを日本語や英語に変えることができる。

ApplicationContextからメッセージを取得する場合は，getMessage()メソッドを利用する。またはMessageSource型のオブジェクトを@Autowiredでインジェクションしておき，MessageSource#getMessageメソッドを使って取得する方法もある。メッセージのみを使用するのであればApplicationContextをインジェクションしてしまうよりは，MessageSourceをインジェクションするほうが，目的がはっきりするためよいだろう。

#### 2.1.6.4 イベント処理

ApplicationContextはデフォルトで**表2.8**に示した5つのイベントを発生する。

表2.8 イベント一覧

| イベント名 | 発生のタイミング |
|---|---|
| ContextRefreshedEvent | Beanライフサイクルの初期化状態後に発生する |
| ContextStartedEvent | ApplicationContextがスタートしたときに発生する |
| ContextStoppedEvent | ApplicationContextがストップしたときに発生する |
| ContextClosedEvent | ApplicationContext(ConfigurableApplicationContextクラス)のcloseメソッドが呼ばれたときに発生する |
| RequestHandledEvent | Webシステム特有のイベント。HTTPリクエストによりサービスが呼ばれたときに発生する |

ApplicationContextが発生したイベントは，ApplicationListenerインタフェースを実装したクラスをDIコンテナに登録することによって受け取ることができる（**リスト2.49**，**リスト2.50**）。

なお，特定のイベントを受け取りたい場合は，**リスト2.51**のように書くことができる。

リスト2.49 イベントの受け取り (1)

```
public class CustomEventListener implements ApplicationListener {
  public void onApplicationEvent(ApplicationEvent event) {
    if(event instanceof ContextRefreshedEvent) {
      System.out.println("*** ContextRefreshedEvent! ***");
    } else if(event instanceof ContextClosedEvent) {
      System.out.println("*** ContextRefreshedEvent! ***");
    } else if(event instanceof RequestHandledEvent) {
      System.out.println("*** RequestHandledEvent! ***");
    } else {
      System.out.println("*** Event? ***");
    }
  }
}
```

リスト2.50 イベントの受け取り (2)

```
<!-- ====== event bean  ======================== -->
<bean id="customEventListener" class="sample.di.petsite.event.CustomEventListener"/>
```

リスト 2.51　特定イベントの受け取り

```
@Component
public class CustomEventListener
  implements ApplicationListener<ContextRefreshedEvent> {

  public void onApplicationEvent(ContextRefreshedEvent event) {
    System.out.println("*** ContextRefreshedEvent ***");
  }
}
```

Spring 4.2以降であれば，**リスト2.52**のように@EventListenerを使うこともできる。

リスト 2.52　@EventListener

```
@Component
public class CustomEventListener {

  @EventListener
  public void onApplicationEvent(ContextRefreshedEvent event) {
    System.out.println("*** ContextRefreshedEvent ***");
  }
}
```

加えて，本書では解説しないが，@TransactionalEventListenerを使うことでトランザクションのイベント（コミット後やロールバック後など）を取得して，処理を追加することも可能だ。

また独自のイベントを定義して，そのイベントを処理するEventListenerを実装することも可能だ。イベントを発生させるためには，ApplicationContextまたはApplicationEventPublisherオブジェクトを@Autowiredで設定して，publishEventメソッドを実行する。

## 2.1.7 Spring のロギング

Springがどのように動いているかを知るためにログを取りたい場合がある。SpringはデフォルトでCommons Loggingでログを出力しており，Log4jのライブラリがあると「Commons Logging」がLog4jを使用できる。

具体的には，Log4jのライブラリをクラスパス上に置き，/WEB-INF/log4j.xmlを置くことでログを取ることが可能になる。

**リスト2.53**では，パッケージorg.springframework.beansとパッケージorg.springframework.transactionを，Log4jのレベルdebugで標準出力（stdout）にログを出力している。

もちろん，最近の流行はSLF4J + Logbackだが，本書ではその解説は行わない。

リスト 2.53　log4j.xml

```
<?xml version="1.0" encoding="UTF-8" ?>
<!DOCTYPE log4j:configuration SYSTEM "log4j.dtd">

<log4j:configuration xmlns:log4j='http://jakarta.apache.org/log4j/'>
```

```
  <appender name="stdout" class="org.apache.log4j.ConsoleAppender">
    <layout class="org.apache.log4j.PatternLayout">
      <param name="ConversionPattern" value="%d %-5p [%t] %C{2} (%F:%L) - %m%n"/>
    </layout>
  </appender>
  <logger name="org.springframework.beans">
    <level value="debug"/>
  </logger>
  <logger name="org.springframework.transaction">
    <level value="debug"/>
  </logger>
  <root>
    <priority value ="error" />
    <appender-ref ref="stdout" />
  </root>
</log4j:configuration>
```

## 2.1.8 Spring の Unit テスト

最後にSpringでのUnitテストのやり方を紹介する。

本書では，JUnitについての詳細は省略するが，SpringでのUnitテストは，基本的なJUnitの使い方を理解していれば簡単だ。

**リスト2.54**は，前の節で何度も取り上げてきたProductServiceをUnitテストするテストコードだ。①と②は，テストコードに記述するアノテーション，SpringのUnitテストを走らせるという宣言みたいなものだ。web.xmlの設定のように,「classpath:」を使用することも可能だ。

②にはUnitテストで利用するBean定義ファイルもしくはJavaConfigクラスを記述する。**リスト2.54**ではBean定義ファイルを記述している。この場合，カンマ区切りで複数のBean定義ファイルを記述することも可能だ。ここにテスト用に用意したBean定義ファイルを指定すれば，2.1.3.3項「@Autowired」で紹介したような，@Autowiredのコンポーネントをスキャンさせるための工夫は必要ない。また，@ContextConfiguration(classes = JavaConfigクラス名.class)のように，JavaConfigを使うことも可能だ。

リスト 2.54 テストコード

```
@RunWith(SpringJUnit4ClassRunner.class)                                    ←①
@ContextConfiguration(locations={"../config/applicationContext.xml"}) ←②
public class ProductServiceTest {
  @Autowired ←③
  ProductService productService;

  @Test      ←④
  public void testFindProduct() {
    Product addProduct = new Product("ホチキス", 100);
    productService.addProduct(addProduct);
    Product findProduct = productService.findByProductName("ホチキス");
    assertThat(findProduct, equalTo(addProduct)); ←⑤
  }
... (省略) ...
```

```
}
```

さて，続けて**リスト2.54**のテストクラスのインスタンス変数に付与されている@Autowired（③）を見てみよう。ここでテスト対象のインタフェース，ここではProductServiceインタフェースを実現するProductServiceImplがインジェクションされる。

④と⑤は，特にSpring用に工夫されているわけではなく，普通のJUnitの記述方法だ。

④は@Testアノテーションだ。これがメソッドの前に付加されることでメソッドはテストメソッドとなる。**リスト2.54**では，テストメソッドは1つだが，必要であれば@Testアノテーションの付加されたテストメソッドを複数記述することも可能だ。

⑤はProductServiceのテスト対象であるfindProductメソッドが，期待した値（ここで期待した値は，最初にnewされている"ホチキス"と"100"が格納されたProduct）を返したかどうかをassertThatメソッドで判別している（ここでは省略しているがProductクラスにはequalsとhashCodeメソッドが必要だ）。ここで，期待した値が返ってくればメソッドが正しく書かれている（いわゆる，青いバーが現れてテスト成功）ということになり，期待した値が返ってきていなければメソッドが正しく書かれていない（いわゆる，赤いバーが現れてテスト失敗）ということになる。

ちなみに，Unitテストを実行する場合は，必ず最初は失敗（赤いバーが現れてテスト失敗）するように⑤を記述しないといけない。たとえば⑤を「assertThat(findProduct, equalTo(new Product("ダメだよ", 200)));」としてUnitテストを実行し，Unitテストが失敗することを確認したら，成功するように⑤を書き変えてUnitテストを実行するのだ（今度は青いバーが現れてテスト成功）。

このようなやり方をして，⑤の部分を必ず通過していることを確認してほしい。さもないと⑤を通過せずに，Unitテストが成功したように見えてしまう笑えない事態を引き起こす。試しに⑤をコメントアウトしてUnitテストを実行してみてほしい。Unitテストは成功（青いバーが現れる）してしまうはずだ。

なお，**リスト2.54**ではSQLは使用していないが，もしSQLを利用してテーブルを初期化したい場合などには，Spring4.1からは@Sqlというアノテーションが利用できるようになった（**リスト2.55-**①②）。

①のように指定されたsqlファイルはテストメソッドが実行されるたびに動作するので，テストメソッドの実行順番を気にすることなく，常にテーブルがsqlファイルで初期化された状態でのテストが可能となる。また，②のように記述すれば，そのテストメソッドが実行されるときだけ，sqlファイルが実行されるようになる。

リスト2.55　テストコード

```
@RunWith(SpringJUnit4ClassRunner.class)
@ContextConfiguration(locations={"../config/applicationContext.xml"})
@Sql({"/data1.sql", "/data2.sql"}) ←①
public class HogeTest {
  @Test
  @Sql("/test-data.sql")           ←②
```

```
  public void method() {
    ...（省略）...
  }
}
```

さて最後に，Unitテストをどの粒度まで実施するのかということが，よく話題になるが，基本はインタフェース（JavaのInterfaceではなく，利用されるために外部に公開されたモノという意味）で外部に公開された部品単位だ。その部品も大から小までさまざまあるだろうが，大きいものだけやるか，小さいものもすべてUnitテストを行うか否かは，そのアプリケーションの特性（ミッションクリティカルかどうかなど）やスケジュールなどを考慮して妥当なところを見つけてほしい。少なくとも，すべてのクラス，すべてのメソッドをすべてのパターンで実施しようなどとは考えないほうがよい。もし，やったとしたら何千年もかかってしまうだろう。結局のところ，現実的なテストは妥当性の問題なのだ。

### 2.1.9 Bean定義ファイルのプロファイル機能

プロファイル機能とは，Bean定義ファイルをプロファイルという形でグループ化し，DIコンテナ作成時にプロファイルを指定することで，どのBean定義ファイルを有効にするかを指定できる機能だ。

Bean定義ファイルでプロファイルを指定するには，beansタグのprofile属性にプロファイル名を記述する。**リスト2.56**はプロファイルを指定した例だ。

リスト2.56　プロファイルを指定したBean定義ファイルの例

```
<?xml version="1.0" encoding="UTF-8"?>
<beans ...>

  <beans profile="test">
    <bean id="dataSource"
          class="org.springframework.jdbc.datasource.DriverManagerDataSource">   ←①
    </bean>
    <bean ...
  </beans>

  <beans profile="production">
    <jee:jndi-lookup id="dataSource"
                    jndi-name="..."/>   ←②
    <bean ...
  </beans>

</beans>
```

**リスト2.56**のように指定することで，Bean定義ファイルをプロファイルという形でグループ化できるのだ。たとえば**リスト2.56-①**は「test」プロファイル，**リスト2.56-②**は「production」プロファイルに所属することになる。あとはDIコンテナにプロファイルを指定する。プロファイルを「test」と指定すると**リスト2.56-①**のBean定義ファイルが有効になり，プロファイルを「production」と指定すると**リスト2.56-②**のBean定義ファイルが有効になる。

お気づきかもしれないが，beansタグはBean定義ファイルのルートとなっているタグだ。そのため以下のように，ルートのbeansタグにprofile属性を指定することも可能だ。そうすると，このBean定義ファイルのすべてのBeanが指定したプロファイルに所属することになる。



```
<?xml version="1.0" encoding="UTF-8"?>
<beans ... (省略) ... profile="foo">
```

あとはプロファイル指定方法を解説しておこう。3つの方法について見ていくことにする。

### 2.1.9.1 DIコンテナに直接指定する方法

まずはDIコンテナに直接指定する方法だ。つまりBeanFactoryのオブジェクトを直接newして使用するケースで採用する方法である。この場合は，BeanFactoryインタフェースの実現クラスとしてGenericXmlApplicationContextクラスを使用する。**リスト2.57**に例を示そう。

リスト2.57 DIコンテナにプロファイルを指定

```
GenericXmlApplicationContext factory = new GenericXmlApplicationContext();
factory.getEnvironment().setActiveProfiles("test"); ←①
factory.load("classpath:/META-INF/spring/beans.xml");
factory.refresh();
```

**リスト2.57-①**がプロファイルを指定している個所だ。GenericXmlApplicationContextオブジェクトのgetEnvironmentメソッドを実行し，取得したEnvironmentオブジェクトのsetActiveProfilesメソッドの引数としてプロファイル名を渡して実行すればよい。setActiveProfilesというメソッド名からもわかるように，複数のプロファイル名を指定することも可能だ。

```
factory.getEnvironment().setActiveProfiles("profile1", "profile2", ...);
```

### 2.1.9.2 SpringJUnit4ClassRunnerテストクラスに指定する方法

SpringJUnit4ClassRunnerを使用したテストクラスに指定する方法だ。この場合は，テストクラスに@ActiveProfilesアノテーションを設定することでプロファイルを指定する。**リスト2.58**に例を示そう。

リスト2.58 SpringJUnit4ClassRunnerを使用したテストクラスにプロファイルを指定

```
@RunWith(SpringJUnit4ClassRunner.class)
@ContextConfiguration("classpath:/META-INF/spring/beans.xml")
@ActiveProfiles("test") ←①
public class BeanProfileSpringTest {
    ... (省略) ...
```

**リスト2.58-①**がプロファイルを指定している個所だ。@ActiveProfilesアノテーションの値としてプロファイル名を指定する。配列形式で指定することで，複数のプロファイル名を指定することが可能だ。

```
@ActiveProfiles({"profile1", "profile2", ...})
```

#### 2.1.9.3 Webアプリケーションで指定する方法

最後はWebアプリケーションでプロファイルを指定する方法だ。Webアプリケーションでは大きく2ヵ所でDIコンテナの設定を行う。1つはContextLoaderListenerで作成するDIコンテナ，もう1つはDispatcherServletで作成するDIコンテナだ。

まずContextLoaderListenerで作成されるDIコンテナにプロファイルを設定するには，web.xmlのcontext-paramで，「spring.profiles.active」をキーとしてプロファイル名を指定する（**リスト2.59**）。

リスト 2.59　ContextLoaderListenerで作成されるDIコンテナにプロファイルを指定

```
<context-param>
  <param-name>spring.profiles.active</param-name>
  <param-value>production</param-value>
</context-param>
```

複数のプロファイルを指定する場合は，カンマで区切ってプロファイル名を指定する。

```
<param-value>profile1, profile2, ...</param-value>
```

次にDispatcherServletで作成されるDIコンテナにプロファイルを設定するには，web.xmlのDispatcherServletのservletタグで，init-paramとして「spring.profiles.active」をキーとしてプロファイル名を指定する（**リスト2.60**）。

リスト 2.60　DispatcherServletで作成されるDIコンテナにプロファイルを指定

```
<servlet>
  <servlet-name>dispatcherServlet</servlet-name>
  ...（省略）...
  <init-param>
    <param-name>spring.profiles.active</param-name>
    <param-value>production</param-value>
  </init-param>
  ...（省略）...
</servlet>
```

この場合もカンマで区切って複数のプロファイル名を指定することが可能だ。

### 2.1.10 おまけ的なライフサイクルのハナシ

この節では，Springに管理されているアプリケーションのライフサイクルについて，ここまでの話を踏まえて，より詳細に解説しよう。

さて，Springに管理されているアプリケーションは，JUnitでテストする場合も，エンタープライズシステムとして動作する場合も，Initialization（初期化）・Use（利用）・Destruction（終了）の3つのフェーズを遷移する（**図2.12**）。

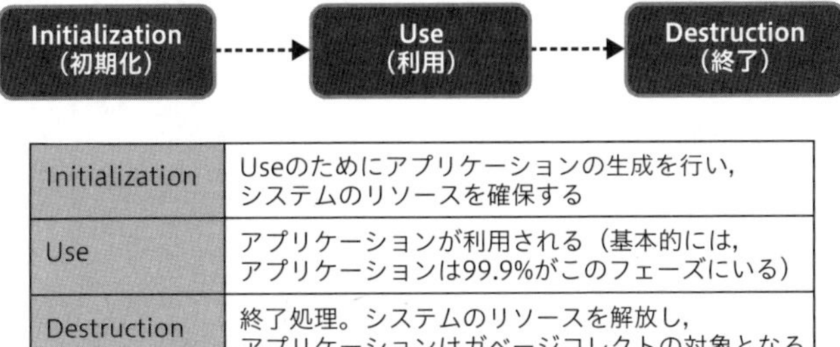


| | |
|---|---|
| Initialization | Useのためにアプリケーションの生成を行い，システムのリソースを確保する |
| Use | アプリケーションが利用される（基本的には，アプリケーションは99.9%がこのフェーズにいる） |
| Destruction | 終了処理。システムのリソースを解放し，アプリケーションはガベージコレクトの対象となる |

図 2.12　アプリケーションのライフサイクル

3つのフェーズをDIやAOPのサンプルコードを例にとって解説すると，Initialization（初期化）は，サンプルアプリケーションを実行してからApplicationContextのインスタンスが取得されるまでで，その後のServiceやDaoの動作はUse（利用）であり，サンプルアプリケーションの実行が終わる直前のコンマ何ミリ秒がDestruction（終了）である。

フェーズが理解できたところで，それぞれのフェーズをより詳細に解説しよう。

### Initialization（初期化）

Initialization（初期化）では大きく，「Bean定義のロード」と「Beanの生成と初期化」という2つの処理を行う（**図2.13**）。

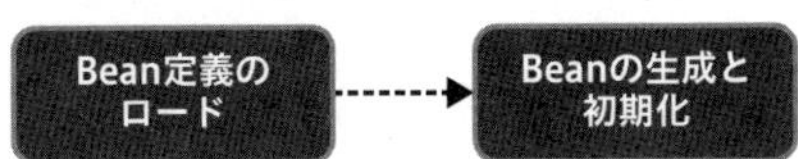


図 2.13　Initialization の詳細

「Bean定義のロード」はXMLで記述されたBean定義ファイルやアノテーション，JavaConfigで記述されたBean定義をBeanFactoryインタフェースを拡張したApplicationContextのインスタンス（実際にはApplicationContextはインタフェースなので，たとえば，その実現クラスであるXmlWebApplicationContextクラスのインスタンス）が読み込み，BeanFactoryPostProcessorsインスタンス（これもインタフェースなので，たとえば，その実現クラスであるPropertyPlaceholderConfigurerクラスのインスタンス）がApplicationContextインスタンスが読み込んだBean定義を参照しながら，PropertyPlaceholderConfigurerインスタンスであれば，プロパティファイルを読み込む。

続いてApplicationContextインスタンスは「Beanの生成と初期化」を行う。まず，Bean定義をもとにクラスをインスタンス化し，インスタンスを別のインスタンスにインジェクションする。続けてBeanPostProcessorインスタンスを利用して@PostConstructやbeanタグのinit-method属性で指定されたメソッドを呼び出して初期化処理を行う。

ここまででInitialization（初期化）は終わり，サンプルプログラムでは，ApplicationContextインスタンスが生成され，getBeanメソッドなどが利用できる状態になっている。

### Use（利用）

Use（利用）はApplicationContextインスタンスからServiceインスタンスやDaoインスタンスをgetBeanメソッドで取得し，findProductメソッドなどを呼び出しているときだ。

### Destruction（終了）

Use（利用）が終わったアプリケーションは，Destruction（終了）のフェーズへと移行する。@PreDestroyやbeanタグのdestroy-method属性で指定されたメソッドを呼び出して終了処理を行う。

COLUMN

### 学習の拡張

ここにA君とB君の2人の新人がいて，DIコンテナの章を読んだとする。

A君は解説を一通り読んで，DIコンテナのサンプルプログラムを一通り動かしてみた。

B君はサンプルだけではなく，インスタンス変数にMapを設定してみたり，ログを出してみたりいろいろ試してみた。

では，その後実力が伸びるのは2人のうちどちらだろうか。

そう，多分B君だ。

このB君のような行為を「学習の拡張」というらしい。

学校の勉強の世界では「暗記・詰め込み」より「学習の拡張」が大切だといわれている。

僕は2人の子供を持つ父親でもあるので，どうやったら子供が自発的に学習の拡張をするようになるのかよく考える。

たとえば，子供の前で絵の具の青と赤を混ぜて紫を作ってみせる。すると子供達は赤と青だけではなく黄色や緑やその他の色も混ぜ始め，色の組み合わせによってどのような色が作れるかを理解する。これも学習の拡張の1つだ。

子供達が学習の拡張を始めるときは，子供達に何らかの感動とか驚きがあったのだと思う。

となると，三角形の面積の求め方で子供達を感動させたり驚いたりさせることができれば，子供は勝手に学習の拡張をするはずだ(それが難しいのだけれど)。

話がそれた。

おそらく，皆さんは僕の言わんとしていることはもう理解しているだろう。

もし，仕事上の義務感だけで技術書を読んでいたらきっと学習の拡張を起こすことは難しいと思う。しかし，それではエンジニアとして伸びていかない。

技術書を読むことで，新しい発見に感動し驚いていれば，学習の拡張は容易でエンジニアとして順調に実力を伸ばしていくだろう。

別に技術書でなくてもよい。仕事の上で感動や驚きを常に持っている人は伸びるだろう(それに，僕達が扱うのは眼に見えて動くもので，三角形の面積より絵の具遊びに近いと思う)。

言われれば，簡単な話なのだが。

会社に入っても誰も「感動しろ。驚け。」なんて言わない。今必要な技術的なこと(それに事務的なことや会社の文化)を覚えろ覚えろと言うだけだ(なんだか学校教育に似ている)。

技術的なティップスを暗記していくことはもちろん大切だが，エンジニアならば「技術的なことに感動し驚ける心」が重要だ。こうした心をぜひ，自分の中に育ててほしいと思う。

## 2.2 SpringのAOP(Aspect Oriented Programming)



さて，ここからはDIxAOPコンテナのAOPの部分の解説をしよう。ここまでの説明で，DIコンテナとは，ソフトウェアの部品化（何度もくどいようだがコンポーネント化と同義）を促進するために，オブジェクト間に密な依存関係を持たせず，インタフェースによる疎結合を容易にすること，かつ，DIコンテナによりオブジェクトのライフ・サイクルをも管理できるようになったことは，理解してもらえただろう。

しかし，DIコンテナだけでは，目指すアーキテクチャの道はまだ遠い。なぜなら，DIコンテナを利用しただけでは，コンポーネントとなる（もしくはコンポーネントを構成する）オブジェクト内部の処理には手をつけることができないからだ。オブジェクト内部の処理もすっきりさせたい。なぜなら普通に作成したオブジェクトには本来持つべき処理以外の処理が含まれているからだ。

たとえば，**リスト2.61**はDIコンテナを利用した場合のオブジェクトのサンプルコードだ。本の都合上，いろいろと省略しているが，それでもログの出力やトランザクションの処理など，いろいろ混在している。こうした共通化できる処理というのは，オブジェクトの中に存在しないほうが，ソースコードの可読性も良くなり，結果としてコンポーネントとしての役割も明らかになって良い。かつ，テストも容易になる。

リスト 2.61　DI しか使っていない ServiceImpl

```
public class EmployeeServiceImpl implements EmployeeService {
  @Autowired
  private EmployeeDao dao;

  public int insert(Employee emp) throws Exception {
    if (Log.flag) {
      System.out.println("***Start");
    }

    Connection conn = null;
    ... (Connectionの取得などいろいろ省略) ...

    try {
      ret = dao.insert(conn, emp);
      conn.commit();
    } catch (Exception e) {
      conn.rollback();
    } finally {
      ... (Connectionの解放とか省略) ...
    }

    if (Log.flag) {
      System.out.println("***End");
    }
    return ret;
  }
}
```

**リスト2.62**は，本章で解説するAOP（Aspect Oriented Programming，アスペクト指向プログラミング）を利用してオブジェクトの中にあった共通処理を取り除いたものだ。ソースコードの可読性は上がっているし，テストも容易にできるようになったことは一目瞭然だ。なおかつ，コード行数とバグ数に関連があるのであれば，**リスト2.61**よりも**リスト2.62**のほうがバグの混入する可能性は低い（なお，正直に書くと実際には，こんなうまくソースコードがきれいになることはまれである）。

リスト2.62　DIとAOPを使ったServiceImpl

```
public class EmployeeServiceImpl implements EmployeeService {
  @Autowired
  private EmployeeDao dao;

  public int insert(Employee emp) throws Exception {
    return dao.insert(emp);
  }
}
```

さて，ここまでの解説でわかったように，AOPとは，あるオブジェクトが本来行わなくてもよい，ロギングやトランザクションなどの処理（別の言い方をすると，共通化してライブラリ化できてしまうような処理）を，そのオブジェクトから分離して，別のオブジェクトで実現するための技術だ。

本節では，Springが提供するAOPについて解説しよう。

**Coffee Break　僕と若手プログラマの会話**

僕「さあ，DIコンテナの説明も終わったし，次はAOPだ」

若手「AOPか〜。AOPは資料を何回読んでもよくわからなかったんです」

僕「最初のうちはそんなものさ。それにオブジェクト指向の基礎がわかってないとAOPはわかりづらいかもしれないね」

若手「そんなものですか」

僕「ああ。資料を何度も読み返したり，サンプルを実装してみたりを繰り返さないとね。僕だっていつもそうだよ。
それにね，これからのプロジェクトでアーキテクトになっていくためにはAOPを避けていることはできないよ」

若手「アーキテクトにですか?」

「そうだよ。AOPは今まで開発者が実装しなくちゃいけなかったトランザクション処理や例外処理を，開発者が実装しなくてもよくするための技術でもあるんだ」

「で，開発者が実装しなくなった分をアーキテクトが書くんですか?」

「そうそう。だんだんわかってきたね。難しくて面白い部分の実装はアーキテクトの特権だからね」

「なんだか，アタマが変になりそうですよ。先輩に会うまでアーキテクトって，会議とか適当なパワポを書いてばかりいるんだと思ってました」

「あはは。でもね，実装の実力もなくっちゃ頼れるアーキテクトじゃないでしょ?」



## 2.2.1 AOPとは?

AOPとは，業務など特定の責務を持ったクラス，たとえば，注文クラスとか口座クラスの中には，その責務を果たすための本質的な処理だけを記述したいという考えから，本質的ではない余計な処理を外出しする技術のことだ。

より具体的には，ログ出力や例外処理など共通化できる処理を，注文クラスや口座クラスから追い出し，Aspectという1つの単位にまとめることによって，あるオブジェクトが本来やるべきことだけを行うようにする技術だ。

もちろん，オブジェクト指向開発における分析や設計がきちんとできなければ，何がそのオブジェクトの本質的な処理か余分な処理かはわからない。そうした意味でAOPはオブジェクト指向に置き換わる技術ではなく，オブジェクト指向と併用する車の両輪のようなものだということができる。

AOPは，それを導入することによって，オブジェクトが本来行いたい本質的な処理と，それ以外の「横断的関心事」と呼ばれる，複数のオブジェクトにまたがって記述されてしまいがちな処理を分離することでモジュール性を高め，ひいては各関心事を別々に考えられること，個別の関心事の取り外しを可能にすること，関心事に分割して開発できるなどといった利点が得られるのだ。

### 2.2.1.1 AOPの用語

AOPについての説明として，まずはその代表的な用語を簡単に説明しよう。のちほどSpring AOPのサンプルで，具体的なイメージを高めていくこととして，ここでは各用語の意味を大まかに理解してほしい。

#### ● Aspect

横断的な関心事が持つ振る舞いと，その横断的な関心事を適用するソースコード上のポイントをまとめたもの。つまりAdvice（振る舞い）とPointcut（振る舞いを適用する条件）をまとめたものをAspectと表す。

●**Join Point**

Adviceが行う振る舞いを割り込ませることが可能な「時」。コーディングする上では，プログラムコード上の「場所」を意識することになるが，それが実行された「時」には必ずAdviceが動作するという「時」なのである。Join Pointは開発者が考えて作り込むことはできない，AOP（のプロダクト）の仕様だ。Springではメソッドが，つまりメソッドが呼び出されたときがAdviceを割り込ませることが可能なJoin Pointである。

●**Advice**

Join Pointで実行されるコード。ログの出力やトランザクション管理などのコードが書かれる。

●**Pointcut**

AdviceはJoin Pointが呼ばれると必ず実行されるとJoin Pointの解説で書いたが，とはいえ`System.out.println("Hello!");`しか記述されていない`helloWorld`メソッドが呼ばれるたびに，トランザクション処理が記述されたAdviceを動かしたくはないだろう。PointcutはJoin PointとAdviceの中間に存在し，処理がJoin Pointに達したときに，Adviceを呼ぶかどうかをフィルタリングするものだ。たとえばPointcutに「メソッド名に`hello`の文字があったらAdviceを呼ばない」もしくは「メソッド名に`Service`という文字があったらAdviceを呼ぶ」と記述しておけば，処理が`helloWorld`メソッドに達したときにもPointcutがフィルタリングしてくれるので，トランザクション処理が記述されたAdviceは呼ばれないのだ。

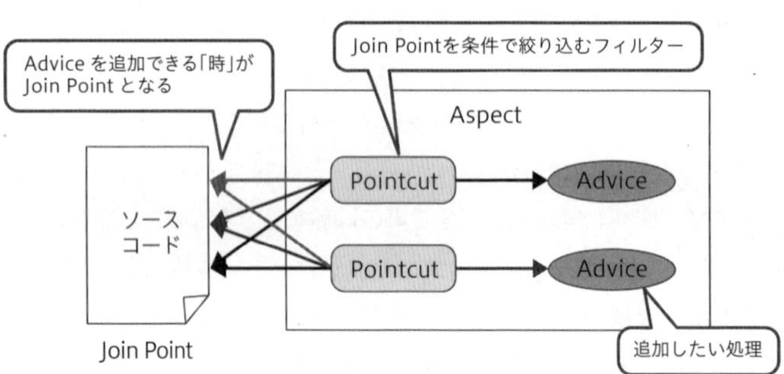


図 2.14′ Join Point，Advice，Pointcut

### 2.2.1.2 Adviceの一覧

前節で，モジュール本来のやるべきことではない処理を，モジュールから分離してAdviceに記述するという解説を行った。そのAdviceにも実はいくつかの種類があり，必要に応じたAdviceに処理を記述しなければならないのだ。**表2.9**はSpringが提供するAdviceだ。

表 2.9 Spring の提供する Advice

| Adviceのタイプ | 説明 |
|---|---|
| Before | Join Pointの前に実行するAdvice |
| After | Join PointのあとにBe実行するAdvice[注12] |
| AfterReturning | Join Pointが完全に正常終了したあとに実行されるAdvice |
| Around | Join Pointの前後で実行されるAdvice |
| AfterThrowing | Join Pointで例外が発生した場合に実行されるAdvice |

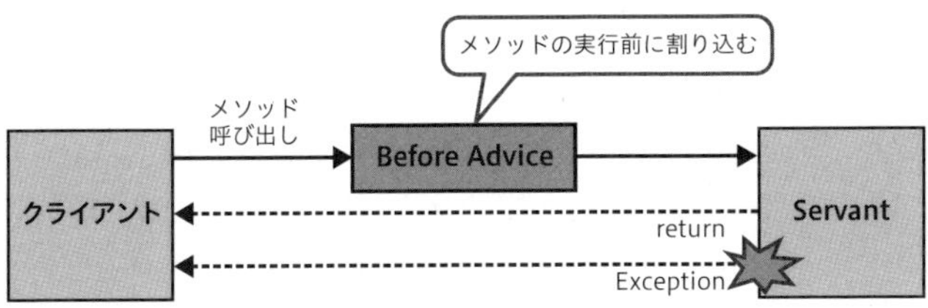


図 2.15 Before Advice

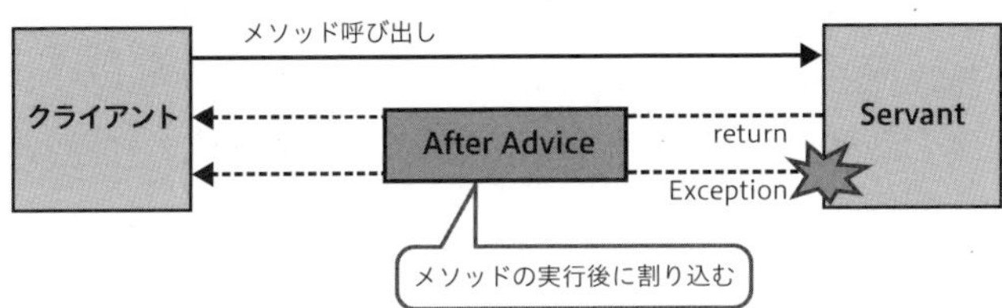


図 2.16 After Advice

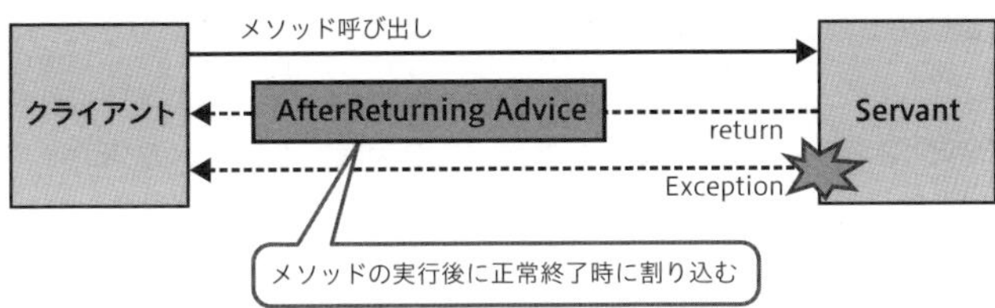


図 2.17 AfterReturning Advice

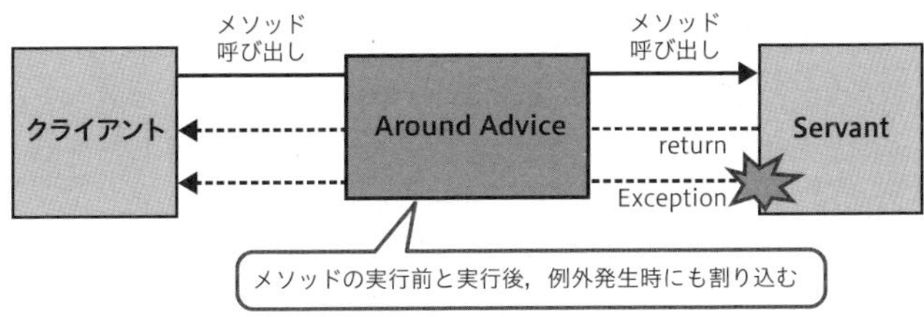


図 2.18 Around Advice

注12 try—catch—finallyのfinallyをイメージするとよい

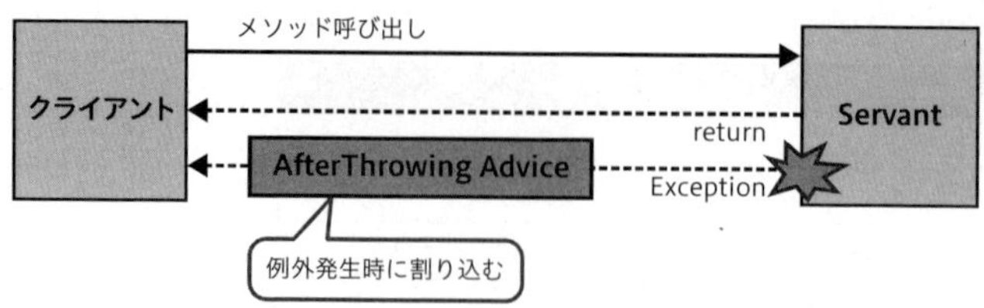


図2.19　AfterThrowing Advice

たとえば，メソッドの開始と終了のログを出力したいのであれば，Before AdviceとAfter Advice（またはAfterReturning Advice）にログ処理を書く，もしくはAround Adviceにログ処理を書くのがよいだろう。AfterThrowing Adviceにログ処理を書いたら当初の目的は達成できない。

同様に例外発生時に例外処理をAOPで行いたいのであれば，AfterThrowing AdviceかAround Adviceを使うことになる。間違ってAfterReturning Adviceに例外処理を書いてしまったら，例外処理は永遠に行われない。

トランザクションはどうだろう。実はトランザクション処理は，こうしたAdviceを利用せず，たいていの場合AOPのプロダクトがすでにトランザクション処理を実装したモノを提供してくれるので，それを利用する[注13]。Springのトランザクション処理に関しては第4章を参照してほしい。

では，そもそもAdviceは，Javaのクラスと何が違って，どうやってコーディングするのだろう。申しわけないが，それはもう少し待ってもらいたい。

### 2.2.1.3 Proxyを利用したAOP

さて次に，AOPの実現方法を解説しよう。AOPの実現方法はいくつかあるが，ここではSpringでも利用しているProxyを利用したAOPの解説をする。これがわかると，難しそうだったAOPもなぁーんだとわかってしまうだろう。

Proxyを利用したAOPは**図2.20**のように，インタフェースを実装したProxyを利用して，Qクラスが呼び出したメソッドを横取りして，Adviceを動かすものだ。

多少の誇張も踏まえて，もう少し簡単に解説しよう。

まず，DIを生かすために，インタフェースRを実装したRImplクラスを用意した。それを利用するのはQクラスで，QクラスにはRインタフェース型のインスタンス変数が用意してあり，Springであれば@Autowiredアノテーションが付いている。そして，ここがポイントだが，RImplクラスのどのメソッドを実行したときでも，Adviceが動作するように設定してあるとする。

では，DIxAOPコンテナはどう動作するかというと，Rインタフェースを実装したProxyクラスのインスタンスを自動生成して，QクラスのRインタフェース型のインスタンス変数にインジェクションしてしまうのだ。QクラスはRインタフェースを実現しているクラスのインスタンスがインジェクションされるので，それが，本物のRImplクラスのインスタンスかどうかは気がつかない。その自動生成されたProxyクラスのインスタンスは，もちろん本物であるRImplクラスに実装されたメソッドを呼

注13　Springの場合トランザクションだけでなく，実は，ログ出力や後述するキャッシュ，認可の処理もAdviceとして用意している。

び出すように実装されているし，種類によってRImplクラスのメソッドを呼び出す前後でAdviceを呼び出すようになっている。以上のようにインタフェースを実現しているクラスのインスタンスであれば，なんでもインジェクションできるという特性を利用したProxy詐欺によってAOPを実現しているというわけだ。

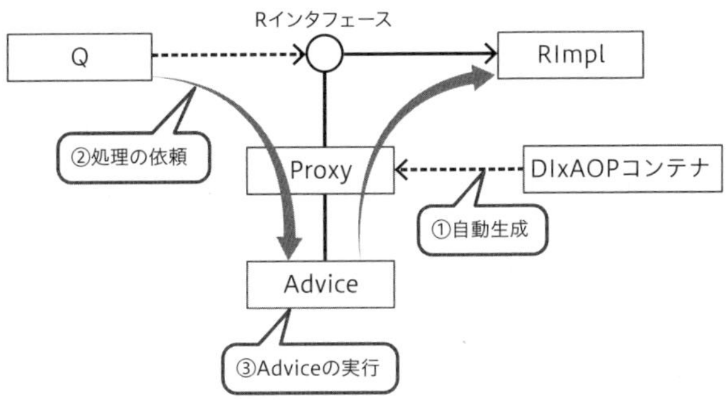


図2.20　ProxyベースのAOP例

こうしたProxyベースのAOPは単純なJDK Dynamic Proxyで実現されているため，クラスのバイナリを書き換えてしまうような他の方式のAOPと比べて，メソッド以外のフィールドなどの細かいAOPができない点や，パフォーマンスの面で優れないなど，残念ながら劣る部分もある。ただ，ProxyベースのAOPでも，トランザクション管理，オブジェクトプール，セキュリティ，型の再定義[注14]など，AOPで実現される大部分の機能を行えるので，それほど気にならないだろう。

また，実業務では意識することはないが，インタフェースを実現していないクラスにAOPを行う場合は，デフォルトのJDK Dynamic ProxyではなくCGLib Proxyが利用される（そもそも，インタフェースがなければJDK Proxyは利用できない）。解説はしないが，Bean定義でJDK Dynamic ProxyとCGLib Proxyを意図して利用することも可能である。

### 2.2.1.4 AOPの使いどころ

開発プロジェクトにおけるAOPの基本的な使い方について解説しよう。あくまでも基本的な話で，絶対的なことではないので，そこはあらかじめ断っておく。

まず，やってはいけないことだが，AOPを利用して業務処理を分離しないことだ。理由は簡単，ソースコードの可読性が著しく落ちるからだ。**リスト2.63**を見てほしい。getPriceメソッドを呼んだら，属性であるpriceの中身が100にもかかわらず，消費税が加算された108が返ってきたら驚くだろう（この本を読まれているころには110が返ってくるかもしれない）。それにコードを読んでも消費税は加算されていない。呼び出し元のメソッドを読んでも消費税が加算された様子はない。そう，**リスト2.63**のProductクラスのgetPriceメソッドのような業務で利用する処理にAOPを利用して処理を追加していたら，そのようなことになる。

注14　あるオブジェクトに，別の機能を持つインタフェースをAOPによって合成すること。

リスト2.63 Productクラス

```
public class Product {
  private String name;
  private int price;

  public int getPrice() {
    return price;
  }
}
```

では，AOPとして分離してよい処理というのは何か。それは，ここまでにも登場してきたログ出力やトランザクション処理などの共通化できる処理である。たとえば，これは皆が使うからとか，いろいろなクラスで何度も同じロジックが出てくるからとかの理由で共通化したほうがよいんじゃないか，今まででであれば共通ライブラリとして提供すればよいんじゃないかと思えるような処理が，AOPとして実現する処理の候補である。

ここまで書くと，開発プロジェクトでAOPを利用してよい人達と，AOPを利用してはいけない人達というのもわかってくると思う。AOPを利用してよい人達は，開発プロジェクト内で共通化チームとか基盤チームとか呼ばれる人達である。逆にAOPを利用してはいけないのは，業務処理をプログラミングする業務チームの人達である。

あくまでも一般的な話だが，開発プロジェクトでは，基盤チームがAOPで共通処理を書き，業務チームの人達が作ったプログラムに適用するというカタチになるのだ。

さて，次からはいよいよ，Spring AOPについて解説しよう。Springの魅力はDIとAOPを組み合わせたときに発揮されるといっても過言ではないのだから。

## 2.2.2 アノテーションを使ったAOP

難しいことは前節で終わり，さっそくAOPを動かしてみよう。SpringのAOPには，DIと同じように，アノテーションを使う方法と，Bean定義ファイルに設定を書く方法，JavaConfigで書く方法の3通りがある。まずは，DIと同様にアノテーションから解説しよう。

題材はDIで使ったProductを扱うサンプルアプリケーション。AOPの適用対象はProductDaoのfindProductメソッドとする。ProductDaoのfindProductメソッドの利用時にAdviceで記述された"Hello Advice種別!"を表示する処理が動くようにするのだ（**図2.21**）。

まずは，Aspect（AdviceとPointcutをまとめたものだったよね）である。**リスト2.64**が，今回適用するAspectであるMyFirstAspectだ。クラス宣言の前にはこのクラスはAspectであることを表す@Aspect（**リスト2.64-①**）が付加されている。@Aspectの次に記述されているのはDIでお馴染みの@Componentだ。

次にMyFirstAspectのメソッドを眺めてみよう。メソッド宣言の前に@Beforeとか@After，@AfterReturning，@Around，@AfterThrowing（**リスト2.64-②～⑥**）というアノテーションが付いている。これらのアノテーションが付いているメソッドがAdviceなのだ。

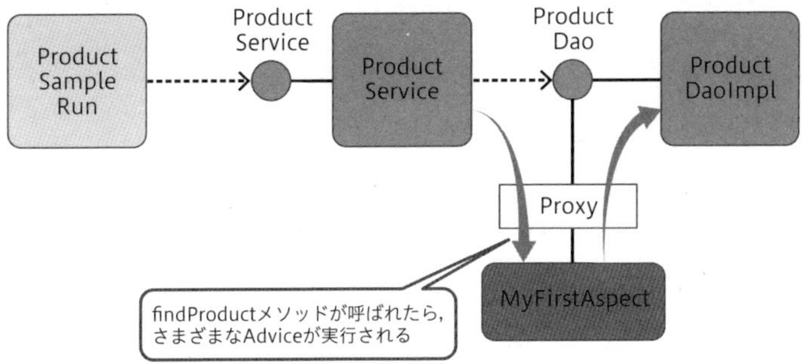


図 2.21　AOP を適用した Product アプリ

さて，これらのアノテーションには括弧でくくられて"execution"とか書かれている，詳細はのちほど解説するが，この括弧の中がPointcutとしてフィルタリングする条件である。

もちろん，AOPのアノテーションを利用してもBean定義ファイルは必要だ。今回のBean定義ファイルは**リスト2.65**のようになる。DIのときとの違いはaopスキーマと，AOPをアノテーションで適用することを宣言する<aop:aspectj-autoproxy />タグ（**リスト2.65-①**）が追加されたことだけだ。

以上が，アノテーションを使ったAOPの実現例だ。なんとなく眺めてみてもわかるように，Aspectといっても何か特別な仕掛けはない。なんだか普通のクラスに，普通のメソッドでAspectができてしまう（本当は仕掛けもあるんだけどね）。

最後に，DIのときと同じProductSampleRunクラスを起動すれば，AOPが適用され処理結果は**図2.22**のようになる。もちろんAfterThrowing Adviceだけは動かない。AfterThrowing Adviceを動かしたい場合は，findProductメソッドで，「throw new RuntimeException()」などとして，例外を無理矢理投げるよう書き直してほしい。

リスト 2.64　MyFirstAspect.java

```
@Aspect ←①
@Component
public class MyFirstAspect {

  @Before("execution(* findProduct(String))") ←②
  public void before() {
    // メソッド開始時に動作するAdvice
    System.out.println("Hello Before! *** メソッドが呼ばれる前に出てくるよ!");
  }

  @After("execution(* findProduct (String))") ←③
  public void after() {
    // メソッド終了後に動作するAdvice
    System.out.println("Hello After! *** メソッドが呼ばれたあとに出てくるよ!");
  }

  @AfterReturning(value="execution(* findProduct (String))", returning="product") ←④
  public void afterReturning(Product product) {
```

```
    // メソッド呼び出しが例外の送出なしに終了した際に動作するAdvice
    System.out.println("Hello AfterReturning! *** メソッドを呼んだあとに出てくるよ");
  }

  @Around("execution(* findProduct (String))") ←5
  public Product around(ProceedingJoinPoint pjp) throws Throwable {
    // メソッド呼び出しの前後に動作するAdvice
    System.out.println("Hello Around! before *** メソッドを呼ぶ前に出てくるよ!");
    Product p = (Product)pjp.proceed();
    System.out.println("Hello Around! after *** メソッドを呼んだあとに出てくるよ!");
    return p;
  }

  @AfterThrowing(value="execution(* findProduct (String))", throwing="ex") ←6
  public void afterThrowing(Throwable ex) {
    // メソッド呼び出しが例外を送出した際に動作するAdvice
    System.out.println("Hello Throwing! *** 例外になったら出てくるよ");
  }
}
```

リスト 2.65　Bean 定義ファイル

```
<?xml version="1.0" encoding="UTF-8"?>
<beans xmlns="http://www.springframework.org/schema/beans"
  xmlns:xsi="http://www.w3.org/2001/XMLSchema-instance"
  xmlns:context="http://www.springframework.org/schema/context"
  xmlns:aop="http://www.springframework.org/schema/aop"
  xsi:schemaLocation="
   http://www.springframework.org/schema/beans
   http://www.springframework.org/schema/beans/spring-beans.xsd
   http://www.springframework.org/schema/context
   http://www.springframework.org/schema/context/spring-context.xsd
   http://www.springframework.org/schema/aop
   http://www.springframework.org/schema/aop/spring-aop.xsd">
  <context:component-scan base-package="sample"/>
  <aop:aspectj-autoproxy /> ←1
</beans>
```

```
Hello Before! *** メソッドが呼ばれる前に出てくるよ!
Hello Around! before *** メソッドを呼ぶ前に出てくるよ!
Hello After! *** メソッドが呼ばれた後に出てくるよ!
Hello Around! after *** メソッドを呼んだ後に出てくるよ!
Hello AfterReturning! *** メソッドを読んだ後に出てくるよ
Product [name=ホチキス, price=100]
```

図 2.22　実行結果

#### 2.2.2.1 Pointcutの記述方法

さて，Adviceのアノテーションについて解説する前に，まずはすべてのアノテーションに共通するPointcutの記述方法について解説する。

Pointcutは，**リスト2.64**で解説したように，アノテーションの括弧内に"execution(* findProduct(String))"のように記述する。このPointcutの指定方法はAspectJというAOPの超有名プロダクトで使用されるPointcutの指定方法をSpringに持ち込んだものだ。AspectJでは，「呼び出し元」の「メソッド」あるいは「クラス」，「呼び出し先」の「メソッド」あるいは「クラス」を条件で指定することのできるPrimitive Pointcutと呼ばれるPointcutがあらかじめ用意されている。Springでも，このPrimitive Pointcutを組み合わせて，Pointcutを記述することができる。

いきなりAspectJのPrimitive Pointcutをすべて理解するのはかなり難しいので，最も利用するexecutionに絞ってPointcutの指定方法を説明していこう。executionでは，「呼び出し先」の「メソッド（コンストラクタ）」を条件にPointcutを記述する。

executionの「呼び出し先」の指定は，ワイルドカードで行うことができる。たとえば，下記のPointcutはいずれも「com.starlight.service.business.HogeBeanというクラスの,public String exMethod()メソッド」でAspectを実行することができるPointcutの記述方法だ。

- execution(public String com.starlight.service.business.HogeBean.exMethod())
- execution(* com.starlight.service.business..*Bean.*(..))
- execution(* *..*exMethod())
- execution(* *.. HogeBean.*())
- execution(public String ex*(..))
- execution(*com.starlight.service.business.*.*(..))

executionの基本構文をまとめると，次のようになる（△は半角スペースを表す）。

**execution(メソッドの修飾子△メソッドの戻り値型△パッケージ.クラスまたはインタフェース.メソッド名(引数の型|, 引数の型...|)△throws△例外)**

- 「メソッドの修飾子（publicやprivate）」や「throws△例外」は省略することが可能
- メソッドの戻り値型，パッケージやクラス名，インタフェース名にはワイルドカード（*）の利用が可能
- 「*」は「.」（パッケージの区切り文字）と一致しないため，複数パッケージと一致させるには「..」を使用すること
- メソッドの引数に「..」を記述するとあらゆる引数と一致させることが可能

このほかにもSpring AOPで使用できるPrimitive Pointcutには，型を指定するものやアノテーションを指定するものなどもある。ぜひ調べて，いろいろと試してみよう。

また，Pointcutは，いくつかのPointcutを組み合わせて設定することもできる。この際は，条件の指定に論理演算子を利用することができる。Pointcutの指定に利用できる論理演算子を**表2.10**に記載する。なお，「and」，「or」，「not」はAspectJでは利用できないSpring固有の記法となる。あとで解説するBean定義ファイルでは「&&」を表記する際には「&&」と書く必要があるため，できれば「and」，「or」，「not」に統一して書くほうが望ましいだろう。

表 2.10　Pointcut の指定で利用できる論理演算子

| 論理演算子 | 説明 |
|---|---|
| \|\| または or | 論理和を意味する論理演算子<br>例)<br>execution(* *..AopExBean.exMethod()) **or**<br>execution(* *..AopExBeanParent.exMethod())<br>=> AopExBean のメソッド exMethod または AopExBeanParent のメソッド exMethod を指定 |
| && または and | 論理積を意味する論理演算子<br>例)<br>execution(* *..AopExBean.exMethod()) **&&**<br>execution(* *..AopExBeanParent.exMethod())<br>=> AopExBean のメソッド exMethod かつ AopExBeanParent のメソッド exMethod を指定 |
| ! または not | 否定を意味する論理演算子<br>例)<br>execution(* exMethod()) and **not**<br>execution(* *..AopExBeanParent.*())<br>=> AopExBeanParent 以外のクラス(インタフェース)のメソッド exMethod を指定 |

### 2.2.2.2 アノテーションによるAdviceの作り方

この項では，Before から AfterThrowing までの Advice の作り方を解説しよう。

#### Before Advice，After Advice

Before Advice，After Advice の作り方は，**リスト 2.64-②③**の実装例でも見たように簡単。詳細は**表 2.11**のようになる。

表 2.11　Before Advice，After Advice

| | |
|---|---|
| アノテーション | @Before("Primitive Pointcut")<br>@After("Primitive Pointcut") |
| 内容 | メソッド名は任意。<br>メソッドの引数はなしが基本。<br>メソッドの戻り値は void が基本 |
| Sample | <pre>@Before("execution(* findProduct(String))")<br>public void foo() {<br>  // メソッド開始時に動作するAdvice<br>  System.out.println("Hello Before! *** メソッドが呼ばれた前に出てくるよ!");<br>}<br><br>@After("execution(* findProduct(String))")<br>public void bar() {<br>  // メソッド終了後に動作するAdvice<br>  System.out.println("Hello After! *** メソッドが呼ばれたあとに出てくるよ!");<br>  return msg;<br>}</pre> |

しかし，これだけだとなんだか味気ない。そもそも，開始と終了のログを出力するにしても，どのメソッドでログを出力しているのか，メソッドの名前すらわからないのでは，まともなログとはいえない。

そうした場合は，メソッドの引数にorg.aspectj.lang.JoinPointを設定すればよい。

**リスト2.66**は，**リスト2.64-②**のBefore Adviceで，メソッド名と引数で渡された値を，Join Pointを利用して表示するように修正した例だ。

リスト2.66 Join Pointの利用

```
@Before("execution(* findProduct(String))")
  public void foo(JoinPoint jp) {
    // メソッド開始時にWeavingするAdvice
    System.out.println("Hello Before! *** メソッドが呼ばれた前に出てくるよ!");
    Signature sig = jp.getSignature();
    System.out.println("-----> メソッド名を取得するよ：" + sig.getName());
    Object[] objs = jp.getArgs();
    System.out.println("-----> 引数の値を取得するよ：" + objs[0]);
  }
```

### AfterReturning Advice

AfterReturning Adviceの作り方も，**リスト2.64-④**の実装例でも見たように簡単。詳細は**表2.12**のようになる。Sampleコードでは，戻り値がStringのgetMessageメソッドにAfterReturning Adviceを仕掛ける例を記述しておく。ここでは，getMessageメソッドが返却した戻り値を，System.out.printlnメソッドで表示するようにしているところがポイントだ（Sampleの①）。

前項の「Before，After Advice」で解説したように，hoge(JoinPoint jp, String ret)のようにすれば，メソッド名や引数で渡された値を取得することも可能だ。

表2.12 AfterReturning Advice

| アノテーション | @AfterReturning(value="Primitive Pointcut", returning = "戻り値の変数名") |
|---|---|
| 内容 | メソッド名は任意。<br>メソッドの引数は，AOPの適用対象となっているメソッドの戻り型（**リスト2.64-④**ではProduct型を定義していた）とアノテーションのreturning属性で指定した変数名（**リスト2.64-④**では変数名retを定義していた）にしなければならない。<br>メソッドの戻り値はvoidが基本 |
| Sample | `// 戻り値がStringのgetMessageメソッドにAdviceを仕掛ける`<br>`@AfterReturning(value="execution(* getMessage ())", returning="ret")`<br>`public void hoge(String ret) {`<br>`  // メソッド呼び出しが例外の送出なしに終了した際に呼ばれるAdvice`<br>`  System.out.println("Hello AfterReturning! *** メソッドを読んだあとに出てくるよ");`<br>`  System.out.println("-----> 返却するメッセージは： = " + ret);` ←① |

### Around Advice

**リスト2.64-⑤**を見て気がついた人もいるかもしれないが，Around Adviceの作り方はちょっと特殊だ。

何が特殊かというと，他のAdviceと違い，AOPの対象となっているメソッドの呼び出しを，Adviceの中で自ら行わなければならない。それが**表2.13**のSampleコードの①の部分だ。

AOPの対象となっているメソッドの呼び出しは，引数に記述されているorg.aspectj.lang.

ProceedingJoinPointクラスのObject proceedメソッドを利用して行う。このproceedメソッドの戻り値は，AOPの対象となっているメソッドの戻り値なので，ここでなくしてしまうと大変なことになるので，ちゃんと受け取ってリターンしよう（**表2.13**のSampleコードの②）。Javaの場合，メソッドの戻り値を受け取らなくてもコンパイルエラーにはしてくれないのだから。

まぁ，もっと大変なのはproceedメソッドを書き忘れてしまうことだ。そうなったら，Aspect対象となっているメソッドは絶対に呼ばれないので気をつけよう。もっとも，過去には「Around Adviceを使って，本来呼ばれるべきAspect対象となっているメソッドを呼ばずに，他のメソッドを呼んでしまう」といった「カッコウの卵」なるテクニックが紹介されたこともあったが，基本的にカッコウの卵は，プログラムの動作をわかりにくくするのでNGだ。

表2.13 Around Advice

| アノテーション | @Around("Primitive Pointcut") |
| --- | --- |
| 内容 | メソッド名は任意。<br>メソッドのパラメータには必ずorg.aspectj.lang.ProceedingJoinPointを記述する。<br>戻り値はAOPの対象となっているメソッドの戻り値と同じでなければならない |
| Sample | `@Around("execution(* getMessage())")`<br>`public String fuga(ProceedingJoinPoint pjp) throws Throwable {`<br>`  // メソッド呼び出しの前後に動作するAdvice`<br>`  System.out.println("Hello Around! before *** メソッドを呼ぶ前に出てくるよ!");`<br>`  String message = (String)pjp.proceed();` ←❶<br>`  System.out.println("Hello Around! after *** メソッドを呼んだあとに出てくるよ!");`<br>`  return message;` ←❷ |

Around Adviceとなるメソッドの引数ProceedingJoinPointクラスを使うと，AOPの対象となっているメソッドの名前なども取得できる[注15]。**リスト2.67**は，**リスト2.64**-⑤のAround Adviceを加工して，メソッド名を出力するようにした例だ。

リスト2.67 ProceedingJoinPointの使い方

```
@Around("execution(* findProduct(String))")
  public Product fuga(ProceedingJoinPoint pjp) throws Throwable {
    // メソッド呼び出しの前後に動作するAdvice
    System.out.println("Hello Around! before *** メソッドを呼ぶ前に出てくるよ!");

    // メソッド名の出力
    Signature sig = pjp.getSignature();
    System.out.println("-----> aop:around メソッド名を取得するよ：" + sig.getName());

    Product p = (Product)pjp.proceed();
    System.out.println("Hello Around! after *** メソッドを呼んだあとに出てくるよ!");
    return p;
  }
```

注15 名前からわかるかもしれないが，ProceedingJoinPointインタフェースはJoinPointインタフェースを継承している。そのため，JoinPointインタフェースで定義されているメソッドはProceedingJoinPointインタフェースでも，すべて使用可能だ。

もしかしたら気がついた人もいるかもしれないが，Around Adviceを使えば他のAdviceと同じことができる。proceedメソッドの前に処理を書けばBefore Adviceだし，proceedメソッドをtry-catch節で囲めば，このあとに解説するAfterThrowing Adviceにもなってしまうのだ。ただし，だからと言って何でもAround Adviceを使うと他のAdviceよりも複雑でミスしやすいので，あくまでもAround Adviceを使う必要がある場合に使うのが正しい。

ところで，Around Adviceでは，proceedメソッドを利用してAOPの対象となっているメソッドを呼び出すことになっている。では，ある1つのメソッドが，2つの異なるAround AdviceのAOPの対象となってしまったらどうなるのだろうか。メソッドが2回実行されてしまうのだろうか，そうなると数値計算のメソッドがAOPの対象になっていたら計算された値が変わってしまうだろう。

結論からいうと，1つのメソッドが，複数の異なるAround Adviceを適用する対象となってしまった場合でも，メソッドは1回しか実行されない。もちろん，複数の異なるAround Adviceに記述された処理はきちんと動作してくれるので心配無用である。

### AfterThrowing Advice

最後にAfterThrowing Adviceだ。他のAdviceと違いAOPの対象となるメソッドで例外が発生したときだけ動作するAdviceだ。詳細は**表2.14**のようになる。

Sampleコードでは，Aspect対象のgetMessageメソッドでSqlExceptionが発生した場合に，とぼけたメッセージを出力するようになっている。当然だが，AOPの対象となるメソッドが正常終了した場合は呼ばれない。前々項「Before，After Advice」で解説したように，boo(JoinPoint jp, String ret)のようにすれば，メソッド名や引数で渡された値を取得することも可能だ。

このように，AOPで例外処理を行うことで，業務クラスから例外処理をなくして，すっきりしたソースコードが書ける。なんて宣伝文句みたいなことは信じてはいけない。それは大げさなセールストークだ。なぜならAOPには業務処理を書かないのが原則だからだ。業務処理の中には，業務例外（検査時例外とか実行時例外とは異なる，業務的に発生させる例外。たとえば在庫がなくなりましたみたいな例外だ）の処理が必ずあり，それが業務処理である以上，Aspectとして業務のコンポーネントから排除してはならないからだ。それに，ある程度大きい規模の開発プロジェクトでは，AOPは基盤チームで実現するといった役割分担が発生するし，基盤チームというのは業務にはそれほど精通しておらず，在庫不足の例外が発生したときに，どういう例外処理を書けばよいかなんてわからないというのも理由の1つだ。ただ，1つ意見を言わせてもらえれば，本当は業務例外なんていうExceptionクラスを継承したものを使ってはいけないのかもしれない。業務の処理は，たとえそれが例外的な処理であっても，Exceptionを使わずに普通にロジックの中（フローチャートで記述できる範囲）で処理すべきなのではとも思う。とはいえ，JavaではExceptionを使わざるを得ないのだが。

表 2.14 AfterThrowing Advice

| アノテーション | @AfterThrowing(value="Primitive Pointcut", throwing ="例外の変数名") |
|---|---|
| 内容 | メソッド名は任意。<br>メソッドの引数にはキャッチしたい例外を記述し，その変数名はアノテーションのthrowing属性で指定した「例外の変数名」と同じにしなければならない。<br>メソッドの戻り値はvoidが基本 |
| Sample | `@AfterThrowing(value="execution(* getMessage())", throwing="ex")`<br>`public void boo(SqlException ex) {`<br>`  // メソッド呼び出しが例外の送出なしに終了した際に呼ばれるAdvice`<br>`  System.out.println("Hello Throwing! *** 例外になったら出てくるよ");`<br>`}` |

さて，ここまででAfterThrowing Adviceの話はおしまいになるが，最後に，**リスト2.68**のような1つのメソッドに対して複数のAfterThrowing Adviceを適用したとき，たとえばSQLExceptionが発生したとき，ただのExceptionが発生したとき，どのAdviceが動作するだろうか考えてみてほしい。

解答は，SQLExceptionが発生したときはすべてのAfterThrowing Adviceが動作し，Exceptionが発生したときはtroubleとsomeTroubleの2つのAfterThrowing Adviceが動作する。つまりAfterThrowing Adviceでキャッチしようとしている例外を継承している例外はすべてキャッチして動作する。

「いろいろと動いちゃうなんて使いづらいなぁ」と思ったら間違い。普段からちゃんとした例外設計ができていない証拠だ。普通にtry-catchを書いたって，Exceptionでなんでもキャッチして適当に処理を書いちゃえなんてことはしないのと同じように，AfterThrowing Adviceだって異なる処理が必要となるExceptionごとにきちんと分ければ，それほどおかしいことは起きないのだ。そういった意味では**リスト2.68**は良い例外処理ではないのだ。

リスト 2.68 複数の例外処理

```
@AfterThrowing(value="execution(* getMessage())", throwing="ex")
  public void someTrouble(Throwable ex) {
    System.out.println("*** Throwable!");
  }
  @AfterThrowing(value="execution(* getMessage())", throwing="ex")
  public void anyTrouble(SQLException ex) {
    System.out.println("***SQLException!");
  }
  @AfterThrowing(value="execution(* getMessage())", throwing="ex")
  public void trouble(Exception ex) {
    System.out.println("*** Exception!");
  }
```

## 2.2.3 JavaConfig を利用した AOP

ここまで見てきたように，AOPはアノテーションを利用することで概ね完結する。そうすると，

XMLで記述されたBean定義ファイルが煩わしく見えるかもしれない。1人でサンプルを作っているようなら，JavaConfigを利用することも考えよう。

**リスト2.69**は，2.2.2項「アノテーションを使ったAOP」で解説したProductアプリのBean定義をJavaConfigにしたものだ。

JavaConfigでAOPの定義を行うときに必要なのは，`@EnableAspectJAutoProxy`だ。これは，Bean定義ファイルの`aop:aspectj-autoproxy`タグと同等のものだ。



リスト2.69 AppConfig.java

```
@Configuration
@EnableAspectJAutoProxy
public class AppConfig {
  @Bean
  public ProductServiceImpl productService() {
    return new ProductServiceImpl();
  }

  @Bean
  public ProductDaoImpl productDao() {
    return new ProductDaoImpl();
  }

  @Bean
  public MyFirstAspect myFirstAspect() {
    return new MyFirstAspect();
  }
}
```

## 2.2.4 Bean定義ファイルを利用したAOP

ここまでにも何回か書いたように，AOPというのはある程度の規模であれば基盤チームが記述するからアノテーションを使っても問題ないケースが多い。結局，規模が小さければDIだって使い勝手が良いアノテーションを使っても管理できるように，基盤チームという限定された規模のチームであればAOPもアノテーションのほうが管理できるし，便利が良いのだ。

ただAspectにはPointcutを記述するため，どうしてもプロジェクト固有のものになってしまう。たとえば社内フレームワークなどで共通のAdviceを用意したい場合は，Bean定義ファイルでPointcutを指定できたほうが便利だ。

**リスト2.70**は，ここまでに何度も使ったProductアプリで，Bean定義ファイルを使いAOPを実現した部分だ。利用するスキーマは基本的に**リスト2.65**と同じbeanとcontext，aopだ。そして，Adviceとするソースは**リスト2.64**から`@Aspect`，`@Before`から`@AfterThrowing`などのアノテーションを除いたものだ。つまり，メソッドの形式はアノテーションが付いていたときと同じでなければならない。アノテーションだけがBean定義ファイルに移動したイメージだ。

ソースコードの`@Component`はどうだろうか，これはDIをアノテーションで行うか，Bean定義ファイルで行うかによって，適宜，残しておいても消してもよい。消した場合は**リスト2.71**の1行を

Bean定義ファイルに追加しなければならない。これはDIのBean定義ファイルで学んだことなので，その意味は省略する。

**リスト2.70**の各タグの意味は**表2.15**に記載したので，Bean定義ファイルを書く必要がある人は，参考にしてほしい。

リスト 2.70　AOP の Bean 定義ファイル例

```
<aop:config>
  <aop:aspect id="myAspect" ref="myFirstAspect">
    <aop:pointcut id="pc" expression="execution(* findProduct(String))"/>
    <aop:before pointcut-ref="pc" method="before"/>
    <aop:after pointcut-ref="pc" method="after"/>
    <aop:after-returning pointcut-ref="pc"
                         method="afterReturning"
                         returning="product" />
    <aop:around pointcut-ref="pc" method="around"/>
    <aop:after-throwing pointcut-ref="pc"
                        method="afterThrowing"
                        throwing = "ex" />
   </aop:aspect>
</aop:config>
```

リスト 2.71　コンポーネントの追加（@Component を利用しない場合）

```
<bean id=" myFirstAspect " class="sample.aop. MyFirstAspect " />
```

表 2.15　リスト 2.70 の各タグの意味

| タグ名 | 解説 |
|---|---|
| aop:config | AOPの定義を行う最も上位のエレメント。1つのBean定義ファイルに複数記述することが可能 |
| aop:aspect | Aspectの定義を行う。aop:configの開始と終了の間に，複数のAspectが定義可能<br>● id属性：適当な名前でOK<br>● ref属性：コンポーネントのid。@Componentを使った場合はクラス名の最初を小文字にしたもの。@Componentを使わない場合は，beanタグに書かれたid属性の名前 |
| aop:pointcut | Pointcutを定義する。aop:aspectの開始と終了の間に，複数のPointcutが定義可能<br>● id属性：適当な名前でOK<br>● expression属性：Pointcutを記述する |
| aop:before | Before Adviceを定義する。aop:aspectの開始と終了の間に，複数のBefore Adviceが定義可能<br>● pointcut-ref属性：適用したいPointcutのid（aop:pointcutのid属性で定義されたもの）。pointcut属性というaop:pointcutタグのexpression属性と同じようにPointcutを定義することも可能<br>● method属性：Before Adviceとしたいメソッド名。ただし，そのメソッドはaop:aspectのref属性で指定されたクラスに存在している必要がある |
| aop:after | After Adviceを定義する。aop:aspectの開始と終了の間に，複数のAfter Adviceが定義可能<br>● pointcut-ref属性とmethod属性はaop:beforeと同じ |
| aop:after-returning | AfterReturning Adviceを定義する。aop:aspectの開始と終了の間に，複数のAfterReturning Adviceが定義可能<br>● pointcut-ref属性とmethod属性はaop:beforeと同じ |

| タグ名 | 解説 |
|---|---|
| aop:around | Around Adviceを定義する。aop:aspectの開始と終了の間に，複数のAround Adviceが定義可能<br>● pointcut-ref属性とmethod属性はaop:beforeと同じ |
| aop:after-throwing | AfterThrowing Adviceを定義する。aop:aspectの開始と終了の間に，複数のAfterThrowing Adviceが定義可能<br>● pointcut-ref属性とmethod属性はaop:beforeと同じ |

ちなみに，Springで用意されているAdviceを適用する場合は，aop:advisorタグを使用してAdviceを設定する。使用方法については，第4章を参照してほしい。

# 第3章

# データアクセス層の設計と実装

# 第3章 データアクセス層の設計と実装

本章では，データアクセス層でSpringを利用するときのプログラムの設計と実装の方法について解説していく。実装のためのデータアクセス技術にはさまざまな種類が存在するのだが，最初はデータアクセス技術に依存しない部分の解説を行う。その後，個別のデータアクセス技術であるSpring JDBCとSpring Data JPAについて解説する。

## 3.1 データアクセス層とSpring

まずはデータアクセス層の役割を再確認しよう。第1章で解説したとおり，データアクセス層の主要な役割は，データベースへのデータアクセス処理を，ビジネスロジック層から分離し隠蔽することだ。

では，仮にビジネスロジックとデータアクセス処理が混在してしまったらどのようなソースコードになるだろう？ 銀行の振込処理を例にして見てみよう。**図3.1**は，ビジネスロジック層のサービスクラスである振込サービスが，口座間の振込処理を行うtransferメソッドを持っていることを表したクラス図だ。Account（口座）クラスは，口座番号や残高といった情報だけが格納される振る舞いを持たないドメインクラスである[注1]。

**リスト3.1**は，ビジネスロジックとデータアクセスの処理が混在してしまったソースコードだ。JDBCを使用してtransferメソッドを実装している。

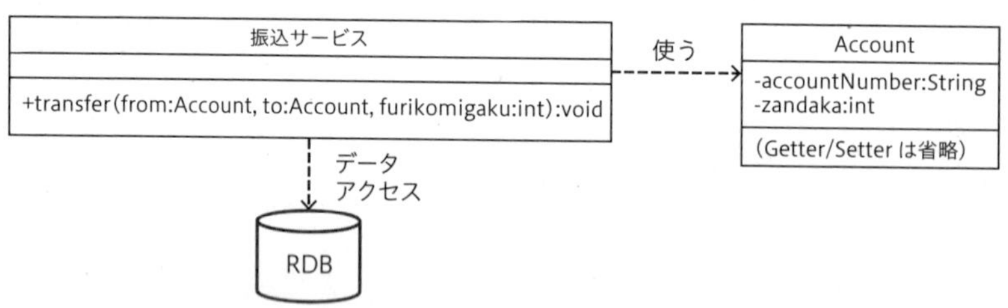


図3.1 振込サービスのtransferメソッド

リスト3.1 ビジネスロジックとデータアクセスが混在したソースコード

```
public void transfer(Account from, Account to, int furikomigaku)
  throws ZandakaFusokuException, DataNotFoundException {
  Connection con = null;
  PreparedStatement ps = null;
  ResultSet rs = null;
```

注1 金額をプログラムで扱う場合，計算誤差（打切り誤差や丸め誤差など）に対応するためにBigDecimal型を使用したりMoneyクラスを自作して使用したりすべきだが，サンプルではわかりやすくするためint型を使用している。

```
try {
  con = dataSource.getConnection();
  con.setTransactionIsolation(Connection.TRANSACTION_SERIALIZABLE);
  // 振込元の残高を確認
  int zandakaFrom = -1;
  ps = con.prepareStatement("SELECT ZANDAKA FROM ACCOUNT WHERE ACCOUNT_NUM=?");
  ps.setString(1, from.getAccountNumber());
  rs = ps.executeQuery();
  if (rs.next()) {
    zandakaFrom = rs.getInt("ZANDAKA");
  } else {
    throw new DataNotFoundException("データがありません");
  }
  rs.close();
  int newZandakaFrom = zandakaFrom - furikomigaku;
  if (newZandakaFrom < 0) {
    throw new ZandakaFusokuException("残高が足りません");     ←ビジネスロジック
  }
  from.setZandaka(newZandakaFrom);
  // 振込先の口座の残高を計算
  ps.clearParameters();
  ps.setString(1, to.getAccountNumber());
  int zandakaTo = -1;
  rs = ps.executeQuery();
  if (rs.next()) {
    zandakaTo = rs.getInt("ZANDAKA");
  } else {
    throw new DataNotFoundException("データがありません");
  }
  rs.close();
  ps.close();
  int newZandakaTo = zandakaTo + furikomigaku;     ←ビジネスロジック
  to.setZandaka(newZandakaTo);
  // 振込元の残高を更新
  ps = con.prepareStatement("UPDATE ACCOUNT SET ZANDAKA=? WHERE ACCOUNT_NUM=?");
  ps.setInt(1, from.getZandaka());
  ps.setString(2, from.getAccountNumber());
  ps.execute();
  // 振込先の残高を更新
  ps.clearParameters();
  ps.setInt(1, to.getZandaka());
  ps.setString(2, to.getAccountNumber());
  ps.execute();
  con.commit();
} catch (SQLException sqle) {
  try {
    con.rollback();
  } catch (Exception e) {
    System.err.println("システムエラー" );
    e.printStackTrace();
  }
  int errorCode = sqle.getErrorCode();
  if (errorCode == ERR_DEADLOCK) {
    throw new DeadLockException("デッドロック発生", sqle);
  } else {
    throw new SystemException("システムエラー", sqle);
  }
} finally {
```

```
      try {
        if (rs != null) {
          rs.close();
        }
      } catch (Exception e) {
        System.err.println("システムエラー" );
        e.printStackTrace();
      }
      try {
        if (ps != null) {
          ps.close();
        }
      } catch (Exception e) {
        System.err.println("システムエラー" );
        e.printStackTrace();
      }
      try {
        if (con != null) {
          con.close();
        }
      } catch (Exception e) {
        System.err.println("システムエラー" );
        e.printStackTrace();
      }
    }
  }
```

見てもらうとわかると思うが，ビジネスロジックと呼べる部分（「ビジネスロジック」と記された部分）は非常に少なく，ソースコードのほとんどがデータアクセスの処理になってしまっている。これでは，ビジネスロジックの変更があって（たとえば1日の振込限度額を50万円に制限する処理を加えるなど）保守するときに可読性が悪くて苦労する[注2]。

では，ビジネスロジックのソースコードを簡潔にするために，**リスト3.1**のソースコードからデータアクセス処理を分離してみよう。データアクセスで行っていることは，指定した口座の残高を取得することと，指定した口座の残高を更新することの2つだ。この2つの処理を別のクラスに抜き出すことにしよう。**図3.2**は，データアクセス処理を担当するAccountDaoクラスを作成したときのクラス図だ。

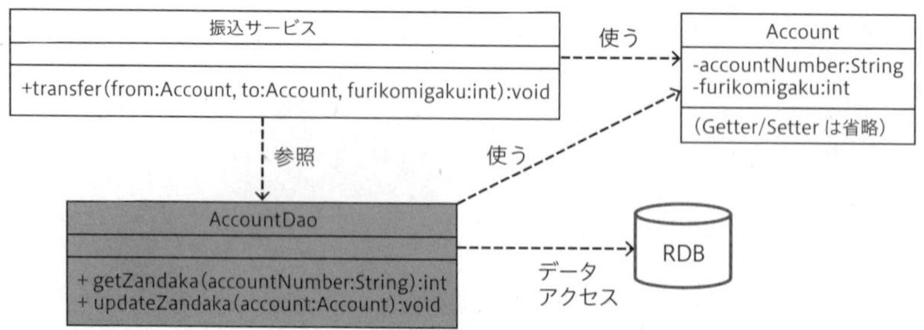


図3.2　データアクセスの処理を担当するAccountDaoクラス

注2　try-with-resources文でクローズ処理を行うこともできるが，ソースコードの冗長さはあまり改善されないだろう。

AccountDaoクラスのgetZandakaメソッドは口座番号を引数にして残高を取得するメソッドで，updateZandakaは口座のドメインクラスを引数にして残高を更新するメソッドである。ビジネスロジックが簡潔になることを示すのが目的なのでAccountDaoのメソッドのソースコードはここでは触れずに後述する。それでは，このクラスを使って先ほどのtransferメソッドの中身を書き換えることにしよう。**リスト3.2**が書き換えた結果だ。

リスト3.2 データアクセスが分離されたビジネスロジックのソースコード

```
public void transfer(Account from, Account to, int furikomigaku)
  throws ZandakafusokuException, DataNotFoundException {
  // 振込元の残高を確認
  int zandakaFrom = accountDao.getZandaka(from.getAccountNumber());
  int newZandakaFrom = zandakaFrom - furikomigaku;
  if (newZandakaFrom < 0) {
    throw new ZandakafusokuException("残高が足りません");
  }
  from.setZandaka(newZandakaFrom);
  // 振込先の口座の残高を計算
  int zandakaTo = accountDao.getZandaka(to.getAccountNumber());
  int newZandakaTo = zandakaTo + furikomigaku;
  to.setZandaka(newZandakaTo);
  // 振込元の残高を更新
  accountDao.updateZandaka(from);
  // 振込先の残高を更新
  accountDao.updateZandaka(to);
}
```

ソースコード中の太文字になっている部分がAccountDaoのメソッドを呼び出している部分だ。accountDao変数にはAccountDaoクラスのオブジェクトが格納されている。長くて見にくかったソースコードがすっきり見やすくなったことがわかる。このように，ビジネスロジックのソースコードのメンテナンス性を上げるためには，データアクセスの処理を分離することが重要なのだ。

AccountDaoオブジェクトのように，データアクセス処理に特化したオブジェクトのことを一般的にDAO[注3]という。DAOは，Sun Microsystems（現在はOracle）が提唱したJ2EEパターンの1つであるDAOパターンで登場した言葉である。ここで，DAOパターンを使ったデータアクセス層の実装がどのようなものになるか簡単に解説しよう。

## 3.1.1 DAOパターンとは?

DAOパターンは，データの取得や変更[注4]などのデータアクセス処理を「DAO」と呼ばれるオブジェクトに分離するパターンである。分離することで，データアクセスに特化した処理をビジネスロジックから隠蔽できるし，データアクセスの方式が変わった場合はDAOだけ変更すればよいので

注3 「ダオ」と読んだり「ディーエーオー」と読んだりする。DDD（ドメイン駆動設計）の影響からか，最近はRepositoryという言葉も使われるが，DDDではないプログラムでRepositoryという言葉を使っているのを目にすると筆者は違和感がある。

注4 データアクセス処理の中でも，データベースへの接続・切断やトランザクション制御は，DAOとは別のところで行うので，ここでは対象外と考えてほしい。

ビジネスロジックに影響を与えずに済む。DAOパターンを利用したプログラムのイメージを表すと**図3.3**のようになる。

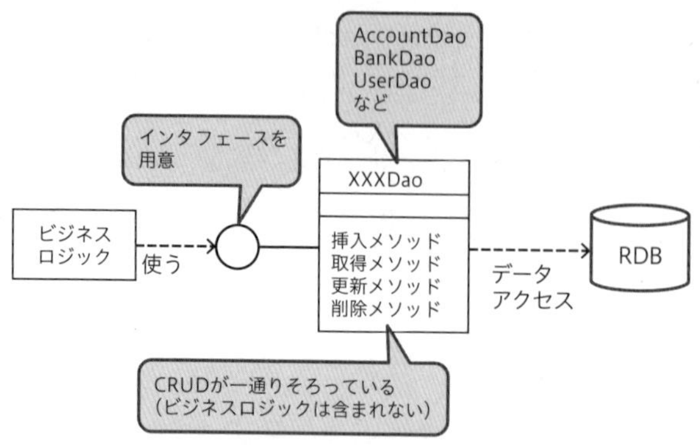


図3.3　DAOパターンを利用したプログラムのイメージ

DAOのクラスは，データベースのテーブルごとに作られることが多い。ACCOUNTテーブルにはAccountDao，BANKテーブルにはBankDao，USERテーブルにはUserDaoという調子だ[注5]。DAOが実装するメソッドの種類は，基本的には担当するテーブルに対する単純なCRUD（Create，Read，Update，Deleteの頭文字をつなげたもの）をそろえる形になる。ビジネスロジックが含まれない単純なソースコードになるため，開発プロジェクトによっては，テーブルの定義情報をもとにDAOを自動生成することもある。また，DAOを部品化するためにたいていはインタフェースを用意して開発効率や柔軟性を上げる（部品化とインタフェースについては第1章を参照）。

DAOのプログラムのイメージが湧いたところで，次はDAOを実装するためのデータアクセス技術について見ていこう。

## 3.1.2　Javaのデータアクセス技術とSpring

DAOクラスにデータアクセス処理を記述するわけだが，データアクセス処理を実現するためのJavaのデータアクセス技術にはさまざまなものが存在する。**図3.4**の吹き出しの中に，代表的なデータアクセス技術を列挙した。今となっては原始的な印象がするJDBCを始め，HibernateやJPAなど高機能なORMフレームワーク，自社で開発したフレームワークなどさまざまである[注6]。

注5　難しいのは，1つのDAOで複数テーブルを結合した結果を返すようなケースだ。たとえば注文DAOで注文情報を返す場合，注文情報に設定する商品情報や注文者情報は，それぞれ商品テーブルや顧客テーブルから取得する必要がある。このあたりをどう調整するかは，アプリケーションの設計者の腕の見せ所だ。

注6　JDBC以外のデータアクセス技術は内部でJDBCを使用しているが，本章では便宜上別のデータアクセス技術として表現している。

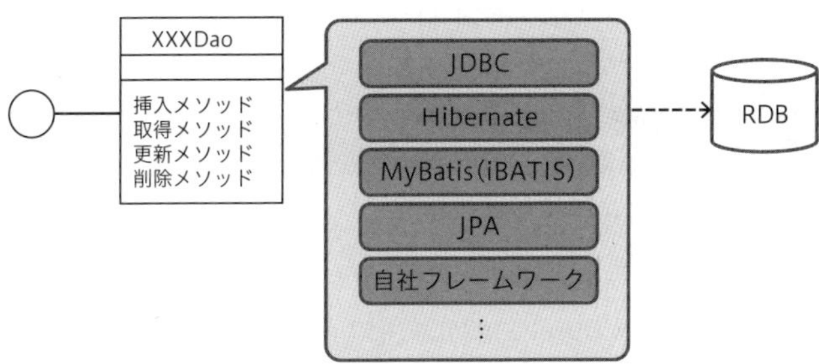


図3.4 Javaのデータアクセス技術のいろいろ

では，DAOの実装でSpringがどのような働きをするのかを見ていこう。Springは，新しいデータアクセス技術を提供するのではなく，既存のデータアクセス技術をより使いやすくするための連携機能を提供している（**図3.5**）。JDBC，Hibernate，JPAについてはSpring側が連携機能を提供しており，MyBatisについては，MyBatis側が連携機能を提供している。また，JPAについては，Springのプロジェクトの1つであるSpring DataプロジェクトのSpring Data JPAを用いることも可能である。いずれにしても，Springと連携することで多くの利点を得ることができる[注7]。

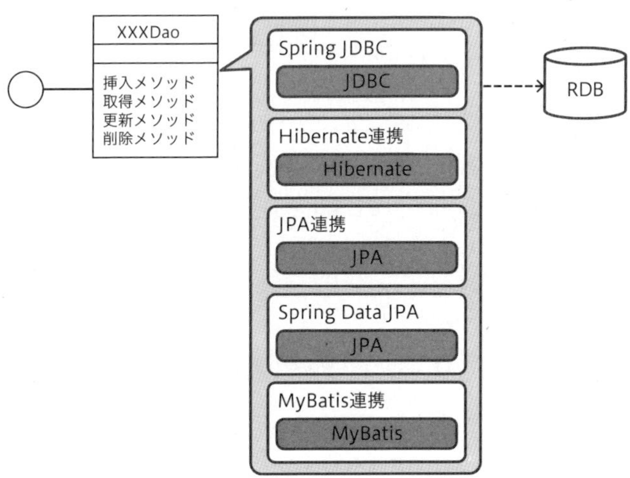


図3.5 データアクセス技術とSpring

Springと連携することで得られる主な利点は以下の3つだ。

- データアクセス処理の記述がシンプルになる
- Springが提供する体系化された汎用データアクセス例外を利用できる
- Springのトランザクション機能を利用できる

注7 本章ではこのあとSpring JDBCとSpring Data JPAについて解説する。Hibernate，JPA（Spring Data JPAを使用しない），MyBatisとの連携については第7章で解説する。

次項では，Springが提供する汎用データアクセス例外について解説する。

## 3.1.3 汎用データアクセス例外

Springが提供する汎用データアクセス例外は，データアクセス技術に依存しない汎用的な例外クラス群である。データアクセス時のエラーの原因を体系的に整理し，エラーの原因ごとに例外クラスが用意されている。データアクセス技術独自の例外を汎用的な例外に変換することで，例外をハンドリングするクラスがデータアクセス技術に依存しなくて済むのだ（**図3.6**）。

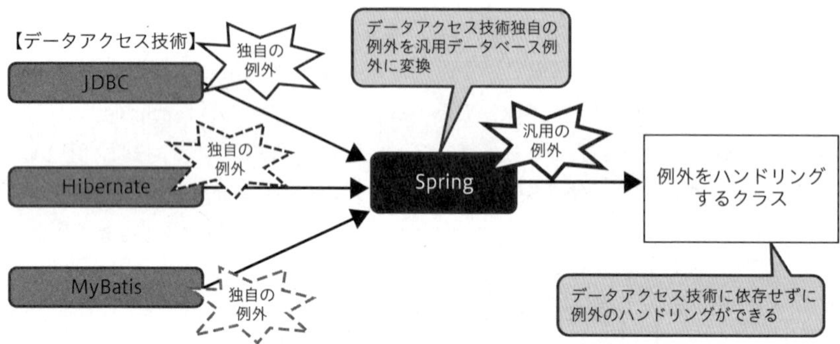


図3.6 汎用データベース例外

汎用データアクセス例外のいずれの例外クラスも，DataAccessExceptionという例外クラスがスーパクラスになっている（間接的に継承しているものも含む）。多くの例外クラスがあるが，主なものを**表3.1**に紹介しよう。

表3.1 汎用データアクセス例外の例

| 例外クラス | エラーの原因 |
|---|---|
| BadSqlGrammarException | SQLの文法エラー |
| CannotAcquireLockException | ロックの取得に失敗 |
| ConcurrencyFailureException | 同時実行時のエラー |
| DataAccessResourceFailureException | データソースとの接続に失敗 |
| DataIntegrityViolationException | 整合性違反エラー |
| DeadlockLoserDataAccessException | デッドロックが発生 |
| DuplicateKeyException | INSERT／UPDATE時に主キー／ユニークキー制約に違反 |
| EmptyResultDataAccessException | 取得できるはずのデータが存在しない |
| IncorrectResultSizeDataAccessException | 取得したレコードの数が不正（例：1件取得されるはずなのに，0件もしくは2件以上取得された場合） |
| OptimisticLockingFailureException | 楽観的ロックに失敗 |
| PermissionDeniedDataAccessException | 権限エラー |

汎用データアクセス例外は実行時例外なので，例外をハンドリングする側はcatch句の記述が必須ではなくなる。対処可能な例外のみ対処可能な場所でcatchすればよいのだ。では，対応可能な場所というのは具体的にどのような場所になるのだろうか？ 次の項でお話ししよう。

### 3.1.3.1 汎用データアクセス例外のハンドリングの方針

これから紹介する方針に必ずしも沿う必要はないのだが，1つの考え方として参考にしてほしい。**図3.7**を参照しながら読み進めていこう。

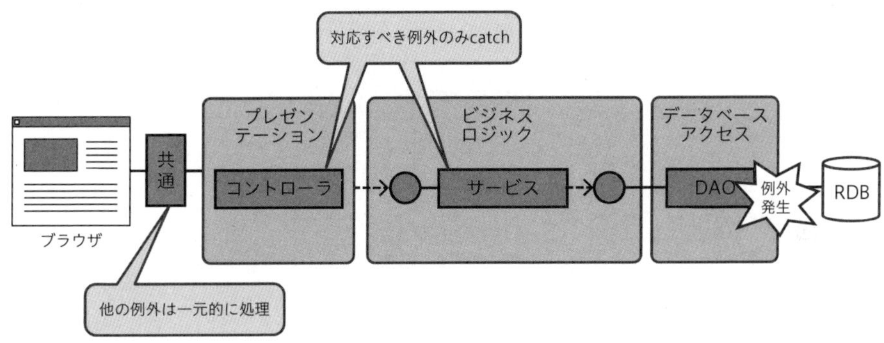


図3.7　汎用データアクセス例外のハンドリングの方針

汎用データアクセス例外は，発生源に近いデータアクセス層のDAOでcatchすることもできるのだが，DAOで対処すべき例外は基本的にないのでスルーするのがよいだろう。そして，サービスやコントローラで対処しなくてはならない例外のみcatchして対処するようにするのだ。たとえば，取得されるはずのデータが取得されなかったときにEmptyResultDataAccessExceptionが投げられたとしよう。データが取得できなかった場合，業務的な仕様で別のテーブルからデータを取得してもよいとする。その場合サービスが例外をcatchして別のテーブルからデータを取得することで対処すればよい。また，デッドロックが発生したときに投げられるDeadlockLoserDataAccessExceptionに対し，コントローラがcatchして，ブラウザに「10秒後に再度アクセスしてください」というメッセージを表示することで対処できるかもしれない。

ただ，データベースとの接続ができない場合に投げられるDataAccessResourceFailureExceptionなどについてはサービスやコントローラで対処できるものではない。このような例外についてはサービスやコントローラではcatchせず，共通の仕組みでcatchして一元的に処理するのがよいだろう。たとえば，AOPを使ってシステム管理者にメールする処理を追加したり，サーブレットのFilterを使ってエラーページ（「サポートに電話してください」と表示されてるようなエラーページ）に遷移させたりする処理などである。

以上で汎用データアクセス例外の解説は終了だ。次は，データベース接続を行う役割を持つデータソースについて解説しよう。

## 3.1.4 データソース

データアクセス技術の種類にかかわらず，データベース接続は必要である。データベース接続を行う場合は，データベース接続を管理してくれるデータソースを用意する必要がある。

データソースは，データベースとの接続オブジェクトであるConnectionオブジェクトのファクトリといえる。Connectionオブジェクトのライフサイクルはデータソースに任されており，通常の業務アプリケーションではコネクションプールによってConnectionオブジェクトを使い回す作りになっている（**図3.8**）。際限なくConnectionオブジェクトが作成されてデータベースのリソースが枯渇するのを防いだり，Connectionオブジェクト生成時や解放時の負荷を軽減するためだ。

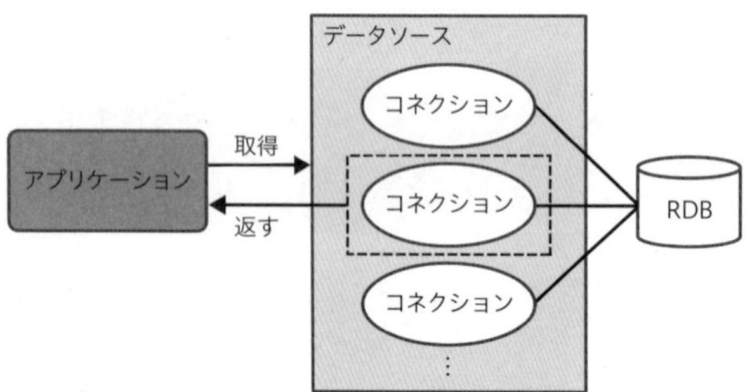


図 3.8　コネクションプールに対応したデータソース

JDBCのAPIとしてDataSourceというインタフェースが提供されており，さまざまな実装が存在する。

Springでのデータソースの使い方は，まずデータソースをBean定義ファイルやJavaConfigで定義したあと，開発者が作成したBeanなどにインジェクションして利用する（**図3.9**）。インジェクションするのはアノテーションで行ってもいいし，Bean定義ファイルやJavaConfigで行ってもかまわない。

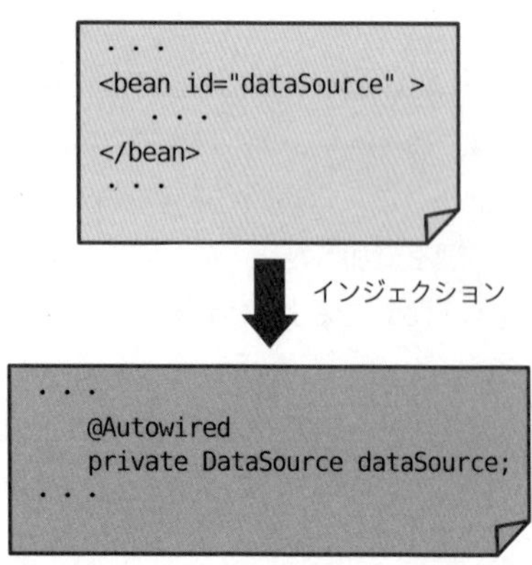


図 3.9　データソースの利用イメージ

また，データソースを定義する際に指定するJDBCのドライバクラス名やURLなどの接続情報は，変更を容易にするために別途プロパティファイルを用意して記述するほうがよい。contextスキーマのproperty-placeholderタグを利用したり，JavaConfigの@PropertySourceアノテーションを利用すればプロパティファイルに記述した文字列をBean定義で利用することができる（**図3.10**）。

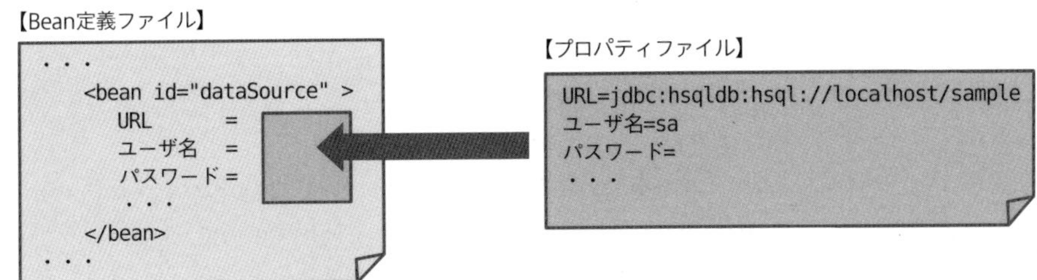


図3.10 プロパティファイルの活用イメージ

では，プロパティファイルの利用方法と併せて，データソースのBeanの定義方法について見ていこう。開発者は適切なデータソースの実装を選択し設定を行う。実装の種類を以下のように分類してそれぞれの設定方法を解説していこう。

- サードパーティが提供するデータソース
- アプリケーションサーバが提供するデータソース
- 組み込みデータベースのデータソース

### 3.1.4.1 サードパーティが提供するデータソース

データソースの実装の製品をさまざまなサードパーティが提供しているが，代表的な製品としてApache Commons DBCP（以降，DBCP）がある。DBCPはApacheが提供しているオープンソースの製品で，無償で利用できる。コネクションプールにも対応している。

以下に，Bean定義ファイルでDBCPのデータソースを定義したサンプルを示す。

```
<bean id="dataSource" class="org.apache.commons.dbcp.BasicDataSource"
  destroy-method="close">
  <property name="driverClassName" value="${jdbc.driverClassName}" />
  <property name="url" value="${jdbc.url}" />
  <property name="username" value="${jdbc.username}" />
  <property name="password" value="${jdbc.password}" />
  <property name="maxActive" value="${jdbc.maxPoolSize}" />
</bean>
```

データベースの接続情報としてユーザ名やパスワードといった基本的な情報や，プールするコネクションの最大数の指定（maxActive）など高度な設定もできる[注8]。設定する値は直接定義ファイルに

注8 詳細は，Apache Commons DBCPのリファレンスを参照してほしい。http://commons.apache.org/proper/commons-dbcp/

書き込むこともできるが，変更を容易にするためプロパティファイルに記載したものを取り込んでいる。「${}」の波括弧の中にプロパティのキーを指定している。プロパティファイルの中身を以下に示す。今回はjdbc.propertiesという名前のプロパティファイルを用意したとしよう。

```
jdbc.driverClassName=org.hsqldb.jdbc.JDBCDriver
jdbc.url=jdbc:hsqldb:hsql://localhost/sample
jdbc.username=sa
jdbc.password=
jdbc.maxPoolSize=20
```

そして，プロパティファイルを取り込むためには，property-placeholderタグを使って以下の1行をBean定義ファイルに記載すればよい（contextスキーマを使用するので，beansタグでcontextスキーマを定義する必要がある）。

```
<context:property-placeholder location="jdbc.properties"/>
```

location属性でプロパティファイルのパスを指定する。カンマ区切りで複数のファイルを指定すれば，複数のファイルを読み込むことも可能だ。

### property-placeholderタグの適用

property-placeholderタグは，データアクセスに特化したものではない。プロパティファイルの内容を読み込んで設定値として利用する際の汎用的な機能である。たとえば，メール送信が必要なアプリケーションが使用するSMTPサーバのIPアドレスなどをプロパティファイルで設定してもよいだろう。なお，property-placeholderタグを指定すると，内部ではPropertySourcesPlaceholderConfigurerオブジェクトが作成される。PropertySourcesPlaceholderConfigurerオブジェクトは，「${}」の部分に対して，波括弧の中の文字列と，プロパティファイルのキーを紐づけてプロパティ値に入れ替えてくれるのだ。なお，プロパティファイルの読み込みという点では，第2章で紹介したutilスキーマのpropertiesタグを使用した方法もある。

次に，JavaConfigでデータソースを定義するサンプルを見ていこう。**リスト3.3**にJavaConfigのクラスを示す。

リスト3.3　データソースの定義（JavaConfig）

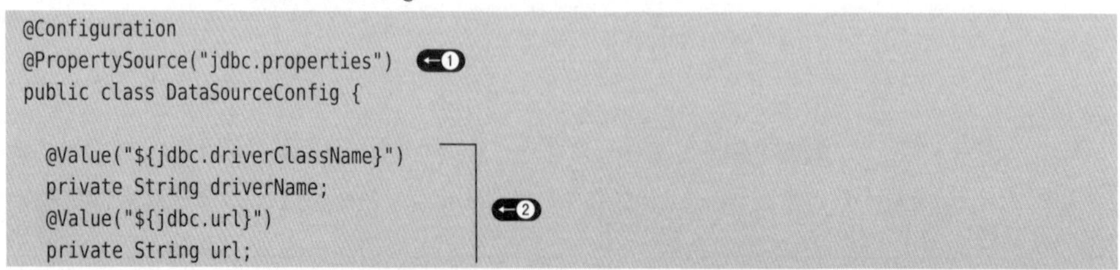

```
@Configuration
@PropertySource("jdbc.properties")  ←❶
public class DataSourceConfig {

  @Value("${jdbc.driverClassName}")
  private String driverName;
  @Value("${jdbc.url}")                ←❷
  private String url;
```

```
    @Value("${jdbc.username}")
    private String userName;
    @Value("${jdbc.password}")
    private String password;
    @Value("${jdbc.maxPoolSize}")
    private int maxPoolSize;

    @Bean
    public static PropertySourcesPlaceholderConfigurer propertyConfig() {   ←③
      return new PropertySourcesPlaceholderConfigurer();
    }

    @Bean
    public DataSource dataSource() {
      BasicDataSource ds = new BasicDataSource();
      ds.setDriverClassName(driverName);
      ds.setUrl(url);
      ds.setUsername(userName);                                             ←④
      ds.setPassword(password);
      ds.setMaxActive(maxPoolSize);
      return ds;
    }
}
```

①は，プロパティファイルを読み込むための記述だ。②の部分で，プロパティファイルの値を取り出してフィールドに格納している。プロパティファイルの値を取り出す際は，@Valueアノテーションを利用する。@Valueアノテーションに指定する値は，Bean定義ファイルのときと同じく，「${}」の書式を使用し，プロパティのキーを指定する。③は，「${}」の書式を解析するために必要なBeanの定義で，<context:property-placeholder>タグに該当する。Springが内部的に定義してくれてもよさそうな気がするが，明示的に定義しないと動作しない。④はデータソースのBeanを定義している部分だ。データソースの実装クラスのオブジェクトを生成し，プロパティを設定したあと，戻り値でオブジェクトを返している。なお，@PropertySourceアノテーションもデータアクセスに特化したものではなく，汎用的に利用することができる。また，@PropertySourceアノテーションで読み込んだ情報は，すべてのBeanで参照可能である（@Valueアノテーションで参照可能）。

### TIPS Beanを生成するJavaConfigのメソッドをstaticメソッドにする理由

リスト3.3でPropertySourcesPlaceholderConfigurerを生成するメソッドがstaticになっているのは，PropertySourcesPlaceholderConfigurerがBeanFactoryPostProcessorを実装していることに起因している。BeanFactoryPostProcessorはDIコンテナが持つBean定義情報を変更する仕組みで，DIコンテナがBeanを生成し始める前に処理が行われる。このため，JavaConfigのBeanを生成しないと呼び出せないインスタンスメソッドだと都合が悪いのだ（Beanを生成する前に呼び出さなければいけない）。staticメソッドにすれば，JavaConfigのBeanを生成しなくても呼び出せるためBeanFactoryPostProcessorの処理を適切に行うことができる。

### 3.1.4.2 アプリケーションサーバが提供するデータソース

通常，アプリケーションサーバの製品はデータソースのオブジェクトを生成して管理する機能を有している。アプリケーションサーバが管理しているデータソースオブジェクトは，たいていはアプリケーションサーバに内蔵されたネーミングサービスで管理されている。アプリケーションは，ネーミングサービスが管理するオブジェクトにアクセスするための標準的なAPIであるJNDIを使用してデータソースオブジェクトを取得することになる（**図3.11**）。

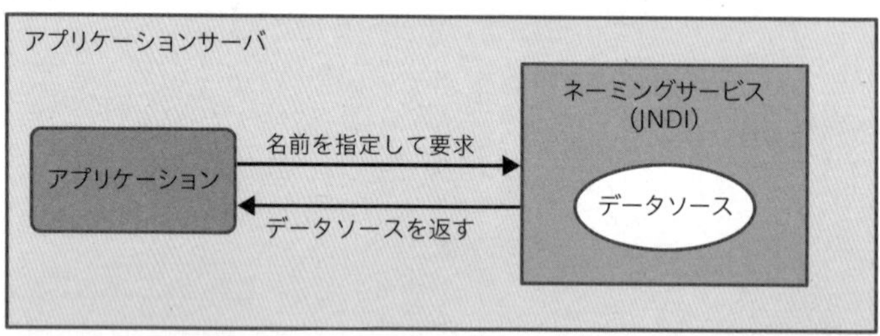


図3.11 JNDIを使用してデータソースを取得

JNDI経由でデータソースを取得する方法はいくつかあるが，代表的な方法のみ解説する。まずは，Bean定義ファイルを使用した場合だ。jeeスキーマのjndi-lookupタグを使用して，以下のように記述すればよい（jeeスキーマを使用するので，beansタグでjeeスキーマを定義する必要がある）。

```
<jee:jndi-lookup id="dataSource"  jndi-name="${jndi.datasource}" />
```

ルックアップ時のJNDI名は，jndi-name属性で指定する。今回はプロパティファイルからJNDI名を読み込む想定にしているため,「${}」の書式を使用している。DIコンテナが生成された際，内部でJNDIのルックアップが行われ，アプリケーションサーバが管理するデータソースのオブジェクトがdataSourceというIDのBeanとして管理されることになる。

次に，JavaConfigを使用した定義を見ていこう。Bean定義のサンプルを以下に示す。

```
@Bean
public DataSource dataSource() throws NamingException {
  Context ctx = new InitialContext();
  return (DataSource)ctx.lookup(jndiName);
}
```

JNDIのAPIを直接使ってルックアップを行っている。JNDI名の値は，プロパティファイルから読み込まれてjndiNameフィールドに格納されている想定にしている。

### 3.1.4.3 組み込みデータベースのデータソース

組み込みデータベースとは，広義ではアプリケーションに密に結合されたデータベースのことを指すが，ここではアプリケーションのJavaプロセス上で動作し，メモリ上でデータを管理するデータベースを指すこととする。製品のライブラリさえあれば簡単に利用できるし起動も早いため，テスト用のデータベースとして重宝される（アプリケーションが終了すればデータも消えるため本番用には向かない）。

組み込みデータベースとしてSpringがサポートするデータベース製品は以下の3つだ。

- HSQLDB（http://www.hsqldb.org/）
- H2（http://www.h2database.com/）
- Apache Derby（http://db.apache.org/derby/）

では，さっそくXMLでデータソースを定義したサンプルを見ていこう。jdbcスキーマのembedded-databaseタグを使用して，以下のように記述すればよい（jdbcスキーマを使用するので，beansタグでjdbcスキーマを定義する必要がある）。

```
<jdbc:embedded-database id="dataSource" type="HSQL">
  <jdbc:script location="script/table.sql"/>
  <jdbc:script location="script/data.sql"/>
</jdbc:embedded-database>
```

id属性はデータソースのBean名を指定する。特に理由がなければ"dataSource"でよいだろう。type属性は，組み込みデータベースの製品を指定する（HSQL，H2，DERBYの3種類で，デフォルトはHSQL）。scriptタグでは，組み込みデータベースの起動時に実行するSQLスクリプトファイル（テーブルの作成や初期データの投入などを行う）の指定が可能だ。任意の数指定することができる。

次に，JavaConfigを使用した定義を見てみよう。

```
@Bean
public DataSource dataSource(){
  return
    new EmbeddedDatabaseBuilder()
    .setType(EmbeddedDatabaseType.HSQL)
    .addScript("script/table.sql")
    .addScript("script/data.sql")
    .build();
}
```

EmbeddedDatabaseBuilderを使用して，データベース製品の指定やSQLスクリプトファイルを指定し，簡単にデータソースを定義することができる。

### データソースに対してSQLスクリプトファイルを実行する

組み込みデータベースのデータソースに対してSQLスクリプトファイルを実行する方法は解説したが，組み込みデータベースに限らないデータソース（たとえばMySQLに接続するデータソース）でSQLスクリプトファイルを実行する機能があるので紹介しよう。以下にサンプルを示す。

```
<jdbc:initialize-database data-source="dataSource">
  <jdbc:script location="script/table.sql"/>
  <jdbc:script location="script/data.sql"/>
</jdbc:initialize-database>
```

jdbc:initialize-databaseタグを使用し，スクリプトの実行対象のデータソースのBean名をdata-source属性で指定する。あとは，jdbc:scriptタグで実行するSQLスクリプトファイルの場所を指定すればよい。

同等のことをJavaConfigで行う場合は，以下のようなプログラムを書けばよい。

```
ResourceDatabasePopulator p = new ResourceDatabasePopulator();
p.addScripts(
  new ClassPathResource("script/table.sql"),
  new ClassPathResource("script/data.sql")
  );
p.execute(dataSource);
```

ResourceDatabasePopulatorクラスを使ってSQLスクリプトファイルを指定し，executeメソッドの引数に実行対象のデータソースを指定すればよい。上記のプログラムを，データソースを生成する@Beanのメソッドの中などに記載すればよいだろう。ただし，アプリケーションの起動時にデータを初期化するケースは本番環境ではなかなかないと思うので，主にテスト用途の機能になるだろう。

さて，ここまではデータアクセス技術に依存しない部分の解説を行った。ここからは，個別のデータアクセス技術であるSpring JDBCとSpring Data JPAについて詳しく解説しよう。

## 3.2 Spring JDBC

Spring JDBCは，JDBCをラップしたAPIを提供し，JDBCをより簡潔に利用できるSpringの機能である。機能の解説の前に，まずはJDBCを直接使った場合の問題点を確認することにしよう。

### 3.2.1 JDBCを直接使用した場合の問題

前の節で出てきたAccountDao（口座の残高を取得したり更新するためのDAO）を，JDBCを直接使って実装した場合（図3.12）の問題点について見ていこう。

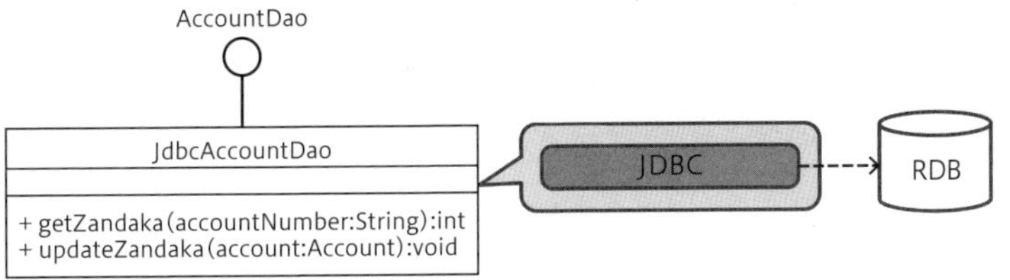


図3.12　JDBCを直接使ってJdbcAccountDaoクラスを実装

ここまでの解説ではDAOのインタフェースと実装クラスを分割せずに「AccountDao」クラスとしていたが，ここからはインタフェースと実装クラスを分割して，インタフェースのほうを「AccountDao」インタフェース，実装クラスのほうを「JdbcAccountDao」クラスとしよう。なお，話が本筋から外れるが，あるインタフェースをimplementsした具象クラスのクラス名は，たいていは実装方式を表す文字列（ここでは"Jdbc"）をインタフェース名（ここでは"AccountDao"）に付加したものになる[注9]。このとき，どこに付加するかで以下の3つのいずれかになるだろう。

- 先頭に付ける（JdbcAccountDao）
- 中間に入れる（AccountJdbcDao）
- 末尾に付ける（AccountDaoJdbc）

好みもあると思うが，本章では先頭に付ける方法を採用している。

さて，**リスト3.4**は，JdbcAccountDaoのgetZandakaメソッドのソースコードだ。

リスト3.4　getZandakaメソッドのソースコード

```
public int getZandaka(String accountNumber)  throws DataNotFoundException {
  Connection con = null;
  PreparedStatement ps = null;
  ResultSet rs = null;
  try {
    con = dataSource.getConnection();
    int zandaka = -1;
    ps = con.prepareStatement("SELECT ZANDAKA FROM ACCOUNT WHERE ACCOUNT_NUM=?");
    ps.setString(1, accountNumber);
    rs = ps.executeQuery();
    if (rs.next()) {
      zandaka = rs.getInt("ZANDAKA");
    } else {
      throw new DataNotFoundException("データがありません");
    }
    return zandaka;
  } catch (SQLException sqle) {
      throw new SystemException("システムエラー", sqle);
  } finally {
```

注9　DAOに関して言えば，1つのプロジェクトで採用するDAOの実装方式は1つであることが一般的であるため（1つのプロジェクトでJDBCとMyBatisを同時に採用するということは，まれだと思う），単純にXxxDaoImplとすることも多い。

```
      try {
        if (rs != null) {
          rs.close();
        }
      } catch (Exception e) {
        System.err.println("システムエラー");
        e.printStackTrace();
      }
      try {
        if (ps != null) {
          ps.close();
        }
      } catch (Exception e) {
        System.err.println("システムエラー");
        e.printStackTrace();
      }
      try {
        if (con != null) {
          con.close();
        }
      } catch (Exception e) {
        System.err.println("システムエラー");
        e.printStackTrace();
      }
    }
  }
```

getZandakaメソッドで行いたいことは簡単なSELECT文を1つ実行するだけである。しかし，JDBCを使った場合，ソースコードは**リスト3.4**のように大量の行を記述することになる。また，ConnectionやPreparedStatementの取得を行った場合は必ずクローズ処理を記述しなければならないが[注10]，うっかり忘れてしまう開発者もいるかもしれない。クローズされないとデータベースのリソースの枯渇やメモリリークの原因となり最悪の場合システムが止まってしまう可能性がある。

次に，JdbcAccountDaoのもう1つのメソッドupdateZandakaを見てみよう。

リスト3.5　updateZandakaメソッドのソースコード

```
public void updateZandaka(Account account) {
  Connection con = null;
  PreparedStatement ps = null;
  ResultSet rs = null;
  try {
    con = dataSource.getConnection();
    con.setTransactionIsolation(Connection.TRANSACTION_SERIALIZABLE);
    ps = con.prepareStatement("UPDATE ACCOUNT SET ZANDAKA=? WHERE ACCOUNT_NUM=?");
    ps.setInt(1, account.getZandaka());
    ps.setString(2, account.getAccountNumber());
    ps.execute();
    con.commit();
  } catch (SQLException sqle) {
```

注10　Java7以降を利用する場合はtry-with-resources文でクローズ処理するのが確実だ。

```
    try {
      con.rollback();
    } catch (Exception e) {
      System.err.println("システムエラー");
      e.printStackTrace();
    }
    int errorCode = sqle.getErrorCode();
    if (errorCode == ERR_DEADLOCK) {
      throw new DeadLockException("デッドロック発生", sqle);
    } else {                                                    ←❶
      throw new SystemException("システムエラー", sqle);
    }
  } finally {
    try {
      if (rs != null) {
        rs.close();
      }
    } catch (Exception e) {
      System.err.println("システムエラー");
      e.printStackTrace();
    }
    try {
      if (ps != null) {
        ps.close();
      }
    } catch (Exception e) {
      System.err.println("システムエラー");
      e.printStackTrace();
    }
    try {
      if (con != null) {
        con.close();
      }
    } catch (Exception e) {
      System.err.println("システムエラー");
      e.printStackTrace();
    }
  }
}
```

getZandakaメソッドと同じように，やはりソースコードの行数が多くなってしまう。また，**リスト3.5-①**のように，データアクセス時のエラーの原因を特定したい場合はSQLExceptionが保持するエラーコードを取得して値を調べる必要がある。さらに，エラーコードはデータベース製品ごとに値が異なるためデータベース製品が変わると改修が必要になってしまう。また，SQLExceptionは検査例外なので，ソースコード上で必ずcatch句を記述しなければコンパイルが通らない。throwsを宣言してもよいが，結局，呼び元のメソッドの中でcatch句を記述するはめになってしまう。

## 3.2.2 Spring JDBCの利用

前述のJDBCを直接使用した場合の問題は，Spring JDBCを利用することで解決できる（**図3.13**）。

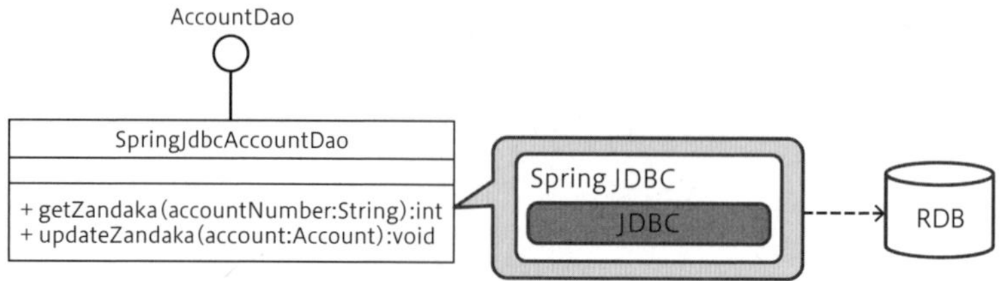


図3.13 Spring JDBCを使ってSpringJdbcAccountDaoクラスを実装

Spring JDBCは，JDBCをラップしたAPIを提供しJDBCを直接使用した場合に必要となる冗長な処理の記述を隠蔽してくれる。Spring JDBCを利用することで，ソースコードが格段にシンプルになるし，SQLExceptionの原因特定のための処理も必要なくなるのだ。

では，ソースコードをシンプルにするためにSpring JDBCをどのように使っていくか解説をしていこう。

## 3.2.3 Templateクラス

Spring JDBCには，2つの主なクラスがある。JdbcTemplateクラス，NamedParameterJdbcTemplateクラスだ。末尾にTemplateが付くので便宜的に2つを総称してTemplateクラスと呼ぶことにする。Templateは日本語にすると「ひな形」という意味である。JDBCを直接使用する場合に発生する冗長な処理を，ひな形として実装してくれているのだ[注11]。

それでは，2つのTemplateクラスの特徴を簡単に解説しよう。

●**JdbcTemplate**

メソッドの種類が豊富であり，直接利用できるJDBCのAPIの範囲も広い。Springバージョン1.0から提供されている。

●**NamedParameterJdbcTemplate**

SQLのパラメータに任意の名前を付けてSQLを発行するためのメソッドが提供されている。Springバージョン2.0から提供されている。

2つのうち，頻繁に利用するのはJdbcTemplateだ。基本的には，JdbcTemplateだけで機能的には網羅されている。しかし，状況によってNamedParameterJdbcTemplateを使ったほうが効率的な場

注11 Templateという単語はGOFのデザインパターンのTemplateMethodパターンに由来する。

合がある。本章ではJdbcTemplateを使って解説を進めていき，必要に応じてNamedParameterJdbcTemplateの解説を行う。それでは，具体的な使い方を解説しよう。

### 3.2.3.1 Templateクラスのオブジェクトの生成とインジェクション

Templateクラスのメソッドを呼び出すには，Templateクラスのオブジェクトを生成する必要がある。開発者がnew演算子を使ってオブジェクトを生成してもよいのだが，生成するタイミングが開発者によってバラバラになる可能性があるので，Bean定義を行ってSpringに生成してもらうのがよいだろう。

XMLでBean定義する場合は，Bean定義ファイルに**リスト3.6**のような記述をすればよい。

リスト3.6　Templateクラスの Bean 定義（XML）

```
<bean class="org.springframework.jdbc.core.JdbcTemplate">
  <constructor-arg ref="dataSource" />
</bean>
<bean
  class="org.springframework.jdbc.core.namedparam.NamedParameterJdbcTemplate">
  <constructor-arg ref="dataSource" />
</bean>
```

JavaConfigでBean定義を行う場合は，JavaConfigのクラスに**リスト3.7**のような記述を行えばよい。

リスト3.7　Templateクラスの Bean 定義（JavaConfig）

```
@Autowired
private DataSource dataSource;
@Bean
public JdbcTemplate jdbcTemplate() {
  return new JdbcTemplate(dataSource);
}
@Bean
public NamedParameterJdbcTemplate namedParameterJdbcTemplate() {
  return new NamedParameterJdbcTemplate(dataSource);
}
```

**リスト3.6**，**リスト3.7**では，JdbcTemplateとNamedParameterJdbcTemplateのBeanを登録している。それぞれコンストラクタでデータソース（どこかでBean定義されている前提）をインジェクションしている（セッターインジェクションすることもできる）。

TemplateクラスのBeanの定義ができたら，次はDAOへのインジェクションだ。**リスト3.8**のように，Templateクラスのオブジェクトを格納するフィールドを用意して@Autowiredを指定すればTemplateクラスのBeanがインジェクションされる（もちろんBean定義ファイルやJavaConfigで明示的にインジェクションしてもよい）。

リスト3.8　Templateクラスの BeanをDAOにインジェクション[注12]

```
@Repository
public class SpringJdbcAccountDao implements AccountDao {
  @Autowired
  private JdbcTemplate jdbcTemplate;
  @Autowired
  private NamedParameterJdbcTemplate namedParameterJdbcTemplate
  ...;
```

@Repositoryは，@Componentを拡張したアノテーションで，DAOをDIコンテナに登録するときに使用する（データアクセス時の例外をすべてDataAccessExceptionに変換する働きをするが，そもそもTemplateクラスが変換してくれるのでここではお作法的な意味が強い）。以上でTemplateクラスのBeanの準備は完了である。

次はSQLの発行方法を見ていこう。以下の流れで解説していくことにする。

- SELECT文（ドメイン[注13]へ変換しない場合）
- SELECT文（ドメインへ変換する場合）
- INSERT/UPDATE/DELETE文
- バッチアップデート，プロシージャコール

APIなどの解説に入る前に，サンプルプログラムが使用するテーブルとドメインクラスを見てほしい。これまでの銀行口座に代わって，以降は飼い主とペットを利用する（図3.14）。

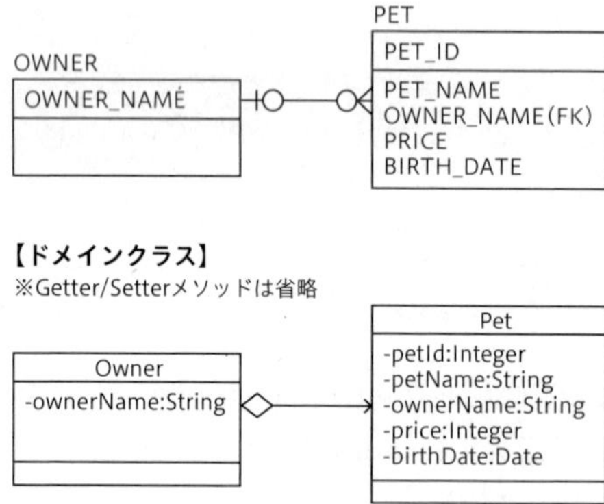


図3.14　サンプルプログラムが使用するテーブルとドメインクラス[注14]

注12　JdbcTemplateとNamedParameterJdbcTemplateの2つをインジェクションしているが，必要に応じてどちらか一方だけインジェクションしてもかまわない。

注13　本章でドメインと表記した場合は，ドメインクラスのオブジェクトのことを指す。

注14　OWNER_NAMEを主キーや外部キーにする設計はよろしくないが，本章で使用するSQLを簡潔にするため，あえてこのような設計にしている。

OWNERテーブルは飼い主の情報を格納し，PETテーブルはペットの情報を格納している。PETテーブルのOWNER_NAMEカラムが外部キーとなってOWNERテーブルのOWNER_NAMEカラムと紐づいている。ドメインクラスは基本的にテーブルの構造と同じだが，Ownerクラスのオブジェクトが複数のPetクラスのオブジェクトを保持できる構造になっている。それでは，次項からはSELECT文の発行について見ていこう。

## 3.2.4 SELECT文（ドメインへ変換しない場合）



### 3.2.4.1 queryForObjectメソッド

取得結果をドメインへ変換しない場合というのは，たとえばレコードの件数を取得する場合や，1レコード中の特定のカラムなど単純な値を取得する場合を指す。まずは数値型の値の取得から見ていこう。

数値型の値を取得する場合は，queryForObjectメソッド[注15]を使用する。本メソッドはオーバーロードにより数種類存在するが，全部解説すると長くなってしまうのでよく使用するものをピックアップして解説しよう。オーバーロードされたメソッドの種類を知りたい方はSpringのJavadocを参照してほしい。以下のソースコードは，queryForObjectを使用したサンプルだ。

```
int count = jdbcTemplate.queryForObject(
  "SELECT COUNT(*) FROM PET", Integer.class);
```

JDBCを直接使った場合は何行も記述しなければならなかったソースコードが1行で書けてしまう。第1引数でSQLの文字列を指定し，第2引数で戻り値の型を示すClassオブジェクト（Classクラスのオブジェクト）を指定する。queryForObjectメソッドの戻り値の型はObject型だが，ジェネリクスによって第2引数で指定した型が戻り値の型として認識されるため，キャストする必要がない。サンプルではInteger型を指定しているが，取得する値に応じてLong型やDouble型を指定することもできる。

また，SELECT文にパラメータを指定する場合は以下のような記述をすればよい。

```
int count = jdbcTemplate.queryForObject(
  "SELECT COUNT(*) FROM PET WHERE OWNER_NAME=?", Integer.class, ownerName);
```

ownerNameはパラメータの値が格納された変数だと考えてほしい。第1引数にプレースホルダ（「?」マークのこと）を含んだSQL文を指定し，第2引数に戻り値の型としてIntegerクラスのClassオブジェクト，第3引数にパラメータの値を指定する。引数の数は，Java5から提供されたVarargs（可変引数）により任意の数を指定可能であるので，パラメータの数は任意に増やすことができる（以降に紹介するqueryで始まるメソッドも同様である）。

注15　queryForIntメソッドやqueryForLongメソッドを使用することもできるが，バージョン3.2.4からdeprecatedになったので推奨しない。

次に，取得結果が文字列や日付型の場合を見ていこう。取得結果が文字列や日付型の場合も，queryForObjectメソッドを使用する。以下は文字列を取得する場合のサンプルだ。

```
String petName = jdbcTemplate.queryForObject(
  "SELECT PET_NAME FROM PET WHERE PET_ID=?", String.class, id);
```

第2引数は文字列の型を表すStringクラスのClassオブジェクトを指定している。第3引数のidはパラメータの値が格納された変数だと考えてほしい。次は日付型を取得するサンプルを見てみよう。

```
Date birthDate = jdbcTemplate.queryForObject(
  "SELECT BIRTH_DATE FROM PET WHERE PET_ID=?", Date.class, id);
```

日付型なので，第2引数にはDateクラス（java.utilパッケージ）のClassオブジェクトを指定している[注16]。

### 3.2.4.2 queryForMapメソッド

次は，1つのカラムの値だけでなく，1レコード分の値を取得する方法を見ていこう。queryForMapメソッドを使えば，1レコード分の値をMap（カラム名をキーとして値が入っている）で取得することが可能だ。

以下はqueryForMapメソッドを使用したサンプルである。

```
Map<String, Object> pet = jdbcTemplate.queryForMap(
  "SELECT * FROM PET WHERE PET_ID=?", id);
```

戻り値petの中には，1レコード分のデータが格納されている。もしPET_NAMEカラムの値を参照したい場合は，戻り値petに対して以下の記述を行えばよい。

```
String petName = (String)pet.get("PET_NAME");
```

### 3.2.4.3 queryForListメソッド

複数レコード分のMapのデータを取得するにはqueryForListメソッドを使用する。1レコード分の値が格納されたMapを複数格納したListを取得することができる。以下にqueryForListメソッドを使用したサンプルを示す。

```
List<Map<String, Object>> petList = jdbcTemplate.queryForList(
  "SELECT * FROM PET WHERE OWNER_NAME=?", ownerName);
```

queryForMapやqueryForListは非常に簡単にレコードの値が取得できるのでつい多用したい気持

注16 Java8から導入されたDate and Time API（JSR 310）については，執筆時点のバージョンでは未対応のようだ。JDBCの規格やドライバの互換性などを考慮すると，簡単には対応できないのだろう。

ちになるが，ビジネスロジックがデータを使用する場合は別途ドメインへの変換が必要になるため，実際に利用する機会はあまりないだろう（Mapのままビジネスロジック層に返すのは論外）。ドメインへの変換が必要な場合は，次節で紹介するSELECT文の発行の方法を使用するのがよい。

## 3.2.5 SELECT文（ドメインへ変換する場合）

### 3.2.5.1 queryForObjectメソッド

取得結果をドメインへ変換する場合はqueryForObjectメソッド，queryメソッドを使用する。queryForObjectメソッドは前節にも出てきたが，1レコード分のドメインを取得する際にも使用する。queryメソッドは複数レコード分のドメインを取得するときに使用する。まずはqueryForObjectを使用したサンプルを見てみよう（**リスト3.9**）。

リスト3.9 queryForObjectメソッドのサンプル

```
Pet pet = jdbcTemplate.queryForObject(
  " SELECT * FROM PET WHERE PET_ID=?"
  , new RowMapper<Pet>() {  ←匿名クラス
      public Pet mapRow(ResultSet rs, int rowNum) throws SQLException {
        Pet p = new Pet();
        p.setPetId(rs.getInt("PET_ID"));
        p.setPetName(rs.getString("PET_NAME"));
        p.setOwnerName(rs.getString("OWNER_NAME"));
        p.setPrice((Integer)rs.getObject("PRICE"));
        p.setBirthDate(rs.getDate("BIRTH_DATE"));
        return p;
      }}
  , id);
```

少しわかりづらいかもしれないが，queryForObjectの引数として3つ指定している。第1引数はSELECT文の文字列で，第3引数はSELECT文のパラメータに指定する値だ。そして第2引数は，ドメインへの変換処理を実行するオブジェクトを渡している。RowMapperはSpringが提供するインタフェースで，mapRowという1つの抽象メソッドを定義している。mapRowメソッドには，1件分のレコードをドメインに変換して戻り値で返す処理を記述する[注17]。アプリケーションの開発者はmapRowメソッドを実装したクラスを作成し，オブジェクトをqueryForObjectの引数に渡すのだ。

queryForObjectの第2引数の部分のように，処理の記述の中にメソッドの定義が交じっている記述方法を見たことがない読者がいることだろう。第2引数の部分では，実はクラスの定義を行っている。このような「その場限り」で名前がないクラスのことを匿名クラスと呼ぶ。別に匿名クラスを使わなくてもqueryForObjectメソッドは利用できる。**リスト3.10**のように記述してもよい。

注17 PRICEのカラムを取得する際に，ResultSetのgetIntメソッドを使用してint型の値を取得することもできるが，カラムの値がnullだった場合に0が返されてしまう(nullが返されない)ため，本章のサンプルでは，nullを返してもらうように，あえてgetObjectメソッドを使用している。

リスト 3.10　匿名クラスを利用しない場合

```
class MyRowMapper implements RowMapper<Pet> {
  public Pet mapRow(ResultSet rs, int rowNum) throws SQLException {
    Pet p = new Pet();
    p.setPetId(rs.getInt("PET_ID"));
    p.setPetName(rs.getString("PET_NAME"));
    p.setOwnerName(rs.getString("OWNER_NAME"));
    p.setPrice((Integer)rs.getObject("PRICE"));
    p.setBirthDate(rs.getDate("BIRTH_DATE"));
    return p;
  }
}
Pet pet = jdbcTemplate.queryForObject(
  " SELECT * FROM PET WHERE PET_ID=?"
  ,new MyRowMapper()
  ,id);
```

少し行数が増えるが処理の内容はまったく一緒である。

使い方がわかっても，自分で実装したmapRowメソッドがどのようなタイミングで呼ばれるか疑問に思うだろう。**図3.15**は，mapRowメソッドが呼ばれるタイミングを示したシーケンス図だ。

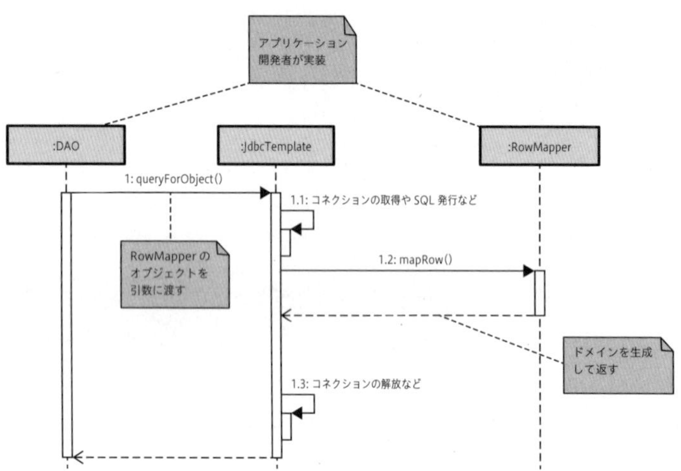


図 3.15　RowMapper とシーケンス図

DAOがRowMapperのオブジェクトをqueryForObjectメソッドの引数に渡すと，JdbcTemplateはコネクションの取得やSQLの発行を行い，ResultSetを取得する。その後，ResultSetを引数にしてmapRowを呼び出す。mapRowの中でResultSetからドメインに変換され，変換されたオブジェクトがqueryForObjectメソッドの戻り値として返ってくるのである。

### 3.2.5.2 query メソッド

1レコード分のドメインを取得する方法を見てきたが，複数レコード分のオブジェクトを取得する場合は，queryメソッドを使用する。**リスト3.11**にqueryメソッドのサンプルを記載した。

リスト3.11 queryメソッドのサンプル

```
List<Pet> petList = jdbcTemplate.query(
  " SELECT * FROM PET WHERE OWNER_NAME=?"
  , new RowMapper<Pet>() {
      public Pet mapRow(ResultSet rs, int rowNum) throws SQLException {
        Pet p = new Pet();
        p.setPetId(rs.getInt("PET_ID"));
        p.setPetName(rs.getString("PET_NAME"));
        p.setOwnerName(rs.getString("OWNER_NAME"));
        p.setPrice((Integer)rs.getObject("PRICE"));
        p.setBirthDate(rs.getDate("BIRTH_DATE"));
        return p;
      }
    }
  , ownerName);
```

呼び出し方はqueryForObjectと一緒である。

読者の中には，RowMapperで行っているドメインへの変換の処理も自動でやってくれないのかと思う人がいることだろう。Springが提供するBeanPropertyRowMapperを使用すれば変換の自動化が可能だ。BeanPropertyRowMapperはRowMapperを実装したクラスで，ドメインクラスのプロパティ名とテーブルのカラム名を紐づけて，ドメインを自動で生成してくれる。紐づけの条件は，プロパティ名とカラム名が同じか，もしくはアンダースコアで分けられたカラム名の文字をキャメルケース[注18]でつなげた文字列とプロパティ名が一緒である場合だ（たとえば，プロパティ名が"petName"でカラム名が"PET_NAME"の場合）。紐づけの条件に合わない場合はSELECT句でプロパティ名と同じエイリアスを指定すればよい。以下にBeanPropertyRowMapperのサンプルを記載した。

```
Pet pet = jdbcTemplate.queryForObject(
  " SELECT * FROM PET WHERE PET_ID=?"
  , new BeanPropertyRowMapper<Pet>(Pet.class)
  , id);
```

BeanPropertyRowMapperのコンストラクタには，変換するドメインクラスのClassオブジェクトを指定すればよい。BeanPropertyRowMapperはとても便利ではあるが，内部でリフレクションを多用しているためパフォーマンスが悪くなってしまう[注19]。バッチ処理などで高いパフォーマンスが要求される場合は，便利さとパフォーマンスを天秤にかけて採用するかどうかを決めてほしい。

ここまでは1つのテーブルに対するSELECT文を見てきたが，テーブルをJOINしたSELECT文の場合はどうすればよいだろう？ たとえばOWNERテーブルの1レコードと外部キーで紐づけされているPETテーブルの複数レコードを取得したい場合だ。このようなときはRowMapperインタフェースは適切ではない。代わりにResultSetExtractorを使用する。RowMapperのmapRowメソッドはレコード1件に対する変換処理を記述したが，ResultSetExtractorのextractDataメソッドは取得した全レ

注18 単語の先頭を大文字にしてつなぎ合わせた文字。Javaのプロパティ名の場合は先頭の文字だけ小文字にするのが慣例である。たとえば，account numberのキャメルケースはaccountNumberとなる。

注19 筆者のPC（Intel Core i7 2.0GHz クアッドコア，メモリ16G）で試したところ，20カラムのテーブルのレコード1000件を取得した場合，処理時間がRowMapperのほうは150ミリ秒前後でBeanPropertyRowMapperのほうは650ミリ秒前後だった。

コードをいっぺんに処理することができる（**リスト3.12**）。

リスト3.12 ResultSetExtractorを使用したソースコード

```
Owner owner = jdbcTemplate.query(
  "SELECT * FROM OWNER O INNER JOIN PET P ON O.OWNER_NAME=P.OWNER_NAME WHERE O.OWNER_NAME=?"
  , new ResultSetExtractor<Owner>() {
      public Owner extractData(ResultSet rs)
        throws SQLException, DataAccessException {
        if (!rs.next()) {
          return null;
        }
        Owner owner = new Owner();
        owner.setOwnerName(rs.getString("OWNER_NAME"));
        do {
          Pet pet = new Pet();
          pet.setPetId(rs.getInt("PET_ID"));
          pet.setPetName(rs.getString("PET_NAME"));
          pet.setOwnerName(rs.getString("OWNER_NAME"));
          pet.setPrice((Integer)rs.getObject("PRICE"));
          pet.setBirthDate(rs.getDate("BIRTH_DATE"));
          owner.getPetList().add(pet);
        } while(rs.next());
        return owner;
      }
    }
  , ownerName);
```

もし，OWNERテーブルのレコードを複数件取得するようなSQLを発行する場合は，extractDataの中でPetオブジェクトとOwnerオブジェクトを適切に紐づけしながらOwnerオブジェクトをListの中に詰めて戻り値として返す実装が必要になる。

また，ResultSetExtractorを使用するとどうしてもソースコードが煩雑になってしまうのは否めない。簡潔さを優先したい場合は，OWNERテーブル用のSQLとPETテーブル用のSQLをRowMapperを使って別々に発行し（2回SQLを発行），OwnerオブジェクトとPetオブジェクトをいったん取得したあとでお互いを紐づけるのも手である。

以上でSELECT文についての解説は終了だ。JDBCを直接使うよりも格段にソースコードがシンプルになることがわかる。

SELECT文だけでなく，INSERT/UPDATE/DELETE文も同じようにシンプルにすることができる。次の項で解説しよう。

## 3.2.6 INSERT/UPDATE/DELETE文

SELECT文の発行の仕方が多様だったのに対し，INSERT/UPDATE/DELETE文の発行の仕方はupdateメソッドを使うだけなので非常にシンプルだ。

INSERT/UPDATE/DELETE文はいずれも更新系のSQLなので，1つのメソッドに集約されている。メソッド名の「update」は，UPDATE文を意味するわけではないことに注意しよう。

以下はupdateメソッドのサンプルだ。

●INSERT文

```
jdbcTemplate.update(
  "INSERT INTO PET (PET_ID, PET_NAME, OWNER_NAME, PRICE, BIRTH_DATE) VALUES (?, ?, ?, ?, ?)"
  , pet.getPetId(), pet.getPetName(), pet.getOwnerName(), pet.getPrice(), pet.getBirthDate());
```

●UPDATE文

```
jdbcTemplate.update(
  "UPDATE PET SET PET_NAME=?, OWNER_NAME=?, PRICE=?, BIRTH_DATE=? WHERE PET_ID=?"
  , pet.getPetName(), pet.getOwnerName(), pet.getPrice(), pet.getBirthDate(), pet.getPetId());
```

●DELETE文

```
jdbcTemplate.update("DELETE FROM PET WHERE PET_ID=?", pet.getPetId());
```

いずれも，第1引数にSQL文を指定し，第2引数以降にパラメータの値を指定すればよい。なお，updateメソッドの戻り値の型はint型となっており，更新されたレコード数が返ってくる。想定した数と違う場合の処理を組み込む際は利用しよう。

## 3.2.7 NamedParameterJdbcTemplate

ここまで見てきたサンプルでは，SQLのパラメータをプレースホルダ（「?」マークのこと）で指定してきた。プレースホルダを使用する場合，プレースホルダが出現する順番とパラメータの順番を合わせる必要がある。プレースホルダの値が少ないうちはよいのだが，多くなってくるとうっかり順番がずれてしまって見当違いの値を指定しかねない。特にINSERT文を作成するときはカラムの数だけプレースホルダを指定するので危険性が高い。このような場合にはNamedParameterJdbcTemplateクラスを使用するのがよい。NamedParameterJdbcTemplateは，SQLのパラメータに任意の名前を設定することができ，名前と値を明示的に紐づけることができるのだ。以下にサンプルを示した。

```
namedParameterJdbcTemplate.update(
  " INSERT INTO PET (PET_ID, PET_NAME, OWNER_NAME, PRICE, BIRTH_DATE)" +
    " VALUES (:PET_ID, :PET_NAME, :OWNER_NAME, :PRICE, :BIRTH_DATE)"
  , new MapSqlParameterSource()
      .addValue("PET_ID", pet.getPetId())
      .addValue("PET_NAME", pet.getPetName())
      .addValue("OWNER_NAME", pet.getOwnerName())     ←メソッドチェーン
      .addValue("PRICE", pet.getPrice())
      .addValue("BIRTH_DATE", pet.getBirthDate())
);
```

プレースホルダが「?」マークではなく「:」を先頭にした文字列になっている。「:」からあとの文字列がパラメータの名前であり，開発者が自由に名前を決めることができる。サンプルではカラム

名を使用している。第2引数で指定しているのはMapSqlParameterSourceのオブジェクトである。MapSqlParameterSourceはSQLのパラメータ情報をMapで保持するクラスだ。オブジェクトの生成と同一センテンスでaddValueメソッドを複数呼び出し，パラメータの名前と値を一緒にして指定している。MapSqlParameterSourceを利用することで，パラメータの順番がずれてしまう危険性をなくすことができるのだ。

サンプルのように1つのセンテンスでメソッドを複数呼び出すような記述に慣れていない読者もいるだろう。これはメソッドチェーンという，複数のメソッド呼び出しを1センテンスで記述するためのテクニックだ。メソッドの戻り値として自分自身のオブジェクトを返すことで繰り返し同じメソッドを呼び出すことができる。サンプルの場合はaddValueメソッドの戻り値がMapSqlParameterSourceのオブジェクトを返している。

メソッドチェーンを使わずに記述してもまったく問題はない。補足としてメソッドチェーンを使わずに記述したサンプルを示しておこう。

```
MapSqlParameterSource map = new MapSqlParameterSource();
map.addValue("PET_ID", pet.getPetId());
map.addValue("PET_NAME", pet.getPetName());
map.addValue("OWNER_NAME", pet.getOwnerName());
map.addValue("PRICE", pet.getPrice());
map.addValue("BIRTH_DATE", pet.getBirthDate());
namedParameterJdbcTemplate.update(
  " INSERT INTO PET (PET_ID, PET_NAME, OWNER_NAME, PRICE, BIRTH_DATE)" +
      " VALUES (:PET_ID, :PET_NAME, :OWNER_NAME, :PRICE, : BIRTH_DATE)"
  , map
);
```

また，MapSqlParameterSourceの代わりにMap（HashMapクラスなど）のオブジェクトを使用することも可能だ。ただし，Mapを利用した場合はメソッドチェーンが利用できないので注意しよう。

さらに，MapSqlParameterSourceの代わりにBeanPropertySqlParameterSourceを利用すると，パラメータ名とプロパティ名を同じにすることで，パラメータと値の明示的な紐づけを省略することができる。以下にサンプルを示そう。

```
BeanPropertySqlParameterSource beanProps = new BeanPropertySqlParameterSource(pet);
namedParameterJdbcTemplate.update(
  " INSERT INTO PET (PET_ID, PET_NAME, OWNER_NAME, PRICE, BIRTH_DATE)" +
        " VALUES (:petId, :petName, :ownerName, :price, :birthDate)"
  , beanProps
);
```

BeanPropertySqlParameterSourceのコンストラクタの引数に，パラメータの値を持つオブジェクト（サンプルではPetクラスのオブジェクト）を渡し，SQL文の中のパラメータ名はオブジェクトのプロパティ名を記述すればよい。また，オブジェクトが入れ子構造になっている場合はパラメータ名に「.」を使ってオブジェクトをつないで記述すればよい。たとえば，PetオブジェクトがOwnerオブジェクトを参照していて（ownerプロパティ），OwnerオブジェクトのownerNameプロパティの値を使用したい場合は，パラメータ名に「owner.ownerName」と記述すればよい。

次はバッチアップデートとプロシージャコールを見ていこう。

**IN句の値の指定**

IN句で複数の値を指定する場合，JDBCの仕様だと，指定する値の数だけプレースホルダ(「?」マーク)が必要となる。たとえば，「SELECT * FROM PET WHERE PET_ID IN (1, 2, 3)」のように3つの値を指定する場合，「SELECT * FROM PET WHERE PET_ID IN (?, ?, ?)」というプレースホルダを記述することになる。指定する値の数が可変の場合は，プレースホルダの数を変えて動的にSQL文を生成する必要があり，ソースコードが複雑になってしまう。

NamedParameterJdbcTemplateを利用すれば，プレースホルダの動的な生成をSpringが行ってくれるため，シンプルに処理を記載できる。以下のような記述が可能だ。

```
List<Integer> ids = new ArrayList<Integer>();
ids.add(1);
ids.add(2);
ids.add(3);
MapSqlParameterSource param = new MapSqlParameterSource();
param.addValue("ids", ids);
List<Pet> petList = namedParameterJdbcTemplate.query(
  "SELECT * FROM PET WHERE PET_ID IN (:ids)",
  param,
  new RowMapper<Pet>() {
    public Pet mapRow(ResultSet rs, int rowNum) throws SQLException {
      Pet p = new Pet();
      p.setPetId(rs.getInt("PET_ID"));
      p.setPetName(rs.getString("PET_NAME"));
      p.setOwnerName(rs.getString("OWNER_NAME"));
      p.setPrice((Integer)rs.getObject("PRICE"));
      p.setBirthDate(rs.getDate("BIRTH_DATE"));
      return p;
    }
  }
);
```

IN句の値をリストで指定すると，内部でリストの要素数分のプレースホルダを生成してくれるのだ。

ただし，IN句で指定できる値の数には制限があるので注意しよう(DB製品によって制限数が異なる。Oracleだと1000個までとなっている)。

## 3.2.8 バッチアップデート，プロシージャコール

### 3.2.8.1 batchUpdateメソッド

バッチアップデートは，複数の更新（UPDATE文やINSERT文の実行）をまとめてデータベースに行わせるためのものだ。1回ずつ行わせるのと比べてパフォーマンスが大きく違ってくるので，更新する量が多い場合は必ずバッチアップデートを使用すべきだ。バッチアップデートを行う際は，batchUpdate

メソッドを使用する。使用方法にいくつか種類があるのだが，お勧めの方法を2つ紹介しよう。

1つめは，BatchPreparedStatementSetterクラスの匿名クラスのオブジェクトを引数に渡す方法だ。まずはサンプルを示そう。

```
final ArrayList<Pet> petList = ... // 更新するPetのオブジェクトをリストで用意する
int[] num = jdbcTemplate.batchUpdate(
  "UPDATE PET SET OWNER_NAME=? WHERE PET_ID=?"
  , new BatchPreparedStatementSetter() {
      @Override
      public void setValues(PreparedStatement ps, int i) throws SQLException {
        ps.setString(1, petList.get(i).getOwnerName());
        ps.setInt(2, petList.get(i).getPetId());
      }
      @Override
      public int getBatchSize() {
        return petList.size();
      }
    }
);
```

BatchPreparedStatementSetterの匿名クラスでは2つのメソッドをオーバーライドする。1つめのsetValuesメソッドでは，引数で渡されたPreparedStatementオブジェクトを使用して1件分の更新情報を設定する処理を記述する。その際，更新情報を保持するオブジェクトは，事前に用意したリスト（ここではPetのリスト）から取得する。取得する際に指定するインデックス番号は，setValuesメソッドの第2引数を使用すればよい。第2引数は，setValuesメソッドの「何回目の呼び出しか？」を表す数字だ。そして，何回呼び出すかは，もう1つのメソッドのgetBatchSizeの戻り値で指定する。通常はリストのサイズを返せばよいだろう。なお，batchUpdateメソッドの戻り値は，1つのアップデートごとに更新されたレコードの数が配列になって帰ってくる。

2つめは，NamedParameterJdbcTemplateのbatchUpdateメソッドを使用した方法だ。以下にサンプルを示す。

```
final ArrayList<Pet> petList = ... // 更新するPetのオブジェクトをリストで用意する
SqlParameterSource[] batch = SqlParameterSourceUtils.createBatch(petList.toArray());
num = namedParameterJdbcTemplate.batchUpdate(
  "UPDATE PET SET OWNER_NAME=:ownerName WHERE PET_ID=:petId", batch);
```

まず，更新情報を保持するオブジェクトをリストや配列で用意したあと，SqlParameterSourceUtilsのcreateBatchメソッドの引数に渡し（引数は配列として渡す），SqlParameterSourceの配列に変換する。SqlParameterSourceオブジェクトには，元のオブジェクト（ここではPetオブジェクト）のプロパティ名と値がMapのような形式で保持されている。あとは，NamedParameterJdbcTemplateのbatchUpdateの第2引数に渡せばよい。このとき，第1引数のSQLのパラメータの部分は，SqlParameterSourceオブジェクトが保持するプロパティ名を使用する。

バッチアップデートについては以上だ。batchUpdateメソッドの使用方法はほかにもあるので，興味のある読者はマニュアルを参照してほしい[注20]。

### 3.2.8.2 プロシージャコール

次にプロシージャコールを見ていこう。プロシージャコールは，データベースに配備されたストアドプロシージャを呼び出すときに使用するものである。プロシージャコールの方法はいくつか存在するが，本書では一番シンプルと思われる方法を紹介する。Springのバージョン2.5から提供されたSimpleJdbcCallを使用する方法だ。呼び出したいストアドプロシージャが，以下のような定義だったとしよう。



- プロシージャ名：CALC_PET_PRICE
- INパラメータ：IN_PET_ID
- OUTパラメータ：OUT_PRICE

このときのSimpleJdbcCallを使ったサンプルを以下に示す。

```
SimpleJdbcCall call = new SimpleJdbcCall(jdbcTemplate.getDataSource())
.withProcedureName("CALC_PET_PRICE")
.withoutProcedureColumnMetaDataAccess()
.declareParameters(
  new SqlParameter("IN_PET_ID", Types.INTEGER),
  new SqlOutParameter("OUT_PRICE", Types.INTEGER)
);
MapSqlParameterSource in = new MapSqlParameterSource()
.addValue("IN_PET_ID", id);
Map<String, Object> out = call.execute(in);
int price = (Integer)out.get("OUT_PRICE");
```
←①（.withoutProcedureColumnMetaDataAccess() から ); まで）

コンストラクタの引数にデータソースを指定してSimpleJdbcCallオブジェクトを生成したあと，withProcedureNameメソッドでプロシージャ名を指定している。withoutProcedureColumnMetaDataAccessから始まる①の部分は，プロシージャのメタデータであるパラメータ名を宣言している部分だ。その後INパラメータの値をMapSqlParameterSourceを使って指定したあと，プロシージャを呼び出し，最後にOUTパラメータの値を取り出している。なお，サンプルの動作環境で使用したHSQLDBデータベースは，プロシージャのパラメータ名などのメタデータの取得をSpringがサポートしていないため①の記述が必要であるが，メタデータの取得をSpringがサポートしているデータベース製品（たとえばOracleやSQL Serverなど）については記述する必要がない。サポート対象のデータベースはSpringのリファレンスマニュアルを参照してほしい。

以上でTemplateクラスの解説は終了である。Templateクラスを使用することでソースコードが非常にシンプルになることがわかる[注21]。

---

注20 http://docs.spring.io/spring/docs/current/spring-framework-reference/htmlsingle/#jdbc-batch-list

注21 本書ではTemplateクラスを用いたデータアクセスの方法を解説したが，同等のデータアクセスを行うRDBオペレーションクラスを用いる方法もある。しかし，Templateクラスを用いたほうがプログラムは簡潔になると筆者は考えておりRDBオペレーションクラスの解説は省略した。

# 3.3 Spring Data JPA

本節では，Spring Data JPAを使用したJPAとの連携について解説する。Spring Data JPAは，JPAと単に連携するだけでなく，DAOの実装を自動生成する便利な機能を提供している。実装の手間が大きく軽減できるため最近注目を集めている。JPAと単純に連携するだけ（言い換えると，直接JPAのAPIを使用したい場合）であれば，第7章を参照してほしい。

## 3.3.1 Spring Data JPAとは?

Spring Data JPAは，Spring Dataプロジェクトの製品の1つである。Spring Dataプロジェクトは，さまざまなデータアクセス技術を容易に利用することを目的としたプロジェクトであり，個別のデータアクセス技術ごとに製品が分かれている。Spring Data JPAのほかには，Spring Data Hadoopや，Spring Data MongoDBなどが存在する。

Spring Data JPAの大きな特徴は，DAOの実装の自動生成である。CRUDのような単純なクエリを実行するだけであれば，ほとんどコーディングする必要がない。

さっそく，具体的な使い方を解説していくのだが，その前にそもそもJPAが何なのかを知りたい読者もいると思うので，まずはJPAの解説からしていこう。JPAについて前提知識がある読者は次節を読み飛ばしても問題ない。

## 3.3.2 JPAの基礎

JPAは，Java EEに含まれる仕様の1つで，ORMの標準化されたAPIを提供する。HibernateやEclipseLinkなどの著名なORM製品がJPAに対応しており，標準化されたAPIでORMを利用したい場合は，JPAを利用すればよい。

JPAを利用したプログラムの記述は，基本的には以下の2つを行うことになる。

- Entityクラスを作成する
- EntityManagerのメソッドを呼び出す

1つずつ順番に見ていこう。

### 3.3.2.1 Entityクラスを作成する

Entityクラスとは，エンティティ[注22]のクラスを指す。エンティティは，RDBのレコードとして永続化されることが多いため，Entityクラスは，カラムに対応したプロパティ（フィールドとアクセサメソッドのセット）を保持したクラスとなる。たとえば，**図3.16**に示すPETテーブルとOWNERテーブ

注22　永続化されるオブジェクト。業務アプリケーションの場合，一般的にはRDBのレコードとして保存され永続化される。

ルに該当するEntityクラスはそれぞれ**リスト3.13**，**リスト3.14**のようになる。

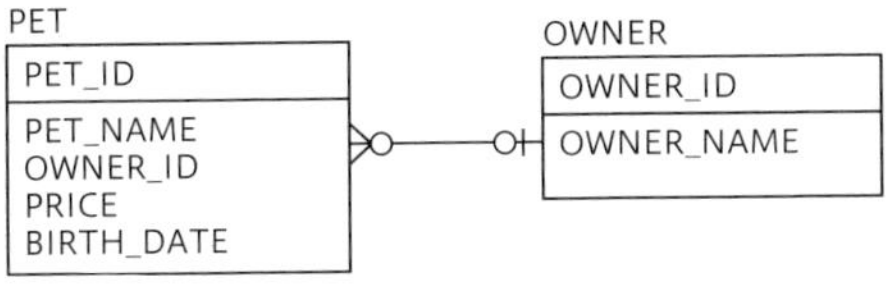

図3.16 サンプルで使用するテーブル



リスト3.13 Entityクラスの記述（Pet）

```
@Entity ←①
public class Pet {
  @Id ←②
  private Integer petId;
  private String petName;
  @ManyToOne ←③
  @JoinColumn(name="owner_id")
  private Owner owner;
  private Integer price;
  private Date birthDate;

  ...（Getter，Setterは省略）...
}
```

リスト3.14 Entityクラスの記述（Owner）

```
@Entity ←①
public class Owner {
  @Id   ←②
  private Integer ownerId;
  private String ownerName;

  ...（Getter，Setterは省略）...
}
```

①の@EntityはJPAが提供するアノテーションで，クラスの宣言部分に付与する必要がある。@Entityを付与することで永続化の対象となる。②の@Idは，エンティティを一意に特定するプロパティのフィールド（テーブルのプライマリキーに該当する）に付与する。③の@ManyToOneは，多対一の関係を表したものだ。参照先のOwnerクラスはOWNERテーブルのEntityクラスとなっており，@JoinColumnで指定したowner_idが外部キーとして指定されている。

クラス名とテーブル名の対応付けや，プロパティ名とカラム名の対応付けは，ORMが自動的に行ってくれる。基本的には名前が同じものを対応付けるが，設定によって，アンダーバーを使用したテーブル名やカラム名をキャメル文字に変換して対応付けることもできる。もし，自動での対応付けができない場合は，明示的にテーブル名やカラム名を指定することも可能だ。

### 3.3.2.2 EntityManagerのメソッドを呼び出す

次に，EntityManagerのメソッドの呼び出しについて解説しよう。EntityManagerは，オブジェクトの世界とRDBの世界の仲介役といえる。EntityManagerを通して，エンティティを取得したり更新すると，内部でRDBへのアクセスが行われる。EntityManagerのオブジェクトを生成・取得するためにはいろいろと設定が必要なのだが，本筋から外れるため省略する。本節では，EntityManagerのオブジェクトが生成・取得済みという前提で解説を行う。EntityManagerのメソッドを呼び出しているサンプルをリスト3.15に示す。

リスト3.15　EntityManagerのメソッド呼び出しのサンプル

```
EntityManager em = ... // 取得部分は省略

EntityTransaction tx = em.getTransaction();
tx.begin(); ←①

Pet pet = new Pet();
pet.setPetId(1);
pet.setPetName("ポチ");
pet.setPrice(15000);
pet.setBirthDate(new SimpleDateFormat("yyyyMMdd").parse("20150101"));

em.persist(pet);                         ←②

Pet pet10 = em.find(Pet.class, 10);      ←③

em.remove(pet10);                        ←④

Pet pet11 = em.find(Pet.class, 11);
pet11.setPetName("タマ");                ←⑤

tx.commit();                             ←⑥

List<Pet> petList = em.createQuery("select p from Pet p where p.price < ?1") ←⑦
.setParameter(1, 10000)
.getResultList();

for (Pet tmpPet : petList) {
  System.out.println(tmpPet.getPetName());
}
```

①は，トランザクションを開始するメソッドを呼び出している。②では，persistメソッドを呼び出して新しくエンティティを追加している。

③では，IDを指定してエンティティを取得しており，その後，取得したエンティティを④で削除している。

⑤では，IDを指定して取得したエンティティのプロパティの値を変更している（⑥のcommitメソッドが呼ばれた際に，更新されたプロパティの値がデータベースと同期され，該当するカラムの値が更新される）。

⑦では，SQLに似たJPQL（Java Persistence Query Language）を使用してエンティティを検索している。JPQLの場合，テーブル名やカラム名は使用せず，エンティティのクラス名やプロパティ名を使用する。

また，実際のアプリケーションでは，DAOの実装クラスの各メソッドの中で適宜EntityManagerのメソッドを呼び出すことになる（**図3.17**）。

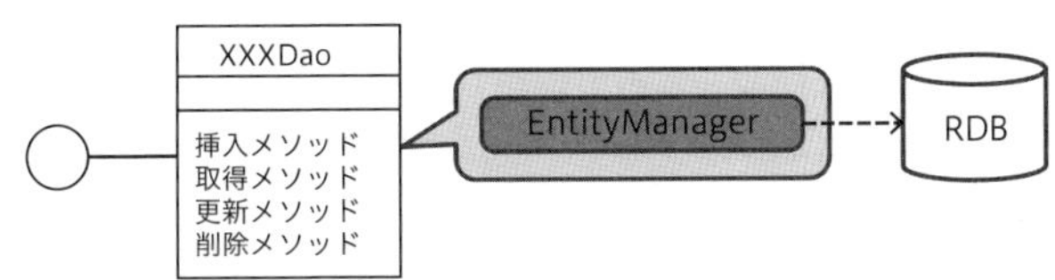


図3.17 EntityManagerを使用したDAOの実装

## 3.3.3 Spring Data JPAの利用

JPAの概要がわかったところで，今度はSpring Data JPAの利用方法について解説していこう。Spring Data JPAを利用すると，EntityManagerのメソッドの呼び出しの部分は自動生成される。つまり，**図3.18**のように，DAOの実装クラスが自動生成されるイメージである。

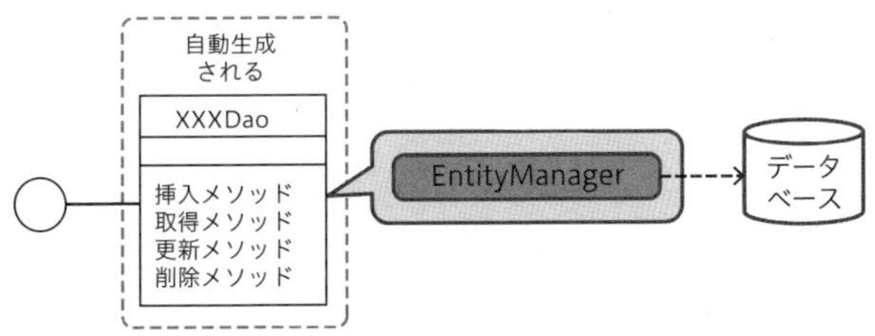


図3.18 Spring Data JPAを使用したDAOの実装

このため，開発者はEntityManagerを直接利用しなくなるのだが，内部では利用されているためEntityManagerの設定は必要だ。次節では，EntityManagerの設定方法を解説しよう。

## 3.3.4 EntityManagerの設定

EntityManagerの設定は，EntityManagerを生成するEntityManagerFactoryのFactoryBeanの定義で行う。Bean定義ファイルで行う方法とJavaConfigで行う方法があるが，それぞれ解説していこう。また，JPAの実装としてHibernateを使用するため，設定項目の中にはHibernate独自の設定も含まれる。まずはBean定義ファイルで行う方法だ。サンプルを**リスト3.16**に示す。

リスト3.16　EntityManagerFactoryの定義（Bean定義ファイル）

```
<!-- EntityManagerFactory（EntityManagerを生成するファクトリ）の設定 -->
<bean id="entityManagerFactory"
  class="org.springframework.orm.jpa.LocalContainerEntityManagerFactoryBean">
  <property name="dataSource" ref="dataSource" />
  <property name="persistenceProviderClass" value="org.hibernate.jpa.HibernatePersistenceProvider" />
  <property name="packagesToScan" value="sample.entity" />
  <property name="jpaProperties">
    <props>
      <prop key="hibernate.dialect">org.hibernate.dialect.HSQLDialect</prop>
      <prop key="hibernate.show_sql">true</prop>
      <prop key="hibernate.ejb.naming_strategy">org.hibernate.cfg.ImprovedNamingStrategy</prop>
    </props>
  </property>
</bean>                                                                    ←①

<!-- JPA Repositoryの設定 -->
<jpa:repositories base-package="sample" />  ←②

<!-- TransactionManagerの設定 -->
<bean id="transactionManager" class="org.springframework.orm.jpa.JpaTransactionManager">
  <property name="entityManagerFactory" ref="entityManagerFactory" />
</bean>                                                                    ←③
```

上記のXMLでは，①と③のそれぞれでBeanを定義している。③のBean定義はトランザクション制御のためのものだが，トランザクション制御は第4章で詳しく解説するのでここでは解説は省略する。①のBean定義は，EntityManagerを生成するEntityManagerFactoryのFactoryBeanの定義を行っている。Spring Data JPAは，内部でEntityManagerFactoryを使用しEntityManagerを取得する。では，EntityManagerFactoryのFactoryBeanの定義の内容を詳しく見ていこう。

①のBeanのクラスはLocalContainerEntityManagerFactoryBeanである。ほかにも利用できるクラスがあるのだが，柔軟な設定ができるため，特に理由がなければ本クラスを利用するのがよいだろう。LocalContainerEntityManagerFactoryBeanの設定項目を**表3.2**，**表3.3**に示す。

表3.2　LocalContainerEntityManagerFactoryBeanの設定項目

| 項目名 | 説明 |
|---|---|
| dataSource | Beanとして管理されているデータソースを指定する |
| persistenceProviderClass | JPA実装の製品のクラスを指定する。製品ごとに指定するクラスが決まっている |
| packagesToScan | Entityクラスが含まれているパッケージを指定する(サブパッケージも含まれる) |

表3.3　LocalContainerEntityManagerFactoryBeanの設定項目（Hibernate固有）

| 項目名 | | 説明 |
|---|---|---|
| jpaProperties | hibernate.dialect | データベース製品の種類を指定する。**リスト3.16**ではHSQLDBを指定している。Hibernate固有の設定 |
| | hibernate.show_sql | Hibernateが内部で発行するSQLをログに出力するかどうかを指定する。Hibernate固有の設定 |

| 項目名 | | 説明 |
|---|---|---|
| | hibernate.ejb.naming_strategy | テーブル名・カラム名と，クラス名・プロパティ名を紐づける際のルールを指定する。**リスト3.16**ではアンダースコアを使用したテーブル名やカラム名を，アンダースコアなしのクラス名やプロパティ名にマッピングできるルールを指定している。Hibernate固有の設定 |

**表3.2**は，JPA実装に依存しない設定項目で，**表3.3**はJPA実装のHibernateに固有の設定だ。ほかにも設定できる項目があるが，本書では基本的なものだけに留めている。必要に応じてマニュアルなどを参照してほしい。

②は，Spring Data JPAにDAOの実装を自動生成してもらうための設定だ。base-package属性で指定したパッケージ配下（サブパッケージも含まれる）をSpringがスキャンし，Spring Data JPAに対応したインタフェース（後述）を見つけたら，実装を自動生成してくれる。

次に，JavaConfigを使用したサンプルを見ていこう。まずはJavaConfigのクラスの全体を**リスト3.17**に示す。

リスト 3.17 EntityManagerFactory の定義（JavaConfig）

```
@Configuration
@EnableTransactionManagement
@EnableJpaRepositories(basePackages="sample.dao") ←④
public class JpaConfig {

  @Bean
  public LocalContainerEntityManagerFactoryBean entityManagerFactory(DataSource dataSource){

    HibernateJpaVendorAdapter adapter = new HibernateJpaVendorAdapter(); ←①
    adapter.setShowSql(true);
    adapter.setDatabase(Database.HSQL);

    Properties props = new Properties();
    props.setProperty("hibernate.ejb.naming_strategy", "org.hibernate.cfg.ImprovedNamingStrategy"); ←②

    LocalContainerEntityManagerFactoryBean emfb = ←③
        new LocalContainerEntityManagerFactoryBean();
    emfb.setJpaVendorAdapter(adapter);
    emfb.setJpaProperties(props);
    emfb.setDataSource(dataSource);
    emfb.setPackagesToScan("sample.entity");

    return emfb;
  }

  @Bean
  public PlatformTransactionManager transactionManager(EntityManagerFactory emf) {
    return new JpaTransactionManager(emf);
  }
}
```

上記のJavaConfigのクラスでは，@Beanを使ってBeanを定義している。2つめのBean定義はトランザクション制御のためのものだ（トランザクション制御は第4章で詳しく解説する）。1つめのBean定義はLocalContainerEntityManagerFactoryBeanの定義を行っている。①は，JPAの実装を設定するためのオブジェクトを生成しており，今回はHibernateの実装を使用する設定をしている。また，内部で発行されたSQLをログに出力する設定と，データベース製品の種類（リストではHSQLDB）を指定している。

②は，Hibernateに特化した設定で，アンダースコアを使用したテーブル名やカラム名を，アンダースコアなしのクラス名やプロパティ名にマッピングできるようにしている。

③は，LocalContainerEntityManagerFactoryBeanを生成しており，①や②で生成したオブジェクトや，データソースを設定している。また，Entityクラスが含まれているパッケージ（サブパッケージを含む）を指定している。

④は，Spring Data JPAにDAOの実装を自動生成してもらうための設定で，base-package属性の値に，DAOのインタフェースが格納されているパッケージを指定する（サブパッケージも含まれる）。

DAOのインタフェースは開発者が作成するのだが，Spring Data JPAを利用するためのルールに従って作成する必要がある。次節では，DAOのインタフェースの作成方法について解説しよう。

## 3.3.5 DAOのインタフェースの作成

Spring Data JPAを利用するためのDAOのインタフェースの作成は非常に簡単だ。**リスト3.18**のように，任意のインタフェースを作成し，JpaRepositoryインタフェースを継承するだけである。また，汎用データアクセス例外への変換を有効にしたい場合は@Repositoryアノテーションを付加する。

リスト3.18　Spring Data JPAを利用したDAOのインタフェース

```
@Repository
public interface PetDao extends JpaRepository<Pet, Integer>{
}
```

JpaRepositoryインタフェースは，Spring Data JPAが提供するインタフェースである。JpaRepository以外にも利用できるインタフェースが用意されているのだが，一番高機能なので，特に理由がなければJpaRepositoryを利用するのがよいだろう。なお，Spring Data JPAでは，DAOに該当する役割のクラスやオブジェクトをRepositoryと呼んでいる。JpaRepositoryインタフェースを継承する際，ジェネリクスで2つの型を指定するのだが，1つめはDAOが扱うEntityクラスの型で，2つめは，EntityクラスのIDの型である。**リスト3.18**は，**リスト3.13**で示したPetクラスを扱う場合の記述となっている。

JpaRepositoryインタフェースを継承すると，JpaRepositoryインタフェースのメソッドの実装が自動生成される。JpaRepositoryインタフェースには多くのメソッドが存在するが，代表的なメソッドを**表3.4**に示す。なお，ジェネリクスの型変数は，わかりやすいように指定した型（Petクラス）に置き換えて記述している。

表 3.4 JpaRepositoryインタフェースの代表的なメソッド[注23]

| メソッド | 説明 |
|---|---|
| Pet save(Pet entity) | 指定したエンティティを保存する |
| Pet findOne(Integer id) | IDを指定してエンティティを取得する |
| List<Pet> findAll() | すべてのエンティティを取得する |
| void delete(Pet entity) | 指定したエンティティを削除する |
| long count() | エンティティの数を取得する |



**表3.4**のメソッドの実装が自動的に行われ，CRUDのような単純なデータアクセスが可能となる。

しかし，実際のアプリケーションではJpaRepositoryが提供するメソッドだけでは十分ではなく，さまざまな条件で検索するメソッドが必要となるだろう。次節では，開発者が独自にメソッドを定義（実装は自動生成）するための方法を解説する。

## 3.3.6 命名規則に沿ったメソッドの定義

Spring Data JPAでは，キーワードと呼ばれる命名規則に沿ってメソッドの名前を付けると，名前が示す内容に沿ってメソッドの実装を自動生成する機能がある。

たとえば，Petエンティティをオーナー名で検索する場合は，**リスト3.19**で示すメソッドをDAOのインタフェースに定義すればよい。

リスト 3.19 キーワードを使用したメソッド定義①

```
@Repository
public interface PetDao extends JpaRepository<Pet, Integer>{
  List<Pet> findByPetName(String petName);
}
```

findByに続く文字列をプロパティ名（頭文字は大文字）とし，プロパティと同じ型を引数に定義することで，任意のプロパティで検索することが可能だ。また，検索で使用するパラメータを複数指定したり，パラメータの値の大小で検索することも可能だ。たとえば，指定したオーナー名と等しく，指定した値段以下のPetを検索する場合は，**リスト3.20**で示すメソッドをDAOのインタフェースに加えればよい。

リスト 3.20 キーワードを使用したメソッドの定義②

```
List<Pet> findByPetNameAndPriceLessThanEqual(String petName, int price);
```

Andは「かつ」を表し，LessThanEqualは「以下」を表している。AndやLessThanEqualはキーワードと呼ばれており，ほかにもNotやBetweenなどさまざまな種類が存在する。詳しくはSpring Data JPAのマニュアルを参照してほしい[注24]。たいていの検索処理を実現できることがわかるだろう。

注23 厳密には，JpaRepositoryが継承する他のインタフェースのメソッドも含んでいる。
注24 http://docs.spring.io/spring-data/jpa/docs/current/reference/html/#jpa.query-methods

## 3.3.7 JPQLの指定

ここまでの機能で，さまざまなデータアクセス処理が行えることがわかったが，実際のアプリケーション開発では，これらの機能では実現できないデータアクセス処理も出てくるだろう。たとえば，結合を要する検索のクエリが必要な場合だ。このような場合は，@Queryアノテーションを使用して，JPQLを明示的に指定すればよい。検索系と更新系のそれぞれで解説しよう。

### 3.3.7.1 検索系のJPQLの指定

例として，オーナーの名前でペットのリストを検索するJPQLを考えよう。検索条件では，Petが持つownerフィールドのownerNameフィールドの値を比較する必要がある。JPQLを指定した例を**リスト3.21**に示す。

リスト3.21 JPQLの指定（検索系）

```
@Query("select p from Pet p where p.owner.ownerName = ?1")
List<Pet> findByOwnerName(String ownerName);
```

whereの条件式を見ると，Petエンティティから，Ownerエンティティのフィールドの ownerNameを辿っている（内部でテーブルの結合が行われる）。「?1」はパラメータを表すJPQLの書式で，「?」のあとの番号はパラメータの順番を表す（複数指定することも可）。パラメータの順番は，対応するメソッドの引数の順番と対応付ければよい。

また，パラメータに名前を付けて**リスト3.22**のように定義することも可能だ。

リスト3.22 JPQLの指定（検索系，パラメータ名を指定）

```
@Query("select p from Pet p where p.owner.ownerName = :ownerName")
List<Pet> findByOwnerName(@Param("ownerName") String ownerName);
```

JPQL内の「:」で始まる単語がパラメータの名前となり，パラメータの値となる引数に@Paramのアノテーションでパラメータの名前を指定すればよい。

### 3.3.7.2 更新系のJPQLの指定

JPQLを明示的に指定して更新（変更と削除）することも可能だ。更新する場合は，@Queryと併せて@Modifyingを指定すればよい。**リスト3.23**に例を示す。

リスト3.23 JPQLの指定（更新系）

```
@Modifying
@Query("update Pet p set p.price = ?1 where p.petName = ?2")
int updatePetPrice(Integer price, String petName);
```

更新されたエンティティの数が戻り値として返されるため，型はintを使用する。

## 3.3.8 実装を自分で行いたい場合

Spring Data JPAでは，必要に応じてDAOのメソッドを自分で実装することも可能だ。この場合，**図3.19**に示すように，自動生成されたDAOのオブジェクトが，自分で実装したDAOのオブジェクトを呼び出す形となる。

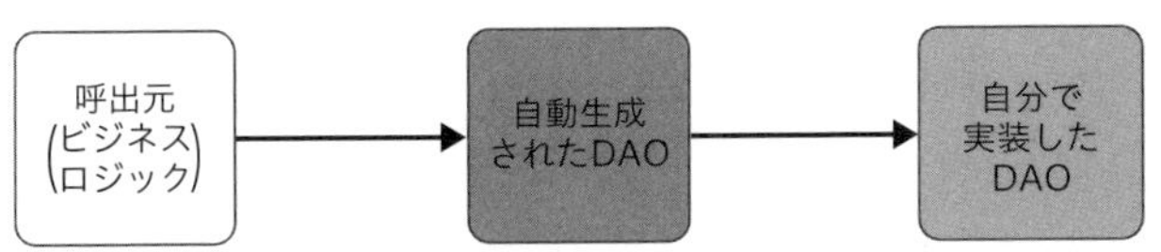


図3.19 実装を自分で行う場合

まずは，自分で実装するDAOのインタフェースと実装クラスを作成する。インタフェース名と実装クラス名は任意だが，BeanのIDは，レポジトリ名（実装が自動生成されるインタフェースの名前。先頭は小文字にする）＋Implにする必要がある。**リスト3.24**，**リスト3.25**にサンプルを示す（説明を単純にするため実装内容は簡略なものにしている）。

リスト3.24 自分で実装するDAOのインタフェース

```
public interface PetDaoCustom {
  void foo();
}
```

リスト3.25 自分で実装するDAOの実装クラス

```
public class PetDaoImpl implements PetDaoCustom {
  @Override
  public void foo() {
    System.out.println("foo!");
  }
}
```

あとは，実装が自動生成されるインタフェースに，自分で実装したインタフェースを継承させればよい。**リスト3.26**にサンプルを示す。

リスト3.26 インタフェースの継承

```
@Repository
public interface PetDao extends JpaRepository<Pet, Integer>, PetDaoCustom {
  ...（省略）...
}
```

図にすると**図3.20**のようになる。

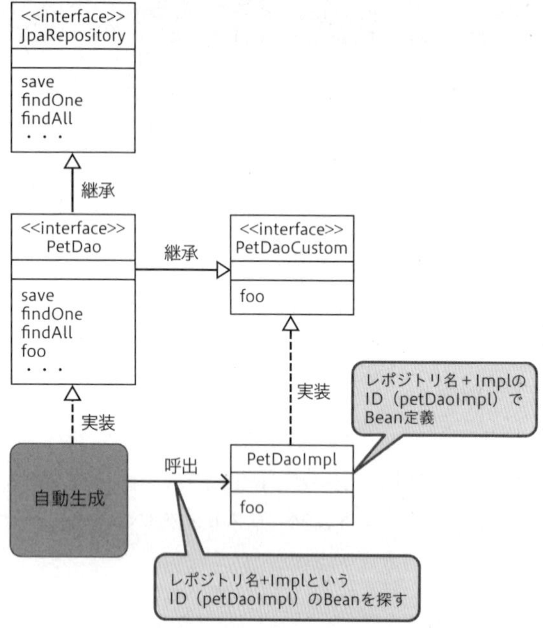


図3.20　実装を自分で行ったときの構造

この結果，実装が自動生成されるインタフェースを介して，自分で実装したDAOのメソッドを呼び出すことが可能となる。

以上でSpring Data JPAの解説は終了だ。Spring Data JPAを使用すると，インタフェースを定義するだけで簡単にデータアクセスができることがわかっていただけただろう。主要な機能は本章で解説したつもりだが，ほかにも，JPAの`Criteria`を使用する機能[注25]や，ストアドプロシージャを呼び出す機能などが存在する。興味のある読者はぜひSpring Data JPAのマニュアルを参照してほしい。

## 3.4 まとめ

本章では，Springを利用したデータアクセス層の設計や実装の方法について解説した。Springを利用することでデータアクセス処理のプログラムが簡単になることがわかる。なお，データアクセス処理に関する大事な話題であるトランザクション制御について本章では触れていない。トランザクション制御は次章で解説する。

注25　Specificationsと呼ばれる仕組みが提供されている。

# 第4章

# ビジネスロジック層の設計と実装

第4章

# ビジネスロジック層の設計と実装

ビジネスロジック層の主要な役割は，それがドメインモデルなのかトランザクションスクリプトなのかにかかわらず，業務処理（ビジネスロジック）の実行である。凹型レイヤとDIを活用すれば，データアクセスやWebまわりの技術的な処理をビジネスロジック層以外の層に任せることができる。しかし，ビジネスロジックと密接な関係を持つトランザクション処理はビジネスロジック層でうまく対応しなければならない。本章では，トランザクション処理を強力にサポートするSpringのトランザクション機能について解説する。1.2節「Webアプリケーション概論」と重複する部分もあるが，復習も兼ねて，まずはトランザクションがどういうものなのか見ていこう。

## 4.1 トランザクションとは

トランザクションとは，関連する複数の処理を1つの大きな処理として扱うときの単位だ。ACID属性（第1章を参照）の原子性を満たすには，トランザクション内のすべての処理が成功したときにトランザクションを確定し，トランザクション内のどこかの処理で失敗すれば，トランザクションが始まる前の状態に戻す必要がある。

Webアプリケーションで扱うトランザクションには，さまざまな粒度が存在し，Springがサポートする粒度は限られている。まずはトランザクションの3つの粒度を，大きな粒度から順に見ていこう。

1つめの粒度は，複数の業務をまたがるようなトランザクションだ。たとえば，「お客様から受注した商品をメーカに発注し，入荷したらお客様に出荷する」といった単位だ（**図4.1**）。

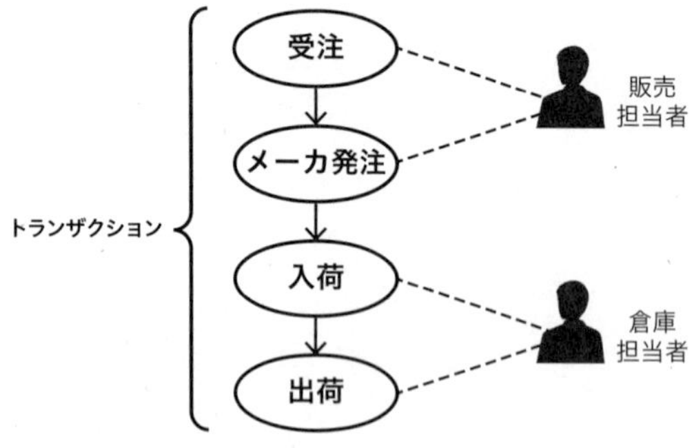


図4.1　複数の業務をまたがるトランザクション

もし商品の出荷前にお客様の気が変わって注文がキャンセルされた場合は，トランザクションの原子性や一貫性を守るために，それまでの作業で確定したコト（たとえば，受注など）はなかったことにしなければならない（取り消しのオペレーションを行ったり，場合によっては手作業で確定データを削除することもあるかもしれない）。

2つめの粒度は，1つのユースケースの中でユーザからの複数のリクエストをまたがるようなトランザクションだ。たとえば，「商品の在庫数を画面に表示し，出荷する商品の数を入力して，確定ボタンを押下する」という単位だ（**図4.2**）。もし，複数のユーザに同時に同じ商品の在庫数を更新させたくない（たとえば在庫数がマイナスにならないようにする）場合は，悲観的オフラインロックや楽観的ロックなどの仕組みが必要となる。

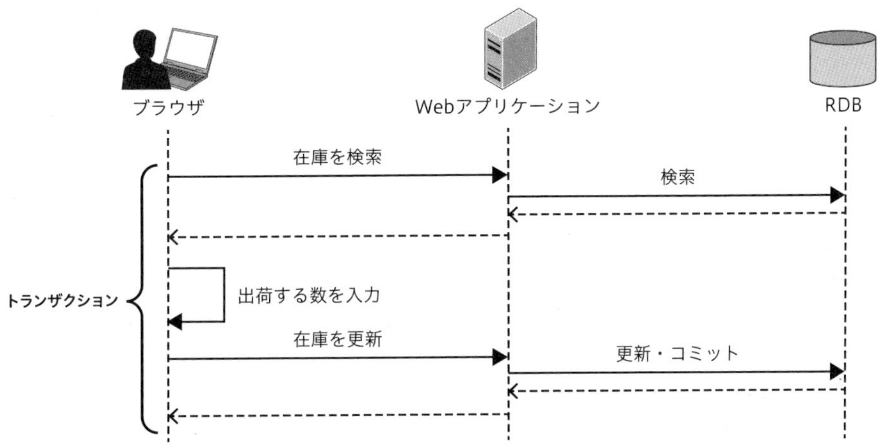


図4.2　複数のリクエストをまたがるトランザクション

3つめの粒度は，1リクエスト内でのデータソース（通常はデータベース）のトランザクションだ。たとえば，注文確定のリクエストを受けて「発注テーブルと顧客テーブルと在庫テーブルを更新する」という単位だ（**図4.3**）。もし在庫テーブルの更新に失敗した場合は，発注テーブルと顧客テーブルの更新を取り消す必要がある。なお，1つのデータソースに対するトランザクションをローカルトランザクションと呼び，複数のデータソースに対するトランザクションをグローバルトランザクションと呼ぶ。

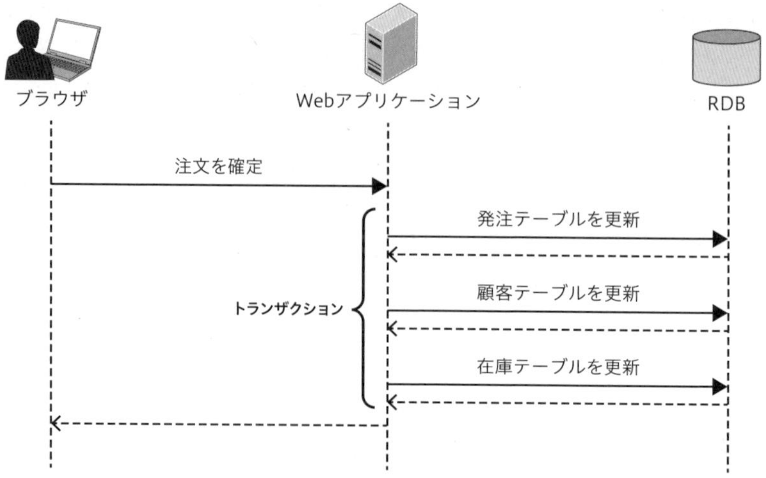


図4.3 1リクエスト内でのデータソースのトランザクション

ここまで3つの粒度を紹介したが，基本的には大きな粒度のトランザクションの中で小さな粒度のトランザクションが行われることになる。また，Springはメソッドの呼び出しに対応してデータソースのトランザクションの開始・終了を制御するため，サポートの対象となる粒度は3つめの，1リクエスト内でのデータソースのトランザクションとなる。

では，1リクエスト内でデータソースのトランザクション処理を行う場合，具体的にどの部分でトランザクションを開始して終了すればよいか見ていこう。

## 4.1.1 トランザクションの境界

1.2節「Webアプリケーション概論」で解説したとおり，トランザクションの境界は，プレゼンテーション層とビジネスロジック層の間に引かれるのがオーソドックスな方法だ（**図4.4**）。

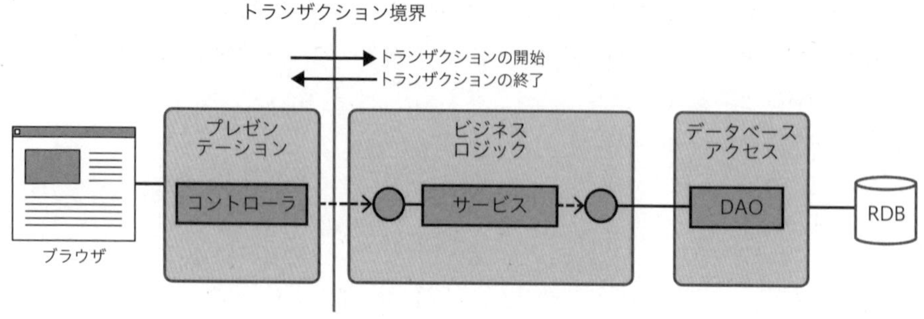


図4.4 トランザクション境界

より具体的に言うと，プレゼンテーション層に公開されたサービスクラスのメソッドが，トランザクションの開始であり終了である。つまり，コントローラからサービスクラスのメソッドが呼び出されたらトランザクションの開始，サービスクラスのメソッドが終了しコントローラに戻るときがトランザクションの終了である。

では，トランザクションの開始やトランザクションの終了（コミット・ロールバック）といった処理をどのように実装すればよいか考えていこう。

## 4.1.2 トランザクション処理を実装する場所の問題



サービスのメソッドの開始と終了に併せてトランザクションの開始と終了を行うということは，メソッドの始まりと終わりの部分でトランザクションの開始・終了を記述することになるのだろうか？ トランザクションの開始・終了を記述した場合の問題を**図4.5**を見ながら考えていこう。

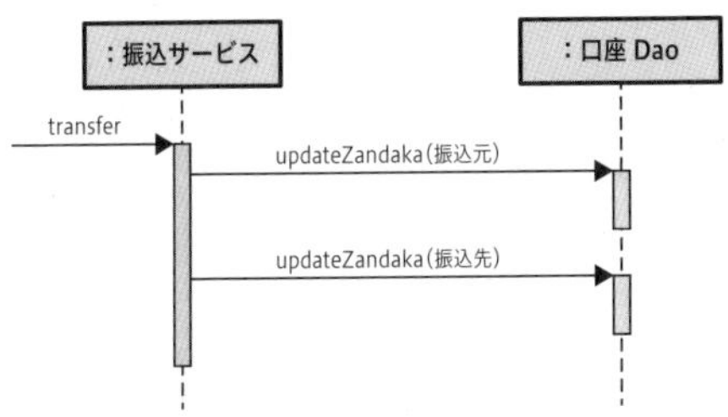


図 4.5　口座振込のシーケンス図

**図4.5**は，銀行の口座間の振込を想定したビジネスロジックのシーケンス図だ。振込サービスのtransferメソッドがプレゼンテーション層に公開されたサービスのメソッドでありトランザクションの境界である。口座Daoは口座テーブルに対応するDAOであり，口座の残高を更新するメソッドupdateZandakaを持っている。メソッドtransferの中で，振込元と振込先それぞれに対してメソッドupdateZandakaを呼び出している。

トランザクション処理のAPI（コミット，ロールバックなど）はデータアクセス技術（JDBC，Hibernateなど）ごとに変わってくるが，ここでは，データアクセス技術としてJDBCを利用した場合を考えよう。JDBCの場合，トランザクションのコミットやロールバックといったメソッドはjava.sql.Connectionが持っている[注1]。このため，ビジネスロジックの中でトランザクション処理を行おうとすると，Connectionの取得やコミット・ロールバックの呼び出しをビジネスロジックの中で行う必要があり，本来隠蔽されるべき技術的な部分，JDBCのAPIにビジネスロジック層が依存してしまう。さらに，SQLの発行を行う口座Daoが使用するConnectionは，ビジネスロジック内で取得したConnectionを共有させなければならない。このため，updateZandakaメソッドの引数に

注1　グローバルトランザクションで２フェーズコミットを行う場合はJTA（Java Transaction API）のjavax.transaction.UserTransactionのメソッドを使用する。

Connectionを渡すといった対応が必要になる（**図4.6**）。

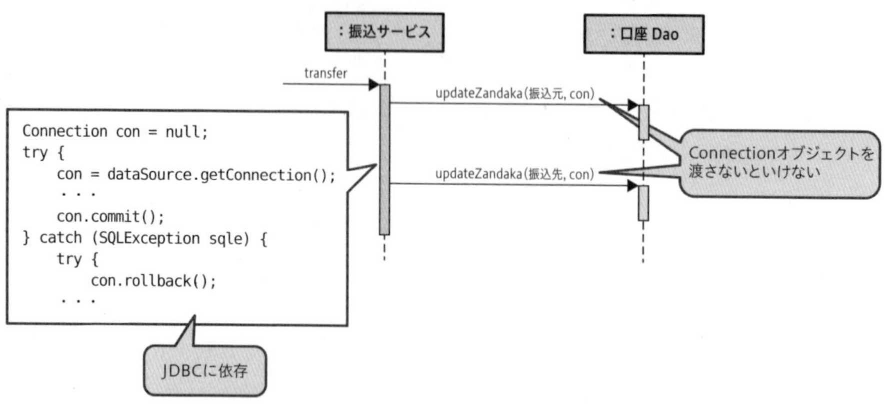


図4.6　ビジネスロジックの中でトランザクション処理を記述したときの問題

ここで，読者の皆さんに考えてもらいたいのだが，あるメソッドを呼び出したときと，そのメソッドの処理が終了したときに，何らかの処理（ここではトランザクション処理）をソースコードに手を入れずに付け加えたい場合，皆さんならどのように対応するだろうか？

## 4.1.3 AOPを利用したトランザクション処理

そう，第5章AOPで解説したAOPを使えばよい（**図4.7**）。

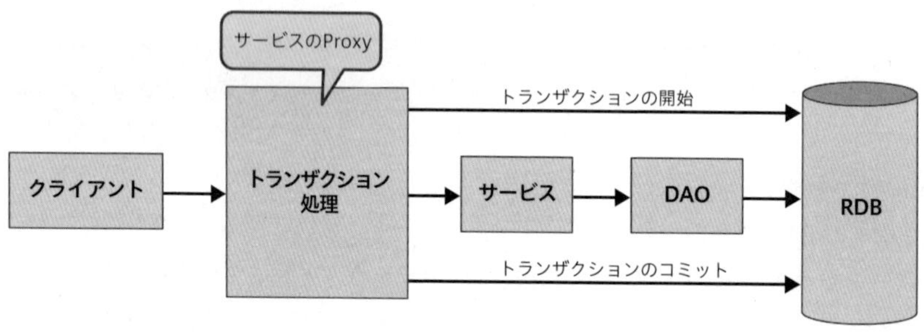


図4.7　AOPを利用したトランザクション処理

AOPにより，サービスにAdviceを適用することで，サービスの中に手を入れずにトランザクション処理を実現することができる。では，トランザクション処理を実装したAdviceは開発者が自分で作らないといけないかというと，もちろん自作する必要はない。Springが提供するトランザクションマネージャを利用すればよいのだ。

# 4.2 トランザクションマネージャ

トランザクションマネージャは，Springが提供するトランザクション処理を行うための基本となる部品だ。トランザクションの開始やコミット，ロールバックの処理を始め，トランザクションの定義情報（ロールバックの条件や独立性レベルなど）を細かく設定できる。また，データアクセス技術（JDBC，Hibernate，MyBatisなど）を隠蔽してくれるためデータアクセス技術が変わっても同じ方法でトランザクションマネージャを利用できる。

それでは，トランザクションマネージャで設定できるトランザクション定義情報について詳しく見ていこう。

## 4.2.1 トランザクション定義情報

トランザクションマネージャに設定できるトランザクション定義情報は以下の6つである。

- 伝搬属性
- 独立性レベル
- タイムアウト（秒）
- 読取専用
- ロールバック対象例外
- コミット対象例外

順番に解説していこう。

### 4.2.1.1 伝搬属性

伝搬属性は，トランザクションの伝搬のさせ方を設定する属性だ。どのように伝搬するのかイメージが難しいと思うので**図4.8**を参照しながら解説しよう。

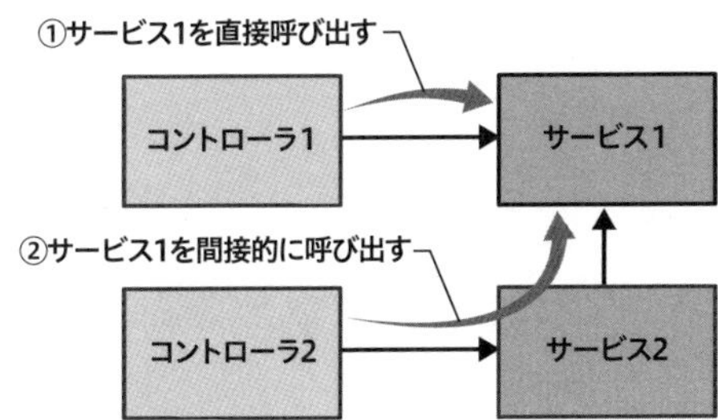


図 4.8　トランザクションの伝搬

コントローラ1からサービス1のメソッドを呼び出す（①）場合，トランザクションはサービス1のメソッドが呼び出されたときに開始される。では，コントローラ2からサービス2を呼び出し，さらにサービス2からサービス1を呼び出す（②）場合はどうだろう？ サービス2のメソッドが呼び出されたときにトランザクションが開始され，そのトランザクションの中でサービス1のメソッドが呼び出される。このとき，サービス1のメソッドが呼び出されると同時にトランザクションを新たに開始するのか，それとも元のトランザクションをそのまま引き継ぐのか選択しなければならない。このようなトランザクションの伝搬について設定するのが伝搬属性だ。伝搬属性は**表4.1**に示すように7種類が設定できる。**図4.8**と併せて確認してほしい。

表 4.1　伝搬属性の種類

| 伝搬属性 | サービス1に対して伝搬属性の設定を行ったときの動作 | |
|---|---|---|
| | ①サービス1を直接呼び出した場合 | ②サービス1を間接的に呼び出した場合 |
| PROPAGATION_REQUIRED（伝搬属性のデフォルト値） | トランザクションを開始 | サービス2のトランザクションに参加 |
| PROPAGATION_REQUIRES_NEW | トランザクションを開始 | 新しいトランザクションを開始 |
| PROPAGATION_SUPPORTS | トランザクションを行わない | サービス2のトランザクションに参加 |
| PROPAGATION_MANDATORY | 例外を投げる | サービス2のトランザクションに参加 |
| PROPAGATION_NESTED | トランザクションを開始 | 部分的なトランザクションを開始 |
| PROPAGATION_NEVER | トランザクションを行わない | 例外を投げる |
| PROPAGATION_NOT_SUPPORTED | トランザクションを行わない | トランザクションを行わない |

伝搬属性は，たとえば**図4.9**のように，常に最初に呼ばれる発注サービスオブジェクトのメソッドはすべてPROPAGATION_REQUIREDに，単独でトランザクションが完結し他の多くのトランザクションが並行して利用する採番サービスオブジェクトの発注番号の採番メソッドはPROPAGATION_REQUIRED_NEWに，トランザクションに含まれないで利用されることもある顧客サービスオブジェクトの検索メソッドはPROPAGATION_SUPPORTSに，他のサービスオブジェクトから利用されることが前提でかつトランザクションが開始されていなければ利用できない在庫サービスオブジェクトの在庫数を減らすメソッドはPROPAGATION_MANDATORYに設定することが考えられる。

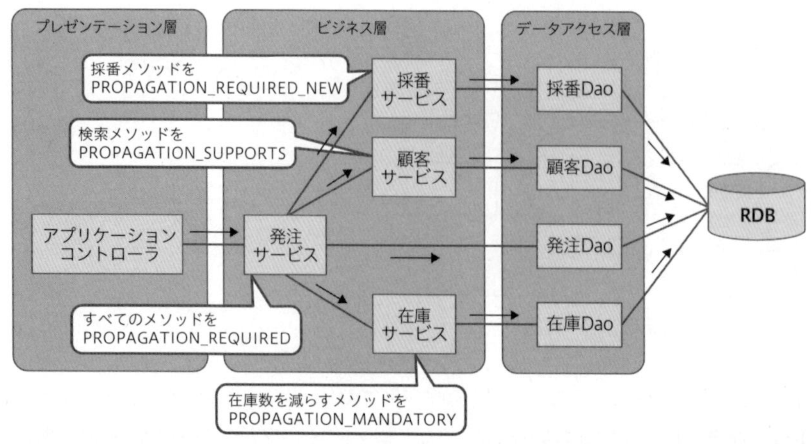


図 4.9　伝搬属性の設定例

### 4.2.1.2 独立性レベル

独立性レベルは，トランザクション処理が並行して実行されたときの，各トランザクションの独立性を決めるものだ。独立性とは何かについて**図4.10**を見ながら解説しよう。

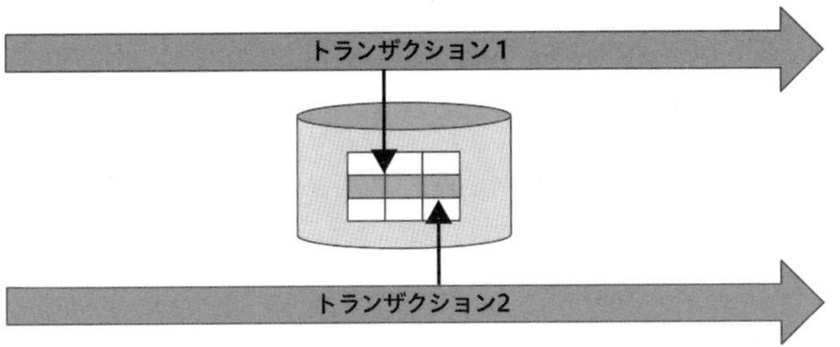


図4.10 トランザクションの独立性

トランザクション1とトランザクション2が並行して実行されたとしよう。このとき，トランザクション1が何かしらデータベースのレコードを更新するとする。ただし，トランザクションの途中なのでまだコミットはしていない。エラーが発生したらロールバックして元に戻る不確定な状態のデータだ。続いてトランザクション2が，トランザクション1で更新したデータを読み込もうとしたとしよう。読み込もうとしているデータは，コミットされていない不確定な状態のものである。このとき，トランザクション2は，更新されたデータを読み込んでよいのかという問題が出てくる。矛盾なく処理させるのであれば，トランザクション1がコミットして確定したあとにデータを読み込まなければならない。このように，トランザクション1とトランザクション2が並行して実行された場合に矛盾なく処理を行う性質が独立性である。

独立性には，独立性レベルというレベルがあり，Springで指定できる独立性レベルは5種類ある（**表4.2**）。一番下の行の「ISOLATION_DEFAULT」はデータベースのデフォルト設定を適用するだけなので実質4種類と考えてよい。

表4.2 独立性レベルの種類

| 独立性レベル | 意味 |
|---|---|
| ISOLATION_READ_COMMITTED | 他のトランザクションが変更したがまだコミットしていないデータは読み出せない |
| ISOLATION_READ_UNCOMMITTED | 他のトランザクションが変更したがまだコミットしていないデータを読み出せる |
| ISOLATION_REPEATABLE_READ | トランザクション内で複数回データを読み込んだ場合，他のトランザクションが途中でデータを変更しても同じ値が読み込まれる |
| ISOLATION_SERIALIZABLE | トランザクションをひとつひとつ順番に処理し独立させる[注2] |
| ISOLATION_DEFAULT(独立性レベルのデフォルト値) | データベースが提供するデフォルトの独立性レベルを利用する |

注2 データベース製品によっては，読み込みに関して複数のトランザクションが並行して処理するものもある。

独立性レベルを言葉だけで説明すると少し曖昧になってしまうので，もう少し整理してみよう。並行して実行されるトランザクションを考えたときにデータが矛盾してしまう代表的な状態が3つある。Dirty Read，Unrepeatable Read，Phantom Readと呼ばれるものだ。それぞれについて解説しよう

● **Dirty Read**

他のトランザクションが変更したが，まだコミットしていないデータを読み出してしまうこと。ちなみにDirtyとは日本語で「汚い」という意味である。白黒ついてない中途半端なデータというニュアンスなのだろう。

● **Unrepeatable Read**

トランザクションの中で同じデータを複数回読み出す際，他のトランザクションが当該データを変更すると，以前に読み出したときと違ったデータを読み出してしまうこと。同じ値の読み込みを繰り返すことができないという意味でUnrepeatableという表現なのだろう。

● **Phantom Read**

トランザクションの中で同じデータを複数回読み出す際，他のトランザクションが新しくレコードを追加すると，以前に読み出したときになかったレコードを読み出してしまうこと。Phantomとは日本語で「幽霊」という意味がある。なかったはずのものが突然現れるというようなニュアンスなのだろう。

これら3つの矛盾する状態をどこまで許すかの度合いが独立性レベルなのだ。**表4.3**に整理した表を示す。

表4.3　独立性レベルとデータが矛盾した状態（○：許す，×：許さない）

| 独立性レベル | Dirty Read | Unrepeatable Read | Phantom Read |
|---|---|---|---|
| ISOLATION_READ_UNCOMMITTED | ○ | ○ | ○ |
| ISOLATION_READ_COMMITTED | × | ○ | ○ |
| ISOLATION_REPEATABLE_READ | × | × | ○ |
| ISOLATION_SERIALIZABLE | × | × | × |

上からだんだんと矛盾した状態を許さなくなっており，下に行くほど独立性レベルが強い。では，常に独立性が一番強いISOLATION_SERIALIZABLEを使用すればよいかというと，そうではない。独立性が強くなるとパフォーマンスが悪くなってしまうのだ。データベース製品によって独立性レベルの実現手段は違うのだが，基本的には処理対象のレコードやテーブルにロックをかけて他方のトランザクションの処理を待たせることで独立性を確保することが多い。

このことは「駄菓子屋のおばちゃんモデル」で説明することができる。駄菓子屋のおばちゃんがたくさんの子供を相手にいっぺんに駄菓子を売ったところ，お金を握った子供の手が四方八方から伸びてきて，これをなんとか捌き終えてみると，レジのお金が計算より200円少なくなってしまった（こ

れを独立性が弱い場合と考える)。そこで，子供を一列に並ばせて順番に駄菓子を売るようにしたところ，レジのお金は計算どおりになった(これを独立性が強い場合と考える)。しかし，子供達の間で「あの駄菓子屋は会計が遅い」と評判になり子供達が駄菓子を買いにこなくなってしまったのである。

つまり，どのような独立性を選択すべきかは，処理の速さと正確さのバランスの問題なのだ。

#### 4.2.1.3 その他のトランザクション定義情報

その他のトランザクション定義情報を順番に見ていこう。

**● タイムアウト(秒)**

トランザクションがキャンセルされるタイムアウトの時間を秒単位で設定する。

**● 読取専用**

トランザクション内の処理が読み取り専用かどうかを設定する。設定によりDBやORMフレームワーク側で最適化が行われる。

**● ロールバック対象例外**

どの例外が投げられたときにロールバックするかを設定できる。デフォルトでは，実行時例外(RuntimeExceptionおよびそのサブクラスの例外)が投げられた場合にロールバックが行われる。デフォルトでは検査例外が投げられてもロールバックされないことに注意してほしい。

**● コミット対象例外**

どの例外が投げられたときにコミットするかを設定できる。デフォルトでは，検査例外が投げられた際はコミットが行われる。

以上でトランザクション定義情報の解説は終了だ。次は，データアクセス技術に併せて用意されているトランザクションマネージャの実装クラスについて解説しよう。

### 4.2.2 トランザクションマネージャの実装クラス

4.2節「トランザクションマネージャ」では，トランザクションマネージャの利用方法はデータアクセス技術に依存しないということを解説した。これは，データアクセス技術ごとに提供されているトランザクションマネージャの実装クラスが共通のインタフェースを実装していることで実現されている(**図4.11**)。

4

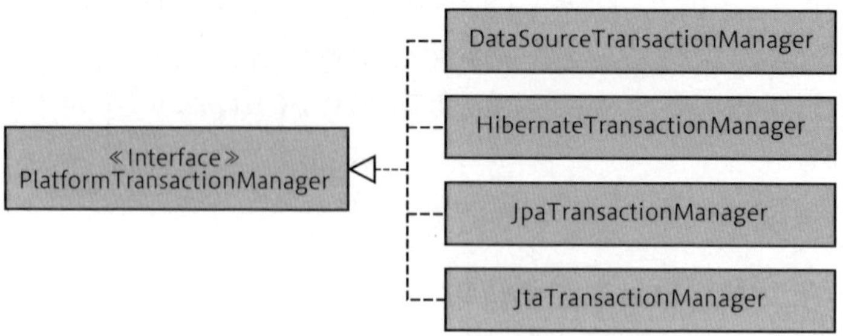


図4.11　トランザクションマネージャの実装

共通のインタフェースはPlatformTransactionManagerというインタフェースである。**図4.11**に示した実装クラスは，トランザクションマネージャの実装クラスの主なものをピックアップしたものだ。**表4.4**に簡単な説明を記載しよう。

表4.4　トランザクションマネージャの主な実装クラス

| 実装クラス | 説明 |
|---|---|
| DataSourceTransactionManager | 1つのDataSourceに対してトランザクション制御を行うトランザクションマネージャ |
| HibernateTransactionManager | HibernateのSessionに対してトランザクション制御を行うトランザクションマネージャ |
| JpaTransactionManager | JPAのEntityManagerに対してトランザクション制御を行うトランザクションマネージャ |
| JtaTransactionManager | JTAを使用するトランザクションマネージャ |

アプリケーションの開発者は，使用するデータアクセス技術に合わせて適切なトランザクションマネージャの実装クラスを選択する。選択した実装クラスはXMLファイルかJavaConfigでBean定義する。ここでは，**リスト4.1**に，DataSourceTransactionManagerを使用する場合のBean定義ファイルの記述のサンプルを示す。

リスト4.1　DataSourceTransactionManagerの登録

```
<bean id="transactionManager"
  class="org.springframework.jdbc.datasource.DataSourceTransactionManager">
  <property name="dataSource" ref="dataSource" />
</bean>
```

トランザクションマネージャを登録したら，トランザクション機能を使用する準備は完了だ。次は，トランザクション機能の使い方を解説しよう。

## 4.3 トランザクション機能の使い方

1.2節「Webアプリケーション概論」でも解説したが，トランザクション機能の使い方には，宣言的トランザクションと明示的トランザクションの2種類がある。

宣言的トランザクションは，トランザクション処理の対象とするメソッドをBean定義ファイルもしくはアノテーションで指定する方法だ。指定する際にトランザクション定義情報も併せて設定する。あとはSpringが自動的にProxyを生成しトランザクション処理を行ってくれる。アプリケーションのソースコードにトランザクション処理の記述をする必要がないので，とてもありがたい機能だ。

明示的トランザクションは，トランザクションマネージャのAPIをアプリケーションのプログラムから直接呼び出してトランザクション処理を行う方法だ。アプリケーションのソースコードにトランザクション処理を記述することになりソースコードが複雑になるため，可能な限り避けたい使い方である。

次は，宣言的トランザクションの具体的な設定方法について見ていこう。

4

### 4.3.1 宣言的トランザクションの設定

宣言的トランザクションの設定は，Bean定義ファイルで行う方法とアノテーションで行う方法がある。設定できるトランザクション定義情報とデフォルト値を**表4.5**にまとめた。

表4.5 設定可能なトランザクション定義情報とデフォルト値

| 設定名 | デフォルト値 | デフォルト値の備考 |
|---|---|---|
| 伝搬属性 | PROPAGATION_REQUIRED | - |
| 独立性レベル | ISOLATION_DEFAULT | データベースのデフォルトの独立性レベルが適用 |
| タイムアウト | −1 | タイムアウトしない |
| 読取専用 | false | - |
| ロールバック対象例外 | 設定なし | - |
| コミット対象例外 | 設定なし | - |

では，Bean定義ファイルで設定を行う方法を見ていこう。

#### 4.3.1.1 Bean定義ファイルによる宣言的トランザクション

まずはAdviceの設定でトランザクション定義情報を設定する。設定値がデフォルト値でよい場合は**リスト4.2**のように書けばよい。

リスト4.2 トランザクション定義情報の設定（デフォルト値）

```
<tx:advice id="transactionAdvice" transaction-manager="transactionManager">
  <tx:attributes>
    <tx:method name="*" />
  </tx:attributes>
</tx:advice>
```

transaction-manager属性で指定しているのは，先述したトランザクションマネージャである。そして，トランザクション定義情報の設定ではtxスキーマを使用する。トランザクション定義情報はメソッド単位に指定することができる。**リスト4.2**ではワイルドカード（*）を使用しており，すべてのメソッドに対して，デフォルト値のトランザクション定義情報でトランザクション処理が行われる。記述が非常に簡単なのがおわかりだろう。

ただ，実際にはメソッドの処理に併せてトランザクション定義情報を変えるはずなので，その場合は**リスト4.3**のように記述すればよい。

リスト 4.3　トランザクション定義情報の設定

```
<tx:advice id="transactionAdvice" transaction-manager="transactionManager">
  <tx:attributes>
    <tx:method name="get*" read-only="true" />          ←①
    <tx:method name="update*"
               propagation="REQUIRED"
               isolation="READ_COMMITTED"
               timeout="10"                                ←②
               read-only="false"
               rollback-for="BusinessException" />
  </tx:attributes>
</tx:advice>
```

**リスト4.3**のサンプルでは，getで始まるメソッドに対する設定（①の部分）と，updateで始まるメソッドに対する設定（②の部分）の2つがある。②の部分のトランザクション定義情報は以下のように設定されている。

- 伝搬属性：PROPAGATION_REQUIRED
- 独立性レベル：READ_COMMITTED
- タイムアウト秒：10秒
- 読取専用：false
- ロールバック対象例外：BusinessException

特にロールバック対象例外は，デフォルトでは実行時例外の場合のみロールバックされるため，忘れずに指定しておこう。更新系のメソッドについては，java.lang.Exceptionを指定してしまうというのも1つのやり方だ。

次に，トランザクション処理を行うクラスやインタフェースの指定方法を解説しよう。指定にはaopスキーマを使用する。**リスト4.4**にサンプルを示す。

リスト 4.4　トランザクション処理を行うクラスやインタフェースの指定

```
<aop:config>
  <aop:advisor advice-ref="transactionAdvice"
               pointcut="execution(* *..*Service.*(..))" />
</aop:config>
```

重要なのはpointcut属性で指定している部分だ。特別な理由がない限りはexecutionを使用すればよい。**リスト4.4**のサンプルでは，任意のパッケージで，クラスやインタフェース名の末尾が

「Service」のものすべてを指定している。メソッド単位の指定も可能だが，トランザクション定義情報の設定のところでメソッド単位の指定を行うのでここではクラス・インタフェース単位の設定に留めておくのがよいだろう。

### 4.3.1.2 アノテーションによる宣言的トランザクション

次はアノテーションでの設定方法を解説しよう。使用するアノテーションは@Transactionalだ。トランザクション処理を行いたいクラスやメソッドに@Transactionalを指定する。インタフェースに指定することもできるのだが，制約[注3]が出てくるので本章では対象外にしている。クラス単位に指定することもできるし，メソッド単位に指定することもできるのだが，クラスに対して指定した場合はクラスが持つすべてのメソッド（private以外）がトランザクション制御の対象となる。@Transactionalのアノテーション要素にはトランザクションの定義情報を指定する要素が用意されており，値を指定することができる[注4]。**リスト4.5**に，@Transactionalを使用したサンプルを示す。

4

リスト4.5 @Transactionalを使用したサンプル（デフォルト値）

```
...（省略）...
@Transactional
public class PetServiceImpl {
  ...（省略）...
}
```

**リスト4.5**のようにクラスに@Transactionalを指定すれば，PetServiceImplのすべてのメソッド（private以外）がに対して，デフォルト値のトランザクション定義情報でトランザクション処理が行われる。

メソッドごとにトランザクション定義情報を変えたい場合は**リスト4.6**のように記述する。

リスト4.6 @Transactionalを使用したサンプル

```
@Transactional(
  propagation=Propagation.REQUIRED,
  isolation=Isolation.READ_COMMITTED,
  timeout=10, readOnly=false,
  rollbackForClassName="BusinessException")
public void updatePet(Pet pet) throws BusinessException {
  ...（省略）...
```

Bean定義ファイルのときと同じ要領で指定できることがわかる。忘れてはいけないのが，Bean定義ファイルで@Transactionalを有効にする設定である。**リスト4.7**の内容をBean定義ファイルに記載する必要がある。

注3 詳しい制約の内容については，Springのリファレンスマニュアルの「Using @Transactional」の項のTipsを参照。
注4 クラスとメソッドの両方に@Transactionalでトランザクションの定義情報を指定した場合は，メソッドに指定した値が優先される。

リスト 4.7　@Transactional を有効にする設定

```
<tx:annotation-driven transaction-manager="transactionManager"/>
```

transaction-manager属性で指定する文字列は，トランザクションマネージャを登録したときのidである。

さて，ここまでJavaConfigの説明をしてこなかったが，JavaConfigでトランザクションの設定を行う場合，annotation-drivenに該当するのは@EnableTransactionManagementである。これを@Configurationと同様にクラス名の宣言前に記述する。あとは@Beanアノテーションを付けて，DataSourceやTransactionManagerをインスタンス化するメソッドdataSource()やtransactionManager()を作成すればよいだけだ。

宣言的トランザクションは，ソースコード上にトランザクション処理を記述する必要がないのでとても便利であるが，何かしらの事情でソースコード上にトランザクション処理を記述したい状況が出てくるかもしれない。その場合は次に解説する明示的トランザクションを使用すればよい。

## 4.3.2 明示的トランザクションの使い方

明示的トランザクションを使用する場合，ソースコード上でトランザクション処理のメソッドを呼び出すことになる。呼び出すメソッドはトランザクションマネージャのインタフェースであるPlatformTransactionManagerに存在する。Bean定義ファイルにトランザクションマネージャが登録されているはずなので，トランザクションマネージャのBeanをトランザクション処理を行うBeanにインジェクションすればよい。**リスト 4.8**に明示的トランザクションのサンプルを示す。

リスト 4.8　明示的トランザクションのサンプル

```
@Autowired
private PlatformTransactionManager txManager;        ←❶

public void updatePet(Pet pet) {
  DefaultTransactionDefinition def = new DefaultTransactionDefinition();
  def.setPropagationBehavior(TransactionDefinition.PROPAGATION_REQUIRED);
  def.setIsolationLevel(TransactionDefinition.ISOLATION_READ_COMMITTED);
  def.setTimeout(10);
  def.setReadOnly(false);
  TransactionStatus status = txManager.getTransaction(def);
  try {
    // ...（業務ロジック）...
  } catch (RuntimeException e) {                                       ←❷
    txManager.rollback(status);
    throw e;
  }
  txManager.commit(status);
}
```

①の部分は，トランザクションマネージャを@Autowiredでインジェクションしている部分だ。②のupdatePetメソッドの中でトランザクション処理を行っている。トランザクション定義情報をDefaultTransactionDefinitionに設定[注5]し，PlatformTransactionManagerのgetTransactionメソッドでトランザクションを開始する。伝搬属性と独立性レベルの値はすべてTransactionDefinitionのスタティック変数で定義されている。ロールバックを行う場合は，PlatformTransactionManagerのrollbackメソッドを呼び出し，コミットを行う場合はcommitメソッドを呼び出せばよい。

また，少し違った方法として，commitメソッドやrollbackメソッドの呼び出しを隠蔽してくれるTransactionTemplateというクラスを利用することも可能だ。**リスト4.10**にサンプルを示す。

リスト4.10　TransactionTemplateを用いたサンプル

```
@Autowired
private PlatformTransactionManager txManager;      ←①

public void updatePet(final Pet pet) {
  TransactionTemplate t = new TransactionTemplate(txManager);
  t.setPropagationBehavior(TransactionDefinition.PROPAGATION_REQUIRED);
  t.setIsolationLevel(TransactionDefinition.ISOLATION_READ_COMMITTED);
  t.setTimeout(10);
  t.setReadOnly(false);
                                                              ←②
  t.execute(new TransactionCallbackWithoutResult() {
    @Override
    protected void doInTransactionWithoutResult(TransactionStatus status) {
      petDao.updatePet(pet);
    }
  });
}
```

①では，トランザクションマネージャをインジェクションしている。②のupdatePetの中では，TransactionTemplateに対してトランザクションの定義情報を設定し，TransactionTemplateのexecuteメソッドを呼び出している。トランザクション制御したい処理はTransactionCallbackインタフェースのdoInTransactionメソッド（戻り値が不要な場合はTransactionCallbackWithoutResultクラスのdoInTransactionWithoutResultメソッド）をオーバーライドして実装（**リスト4.10**では匿名クラスで実装している）し，executeメソッドの引数にオブジェクトを渡せばよい。実装した処理の中で実行時例外が投げられると自動的にロールバックされ，投げられなければコミットされる。また，明示的にロールバックを指定したい場合は，引数で渡されるTransactionStatusのオブジェクトに対し，setRollbackOnlyメソッド（引数なし）を呼び出せばよい[注6]。

### 4.3.2.1 明示的トランザクションの使いどころについて

明示的トランザクションを使用すると，ソースコード上にトランザクション処理を記載するため

注5　DefaultTransactionDefinitionの設定をソースコードに記述したくない場合は，Bean定義ファイルでDefaultTransactionDefinitionのBeanを定義してトランザクション処理を行うBeanにインジェクションしてもよい。

注6　TransactionTemplateをBean定義ファイルで定義してTransactionTemplateを@Autowiredでインジェクションするようにしておくことで，伝搬属性や独立性レベルは設定ファイルで管理できるようになる。

コード量が増えてしまい可読性が悪くなる。できれば使わないようにしたい機能ではあるが，状況によっては有効な場合もある。たとえば，同一のクラス内の処理の一部でトランザクション処理を行いたい場合である。宣言的トランザクションの場合，Proxyを介すことでトランザクション処理を実現しているため，@Transactionalを指定したメソッドを自分自身で呼び出した場合はProxyを介さないのでトランザクション処理は行われない（**図4.12**）。

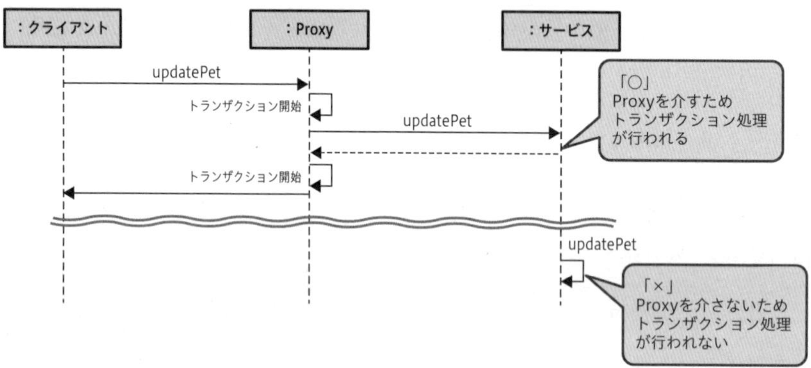


図4.12　メソッド呼び出しと宣言的トランザクション

このような場合は明示的トランザクションで対応できる。トランザクション処理を行う一部の処理を別クラスに抜き出せば宣言的トランザクションが使えるのだが，トランザクションの範囲や定義情報が動的に変わったりする場合は明示的トランザクションを使ったほうがわかりやすくメンテナンスもしやすいだろう。

## トランザクションの開始・終了をログに出す方法

宣言的トランザクションを利用した場合は，トランザクションの開始や終了をアプリケーションのプログラムで明示的に記述しないので期待どおりのトランザクション処理（どの独立性レベルで開始されたか？ 例外時にきちんとロールバックされたか？ など）が行われているか不安になる。Springのトランザクション機能は，トランザクションの開始・終了時にログを出力する仕組みを持っている。ログを出力する方法は，使用するトランザクションマネージャの実装クラスのログレベルを"DEBUG"にするだけである。たとえば，DataSourceTransactionManagerを使用する場合，Log4jの設定ファイルに以下の行を追加すればよい。

```
log4j.logger.org.springframework.jdbc.datasource.DataSourceTransactionManager=DEBUG
```

使用するトランザクションマネージャがHibernateTransactionManagerやJtaTransactionManagerの場合であっても，同じ要領で設定すればよい。この設定を行えば，トランザクション開始時にトランザクション定義情報が出力され，コミットやロールバックが行われた際はその旨が出力される。

アプリケーションの開発中は上記の設定を行っておくことをお勧めする。

## 4.4 まとめ

本章では，Webアプリケーションのトランザクション処理の種類や，トランザクション境界について触れたあと，Springのトランザクション機能の使い方を学習した。Springのトランザクション機能には，宣言的トランザクションと明示的トランザクションがあり，特に宣言的トランザクションはAOPを用いて簡潔で効果的にトランザクション処理を実現できる。開発の現場でぜひ活用してほしい。

### Coffee Break 僕と若手プログラマの会話

「さっき，上司に怒られちゃいましたよ。アーキテクトになりたいんだったら自社のビジネスを考えて，ユーザのことよりも，自社が儲かるかどうかを最優先して提案しろ。ウチはSpringが標準だからSpringがミスマッチでも使えって」

「うーん。それはまずいね。あとで，僕から注意しておくよ」

「え！ どうしてですか？ 僕も上司のハナシは一応，そんなものかなと納得したんですけど」

「アーキテクト，いや，エンジニアなら所属する会社の儲けはあんまり考えなくていいと思うけどね」

「なんでですか？」

「そうだな，そもそもエンジニアってのは技術的な課題に対して，アーキテクトならビジネスの課題に対しても，ユーザにとって常に最善の回答を出さなきゃいけないと思うんだ」

「そのとおりですね」

「そう，その最善の回答ってのはユーザから制約を受けることはあっても，所属する会社からの制約を受けちゃダメなんじゃないかな。つまり所属する会社の儲けを考えてユーザに最善の回答をしないのであれば，それはエンジニアにとって悪と言えるんじゃないか。エンジニアが保守の追加料金で儲けられるように，しょぼいシステムを作っておこうなんて，許されないだろ？ 同じように，Springがミスマッチなら使わない，他の選択肢を提案すべきだね」

「う！ でも僕は社員なんですから上長の指示を最優先に聞かないと……」

「そもそもエンジニアは会社に所属はしても，会社とは独立してユーザのために最善を尽くすべきだと思うよ」

「でも，給料は会社からもらうじゃないですか」

「そうだね。じゃあ，君が大きな病院に治療に行ったとして，そこの医者が君の治療をそっちのけで，病院の利益を最優先に考えた間違った治療をされても，それを当たり前と考えるのかな。この治療法は患者にとってミスマッチだけど病院の方針だから使うのはいいのかい？ 医者は病院から給料をもらってるんだからね。でも，僕はそんなTVドラマの悪い医者なんてのに治療されるのはまっぴらだな」

「ぐ！」

「給料をもらっているという理由で，会社が悪を指示するなら，社員は悪をなしますなんてのは愚の骨頂だ。売ってはいけない牛乳や肉を売ったり，危険を隠して危険な施設を運営するなんていう，そうしたニュースはそういう考えから生まれるんじゃないかな」

「うむむ〜！ 先輩！ 僕が間違ってました！ 僕はエンジニアとして正しいことをなします！ それで会社をクビになるなら本望です！」

「そうだね。でもその前にエンジニアとして正しい判断ができるように，スキルを上げないとね。利益最優先の医者も嫌だけど，誤診や手術失敗ばかりの医者にかかるのも嫌でしょ？ ダメなエンジニアに『精一杯正しいと思うことをやりました』なんて言われたって，ちっとも嬉しくないよね」

「むぎゅう……」

# 第5章

# プレゼンテーション層の設計と実装

# 第5章 プレゼンテーション層の設計と実装

本章ではSpringを使ってプレゼンテーション層の設計と実装を行ってみよう。プレゼンテーション層の実装には，いわゆるMVCフレームワークを導入することが多く，代表的なMVCフレームワークとして過去には，Strutsが長らく君臨していた。現在でもStrutsを使用したシステム開発は行われているが，一方でStrutsの1.x系の開発が終了したことにより，Springに含まれるMVCフレームワークであるSpring Web MVCフレームワーク（以降,Spring MVC）に注目が集まっている。本章では,Spring MVCを使用した簡単なサンプルアプリケーションの開発を通じて，プレゼンテーション層の設計実装で頻繁に挙げられている細かい課題について，Spring MVCを使って解決する方法を実践していくことにしよう。

なお本章では細かい内部構造を省き,「Spring MVCの使い方」に重点を置いて説明するつもりだ。細かい内部構造に興味のある方は，ぜひSpringのソースコードをダウンロードして調べてほしい。またSpring MVCには大変多くの機能が含まれており，すべての機能についてここで説明することはできない。興味のある方はSpringのユーザマニュアル[注1]を参考にしてほしい。

## 5.1 Spring MVCの概要

まずは細かいところは置いておいて，Spring MVCの概要をざっと解説しよう。

### 5.1.1 Spring MVCとMVC2パターン

Spring MVCは，Springが登場した段階からSpringに含まれているMVCフレームワークである。Strutsなど他のMVCフレームワークと同様にJ2EEパターン[注2]のFrontControllerパターン[注3]に基づくMVCフレームワークであるが，役割ごとに明確にクラスが分割され，さらにクラス間の関連が疎結合となっている点が特徴だ。たとえばMVC2パターンのModel-View-Controllerの役割を持つオブジェクトには各々インタフェースが定義されており，互いの実装には依存しない。そのため，たとえばViewテクノロジーを変更したとしても，他のModel，Controllerには影響を与えることがない。Model-View-Controllerだけではなく，Spring MVCが提供する機能が互いに独立し疎結合であるため，さまざまな拡張が可能だ。

注1　http://docs.spring.io/spring/docs/current/spring-framework-reference/html/mvc.html（2015年10月現在）

注2　http://java.sun.com/blueprints/corej2eepatterns/Patterns/index.html

注3　http://java.sun.com/blueprints/corej2eepatterns/Patterns/FrontController.html

## 5.1.2 Spring MVCとアノテーション

前述のようにSpringバージョン1から含まれていたSpring MVCではあるが，Springバージョン2以前はあまり普及に至らなかった。その理由は大きく2点ある。1点目は，開発者が理解しなくてはならないことが多かったことだ。たとえばSpringバージョン2以前のSpring MVCでは，Controllerクラス（Strutsで言うところのActionクラスに該当）はControllerインタフェースをimplementsして作成していた。さまざまなケースに対応するために，Controllerインタフェースをimplementsした多くの抽象クラスをSpring MVCは提供していたのだが，便利なようで，それぞれの抽象クラスの使い方を理解しなくては開発ができないため，学習コストが高かった。2点目の理由は，設定が冗長で複雑だったことだ。すべてのControllerクラスをBean定義ファイルに定義し，さらに前述の抽象クラスごとに設定が異なっており，その設定方法を理解しないことには開発ができなかった。その結果として，特に日本では日本語の情報が少ないことも影響し，ほとんど普及することはなかった。

Spring MVCが普及する転機となったのが，Springバージョン2.5におけるアノテーションの採用である。たとえばControllerクラスを作成するためにはControllerインタフェースをimplementsする必要がなくなり，クラスに@Controllerアノテーションを宣言するだけでよくなった。さらには「リクエストを受け付けるURL」と「実行するメソッド」のマッピングも，@RequestMappingアノテーションをメソッドに設定するだけでよくなった。Spring MVCで作成したControllerクラスの例を**リスト5.1**に示そう。

リスト5.1 Controllerの例

```
package sample.user.web.controller;

import static org.springframework.web.bind.annotation.RequestMethod.GET;

import java.util.List;

import org.springframework.beans.factory.annotation.Autowired;
import org.springframework.stereotype.Controller;
import org.springframework.ui.Model;
import org.springframework.web.bind.annotation.RequestMapping;
import org.springframework.web.bind.annotation.RequestParam;

import sample.user.biz.domain.User;
import sample.user.biz.service.UserService;

@Controller // Controllerクラスとして設定
public class UserListController {  // extends, implementsは必要ない

  // 必要なオブジェクトをインジェクション
  @Autowired
  private UserService userService;

  // URL「/user」, HTTPメソッドGETとマッピング
  // リクエストパラメータ「id」が指定されない場合
  @RequestMapping(path = "/user", params = "!id", method = GET)
```

```
    public String showAllUsers(Model model) {
        List<User> users = userService.findAll();

        // Viewに渡すオブジェクトを設定
        model.addAttribute("customers", users);

        // View名をreturn
        return "user/list";
    }

    // URL「/user」，HTTPメソッドGETとマッピング
    // リクエストパラメータ「id」が指定された場合
    @RequestMapping(path = "/user", method = GET)
    public String showUser(@RequestParam int id, Model model) {
        User user = userService.findById(id);

        // Viewに渡すオブジェクトを設定
        model.addAttribute("user", user);
        // View名をreturn
        return "user/detail";
    }
}
```

インタフェースのimplementsやクラスの継承が必要なフレームワークでは，オーバライドするメソッドが固定であるため制限が多い。たとえば，1つのControllerクラスで1つのメソッドしか定義できなかったり，メソッド名が固定だったり，また不必要な引数（たとえばHttpServletRequestやHttpServletResponseなど）を必ず定義しないといけなかったりする。それにひきかえ，Spring MVCのControllerクラスの自由度は非常に高い。たとえば1つのクラスに，リクエストを処理するメソッドはいくつでも実装することができる。メソッド名はどのような名前でも大丈夫だ。引数は必要なものだけを定義すればよく，引数が必要ない場合は引数を空にしてかまわないし，引数を定義する順番も一部の例外を除き制限はない。のちほど解説するが，Spring MVCではリクエストを処理するメソッドの引数として，多くのオブジェクトを受け渡すことが可能だ。ご存じのHttpServletRequestやHttpServletResponseはもちろんのこと，**リスト5.1**のshowUserメソッドの第1引数idのようにリクエストパラメータを直接引数として定義できたり，さらにはURLの一部を引数として受け取ることもできたりする。この柔軟性が，Spring MVCの大きな特徴といえるだろう。

## 5.1.3 Spring MVCとREST

Springのバージョン3以降で，Spring MVCにはRESTに関する機能が大きく拡充された。RESTとはRepresentational State Transferの略であり，Webアプリケーションのアーキテクチャスタイルの1つだ。RESTではWeb上の情報のひとつひとつを「リソース」ととらえ，それらの識別子としてURI[注4]を割り当ててユニークに特定できるようにする。たとえば**図5.1**

注4　Uniform Resource Identifier。Web上のリソースをユニークに識別するための識別子である。URL（Uniform Resource Locator）はURIの一部であり，Web上のリソースの中でも特に場所（locator）をユニークに識別するための識別子である。本章では，ほぼURI＝URLと考えてよい。

の例では，foo.bar.bazドメインで複数のユーザ情報を管理している。それらにURIとして「http://foo.bar.baz/user/{ユーザID}」を割り当てて個々のユーザを特定できるようにしている。

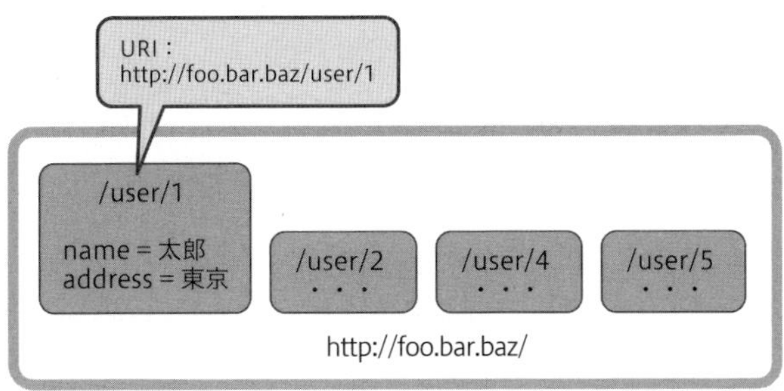


図5.1 RESTの考え方

そしてRESTの大きな特徴が，リソースへのアクセス方式だ。RESTでリソースにアクセスする際は，HTTPプロトコルで定義されているHTTPメソッドを忠実に使用して行う。たとえばユーザIDが1のユーザ情報を取得したい場合は，URI「http://foo.bar.baz/user/1」に対してGETメソッドでアクセスする（**図5.2-①**）。ユーザIDが2のユーザ情報を新規で登録したい場合は，URI「http://foo.bar.baz/user/2」に対してPOSTメソッドでユーザ情報を送信する（**図5.2-②**）。

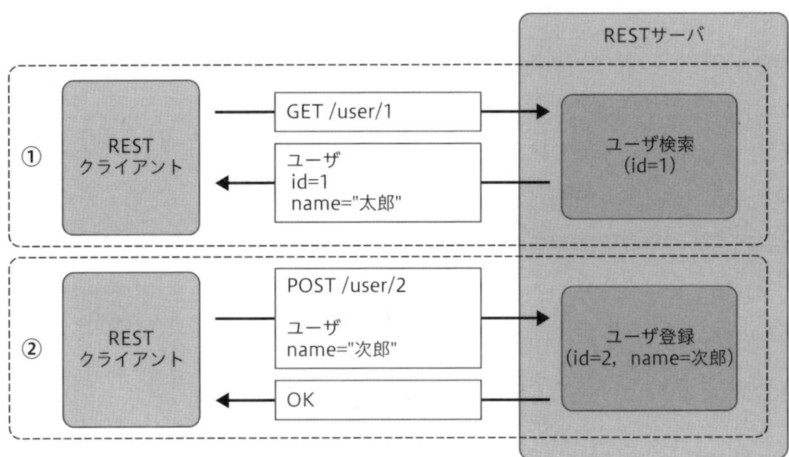


図5.2 RESTによるリソースアクセス

5

さてRESTに準拠した形でWebアプリケーションを構築するためには，MVCフレームワークには以下のような機能が要求される。

- URLを自由に決定できる（フレームワークによる制約がない）
- HTTPメソッド（GETやPOST）に応じて実行する処理を切り替えることができる
- URLの一部を容易に取り出して使用できる（例：URL「`http://foo.bar.baz/user/1`」からユーザIDである「1」を容易に取り出すことができる）

あらためて**リスト5.1**を見ていただければ，最初の2つの要求をSpring MVCが満たしていることが理解していただけるはずだ。さらに3つめもSpring MVCは5.4.1.1項「URL指定とURIテンプレート，そしてマトリクスURI」で解説するURIテンプレートという方式で対応している。つまり，Spring MVCはRESTベースのWebアプリケーションを構築するには非常に適したフレームワークであるといえる。むしろ，Spring MVC自身がRESTの考え方に強く影響を受けているフレームワークであるからこそRESTとの親和性が非常に高いと言うほうが正しいだろう。

## 5.1.4 Spring MVCの登場人物と動作概要

ではSpring MVCの登場人物とともに大まかな動きについて確認しておこう。**図5.3**にSpring MVCの登場人物の関連図を示す。またそれぞれの登場人物の役割は**表5.1**のとおりだ。凡例のとおり，図の白抜きの文字になっている部分はアプリケーション開発者が開発する部分で，それ以外の個所は共通で設定する部分だ。

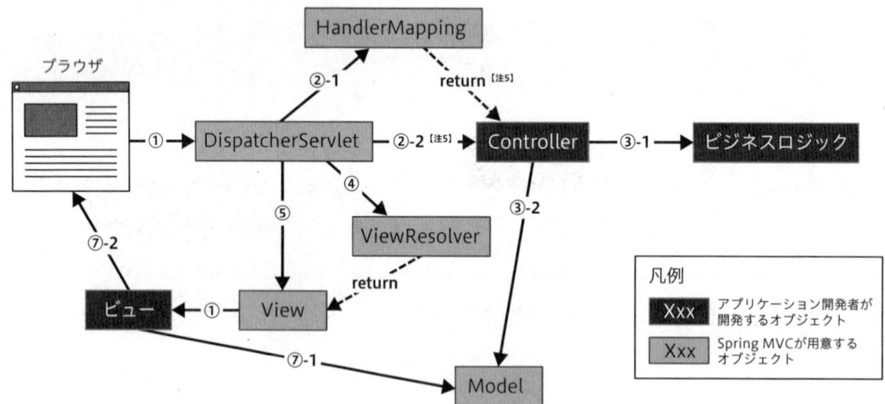


図5.3　Spring MVCの登場人物と動作概要

表5.1 Spring MVCの登場人物

| 登場人物 | 役割 |
|---|---|
| DispatcherServlet | フロントコントローラを担当する。<br>すべてのHTTPリクエストを受け付け，その他のオブジェクト同士の流れを制御する。<br>基本的にはSpring MVCが用意しているDispatcherServletクラスをそのまま適用する |
| HandlerMapping | クライアントからのリクエストをもとに，どのControllerを実行するかを決定する |
| Model | Controllerから画面表示ロジックに受け渡すオブジェクトを格納するためのオブジェクト。<br>HttpServletRequestやHttpSessionと同様に，文字列型のキーとオブジェクトを紐づけてオブジェクトを保持する |
| ViewResolver | View名をもとにViewオブジェクトを決定する |
| View | ビューに対して画面表示処理を依頼する |
| ビジネスロジック | ビジネスロジックを実行する。アプリケーション開発者がビジネス処理の仕様に応じて作成する |
| Controller | クライアントからのリクエストに応じたプレゼンテーション層のアプリケーション処理を実行する。<br>アプリケーション開発者がアプリケーション処理の仕様に応じて作成する |
| ビュー | クライアントに対して画面表示処理を実施する。<br>Javaの場合はJSPなどで作成することが多い。アプリケーション開発者が画面の仕様に応じて作成する |

では**図5.3**を使ってSpring MVCの動作概要を確認しておこう。なお画面表示を担当する部分については,「Spring MVCで用意されているViewオブジェクト」と,「アプリケーション開発者が作成するJSPなどのView」が紛らわしいため，アプリケーション開発者が作成するViewについては「ビュー」とカタカナで表現することにした。

① DispatcherServletはブラウザからリクエストを受け付ける
② DispatcherServletは, リクエストされたURLをHandlerMappingオブジェクトに渡して呼び出し対象のControllerオブジェクトを取得し（②-1），URLに該当するメソッドを実行する（②-2）[注5]
③ Controllerオブジェクトはビジネスロジックを使用して処理を実行し（③-1），その結果をもとに画面表示ロジックに渡すオブジェクトをModelオブジェクトに格納する（③-2）。最後にControllerオブジェクトは処理の結果に応じてView名を返す
④ DispatcherServletはControllerから返されたView名をViewResolverに渡し, Viewオブジェクトを取得する
⑤ DispatcherServletはViewオブジェクトに画面表示を依頼する
⑥ Viewオブジェクトは該当するビュー（今回のサンプルアプリケーションではJSP）を呼び出して画面表示を依頼する
⑦ ビューはModelオブジェクトから画面表示に必要なオブジェクトを取得し（⑦-1），画面表示処理を実行する（⑦-2）

注5　正確には，DispatcherServletがControllerを直接実行するわけではない。HandlerMappingはDispatcherServletから渡されたURLをもとに，HandlerAdapterオブジェクトを内包するHandlerExecutionChainオブジェクトを作成する。そしてDispatcherServletがHandlerExecutionChainオブジェクトからHandlerAdapterオブジェクトを取得し，HandlerAdapterオブジェクトのメソッドhandleを実行する。そしてHandlerAdapterオブジェクトがhandleメソッド内でControllerオブジェクトのメソッドを実行する。

大まかな流れは以上だ。本章で対象としている「プレゼンテーション層の開発」では，ビジネスロジック層として提供されるサービスクラスやドメインクラスを利用してControllerとビューを開発することになる。このControllerとビューについて，もう少し見ておこう。

### 5.1.4.1 Controllerの概要とModelオブジェクト

Controllerは，クライアントからのリクエストに応じてプレゼンテーション層のアプリケーション処理を実装する。たとえば検索画面であれば，検索条件をリクエストから取得しビジネスロジックの検索メソッドを実行する。新規登録処理であれば，入力された情報をリクエストから取得してビジネスロジックの新規登録メソッドを実行する。そして最後に，View名を返すのもControllerの大事な役割だ。

ではControllerの基本的な実装方法について解説しておこう。詳細についてはまた後述するので，あまり難しく考えずに見ておいてもらえれば大丈夫だ。**図5.4**が基本的なControllerクラスの構造だ。

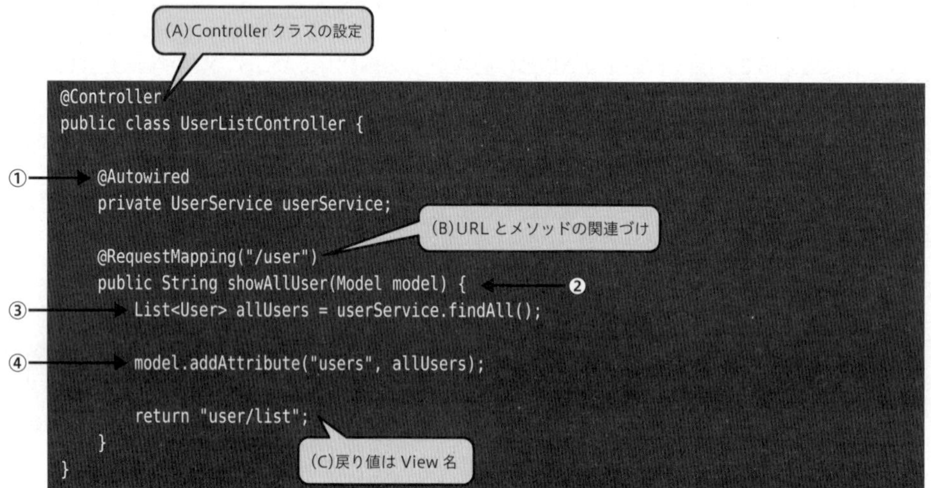


```
@Controller
public class UserListController {

    @Autowired
    private UserService userService;

    @RequestMapping("/user")
    public String showAllUser(Model model) {
        List<User> allUsers = userService.findAll();

        model.addAttribute("users", allUsers);

        return "user/list";
    }
}
```

図5.4　基本的なControllerの構造

まず**図5.4**（A）（B）（C）が最も基本的な構造だ。ぜひここでしっかり覚えておいてほしい。**図5.4**（A）がControllerクラスであることを設定している部分だ。基本的に，すべてのControllerクラスには@Controllerアノテーションを設定すると覚えておけばよい[注6]。またこの指定により，@Componentや@Serviceアノテーションと同様に，コンポーネントスキャンの対象とすることができる。次に**図5.4**（B）がURLとメソッドのマッピングを設定している部分だ。メソッドごとに@RequestMappingアノテーションを指定し，@RequestMappingアノテーションの値にURLを指定する。この設定を行うことで，指定したURLにアクセスすると該当するメソッドが実行されるようになるのだ。この例の

注6　現在のSpring MVCでも，アノテーションベースのControllerだけではなく，旧バージョンから採用されているインタフェースベースのController（Controllerインタフェースをimplementsしたコントローラー）も使用できるため，厳密にはこの限りではない。

場合，URL「http://サーバ:ポート/コンテキストパス/user」にアクセスすると，showAllUserメソッドが実行される。最後にメソッドの戻り値には，**図5.4**（C）のようにView名をreturnする。後述するViewResolverによってどのビューを表示するかが決定される。

次はメソッドの中を見てみよう。**図5.4-①**はDIコンテナで管理されているUserServiceオブジェクトをプロパティとして定義している実装だ。Spring MVCのControllerはDIコンテナで管理されるため，このように@Autowiredアノテーションを設定することで，DIコンテナが自動的にこの変数にUserServiceオブジェクトをインジェクションしてくれるのだ。

**図5.4-②**の引数は，Spring MVCで用意されているModelオブジェクトだ。ModelオブジェクトはModel-View-ControllerのModelに該当するオブジェクトで，Spring MVCではControllerからビューに受け渡すオブジェクトを保持する役割を持つ。requestスコープやsessionスコープを抽象化したものであり，String型のキーと関連づけて画面表示ロジックに受け渡すオブジェクトを格納する。**図5.4**の例では，UserServiceを使用してUserオブジェクトのListを取得し（**図5.4-③**），「users」というキーで，取得したUserのListを格納している（**図5.4-④**）。このModelオブジェクトもSpring MVCでは重要な役割を果たすのでぜひ覚えておこう。

ちなみにここで，この章で使用する用語を1つ定義しておきたい。Modelオブジェクトに追加したオブジェクトのことを，いちいち「Modelオブジェクトに「xxx」という名前で格納したオブジェクト」などと説明するのはまどろっこしい。そこで，Modelオブジェクトに追加されたオブジェクトのことを，今後は「ModelAttributeオブジェクト」と呼ぶことにする。そして，たとえば「foo」という名前でModelオブジェクトに格納したオブジェクトのことを，「ModelAttribute("foo")オブジェクト」と呼ぶことにする。

### 5.1.4.2 ViewとViewResolver

Controllerの次はViewの概要について解説しておこう。Spring MVCでは，Viewインタフェースをimplementsした Viewオブジェクトが，アプリケーション開発者が作成したビューを呼び出すことで画面表示処理を行う。たとえばJSTLで作成したビューであればJstlViewクラスのオブジェクト，Velocityのテンプレートとして作成したビューであればVelocityViewクラスのオブジェクトが，Viewオブジェクトとして振る舞う。**表5.2**に，Spring MVCが対応しているビューテクノロジーを示そう。**表5.2**を見ていただければわかるように，Spring MVCでは多くのビューテクノロジーに対応したViewクラスを用意している。

表5.2　Spring MVCでサポートするビューテクノロジー

| ビューテクノロジー | クラス名 | 説明 |
|---|---|---|
| JSP，その他 | InternalResourceView | JSPなどのWebコンテナ上で管理されているリソースに対して，forwardすることで表示を行うViewクラス |
| JSTLベースJSP | JstlView | InternalResourceViewを継承したViewクラス。JSTLで記述したJSPを表示する場合はこのViewクラスを使用する |
| Velocity（http://velocity.apache.org/） | VelocityView | Velocityのテンプレートを使って結果を表示するViewクラス |
| FreeMarker（http://freemarker.sourceforge.net/） | FreeMarkerView | FreeMarkerのテンプレートを使って結果を表示するViewクラス |
| Apache Tilesバージョン2.x（http://tiles.apache.org/） | TilesView | Apache Tilesのテンプレートを使って結果を表示するViewクラス |
| JSR 223（https://www.jcp.org/en/jsr/detail?id=223） | ScriptTemplateView | JSR 223: Scripting for the JavaTM Platformに対応したViewクラス |
| Groovy（http://groovy-lang.org/templating.html#_the_markuptemplateengine） | GroovyMarkupView | Groovy Markup Template Engineのテンプレートを使って表示するViewクラス |
| XSLT | XsltView | XSLTで変換した結果のXMLを表示するViewクラス |
| JasperReport（http://jasperforge.org/projects/jasperreports） | JasperReportsHtmlView<br>JasperReportsPdfView<br>JasperReportsXlsView<br>JasperReportsCsvView<br>ConfigurableJasperReportsView | JasperReportの結果を表示するViewクラス |
| XML形式 | MarshallingView | SpringのO/Xマッピング機能で変換した結果のXMLを表示するViewクラス |
| Jackson(JSON形式)（https://github.com/FasterXML/jackson） | MappingJacksonJsonView | Jacksonで変換した結果のJSONを表示するViewクラス |
| Apache POI(Excel形式)（http://poi.apache.org/） | AbstractXlsView<br>AbstractXlsxView<br>AbstractXlsxStreamingView | Apache POIで変換した結果のExcelを表示するViewクラス。オブジェクトからExcelへの変換処理は，このクラスを継承したクラスで個別に実装する |
| iText(PDF形式)（http://itextpdf.com/） | AbstractPdfView | iTextで変換した結果のExcelを表示するViewクラス。オブジェクトからPDFへの変換処理は，このクラスを継承したクラスで個別に実装する |
| Rome(Atom，RSS形式)（http://rometools.github.io/rome/） | AbstractAtomFeedView<br>AbstractRssFeedView | Romeで変換した結果のAtom，RSSを表示するViewクラス |

さてViewオブジェクトについてだが，実はControllerクラスの戻り値としてViewオブジェクトを返すこともできる。たとえば先ほどの**図5.4**の例で，該当するビューが「/WEB-INF/views/user/users.jsp」だとすると，以下のように記述することも可能だ。

```
public View showAllPerson(Model model) {
  ...（省略）...
  return new JstlView("/WEB-INF/views/user/users.jsp");
```

しかしこの方法だと，Controllerとビューテクノロジーが密接に結合してしまい，MVC2パターンでいうところのController-View間の独立性が保たれない（**図5.5**の上）。Controllerはビューテクノロジーに依存するべきではないのだ。

そこで重要な役割を果たすのがViewResolverオブジェクトだ。ViewResolverはControllerとViewの間を疎結合に保つ役割を持ったオブジェクトであり，Controllerの返したView名からViewオブジェクトを生成する役割を持つ。Controllerから直接Viewオブジェクトを返すのではなくControllerからはView名だけを返すようにして，Viewオブジェクトの生成をViewResolverに任せるようにする。この構造にすることで，たとえば，ある画面はJSPで結果を表示する，ある画面はVelocityで結果を表示する，といったアプリケーションを構築したい場合，ControllerはJSPかVelocityかなどはまったく意識する必要はなく，画面に表示するオブジェクトを返すことだけに集中すればよい。ViewResolverの設定を切り替えてやるだけで，ビューテクノロジーの変更が可能になるのだ。

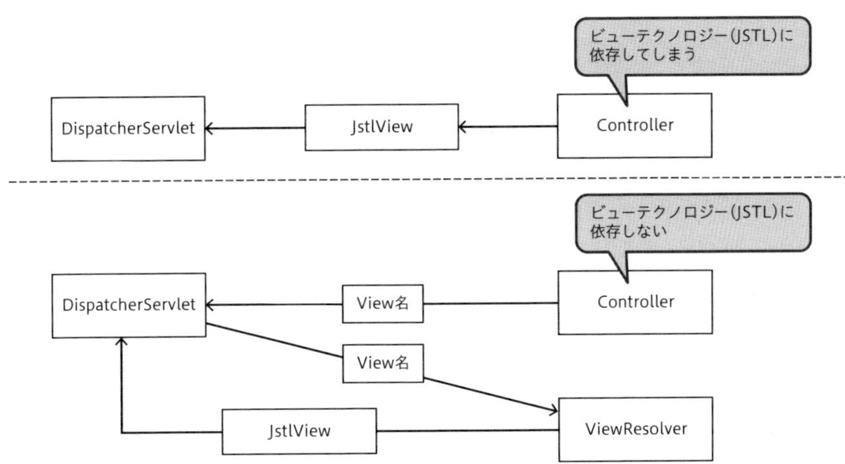


図5.5 ViewとViewResolver

では**表5.3**に，Spring MVCで用意している主なViewResolverクラスを示しておこう。

表5.3　主なViewResolverクラス

<table>
<tr><th>クラス名</th><th>説明</th><th>設定ファイルの形式</th></tr>
<tr><td>UrlBasedViewResolver</td><td>設定されたプレフィックスやサフィックスをもとに作成したURLのViewオブジェクトを返す。<br>View名として「forward:xxx」や「redirect:xxx」が指定された場合は，xxxのURLに対してそれぞれforward，redirectを実行する</td><td>UrlBasedViewResolverのプロパティとして定義</td></tr>
<tr><td colspan="3">設定例<br>prefix = /WEB-INF/views/<br>suffix = .jsp</td></tr>
<tr><td>ResourceBundleViewResolver</td><td>Javaのリソースバンドル形式（プロパティファイル形式）の設定ファイルをもとにViewオブジェクトを決定する</td><td>リソースバンドルファイル（プロパティファイル）</td></tr>
<tr><td colspan="3">設定例<br># {View名}.{プロパティ名}={プロパティ値}の形式で定義する<br># クラス名については{View名}.(class)={クラス名}の形式となる<br>user/list.(class)=org.springframework.web.servlet.view.JstlView<br>user/list.url=/WEB-INF/views/user/list.jsp<br><br>user/detail.(class)=org.springframework.web.servlet.view.velocity.VelocityView<br>user/detail.url=/WEB-INF/views/user/detail.vm</td></tr>
<tr><td>XmlViewResolver</td><td>DIコンテナからBean名がView名のViewオブジェクトを返す。<br>Viewオブジェクトのみが登録されている独立したDIコンテナでViewオブジェクトを管理する</td><td>Bean定義ファイル</td></tr>
<tr><td colspan="3">設定例<br><bean name="user/list"<br>      class="org.springframework.web.servlet.view.JstlView"><br>  <property name=""url"" value=""/WEB-INF/views/user/list.jsp""/><br></bean><br><bean name="user/detail"<br>      class="org.springframework.web.servlet.view.velocity.VelocityView"><br>  <property name="url" value="/WEB-INF/views/user/detail.vm"/><br></bean></td></tr>
<tr><td>BeanNameViewResolver</td><td>DIコンテナからBean名がView名のViewオブジェクトを返す。<br>ViewResolverが登録されているDIコンテナからViewオブジェクトを取得する</td><td>Bean定義ファイル</td></tr>
</table>

### 5.1.4.3 UrlBasedViewResolverとビューのパス

表5.3に示したViewResolverの中で，最もよく使われるのがUrlBasedViewResolverだ。UrlBasedViewResolverにはプレフィックスとサフィックスを設定する。そうすると，ビューのURLが「{プレフィックス}{View名}{サフィックス}」のViewオブジェクトが生成される。たとえば以下のように設定したとしよう。

- プレフィックス：/WEB-INF/views/
- サフィックス：.jsp

この設定のUrlBasedViewResolverに「user/list」をView名として渡すと，URLが「/WEB-INF/views/user/list.jsp」のViewオブジェクトが生成されるのだ。ちなみにどのViewクラスをもとにオブジェクトが生成されるかについては，UrlBasedViewResolverのviewClassプロパティに設定する必要があるのだが，UrlBasedViewResolverを継承したViewResolverがViewクラスごとに複数用意されているので，対応するViewResolverがあればこれらを使用すればよい（**表5.4**）。たとえばJSPを使用する場合は，InternalResourceViewResolverをViewResolverとして設定しておけばよい。

表5.4 Viewクラスに対応した，UrlBasedViewResolverクラスのサブクラス

| クラス名 | 対応するViewクラス |
|---|---|
| InternalResourceViewResolver | InternalResourceView(JSTLのライブラリが存在しない場合)<br>JstlView(JSTLのライブラリが存在する場合) |
| VelocityViewResolver | VelocityView |
| FreeMarkerViewResolver | FreeMarkerView |
| TilesViewResolver | TilesView |
| GroovyMarkupViewResolver | GroovyMarkupView |
| ScriptTemplateViewResolver | ScriptTemplateView |
| XsltViewResolver | XsltView |

今回はJSPをビューテクノロジーとして採用して説明していくことにする。**リスト5.2**に，**図5.4**のControllerの結果を表示するJSPの例を示そう。

リスト5.2 JSPの例

```
<%@ contentType="text/html; charset=UTF-8" pageEncoding="UTF-8"%>
<%@ taglib uri="http://java.sun.com/jsp/jstl/core" prefix="c" %>
<!DOCTYPE HTML PUBLIC "-//W3C//DTD HTML 4.01 Transitional//EN">
<html>
<body>
<table border="1">
  <tr>
    <th>ID</th>
    <th>名前</th>
    <th>住所</th>
    <th>電話番号</th>
    <td></td>
  </tr>
  <c:forEach items="${users}" var="user"> ←❶
  <tr>
    <td><c:out value="${user.id}"/></td>
    <td><c:out value="${user.name}"/></td>
    <td><c:out value="${user.address}"/></td>
    <td><c:out value="${user.emailAddress}"/></td>
  </tr>
  </c:forEach>
</table>
</body>
</html>
```

JSTLの基本を知っている方なら容易に理解できるだろう。ポイントは**リスト5.2-①**だ。**図5.4-④**でModelオブジェクトに「users」という名前でUserオブジェクトのListを格納した。それをビューで取り出すときは，単純にJSPのEL式で「${users}」と指定すればよい。これはSpring MVCが，ModelAttributeオブジェクトを自動的にHttpServletRequest（またはHttpSession）に追加してくれるからだ。

なお**リスト5.2**ではJSTLとELを使用してJSPを作成しているが，Spring MVCには独自のタグライブラリが用意されている。たとえばHTMLの<select>タグを表示したい場合，デフォルト値を設定するのは非常に大変だ。HttpServletRequestに設定されているオブジェクトのプロパティの値を取り出して，JSTLの条件分岐タグでその値を比較して，などとてもごちゃごちゃした処理を書くことになる。Spring MVCの<form:select>タグを使えばこんなふうに書けてしまう。

```
<form:select path="favorite" items="${favorites}" itemLabel="id" itemValue="name"/>
```

このタグの解説についてはまたあとで出てくるので，楽しみに取っておこう。

## 5.1.5 Spring MVCと関連する「Springの機能」

ではこの節の最後に，Spring MVCと関連する「Springの機能」について紹介しておくことにしよう。あえて「Springの機能」といっているのは，ここで紹介する機能がSpring MVCの機能ではなく，Spring本体に備わる機能であるからだ。具体的には以下の機能について紹介する。

- メッセージ管理
- データバインディング
- バリデーション

これらの機能はSpring本体に備わる機能ではあるが，プレゼンテーション層と非常に深い関わりがある機能なのであえてこの章で説明させてもらいたい。

### 5.1.5.1 Springのメッセージ管理

SpringのDIコンテナにはメッセージを管理する機能が備わっている。メッセージ管理の主な機能は以下のとおりだ。

- メッセージをコードと関連づけて管理
- 国際化対応

メッセージ管理の中心となるオブジェクトが，MessageSourceオブジェクトだ。MessageSourceオブジェクトにはメッセージのコードをもとにメッセージを取得するメソッドが定義されており，DIコンテナでMessageSourceオブジェクトを定義し@Autowiredなどでこのオブジェクトをインジェクションしておけば，メッセージを取得することができる。Spring MVCとの関連で言えば，次で説明するデータバインディングやバリデーションのエラーメッセージとしてMessageSourceオブジェクトで管理するメッセージを使用することができたり，またJSTLの<message>タグでMessageSourceオブジェクトが管理しているメッセージを表示したりすることができる。

ちなみにMessageSourceはインタフェースであり，いくつかの実装クラスがある。その中の1つがReloadableResourceBundleMessageSourceクラスだ。このクラスはプロパティファイル形式のメッセージリソースファイルからメッセージを読み込むことが可能で，Webアプリケーションの実行中にメッセージリソースファイルが変更された場合の再読み込みにも対応している。そしてメッセージリソースファイルを言語ごとに複数用意することで，日本語圏からアクセスした場合は日本語メッセージリソースファイルからメッセージを取得，英語圏からアクセスした場合は英語メッセージリソースファイルからメッセージを取得，とメッセージの国際化が可能となるのだ。

### 5.1.5.2 データバインディング

ここでいうデータバインディングとは，ユーザの入力した情報を，メモリ中のオブジェクトに設定する処理のことだ。Spring MVCにおけるデータバインディングは，HTTPリクエストに格納されたリクエストパラメータなどの文字情報と，プログラム中で扱う型を相互に変換してくれる機能だと思ってもらえればよい。たとえばModelAttributeオブジェクトのDate型のプロパティに次のようにアノテーションを設定しておけば，ユーザが入力した「2015/11/01」のような文字列をもとにDateオブジェクトに自動で変換して格納してくれるのだ。

```
@DateTimeFormat(pattern = "yyyy/MM/dd")
private Date birthday;
```

さらにこのデータバインディングは，後述のバリデーションと密接につながっているため，エラー発生時の処理などはバリデーションと同様の仕組みで処理することができる。

前述のとおりSpringのデータバインディングの機能はSpring MVC独自の機能ではなく，Springの他の機能や，アプリケーション内のプレゼンテーション層以外のオブジェクトからも使用することができる機能だ。そのため，Spring MVCからは独立して存在している。

### 5.1.5.3 バリデーション

Webアプリケーションといえば必ず出てくるのが，バリデーションだ。たとえば数値で入力しなくてはならない入力項目に文字列が入力されていないか，Emailアドレスを入力しなくてはならない入力項目にEmailアドレスとして不正な形式の文字列が入力されていないか，などをチェックする処理である。あまり良くない傾向だが，一般的にはバリデーションは「プレゼンテーション層における入力チェック」とほぼ同等の意味でとらえられてしまい，プレゼンテーション層で備えるべき機能だと思われることが多い。しかし本質的なバリデーションというのは，本来はビジネスロジックとして定義されるべきであり，当然プレゼンテーション層からは独立しているべきだというのがSpringの考え方だ。そのためSpringのバリデーションのクラス群は，org.springframework.validatorパッケージに含まれており，データバインディングと同様に，Webまわりのクラス群が含まれている

org.springframework.webパッケージからは独立している。

さてSpringのバリデーションについてだが，実はSpring本体にはバリデーションの実装は備わっていない。Spring本体が用意しているのは，バリデーションのインタフェースやバリデーションの結果を格納するオブジェクトだけだ。実際にアプリケーションでバリデーションを実現するためにはバリデーションの実装が必要となるのだが，SpringにはJSR-303[注7]/JSR-349[注8]で仕様が策定されているBean Validationと連携する仕組みが備わっている。Bean Validationとはオブジェクトに対してアノテーションで制約を宣言的に定義し[注9]，その制約をもとにバリデーションを実施する仕組みである。なおBean Validationは仕様であり，その実装としてはHibernate Validator[注10]が有名である。**リスト5.3**が，Bean Validationの方式で定義したクラスの例だ。

リスト5.3　Bean Validationで制約を定義した例

```
public class User {

  @NotNull
  @Size(max = 20)
  private String name;

  @NotNull
  @Size(max = 100)
  private String address;

  @NotNull
  @Pattern(regexp = ".+@.+",
           message = "{errors.emailAddress}")
  private String emailAddress;

  ...（省略）...
```

これだけを見て，直感的にイメージができるだろう。Personクラスにはname，address，emailAddressの3つの変数があり，すべてに@NotNullアノテーションが設定されている。つまりこれら3つの変数が必須であることを定義している。また@Sizeが設定されているname変数とaddress変数は，最大文字を定義しており，@Patternアノテーションが設定されているemailAddress変数は，regexp属性にEmailアドレスの正規表現を指定することで（例では，簡易的に@が含まれているかどうかだけを確認する正規表現としている），Emailアドレスとして正しい形式であることを定義している。このように@NotNull，@Size，@Patternなどをインスタンス変数やGetterメソッドに設定してバリデーションを定義するのがBean Validationの特徴だ。

Spring MVCではこのBean Validationを使ってバリデーションを行うことができる。しかも，画面から入力された値が格納されている引数に@Validというアノテーションを設定しておけば，自動的にバリデーションを実行してくれるのだ。

---

注7　http://jcp.org/en/jsr/detail?id=303
注8　http://jcp.org/en/jsr/detail?id=349
注9　Bean Validationでは，XMLで制約を定義することも可能だ。詳細はBean Validationの仕様書を参照してほしい。
注10　http://hibernate.org/validator/

# 5.2 環境作成と動作確認

ではSpring MVCの概要を学んだところで，Spring MVCでアプリケーションを構築するための設定について見てみよう。Eclipseでプロジェクトを構築するところから始めて，Bean定義ファイルの設定とweb.xmlの設定を行うことにする。ここでは細かな設定手順について説明しているだけなので，まずはSpring MVCの概要が知りたいという方は，この5.2節を飛ばして5.3節「サンプルアプリケーションの概要」から見てもらえればよいだろう。

なおこの章では，開発／実行環境としてEclipse IDE for Java EE Developers（以降，Eclipse）とTomcatバージョン8以降を前提として話を進める。EclipseとTomcatをインストールしていない場合は，Eclipse，Tomcatのインストールと設定を完了させておいてほしい。

## 5.2.1 動作環境の構築

まずはプロジェクトの作成から始めよう。今回はWebアプリケーションを構築するので，Eclipseの機能を使ってWebアプリケーション用のMavenプロジェクトを作成する。たとえば2015年10月時点で最新のEclipse Marsでは，以下の手順でMavenプロジェクトを作成可能だ。

① [File] → [New] → [Maven Project] を選択する
② ウィザードの項目選択では，以下を指定する（あとは任意で指定）
- 「Create a simple project」にチェック
- 「Packaging」には「war」を指定

この章のサンプルをダウンロードして，ルートフォルダにあるpom.xmlを上書きすれば，プロジェクトは作成完了だ[注11]。

## 5.2.2 ビジネスロジックのBean定義（メッセージ管理設定とBean Validation設定）

まずはビジネスロジックを設定しよう。ここではサンプルアプリケーションで使用するビジネスロジックの設定を行うが，それとともにメッセージ管理の設定とBean Validationの設定も行うので，5.1.5.3項「バリデーション」の内容も頭に入れながら確認してほしい。

まずはXML形式のBean定義ファイルを使った設定を見ながら，設定が必要なオブジェクトを確認していこう。**リスト5.4**のbeans-biz.xmlがビジネスロジックのBean定義ファイルだ。Bean定義ファイルの場所はweb.xmlで指定するため，Bean定義ファイルを配置する場所は任意の場所でかまわない。今回のサンプルアプリケーションではすべてのBean定義ファイルを，クラスパス上の「/META-INF/spring」に配置することにする。そこで，クラスパス上に配置するリソースファイル用

注11　サンプルはEclipseのプロジェクト形式となっているため，サンプルを動かすだけであればそのままEclipseでインポートすれば問題ない。一からサンプルを実装しながら読み進めたい場合は，必要なファイルを追加／上書きしながら試してほしい。

のソースフォルダである「src/main/resources」配下に「META-INF/spring」ディレクトリを作成し，そこにbeans-biz.xmlを配置しよう。

リスト5.4　ビジネスロジックのBean定義ファイル（beans-biz.xml）

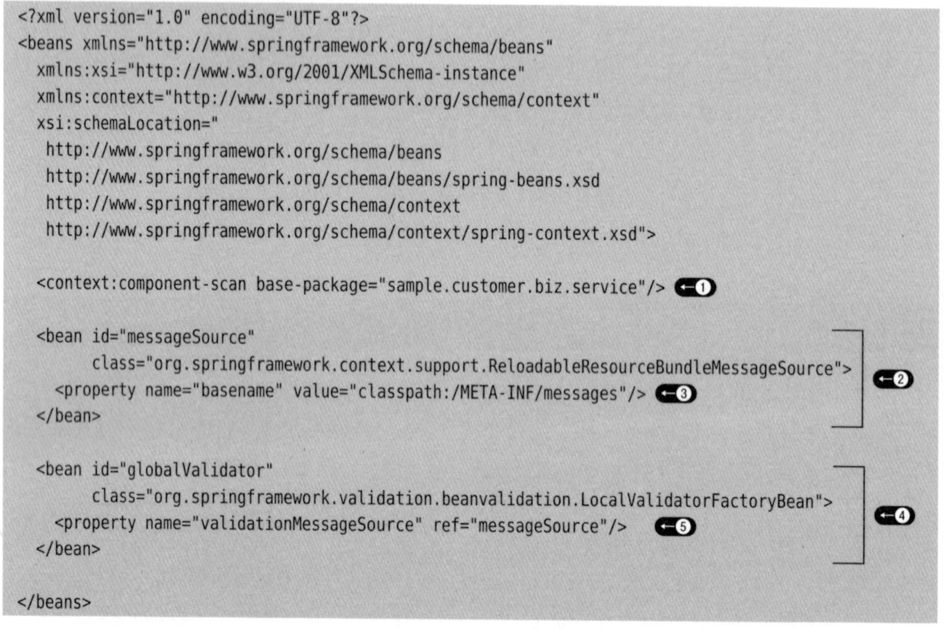

```
<?xml version="1.0" encoding="UTF-8"?>
<beans xmlns="http://www.springframework.org/schema/beans"
  xmlns:xsi="http://www.w3.org/2001/XMLSchema-instance"
  xmlns:context="http://www.springframework.org/schema/context"
  xsi:schemaLocation="
   http://www.springframework.org/schema/beans
   http://www.springframework.org/schema/beans/spring-beans.xsd
   http://www.springframework.org/schema/context
   http://www.springframework.org/schema/context/spring-context.xsd">

  <context:component-scan base-package="sample.customer.biz.service"/> ←①

  <bean id="messageSource"
        class="org.springframework.context.support.ReloadableResourceBundleMessageSource">   ←②
    <property name="basename" value="classpath:/META-INF/messages"/> ←③
  </bean>

  <bean id="globalValidator"
        class="org.springframework.validation.beanvalidation.LocalValidatorFactoryBean">   ←④
    <property name="validationMessageSource" ref="messageSource"/>  ←⑤
  </bean>

</beans>
```

ではリスト5.4の解説をしていこう。まず**リスト5.4-①**は，サンプルアプリケーションで使用するサービスクラスを自動でDIコンテナに登録するための設定だ。今回のサンプルアプリケーションでは，サービスクラスには@Serviceアノテーションを設定しsample.customer.biz.serviceパッケージに配置するため，この設定となる。

次に**リスト5.4-②**が，5.1.5.1項「Springのメッセージ管理」で解説したメッセージ管理の設定だ。ここで指定しているReloadableResourceBundleMessageSourceクラスはMessageSourceインタフェースの実装クラスで，メッセージリソースファイル（{メッセージのコード}={メッセージの内容}の形式でメッセージを記述したプロパティファイル）の定期的なリロードや，メッセージのキャッシュなどに対応したクラスだ。このように設定することで，DIコンテナでは指定されたメッセージリソースファイルをもとに，ReloadableResourceBundleMessageSourceオブジェクトを作成してくれる。**リスト5.4-③**で指定しているbasenameプロパティは，Javaでリソースバンドルファイル基底名を指定する方式と同様の方式で指定する。たとえば**リスト5.4-③**の例では，「classpath:/META-INF/messages」と指定している。この設定により，クラスパス上に「/META-INF/messages.properties」または「/META-INF/messages_{言語コード}.properties」というファイル名で配置したメッセージリソースファイルが読み込まれるのだ。つまり「messages_ja.properties」と「message_en.properties」の両方のファイルを配置しておけば，日本語環境では日本語で，英語環境では英語でメッセージを表示する，といった切り替えも可能になるのだ。

次に**リスト5.4-④**は，5.1.5.3項「バリデーション」で説明したBean Validationの設定だ。この設定により，バリデーションを実行するValidatorオブジェクトがDIコンテナに登録される。このValidatorオブジェクトをDIコンテナから取得して直接メソッドを実行してバリデーションを実行することもできる。今回はSpring MVCが裏で自動的にバリデーションを実行するため，Validatorオブジェクトは特に意識する必要はない。なおBean Validationは，エラーメッセージを管理する仕組みを独自で持っている。Springでは，SpringのMessageSourceオブジェクトとBean Validationのエラーメッセージを連携させることもでき，その設定を行っているのが**リスト5.4-⑤**だ。これでBean ValidationのバリデーションLで使用するメッセージについても，SpringのMessageSourceオブジェクトで一元管理できるようになるのだ。なお，Bean Validationのエラーメッセージの出力方法については，5.5.2項「データバインディング／バリデーションと入力エラー処理」で見ていくことにする。

1つ注意点としては，**リスト5.4-④**でBeanのIDとして「globalValidator」と指定している点だ。これはあとでSpring MVCの設定を行う際に使用する。

では**リスト5.4**をJavaConfigで定義したものを見てみよう（**リスト5.5**）。

5

リスト5.5　ビジネスロジックのJavaConfig（BizConfig.java）

```
@Configuration
@ComponentScan("sample.customer.biz.service") ←①
public class BizConfig {

  @Bean                                                          ┐
  public MessageSource messageSource() {                          │
    ReloadableResourceBundleMessageSource messageSource           │
        = new ReloadableResourceBundleMessageSource();            │ ←②
    messageSource.setBasename("classpath:/META-INF/messages"); ←③ │
                                                                  │
    return messageSource;                                         │
  }                                                               ┘
// 以下④は，5.2.3.4項でSpring MVCのJavaConfigに移動する
  @Bean                                                           ┐
  public Validator globalValidator(MessageSource messageSource) { │
    LocalValidatorFactoryBean validatorBean                       │
        = new LocalValidatorFactoryBean();                        │ ←④
    validatorBean.setValidationMessageSource(messageSource);  ←⑤  │
                                                                  │
    return validatorBean;                                         │
  }                                                               ┘
}
```

**リスト5.5**中の各番号は**リスト5.4**の番号と対応しているので，一通り確認しておいてほしい。

なお**リスト5.5-④**の部分は，5.2.3.4項「Spring MVCのJavaConfig」でSpring MVCのJavaConfigに移動することを補足しておく。後述する@EnableWebMvcアノテーションでSpring MVCの設定を有効にすると，Validatorオブジェクトが自動的にBeanとして登録されてしまい，結果として**リスト5.5-④**のValidatorと二重登録になってしまうからだ。

### TIPS Webアプリケーションの Bean 定義ファイルとJavaConfig はどこに置く？

XML形式のBean定義ファイルをどこに置くかは，非常に重要な問題だ。Webアプリケーションの Bean定義ファイルは，Webアプリケーションを実行するときはWebコンテナから読み込まれることになるし，また単体テストを実行するときにはコマンドまたはEclipseなどのIDEから実行されたプロセスから読み込まれることになる。

Springのサンプルでよく見られるのが，WebアプリケーションのWEB-INF配下に置く方法だ。この場合は，web.xmlでBean定義ファイルのパスを「/WEB-INF/xxx/beans.xml」のように指定すればよい。しかしこの方法を採用すると，単体テストのときにBean定義ファイルをどう指定するか困ることになる。物理的なパスを渡さなくてはならないから，たとえば今回のサンプルアプリケーションのような構成では「{プロジェクトのルートパス}/src/webapp/WEB-INF/xxx/beans.xml」のように指定しなくてはならず，環境によってはパスが変わってしまうのだ。

そこでお勧めなのが，クラスパス上に配置する方法だ。クラスパス上に配置することで，単体テストクラスからでもWebアプリケーションからでも同じパスでBean定義ファイルを指定することができる。具体的には，「classpath:/xxx/beans.xml」のように先頭に「classpath:」を付ければよい。

なお今回クラスパス上に「META-INF」ディレクトリを置き，そこにBean定義ファイルを設置しているのは，Javaのクラスと設定ファイル類を明確に分類させるためだ。これは好き嫌いが分かれるかもしれないが，筆者としては気に入っている方式だ。いずれにしても，たかが設定ファイルを配置するディレクトリとはいえ，その設計次第でプロジェクトの開発効率に大きくかかわってくることになる。プロジェクトの特性に合わせてしっかり検討するようにしよう。

JavaConfigの場合はJavaのクラスとして作成するため，当然のことながらクラスパス上にクラスファイルとして配置することになる。そうなると問題になるのはパッケージをどうするかだが，一般的には「config」という名前のパッケージを作成し，そこに配置することが多いようだ。たとえばアプリケーションのルートパッケージ（com.company.appnameなど）にconfigパッケージを配置してそこにJavaConfigをまとめて配置する方法が考えられる。またはレイヤごとのパッケージにconfigパッケージを配置して，そこにレイヤごとのJavaConfigを配置するのもよいだろう。

## 5.2.3 Spring MVC の設定

次はSpring MVCの設定をしていこう。まずはBean定義ファイルからだ。**リスト5.6**がSpring MVCの設定を行ったBean定義ファイルだ。beans-webmvc.xmlもbeans-biz.xmlと同様に，「src/main/resources/META-INF/spring」の直下に配置する。

リスト5.6　Spring MVC の Bean 定義ファイル（beans-webmvc.xml）

```
<?xml version="1.0" encoding="UTF-8"?>
<beans xmlns="http://www.springframework.org/schema/beans"
  xmlns:xsi="http://www.w3.org/2001/XMLSchema-instance"
  xmlns:context="http://www.springframework.org/schema/context"
  xmlns:mvc="http://www.springframework.org/schema/mvc"          ←❶
  xsi:schemaLocation="
   http://www.springframework.org/schema/beans
   http://www.springframework.org/schema/beans/spring-beans.xsd
   http://www.springframework.org/schema/context
```

```
    http://www.springframework.org/schema/context/spring-context.xsd
    http://www.springframework.org/schema/mvc
    http://www.springframework.org/schema/mvc/spring-mvc.xsd">  ←②

  <context:component-scan base-package="sample.customer.web.controller"/> ←③

  <!-- Spring MVCアノテーション利用設定 -->
  <mvc:annotation-driven validator="globalValidator" /> ←④

  <!-- Static Resourceの設定 -->
  <mvc:resources mapping="/resources/**" location="/WEB-INF/resources/" /> ←⑤

  <!-- ViewResolverの設定 -->
  <mvc:view-resolvers>
    <mvc:jsp prefix="/WEB-INF/views/" suffix=".jsp"/> ←⑦       ←⑥
  </mvc:view-resolvers>

</beans>
```

beans-webmvc.xmlが基本的なBean定義ファイルと異なるのは，**リスト5.6-**①②でSpring MVCのカスタムスキーマを導入していることだ。これを使用しているのは，タグ名に「mvc:」プレフィックスが設定されているところだ。ここは順を追って見ていくことにしよう。

### 5.2.3.1 Controllerの登録とアノテーション設定

まず**リスト5.6-**③が，サンプルアプリケーションで使用するControllerクラスを自動でDIコンテナに登録するための設定だ。Spring MVCではControllerクラスには@Controllerアノテーションを設定するのがルールとなっているが，@Controllerが設定されているクラスは，**リスト5.6-**③のようにcomponent-scanによって読み込むことができる。そして**リスト5.6-**④が，Spring MVCのアノテーションを有効化する設定だ。この設定により，@Controllerアノテーションが設定されたオブジェクトをControllerとして認識し，後述するさまざまなSpring MVCのアノテーションを設定情報として読み取ることができるのだ。Spring MVCでアノテーションを使用する場合は，この設定が必須であると覚えておけばいいだろう。またSpring MVCでBean Validationを使用するためには，先ほど**リスト5.4-**④で出てきたValidatorオブジェクトのidをvalidator属性に設定しておく必要があるので，これも忘れないようにしよう。

### 5.2.3.2 静的リソースファイルの設定

さて次は**リスト5.6-**⑤だ。mvc:resourcesタグは，DispatcherServletを経由して静的なリソースファイル（HTMLファイルや画像ファイル，CSS，JavaScriptファイルなど）にアクセスするための設定だ。Controllerにアクセスする場合はURLの拡張子に「do」を付ける（DispatcherServletのURLパターンを「*.do」に指定する），それ以外のURLでアクセスした場合は静的リソースファイルにアクセスする，などのルールを設けてやれば，特にこの設定は必要ない。しかしSpring MVCの1つのメリットが「Controllerを実行するURLを自由に設計できる」ことにあるため，一般的にはSpring MVCのDispatcherServletはデフォルトサーブレットとして設定することが多い。そうすると直接静的リソースファイルにアクセスすることができなくなる。ただその場合でも，mvc:resourcesタグの設定を行うことで，DispatcherServlet経由で静的リソースファイルにもアクセスできるようになるのだ。具体的には，mapping属性でURL上のパスを，location属性でWebアプリケーション上の物理的なパスを設定する。**リスト5.6-⑤**の例では，「WEB-INF/resources/」ディレクトリ配下に設置した静的ファイルに対して，URL「{コンテキストパス}/resources」をマッピングさせている。そのため，たとえば「WEB-INF/resources/image/foo.jpg」を表示したい場合は，URLに「{コンテキストパス}/resources/image/foo.jpg」を指定すればよい。注意点としては，location属性の設定値の最後に「/」が入っていることだ。これを入れないと，静的リソースファイルを配置しているディレクトリがディレクトリとして認識されず，うまくいかないので忘れないようにしよう。なお静的リソースファイルはクラスパス上に配置することも可能だ。その場合は以下のように，「classpath:」プレフィックスを付けてパスを設定する

```
<mvc:resources mapping="/resources/**" location="classpath:/resources/" />
```

いくつかmvc:resourcesタグについて補足しておこう。DispatcherServletを経由してアクセスしたリソースファイルは，キャッシュを有効にすることが可能だ。キャッシュを有効にする場合は，cache-period属性にキャッシュの時間を秒で設定する。たとえば1時間（3600秒）キャッシュを有効にする場合は，以下のように設定すればよい。

```
<mvc:resources mapping="..." location="..."  cache-period="3600"/>
```

またmvc:resourcesタグは複数指定することが可能だ。たとえば画像ファイル，CSSファイル，JavaScriptファイルのディレクトリを個別にマッピングしたいような場合は以下のように設定することができる。

```
<mvc:resources mapping="/image/**" location="/WEB-INF/image/" />
<mvc:resources mapping="/css/**" location="/WEB-INF/css/" />
<mvc:resources mapping="/js/**" location="/WEB-INF/js/" />
```

#### 5.2.3.3 ViewResolverの設定

最後にViewResolverの設定を見ておこう。**リスト5.6-⑥**がViewResolverの設定だ。今回はビューテクノロジーとしてJSPを採用するので，JSP用のViewResolverを設定しており，この設定によりInternalResourceViewResolverがViewResolverとして登録される。5.1.4.2項「ViewとViewResolver」でも説明したように，InternalResourceViewResolverはプレフィックスとサフィックスからViewオブジェクトを生成するUrlBasedViewResolverのサブクラスだ。**リスト5.6-⑦**ではそのプレフィックスとサフィックスを指定しており，これでView名から，「/WEB-INF/views/{View名}.jsp」がビューとして選択されるようになる。

さてこれでDIコンテナにViewResolverオブジェクトが登録できたわけだが，Webアプリケーションの中でViewResolverオブジェクトを使用するのはDispatcherServletだ。DispatcherServlet

にViewResolverオブジェクトをインジェクションするにはどうすればよいのだろうか。実はDispatcherServletは，Webアプリケーション起動時にViewResolverオブジェクトをDIコンテナから勝手に探してくれるので，DispatcherServletにViewResolverオブジェクトをインジェクションする必要はない。またDispatcherServletがViewResolverオブジェクトを探す際は，ViewResolverインタフェースに一致するオブジェクトを探してくれるため，Bean定義でidを指定する必要もない。

補足になるが，ViewResolverオブジェクトは複数登録することが可能だ。この場合，DispatcherServletはViewResolverオブジェクトに順番にViewオブジェクトの取得を依頼していき，Viewオブジェクトを取得できた時点でそのViewオブジェクトに対して画面表示を依頼する。複数設定する場合は<mvc:view-resolvers>タグ内に複数指定すればよい。また<mvc:view-resolvers>タグ自体を複数指定することも可能だ。<mvc:view-resolvers>タグを複数指定する場合は，このタグのorder属性に番号を指定することで優先順位を指定することができる。

```
<mvc:view-resolvers order="0"> ... </mvc:view-resolvers>
<mvc:view-resolvers order="1"> ... </mvc:view-resolvers>
<mvc:view-resolvers order="2"> ... </mvc:view-resolvers>
```



このように指定することで，order属性の若い順にViewResolverが実行される。

以上で，Bean定義ファイルでのSpring MVCの設定は完了だ。

### 5.2.3.4 Spring MVCのJavaConfig

ではここまでBean定義ファイルで作成してきたSpring MVCの設定を，JavaConfigを使って定義してみよう（**リスト5.7**）。

リスト5.7 Spring MVCのJavaConfig（WebConfig.java）

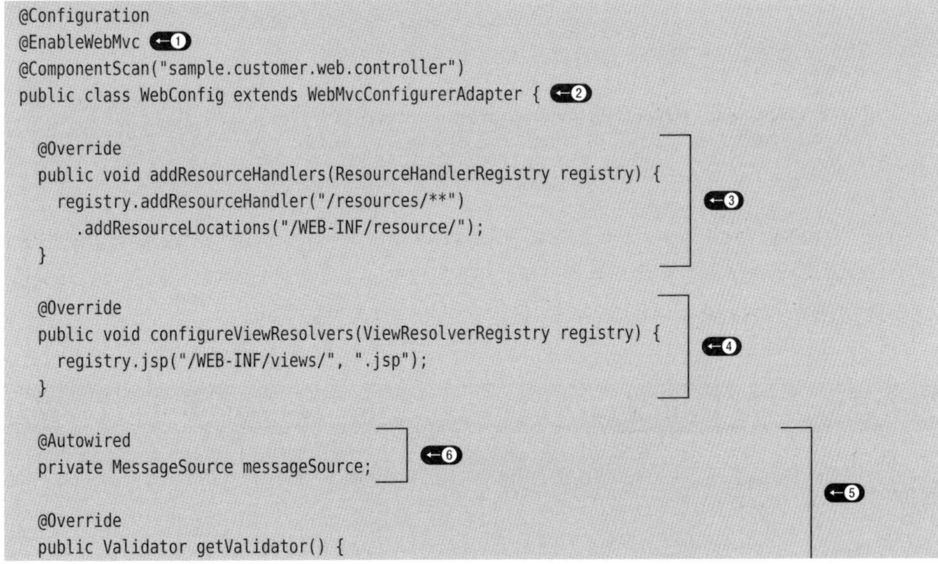

```
@Configuration
@EnableWebMvc ←①
@ComponentScan("sample.customer.web.controller")
public class WebConfig extends WebMvcConfigurerAdapter { ←②

  @Override
  public void addResourceHandlers(ResourceHandlerRegistry registry) {
    registry.addResourceHandler("/resources/**")
      .addResourceLocations("/WEB-INF/resource/");
  }                                                         ←③

  @Override
  public void configureViewResolvers(ViewResolverRegistry registry) {
    registry.jsp("/WEB-INF/views/", ".jsp");
  }                                                         ←④

  @Autowired
  private MessageSource messageSource;  ←⑥
                                                            ←⑤
  @Override
  public Validator getValidator() {
```

```
        LocalValidatorFactoryBean validatorBean = new LocalValidatorFactoryBean();
        validatorBean.setValidationMessageSource(messageSource); ←⑦

        return validatorBean;
    }
}
```

まず**リスト5.6**の<mvc:annotation-config>タグに該当するのが**リスト5.7-①**の@EnableWebMvcアノテーションだ。このアノテーションをJavaConfigに設定するだけでアノテーションベースのSpring MVCが有効になる。また，さらに詳細な設定を行うためには，Spring MVCで用意されているWebMvcConfigurerAdapterクラスを継承して（**リスト5.7-②**），必要に応じてメソッドをオーバライドする（**リスト5.7-③④**）。**リスト5.7-③**が静的リソースの設定（**リスト5.6-⑤**に該当），**リスト5.7-④**がViewResolverの設定（**リスト5.6-⑥**に該当）だ。

そして**リスト5.7-⑤**がBean Validationの設定だ。5.2.2項「ビジネスロジックのBean定義（メッセージ管理設定とBean Validation設定）」でも触れたが，@EnableWebMvcアノテーションを設定すると自動的にValidatorオブジェクトがDIコンテナに登録される。具体的には，WebMvcConfigureAdapterクラスのgetValidatorメソッド（またはgetValidatorメソッドをオーバライドしたメソッド）を実行して得られるオブジェクトを，mvcValidatorと言う名前でDIコンテナに登録するのだ[注12]。そのため，ビジネスロジックのJavaConfigでValidatorオブジェクトをBeanとして定義していると，合わせて2つのValidatorオブジェクトがDIコンテナに登録されてしまうことになる。

そこで今回は，**リスト5.7-⑤**のようにgetValidatorメソッドをオーバライドして，ここでValidatorオブジェクトを生成することにした。そしてビジネスロジックのJavaConfigからは，以下のようにValidatorの設定（**リスト5.6-④**）を削除する。これで，DIコンテナではValidatorオブジェクトが1つだけ登録されることになる。

```
// リスト5.6-④の定義
@Bean
public Validator globalValidator(MessageSource messageSource) {
    ・・・（省略）・・・
}
```

なおValidatorオブジェクトには，ビジネスロジックのJavaConfigで定義したMessageSourceを設定する必要があるため，@AutowiredでMessageSourceオブジェクトをインジェクションし（**リスト5.7-⑥**），Validatorオブジェクトに設定している（**リスト5.7-⑦**）。

## 5.2.4 DispatcherServletとCharacterEncodingFilterの設定

ではBean定義ファイルやJavaConfigで定義したSpring MVCの設定をもとに，DispatcherServlet

注12　getValidatorメソッドの戻り値がnullの場合は，環境に応じてデフォルトのValidatorオブジェクトが登録される。

を設定することにしよう。まずは旧来のweb.xmlで設定する方法を説明し，その後，Servlet 3.0以降の環境で使用できるWebApplicationInitializerを使用した方法について説明する。また，日本語環境では必須といえる，CharacterEncodingFilterについても触れておきたい。

#### 5.2.4.1 web.xmlの設定

まずはBean定義ファイルを使用したweb.xmlの定義をリスト5.8に示す。

リスト5.8　web.xmlの定義（Bean定義ファイル指定）

```
<?xml version="1.0" encoding="UTF-8"?>
<web-app xmlns="http://xmlns.jcp.org/xml/ns/javaee"
         xmlns:xsi="http://www.w3.org/2001/XMLSchema-instance"
         xsi:schemaLocation="
          http://xmlns.jcp.org/xml/ns/javaee
          http://xmlns.jcp.org/xml/ns/javaee/web-app_3_1.xsd"
         version="3.1">
  <display-name>mvc-sample</display-name>

  <context-param>
    <param-name>defaultHtmlEscape</param-name>          ←⑥
    <param-value>true</param-value>
  </context-param>

  <context-param>
    <param-name>contextConfigLocation</param-name>
    <param-value>
      classpath:/META-INF/spring/beans-biz.xml          ←①
    </param-value>
  </context-param>

  <listener>
    <listener-class>
      org.springframework.web.context.ContextLoaderListener   ←②
    </listener-class>
  </listener>

  <filter>
    <filter-name>characterEncodingFilter</filter-name>
    <filter-class>
      org.springframework.web.filter.CharacterEncodingFilter
    </filter-class>
    <init-param>
      <param-name>encoding</param-name>
      <param-value>UTF-8</param-value>                  ←⑦
    </init-param>
  </filter>

  <filter-mapping>
    <filter-name>characterEncodingFilter</filter-name>
    <url-pattern>/*</url-pattern>
  </filter-mapping>
```

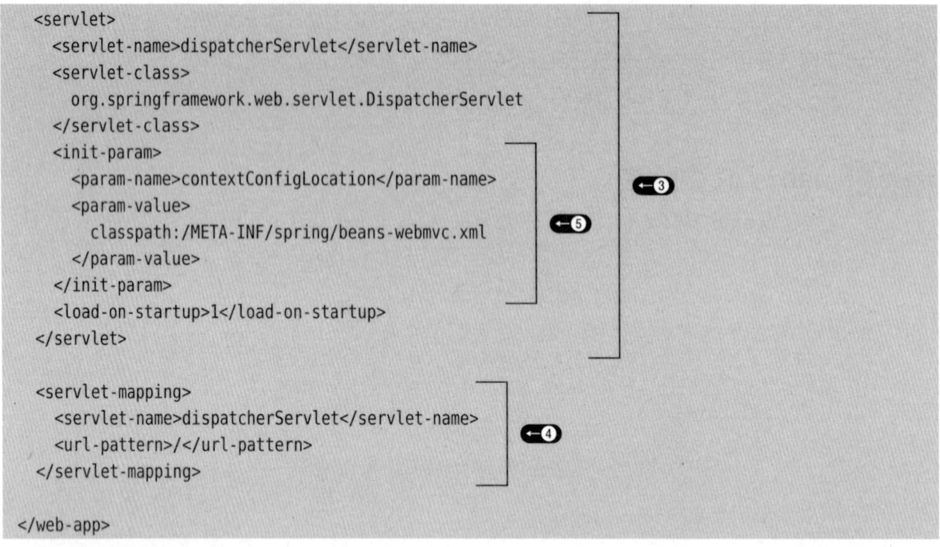

```
  <servlet>
    <servlet-name>dispatcherServlet</servlet-name>
    <servlet-class>
      org.springframework.web.servlet.DispatcherServlet
    </servlet-class>
    <init-param>
      <param-name>contextConfigLocation</param-name>          ←③
      <param-value>
        classpath:/META-INF/spring/beans-webmvc.xml      ←⑤
      </param-value>
    </init-param>
    <load-on-startup>1</load-on-startup>
  </servlet>

  <servlet-mapping>
    <servlet-name>dispatcherServlet</servlet-name>
    <url-pattern>/</url-pattern>                             ←④
  </servlet-mapping>

</web-app>
```

基本的な設定から見ていくことにしよう。まずはWebコンテナ上にDIコンテナを配置する設定が**リスト5.8-①②**だ。DIコンテナをWebコンテナ上に作成するListenerが**リスト5.8-②**だ。そして，どのBean定義ファイルをもとにDIコンテナを作成するかを指定するためのパラメータが，**リスト5.8-①**となる。この設定は，Spring MVC以外のMVCフレームワークを使用する場合などにも有効な定義方法なので，ぜひ1つ覚えておいてほしい。

次にSpring MVCの中心となるDispatcherServletの定義が**リスト5.8-③④**だ。**リスト5.8-③**でDispatcherServletをServletとして定義し，**リスト5.8-④**でDispatcherServletに対するパスを設定している。Spring MVCでWebアプリケーションを構築する場合，5.2.3.2項「静的リソースファイルの設定」でも説明したように基本的にはデフォルトサーブレットとして指定することがほとんどだ。

**リスト5.8-⑤**は，DispatcherServletで作成するDIコンテナのBean定義ファイルを指定している。Spring MVCをベースとしたWebアプリケーションでは，ContextLoaderListenerとDispatcherServletの両方でDIコンテナを作成することができ，後者が前者を参照する形になる（**図5.6**）。

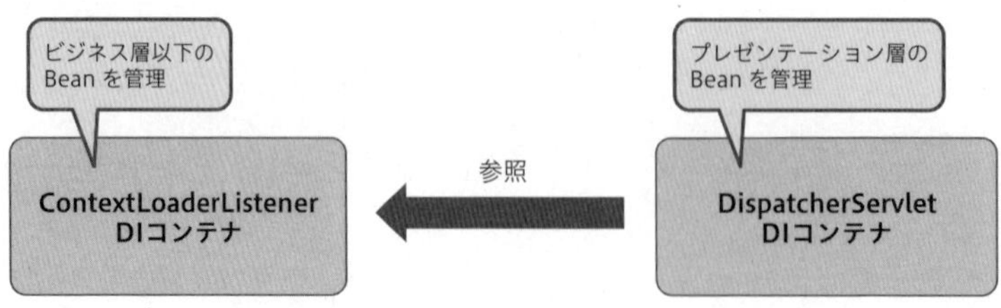


図5.6　Spring MVC における DI コンテナの関係

つまり，ContextLoaderListenerのDIコンテナで管理されているBeanをDispatcherServletのDIコンテナで管理されているBeanにインジェクションすることができるが，逆はできないということだ。この関係はぜひ覚えておこう。一般的に，ContextLoaderListenerのDIコンテナではビジネス層以下のBeanを管理し，DispatcherServletのDIコンテナではプレゼンテーション層以上のBeanを管理する。

最後に細かい設定を見ておこう。**リスト5.8-⑥**は，Spring MVCのビューでHTMLのエスケープをデフォルトで実施するかどうかの設定だ。JSPについて言えば，この「defaultHtmlEscape」をtrueに設定しておくと，Spring MVCが用意しているタグを使用してデータを表示すると，「<」や「>」などの文字をエスケープ処理してくれるのだ。そして**リスト5.8-⑦**がCharacterEncodingFilterの設定だ。このFilterを設定しておくことで，自動的にHttpServletRequestのsetCharacterEncodingメソッドを実行し，適切な文字コードを指定してくれるのだ。忘れずに指定しておくようにしよう。

以上で，Bean定義ファイルを使用したweb.xmlの定義は完了だ。JavaConfigを使用したweb.xmlの定義についても見ておこう。まず**リスト5.8-①**の指定が，**リスト5.9**のようになる。

リスト5.9 web.xmlの定義（JavaConfig指定）その1

```
...（省略）...
<context-param>
  <param-name>contextClass</param-name>
  <param-value>
    org.springframework.web.context.support.AnnotationConfigWebApplicationContext
  </param-value>
</context-param>
<context-param>
  <param-name>contextConfigLocation</param-name>
  <param-value>sample.customer.config.BizConfig</param-value>
</context-param>
...（省略）...
```

contextConfigLocationにJavaConfigのクラス名を指定した上で，contextClassにAnnotationConfigWebApplicationContextクラスを指定するのがポイントだ。もう1つ，DispatcherServlet側の指定も見ておこう。**リスト5.8-⑤**の指定が**リスト5.10**のようになる。変更内容は，**リスト5.9**と同様だ。

リスト5.10 web.xmlの定義（JavaConfig指定）その2

```
...（省略）...
  <init-param>
    <param-name>contextClass</param-name>
    <param-value>
      org.springframework.web.context.support.AnnotationConfigWebApplicationContext
    </param-value>
  </init-param>
  <init-param>
    <param-name>contextConfigLocation</param-name>
    <param-value>
      sample.customer.config.WebConfig
    </param-value>
  </init-param>
...（省略）...
```

### 5.2.4.2 WebApplicationInitializerの設定

Servlet 3.0以降の環境では，ServletやFilterなどをweb.xmlを使用せず，プログラミングベースで登録できるようになった。Springでは，WebApplicationInitializerインタフェースをimplementsしてonStartupメソッドをオーバライドしたクラスを配置することでServletやFilterを登録することが可能だ。DispatcherServletを登録する場合は，まずBean定義ファイルをもとに設定する場合はAbstractDispatcherServletInitializerクラスを継承したクラスを作成して必要なメソッドをオーバライドする（**リスト5.11**）。JavaConfigをもとに設定する場合は，AbstractAnnotationConfigDispatcherServletInitializerクラスを継承したクラスを作成すればよい（**リスト5.12**）。

リスト5.11　WebApplicationInitializerの定義（Bean定義ファイル指定）

```
public class CustomerAppInitializerXml
  extends AbstractDispatcherServletInitializer {

  @Override
  protected WebApplicationContext createRootApplicationContext() {
    XmlWebApplicationContext ctx = new XmlWebApplicationContext();
    ctx.setConfigLocation("classpath:/META-INF/spring/beans-biz.xml");

    return ctx;
  }

  @Override
  protected WebApplicationContext createServletApplicationContext() {
    XmlWebApplicationContext ctx = new XmlWebApplicationContext();
    ctx.setConfigLocation("classpath:/META-INF/spring/beans-webmvc.xml");

    return ctx;
  }

  @Override
  protected String[] getServletMappings() {
    return new String[]{"/"};
  }

  @Override
  protected Filter[] getServletFilters() {
    CharacterEncodingFilter characterEncodingFilter = new CharacterEncodingFilter();
    characterEncodingFilter.setEncoding("UTF-8");
    characterEncodingFilter.setForceEncoding(true);

    return new Filter[]{ characterEncodingFilter };
  }

  @Override
  public void onStartup(ServletContext servletContext)
    throws ServletException {
    super.onStartup(servletContext);
    servletContext.setInitParameter("defaultHtmlEscape", "true");
  }
}
```

リスト5.12 WebApplicationInitializerの定義（JavaConfig指定）

```
public class CustomerAppInitializerJavaConfig
  extends AbstractAnnotationConfigDispatcherServletInitializer {

  @Override
  protected Class<?>[] getRootConfigClasses() {
    return new Class<?>[]{BizConfig.class};
  }

  @Override
  protected Class<?>[] getServletConfigClasses() {
    return new Class<?>[]{WebConfig.class};
  }

  @Override
  protected String[] getServletMappings() {
    return new String[]{"/"};
  }

  @Override
  protected Filter[] getServletFilters() {
    CharacterEncodingFilter characterEncodingFilter = new CharacterEncodingFilter();
    characterEncodingFilter.setEncoding("UTF-8");
    characterEncodingFilter.setForceEncoding(true);

    return new Filter[]{ characterEncodingFilter };
  }

  @Override
  public void onStartup(ServletContext servletContext)
    throws ServletException {
    super.onStartup(servletContext);
    servletContext.setInitParameter("defaultHtmlEscape", "true");
  }
}
```

詳細は割愛するが，ぜひweb.xmlで初期化する場合と比較しておいてほしい。

## 5.3 サンプルアプリケーションの概要

では一通り環境もできたところで，サンプルアプリケーションとして顧客の情報を管理するアプリケーションを作りながらSpring MVCの基本を学んでいくことにしよう。まずこの節では，サンプルアプリケーションの概要について解説する。

### 5.3.1 レイヤとパッケージ構造

サンプルアプリケーションでは，第1章で解説した基本的な3層構造に基づいたレイヤ構造を採用する。ただし今回のサンプルアプリケーションはあくまでプレゼンテーション層のサンプルなので，データアクセス層を省きプレゼンテーション層とビジネスロジック層のみとした。**表5.5**にレイヤ構造とパッケージの対応関係，そして**図5.7**にパッケージ図を示す。

表 5.5　レイヤ構造とパッケージの対応関係

| パッケージ | 対応するレイヤ |
|---|---|
| `sample.customer` | - |
| \|- `biz` | ビジネスロジック |
| \| \|- `domain` | ドメイン |
| \| \|- `service` | サービス |
| \|- `web` | プレゼンテーション |
| \|- `controller` | コントローラ |

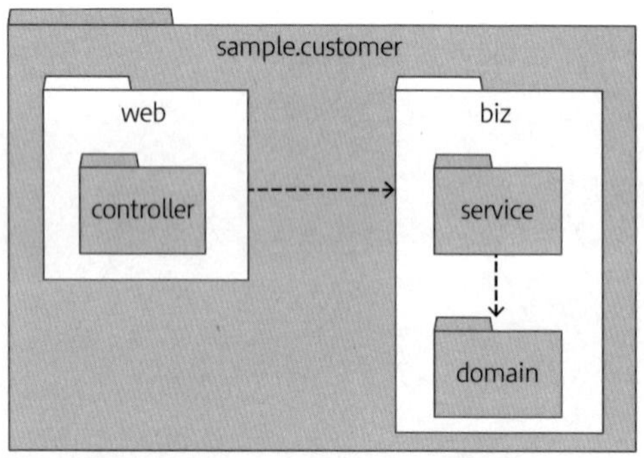


図 5.7　サンプルアプリケーションのパッケージ構造

## 5.3.2 ビジネスロジック層のクラス

ではビジネスロジック層について解説しよう。ビジネスロジック層のクラス図を**図5.8**に示す。

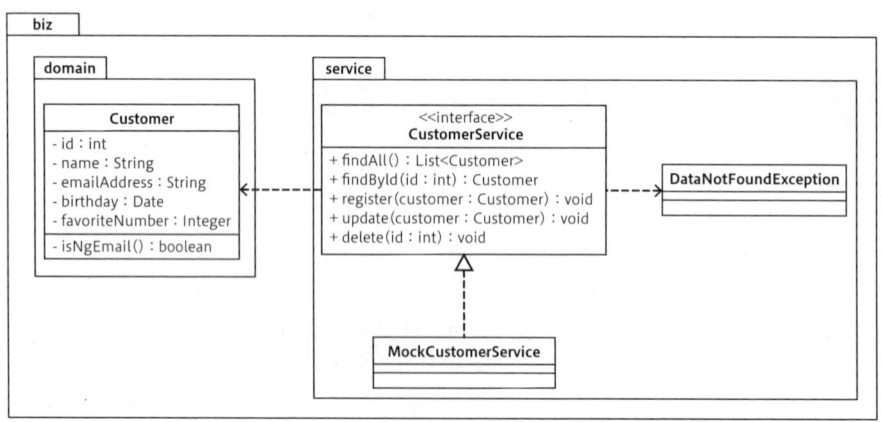


図 5.8　顧客管理サンプルアプリケーションのビジネス層

ビジネスロジック層は大きくサービスとドメインに分かれている。ドメインにはCustomerクラスのみがある。Customerクラスのソースコードは**リスト5.13**だ。Customerクラスは，ID（id），名前（name），Emailアドレス（emailAddress），誕生日（birthday），好きな数字（favoriteNumber）をプロパティとして持っている（**リスト5.13-①**）。また各プロパティに対応したGetter，Setterメソッド（**図5.8**，**リスト5.13**では省略）と，isNgEmailメソッドが定義されている（**リスト5.13-②**）。isNgEmailメソッドはCustomerオブジェクトが保持しているEmailアドレスが使用できないアドレスかを確認するメソッドだ。今回はあくまでサンプルアプリケーションなので，使用できないアドレスを「ドメイン名がng.foo.bazのアドレス」と実装している（かなりいまいちな実装ではあるが，ご了承いただきたい）。

さてこのCustomerクラスであるが，現時点ではまだ不完全な状態だ。このあとデータバインディングとバリデーションの説明のところで，このCustomerクラスにデータバインディングやBean Validationのアノテーションを設定していきたいと思う。

リスト5.13 Customerクラスの不完全版（Customer.java）

```
public class Customer implements java.io.Serializable {

  private int id;

  private String name;

  private String emailAddress;              ←①

  private Date birthday;

  private Integer favoriteNumber;

  public boolean isNgEmail() {
    if (emailAddress == null) {
      return false;
    }                                                  ←②
    // ドメイン名が「ng.foo.baz」であれば使用不可のアドレスとみなす
    return emailAddress.matches(".*@ng.foo.baz$");
  }

  public Customer() {}

  public Customer(String name, String emailAddress,
                  Date birthday, Integer favoriteNumber) {
    this.name = name;
    this.emailAddress = emailAddress;
    this.birthday = birthday;
    this.favoriteNumber = favoriteNumber;
  }
  ... (Getter, Setter, toString()などは省略) ...
}
```

次はサービスだ。サービスにはCustomerServiceインタフェースとそのモック実装のMockCustomerServiceクラス，そしてDataNotFoundExceptionがある。CustomerServiceインタフェースのソースコードを**リスト5.14**に示そう。

リスト5.14　CustomerServiceインタフェース（CustomerService.java）

```
package sample.customer.biz.service;

import sample.customer.biz.domain.Customer;

import java.util.List;

public interface CustomerService {
  public List<Customer> findAll();

  public Customer findById(int id) throws DataNotFoundException;         ←①

  public Customer register(Customer customer);

  public void update(Customer customer) throws DataNotFoundException;    ←②

  public void delete(int id) throws DataNotFoundException;               ←③
}
```

確認しておいてほしいのが**リスト5.14-①②③**のthrowsだ。ID指定検索，更新，削除においては，該当する顧客が存在しない場合はDataNotFoundException例外が発生する。この例外が発生した場合にSpring MVCがどのように処理するかについて，5.6.2項「Spring MVCの例外処理」で解説する。Spring MVCでは，例外処理を非常にスマートな方法で対処している。しっかりと確認しておいてほしい。

MockCustomerServiceクラスはあくまで仮実装なので，ここにはソースコードは掲載しない。CustomerServiceインタフェースをimplementsして好きなように作ってもらいたい。ただし，component-scanタグによって自動でDIコンテナに登録されるように，@Serviceアノテーションは忘れないようにしよう。またDataNotFoundExceptionはExceptionクラスを継承しただけのクラスなので，こちらも特にソースコードは掲載しない。これら2つの実装に興味のある方は，サンプルアプリケーションをダウンロードして確認してほしい。

## 5.4　画面を表示するController

ではここから，いよいよSpring MVCについて学んでいこう。この節では画面を表示するControllerの作成を目標に，Controllerのメソッドの基本である@RequestMappingアノテーション，メソッドの引数，戻り値について解説する。そのあと，実際にサンプルアプリケーションの顧客一覧，顧客明細画面を作りながら具体的な使い方を見ていくことにしよう。

## 5.4.1 @RequestMappingアノテーション

まずは@RequestMappingアノテーションについてみていくことにしよう。@RequestMappingアノテーションは5.1.4.1項「Controllerの概要とModelオブジェクト」でも解説したように，URLとControllerのメソッドのマッピングを設定するアノテーションだ。ここにはURL以外にもさまざまな属性を指定でき，またURIテンプレートと呼ばれる機能を使って，URL中の値を容易に取得することが可能だ。これらの機能について見ていくことにしよう。

### 5.4.1.1 URL指定とURIテンプレート，そしてマトリクスURI

5.2.3.1項「Controllerの登録とアノテーション設定」でも解説したように，@RequestMappingアノテーションではマッピングさせるURLを@RequestMappingアノテーションの値として設定する。たとえばURL「/customer」にマッピングさせる場合は，次のように設定する。

```
@RequestMapping("/customer")
```

ちなみにこの設定は，次の設定を省略したものだ。

```
@RequestMapping(value = "/customer")
```

つまり@RequestMappingのvalue属性に，マッピングするURLを指定するということだ。

またSpringのバージョン4.2以降では，path属性を使って以下のように設定できるようになった。

```
@RequestMapping(path = "/customer")
```

ちなみに1つのメソッドに複数のURLを指定したい場合，次のように配列形式で設定することが可能だ。

```
@RequestMapping({"/customer", "/cust"})
@RequestMapping(value={"/customer", "/cust"})
@RequestMapping(path={"/customer", "/cust"})
```

#### URIテンプレート

さて@RequestMappingのURL指定をより柔軟なものにする，URIテンプレートについて説明しよう。5.1.3項「Spring MVCとREST」でも解説したように，RESTの考え方ではURIによってWeb上のリソースを特定する。先の例では，「http://foo.bar.baz/user/1」のURIに対してGETでアクセスした場合はユーザIDが1のユーザ，「http://foo.bar.baz/user/20」のURIに対してGETでアクセスした場合はユーザIDが20のユーザの情報を取得することができる。

サーバ側の立場で考えてみよう。サーバ側は，「http://foo.bar.baz/user/1」のURLに対してGETでアクセスがあった場合は，ユーザIDが1のユーザ情報を取得してレスポンスを返す必要がある。つまり，URLの一部である「1」という情報を取得する必要があるのだ。これを容易に実現する考え方がURIテンプレートというURLの指定方式だ。

URIテンプレートの形式でURLを指定する場合は，URL中の変動する部分を「{変数名}」の形式で指定する。たとえば先の例では，URLを「http://foo.bar.baz/user/{userId}」のように指定する。そして「http://foo.bar.baz/user/1」のURLに対してリクエストがあった場合は，「userId=1」という値が容易に取得可能になるのだ。

Spring MVCはこのURIテンプレートに対応しており，URLの一部に含まれている値を容易に取得することができる。たとえばユーザ情報を取得するメソッドを考えてみよう。「/user/{ユーザID}」の形式のURLにマッピングするメソッドを定義する場合は，次のように設定すればよい。

```
@RequestMapping("/user/{userId}")
public String getUserById(@PathVariable int userId)
```

まずURLとして「/user/{userId}」を指定しているため，URLに「/user/{ユーザID}」の形式でリクエストされた場合にこのgetUserByIdメソッドが実行される。そして「{userId}」の部分に設定された値を格納する引数をメソッドに定義している。引数名と{}内に指定した変数名を合わせることがポイントだ。この場合，「/user/312」のようにリクエストを送信すると，userId変数には「312」という値が設定される。ちなみに，@PathVariableアノテーションに設定する変数名と引数名を異なるものにしたい場合は，@PathVariableのvalue属性に指定する。

```
@PathVariable("userId") int id
```

なおgetUserByIdメソッドの例では@PathVariableの引数を第1引数に設定しているが，これが第2引数でも第3引数でも特に問題はない。Controllerのメソッドの引数はこのあといろいろと出てくるが，ほとんどのケースでは引数を指定する順番は特に関係ないということを頭に入れておいてほしい。

ではこのURIテンプレート機能について，もう少し細かく見ておこう。URIテンプレートの変数は，複数設定することができる。たとえばユーザを取得する場合に，会社ID，部署ID，ユーザIDの3つを指定する必要があり，「/company/{会社ID}/dept/{部署ID}/user/{ユーザID}」の形式でURLを指定する必要があるとしよう。この場合は次のように指定すればよい。

```
@RequestMapping("/company/{companyId}/dept/{deptId}/user/{userId}")
public String getUserById(
  @PathVariable int companyId, @PathVariable int deptId, @PathVariable int userId) {
```

これで「/company/100/dept/21/user/1999001」のようにURLを指定すれば，companyId引数に100，deptId引数に21，userId引数に1999001が値として設定される。

もう1つ説明しておこう。引数のuserIdがint型で設定されている場合，「/user/abc」のURLにリクエストを投げた場合どうなるのだろうか。この場合は，確かに「/user/{userId}」には一致するが引数のuserIdに「abc」という値が入らないため，このメソッドにはマッピングされず，エラーのレスポンスが返される。では「userIdは文字列だが小文字のアルファベットしか受け付けない」ような場合，どのように設定すればよいだろうか。引数のuserIdは当然String型にしなくてはならないが，これではアルファベットだろうが数値だろうが漢字だろうが，なんでも受け付けてしまう。

そこでSpring MVCのURIテンプレート機能には，正規表現で変数を制限する機能が備わっている。変数の指定で「{変数名}:{正規表現}」と指定すると，正規表現に一致する場合のみマッピングされるようになるのだ。具体例を見てみよう。

```
@RequestMapping("/customer/{id:[a-z]+}")
public String getUserByStringId(@PathVariable("userId") String id)
```

このように指定することで，ユーザIDはaからzまでの文字列（正規表現で[a-z]）が1文字以上（正規表現で+）の場合のみ，getUserByStringIdメソッドが実行される。

最後に一点補足しておこう。URIテンプレートによるURLの指定方法だが，「変数は/の間に1つのみ」というルールは特になく，自由に指定することができる。たとえば以下のような指定も可能だ（URL設計としての善し悪しは置いておく）。

```
@RequestMapping("/user/{companyId}-{deptId}-{userId}")
```

このようにURIテンプレートによるURL設定は，自由度がとても高い。ここに正規表現をうまく組み合わせることで，細かなURLの設定が可能になるのだ。

## マトリクスURI

Springのバージョン3.2以降では，@MatrixVariableアノテーションによるマトリクスURIの対応が導入された。マトリクスURIとはURLの一部に「変数名=値;変数名=値;...」のように「変数名=値」のペアをセミコロンで区切ったマトリクス形式の構造を含むURLのことだ。従来のURIテンプレートでも「/a={a};b={b}/」のように指定することでaとbの値を取得することも可能だが，たとえば「/search/name=Taro/」「/search/address=Tokyo;maxAge=30/」「/search/name=Yamada;address=Kanagawa/」のように指定する変数が状況によって変わる場合は対応できない。マトリクスURLではこのようなケースにも対応している。

なおマトリクスURIを導入するためには，Spring MVCの設定を修正する必要がある。まずXML形式のBean定義ファイル（beans-webmvc.xml）でSpring MVCの設定を行っている場合は，次のように<mvc:annotation-config>タグのenable-matrix-variables属性にtrueを設定するだけだ。

```
<mvc:annotation-driven
  validator="validator" enable-matrix-variables="true" />
```

一方，JavaConfig（WebConfig.java）でSpring MVCの設定を行っている場合は，設定が少しやっかいだ。この場合はまず，クラスの定義を次のように修正する。

```
@Configuration
@EnableWebMvc
@ComponentScan("sample.customer.web.controller")
public class WebConfig extends WebMvcConfigurerAdapter {
public class WebConfig extends DelegatingWebMvcConfiguration {
```

DelegatingWebMvcConfigurationは@EnableWebMvcアノテーションを指定した場合に指定されるJavaConfigファイルで，このクラスを直接継承するように変更する。その上で，次のメソッドを追加しよう。

```
@Override
@Bean
public RequestMappingHandlerMapping requestMappingHandlerMapping() {
  RequestMappingHandlerMapping handlerMapping
      = super.requestMappingHandlerMapping();
  handlerMapping.setRemoveSemicolonContent(false);

  return handlerMapping;
}
```

この設定をすることで，URL中のセミコロン以降の値を削除する機能を無効にすることができ，マトリクスURIを有効にすることができるのだ。

マトリクスURIが使用できるように設定が完了したところで，マトリクスURIの説明に入ろう。マトリクスURI形式のURLに対応するためには，まず@RequestMappingのURLをURIテンプレート形式で指定する。あとはURIテンプレートの変数を受け取る引数をMap型で定義して，@MatrixVariableアノテーションを指定するだけだ。前述の検索条件を受け取るメソッドであれば，次のように指定すればよい。

```
@RequestMapping("/search/{searchCondition}/")
public String search(@MatrixVariable Map<String, String> searchCondition) {
```

これでsearchCondition引数には変数名をキー，値をバリューとしたMapが格納される。また引数としてMapではなく，値を直接引数の値として受け取りたい場合は，次のように指定することも可能だ。

```
@RequestMapping("/search/{searchCondition}/")
public String search(
  @MatrixVariable String name,
  @MatrixVariable(required = false) String address,
  @MatrixVariable(required = false) Integer maxAge) {
```

これで，たとえば「/search/name=Taro;maxAge=30」のように指定すると，name引数にはTaro，maxAge引数には30が設定され，URLで指定されていないaddress引数にはnullが指定される。なお，required属性は必須かどうかを指定するもので，デフォルトはtrueだ。この例ではnameは

requiredがtrueとなるため，たとえば「/search/address=Tokyo/」のように送信されるとエラーのレスポンスが返される。ただし次のようにdefaultValue属性を指定した場合はURLで指定しない場合でも問題なく実行でき，引数にはdefaultValueで指定した値が設定される。

```
@RequestMapping("/search/{searchCondition}/")
public String search(
  @MatrixVariable(defaultValue = "Default Name") String name, ...) {
```

### 5.4.1.2 @RequestMappingアノテーションの属性

@RequestMappingアノテーションには，URLを設定する属性以外にも表5.6のような設定が可能だ。

表5.6 @RequestMappingのさまざまな設定

| 属性 | 設定可能な型（配列形式で複数指定も可） | 内容 | 設定例 |
|---|---|---|---|
| value | String型 | URL | @RequestMapping("/foo")<br>@RequestMapping(value = "/foo")<br>@RequestMapping(value = {"/foo", "/bar"}) |
| path | String型 | URL | @RequestMapping(path = "/foo")<br>@RequestMapping(path = {"/foo", "/bar"}) |
| method | HttpMethod型 | HTTPメソッド | @RequestMapping(method = HttpMethod.POST) |
| params | String型 | リクエストパラメータ | @RequestMapping(params = "action=new")<br>@RequestMapping(params = "!forbidden")<br>@RequestMapping(params = {"action=edit", "userId"}) |
| headers | String型 | リクエストヘッダ | @RequestMapping(headers = "myHeader=myValue") |
| consumes | String型 | リクエストに含まれる内容のメディアタイプ（リクエストヘッダのContent-Typeで判断） | @RequestMapping(consumes = "text/xml")<br>@RequestMapping(consumes = "text/*") |
| produces | String型 | レスポンスのメディアタイプ（リクエストヘッダのAcceptで判断） | @RequestMapping(produces = "text/html")<br>@RequestMapping(produces = "text/*") |

これらの設定について，特に重要なHTTPメソッドとリクエストパラメータについて解説していこう。なおここで紹介するすべての属性については，配列形式を使って複数の値が設定可能だ。たとえばURLの設定については，以下のように設定することで「/foo」と「/bar」の両方のURLに対応するメソッドを定義することができる。

```
@RequestMapping({"/foo","/bar"})
@RequestMapping(path = {"/foo", "/bar"})
```

#### HTTPメソッド

ここまで解説した形式でURLだけを設定した場合は，どのようなHTTPメソッドでも（GETでも

POSTでも）受け付けるメソッドになる。HTTPメソッドを限定したい場合には，@RequestMappingアノテーションには次のように設定する。

```
// HTTPメソッドがGETの場合
@RequestMapping(path = "/foo", method = RequestMethod.GET)
public String executeGetOnly(...

// HTTPメソッドがPOSTの場合
@RequestMapping(path = "/foo", method = RequestMethod.POST)
public String executePostOnly(...
```

このように設定することで，同じURL「/foo」にアクセスがあったとしても，HTTPメソッドがGETの場合はexecuteOnlyGetメソッドが実行され，HTTPメソッドがPOSTの場合はexecuteOnlyPostが実行されることになる。仮にexecuteOnlyGetメソッドのみ存在しexecuteOnlyPostメソッドが存在しない場合は，HTTPメソッドPOSTに対応するメソッドが存在しないことになる。そのためHTTPメソッドPOSTでアクセスするとHTTPステータス405（Method Not Allowed）のレスポンスが返される。

なお@RequestMappingアノテーションのmethod属性に設定している値は，RequestMethod enumで定義されている値だ。これは次のようにstatic importをクラスの先頭で定義してやると，もう少しきれいに記述することができる。

```
import static org.springframework.web.bind.annotation.RequestMethod.*;
... （省略） ...
@RequestMapping(path = "/foo", method = GET) // 「RequestMethod.」を省略
public String executeGetOnly(...

@RequestMapping(path = "/foo", method = POST) // 「RequestMethod.」を省略
public String executePostOnly(...
```

このようにRequestMethod enumで定義されている値をstatic importすることで，「RequestMethod.XXX」のように毎回記述する必要がなくなり，「method = GET」「method = POST」とシンプルに記述できるようになる。

### リクエストパラメータ

次はリクエストパラメータの設定だ。同じURLであっても，たとえばリクエストパラメータが「action=new」の場合と「action=edit」の場合でメソッドを切り替えたい場合は，次のように設定すればよい。

```
// リクエストパラメータが「action=new」の場合
@RequestMapping(path = "/foo", params = "action=new")
public String actNew(...
```

```
// リクエストパラメータが「action=edit」の場合
@RequestMapping(path = "/foo", params = "action=edit")
public String actEdit(...
```

このように設定することで,「action=new」がリクエストパラメータに設定されている場合(「http://～/コンテキストパス/foo?action=new」でアクセスした場合など)はactNewメソッドが,「action=edit」がリクエストパラメータに設定されている場合はactEditメソッドが実行される。このほか,次のようにリクエストパラメータのキーのみを設定することも可能だ。

```
@RequestMapping(params = "action_new")
```

この場合は,リクエストパラメータが「action_new=xxx」でも「action_new=yyy」でも,とにかく「action_new」というキーのリクエストパラメータが設定されている場合はこのメソッドが実行されることになる。

逆に,「このリクエストパラメータが設定されていない場合」と指定することもできる。たとえば「リクエストパラメータactionの値がnewではない場合」と指定したい場合は,次のように指定する。

```
@RequestMapping(params = "action!=new")
```

「リクエストパラメータaction自体が設定されていない場合」と指定したい場合は,先頭に「!」を付けて次のように設定する。

```
@RequestMapping(params = "!action")
```

なお,params属性に複数の値を設定した場合は,両方のリクエストパラメータが設定されている場合のみ,メソッドが実行される。たとえば次のように設定した場合は,「action=edit」と「userId={任意の値}」の両方のリクエストパラメータが設定されている場合のみ,メソッドが実行される。

```
@RequestMapping(params = {"action=edit", "userId"})
```

さて,リクエストパラメータによって実行するメソッドを指定する方法については以上だが,当然リクエストパラメータに指定された値を取得したい場合もあるだろう。その場合はメソッドの引数に@RequestParamアノテーションを指定することで取得が可能だ。

```
@RequestMapping(...
public String foo(@RequestParam String action) {
```

この指定により,fooメソッドのaction引数に,リクエストパラメータ「action」の値が設定される。リクエストパラメータ名は,引数の変数名から自動で判断されるのだ。ちなみに@RequestParamはデフォルトでは必須となるため，もしactionをリクエストパラメータとして送信しなかった場合はこのメソッドは実行されず，HTTPステータス400（Bad Request）のレスポンスが返される。

また@RequestParamアノテーションは次のように属性を指定することも可能だ。

```
public String foo(
  @RequestParam(
    name = "p_action", // リクエストパラメータ名を指定
    required = false, // リクエストパラメータを任意に指定
    defaultValue = "defaultVal") // リクエストパラメータ省略時のデフォルト値を指定
  String action) {
```

@RequestParamアノテーションに指定可能な属性については**表5.7**を参照してほしい。

表5.7 @RequestParamの属性

| 属性 | 設定可能な型 | 内容 | 設定例 |
|---|---|---|---|
| name/value | String型 | リクエストパラメータ名を指定 | @RequestParam(name="action")<br>@RequestParam(value="action")<br>@RequestParam("action") |
| required | boolean型 | 必須か任意かを指定<br>● true：必須（デフォルト）<br>● false：任意<br>必須の場合でそのリクエストパラメータを送信しない場合はエラーとなる[注13]<br>（defaultValueを指定した場合はエラーにならない） | @RequestParam(required = false) |
| defaultValue | String型 | リクエストパラメータが指定されない場合のデフォルト値 | @RequestParam(defaultValue="defaultVal") |

### 5.4.1.3 クラスレベルの@RequestMappingアノテーション

では@RequestMappingアノテーションの解説の最後に，クラスレベルでの@RequestMappingアノテーションについて解説しておこう。ここまでは@RequestMappingアノテーションをメソッドのみに設定してきたが，@RequestMappingアノテーションはクラスにも設定可能だ。クラスに@RequestMappingアノテーションを設定した場合は，メソッドに設定したURLは，すべてクラスに設定したURLのサブURLとなる。たとえば**リスト5.15**の例では，クラスの@RequestMappingアノテーションに「/user」を指定している（**リスト5.15-①**）。そのため，このクラスのすべてのメソッドのURLは「/user」で始まるURLとなる。

リスト5.15 URLテンプレートで複数の変数を指定

```
@Controller ←①
@RequestMapping("/user")
public class UserListController {
```

注13 MissingServletRequestParameterExceptionが発生する。

```
@RequestMapping ←②
public String getAllUser(Model model) {
  ...（省略）...

@RequestMapping("/{id:[0-9]{3}}") ←③
public String getUserById(@PathVariable("id") int id, ...
  ...（省略）...
```

各メソッドを見てみよう。getAllUserメソッドには@RequestMappingアノテーションを設定しているが，URLは何も設定していない（**リスト5.15-②**）。しかしクラスにURLとして「/user」が設定されているので，「/user」のURLに対してリクエストがあると，このgetAllUserメソッドが実行される。getUserByIdメソッドには@RequestMappingアノテーションで「/{id:[0-9]{3}}」がURLとして設定されている（**リスト5.15-③**）。この場合も，URL「/{id:[0-9]{3}}」はクラスに設定されているURL「/user」配下とみなされるため，「/user/{ユーザID}」のURLにアクセスがあった場合にgetUserByIdメソッドが実行されるのだ。

## 5.4.2 Controllerのメソッドの引数

では@RequestMappingアノテーションの説明に続き，Controllerのメソッドの引数について見ていくことにしよう。たとえば，これまでに出てきている引数には以下のものがあった。

- Modelオブジェクト（5.1.4.1項参照）
- URIテンプレート変数（@PathVariable引数）（5.4.1.1項参照）
- リクエストパラメータ（@RequestParam引数）（5.4.1.2項参照）

そのほかにも，Controllerのメソッドには多くの引数を指定することができる。Controllerのメソッドの引数として定義することができる変数のうち，主なものを**表5.8**に示そう。

表5.8 Controllerのメソッド引数として指定可能なオブジェクト（主要なもの）

| 説明 | 型 | アノテーション | 使用例 | 説明する項 |
|---|---|---|---|---|
| URIテンプレート形式で指定したURLの変数の値 | 任意 | @PathVariable | foo(@PathVariable int userId) | 5.4.1.1項 |
| マトリクスURI形式で指定したURLの変数の値 | 個別に取得する場合は任意。まとめて取得する場合はMap | @MatrixVariable | foo(@MatrixVariable String userName)<br>foo(@MatrixVariable Map<String, String> searchCondition) | 5.4.1.1項 |
| HTTPリクエストパラメータの値 | 任意 | @RequestParam | foo(@RequestParam int userId)<br>foo(@RequestParam(value = "userId", required=false) int id) | 5.4.1.2項 |
| アップロードファイル | org.springframework.web.multipart.MultipartFile | @RequestParam | foo(@RequestParam MultipartFile uploaded) | 5.6.3項 |

(前ページよりの続き)

| 説明 | 型 | アノテーション | 使用例 | 説明する項 |
|---|---|---|---|---|
| HTTPリクエストのヘッダの値 | 個別に取得する場合は任意。まとめて取得する場合はMapまたはRequestHeaders | @RequestHeader | foo(@RequestHeader("User-Agent") String userAgent)<br>foo(@RequestHeader Map<String, String> headers)<br>foo(@RequestHeader RequestHeaders headers) | - |
| クッキーの値 | 任意 | @CookieValue | foo(@CookieValue("jsessionid") String sessionId) | - |
| HTTPリクエストのメッセージボディ | 任意 | @RequestBody | foo(@RequestBody User user) | 5.6.5.3項 |
| HttpEntityオブジェクト | org.springframework.http.HttpEntity<T> | - | foo(HttpEntity<User> user) | - |
| Modelオブジェクト | org.springframework.ui.Model | - | foo(Model model) | 5.1.4.1項 |
| ModelAttributeオブジェクト | 任意 | @ModelAttribute | foo(User user)<br>foo(@ModelAttribute("editedUser") User user) | 5.5.1項 |
| Session管理オブジェクト | org.springframework.web.bind.support.SessionStatus | - | foo(SessionStatus sessionStatus) | 5.5.2項 |
| エラーオブジェクト | org.springframework.validation.Errors | - | foo(Errors errors) | 5.5.2.3項 |
| WebRequestオブジェクト | org.springframework.web.context.request.WebRequest | - | foo(WebRequest req) | 5.4.2項 |
| Servlet APIの各種オブジェクト | javax.servlet.http.HttpServletRequest<br>javax.servlet.http.HttpServletResponse<br>javax.servlet.http.HttpSession ほか | - | foo(HttpServletRequest req, HttpServletResponse res) | - |
| ロケール | java.util.Locale | - | foo(Locale local) | - |
| リクエスト，レスポンスにアクセスするためのストリームオブジェクト | java.io.InputStream, java.io.Reader(リクエスト)<br>java.io.OutputStream, java.io.Writer(レスポンス) | - | foo(Reader reader, Writer writer) | - |
| 認証オブジェクト | java.security.Principal | - | foo(Principal principal) | - |

**表5.8**のように，Controllerのメソッド引数として指定できるものは非常に多い。たとえばServlet APIのHttpServletRequestやHttpSessionオブジェクトなどは，そのまま引数として受け取ることができる。HTTPヘッダやクッキーの値が必要であれば，それぞれ@RequestHeaderアノテーション，@CookieValueアノテーションを指定することで容易に値を取得できるのだ。ちなみに@RequestHeaderアノテーションと@CookieValueアノテーションには，@RequestParamアノテーションと同様にrequired属性やdefaultValue属性も指定することが可能だ。

### String型以外の引数へのマッピング

@PathVariableアノテーションや@RequestParamアノテーション，そしてここで紹介した@RequestHeaderアノテーションや@CookieValueアノテーションで指定した引数の型には，String型を指定することもできるがint型やInteger型，さらにはDate型なども指定することもできる。この場合は，5.1.5.2項で軽く紹介したデータバインディングによってString型から引数の型に自動的に変換される。

### WebRequestオブジェクトの意義

WebRequestオブジェクトは，HttpServletRequestオブジェクトとほぼ同等のものだ。ではなぜWebRequestオブジェクトが存在しているのか。それはSpring MVCがJava標準のPortlet APIにも対応しており，ここまで説明してきたのと同じ要領でPortletを作成できるようにしているからだ。

JavaのPortlet APIには，Servlet APIのHttpServletRequestインタフェースに該当するインタフェースが複数存在する。HttpServletRequestとほぼ同等のものであるが，クラス階層は異なり互換性はない。そこでSpring MVCでは，Servlet APIでもPortlet APIでもどちらでも同じようにリクエストにアクセスできるように，WebRequestインタフェースを用意しているのだ。

5

## 5.4.3 Controllerのメソッドの戻り値

では最後にControllerのメソッドの戻り値について解説しておこう。5.1.4.1項で解説したとおり，Controllerのメソッドの戻り値は，基本的にはView名となる。そしてDispatcherServletは，View名をもとにViewResolverオブジェクトに問い合わせることでViewオブジェクトを取得し，Viewオブジェクトのrenderメソッドを実行することで画面を表示するのだ。

ViewResolverについては5.1.4.2項で解説したが，特によく使用されるのがUrlBasedViewResolverクラスとそのサブクラスだ。そしてこれらのクラスには，共通する便利な機能が備わっている。それはView名のプレフィックス指定だ。View名のプレフィックスに**表5.9**で示した文字列を指定することで，リダイレクト処理やフォワード処理を行ってくれるのだ。

またControllerのメソッドの戻り値には，voidを指定することも可能だ。この場合は，リクエストされたURLがView名となる[注14]。ただし，コンテキストパスは除かれ，また最後に「/」があればそれも除かれる。たとえば「http://～/{コンテキストパス}/foo/bar/baz/」のURLに対してリクエストされたとしよう。この場合，View名は「foo/bar/baz」となる。

注14　RequestToViewNameTranslatorインタフェースをimplementsした独自のクラスを作成することで，この設定を変更することも可能だ。

表5.9　View名のプレフィックス

| プレフィックス | 内容 | 使用例 |
|---|---|---|
| redirect: | 指定されたURLへリダイレクト | redirect:/user<br>redirect:http://www.springsource.org/ |
| forward: | 指定されたURLへフォワード | forward:/user |

### redirectプレフィックスのさまざまな指定

redirectプレフィックスのURLは，さまざまな指定が可能だ。httpやhttpsから始まるフルパスのURLを指定した場合(redirect:http://www.springsource.org/など)は，外部のサーバに対してリダイレクト処理が実行される。また「/」で始まるURLを指定した場合は，「コンテキストルート」からのパスに対してリダイレクトが実行される。そして「/」を指定しない場合は，現在のパスに対する相対パスでリダイレクト処理が実行される。たとえば@RequestMapping("/foo/bar/baz")が設定されたControllerのメソッドで，View名として「redirect:nextPath」を指定したとしよう。この場合は，「{コンテキストパス}/foo/bar/nextPath」にリダイレクトされる。相対パスとして「../nextPath」のような指定も可能だ。

もう1つ補足しよう。Springの3.1ではredirectやforwardプレフィックスを指定したView名で，URIテンプレート形式のURLが使用できるようになった。具体的には，@RequestMapping("/user/{userId}")が設定されたControllerのメソッドで，View名として「redirect:/user/{userId}/edit」のように指定することができるのだ。View名の{userId}には，このメソッドのURLで指定されたuserIdが自動的に設定される。便利な機能なのでぜひ覚えておこう。

## 5.4.4 サンプルアプリケーションの作成①

ではここまで解説した内容をもとに，サンプルアプリケーションを作成してみよう。今回作成するのは，顧客一覧画面と顧客詳細画面だ。これらの画面を1つのControllerとして作成する。まずは簡単に画面イメージを示しておこう（図5.9，図5.10）。

図5.9　顧客一覧画面

図5.10　顧客詳細画面

顧客一覧画面の「詳細」リンクをクリックすると顧客詳細画面へ遷移し，顧客詳細画面の「一覧」リンクをクリックすると顧客一覧画面へ遷移する。

### 5.4.4.1 Controllerクラスの作成

ではControllerクラスを作成しよう（**リスト5.16**）。

リスト5.16　CustomerServiceを保持するCustomerListController（CustomerListController.java）

```
package sample.customer.web.controller;

import static org.springframework.web.bind.annotation.RequestMethod.*; ←③

import org.springframework.beans.factory.annotation.Autowired;
import org.springframework.stereotype.Controller;

import sample.customer.biz.service.CustomerService;

@Controller ←①
public class CustomerListController {

  @Autowired                                    ┐
  private CustomerService customerService;      ┘ ←②

}
```

Controllerクラス名はCustomerListControllerとする。パッケージは，「sample.customer.web.controller」だ。まずはお約束どおり@Controllerアノテーションをクラスに設定する（**リスト5.16-①**）。そしてCustomerListControllerクラスで使用するCustomerServiceオブジェクトをインジェクションするように設定しておくことにしよう（**リスト5.16-②**）。またRequestMethod enumをstatic importしておき（**リスト5.16-③**），@RequestMappingのmethod属性が簡潔に済むようにしておこう。

### 5.4.4.2 顧客一覧画面表示処理の実装

次は顧客一覧画面表示処理を実装しよう。まずはControllerのメソッドだ（**リスト5.17**）。

リスト5.17　showAllCustomersメソッドとhomeメソッド（CustomerListController.java）

```
@RequestMapping(path = "/customer", method = GET)        ←②  ┐
public String showAllCustomers(Model model) {                 │
  List<Customer> customers = customerService.findAll(); ←③  │
  model.addAttribute("customers", customers);            ←④  │ ←①
  return "customer/list";                                ←⑤  │
}                                                             ┘

@RequestMapping(path = "/", method = GET) ←⑦  ┐
public String home() {                         │ ←⑥
  return "forward:/customer"; ←⑧              │
}                                              ┘
```

顧客一覧画面を表示するためのURLは「/customer」として，HTTPメソッドのGETでアクセスした場合のみ表示できるようにする。この処理を実装したメソッドが，showAllCustomersメソッドだ（**リスト5.17-①**）。基本的に，5.1.4.1項で説明したユーザー一覧の例とほとんど変わらない。まずは@RequestMappingアノテーションでURLを指定する（**リスト5.17-②**）。メソッド内では，CustomerオブジェクトのListをCustomerServiceオブジェクトのfindAllメソッドを実行して取得し（**リスト5.17-③**），Modelオブジェクトに「customers」という名前で格納して（**リスト5.17-④**），最後にView名として「customer/list」を返している（**リスト5.17-⑤**）。ViewResolverは5.2.3.3項のように設定してあるので，「/WEB-INF/views/customer/list.jsp」が表示されることになる。

もう1つControllerにメソッドを追加しておこう。今回のサンプルアプリケーションでは，コンテキストルートである「/」にアクセスがあった場合は顧客一覧画面を表示する仕様としたい。そこでコンテキストルート「/」にマッピングするメソッドを追加し，顧客一覧画面のURLである「/customer」に対してフォワード処理を行うように実装する。このメソッドが**リスト5.17-⑥**だ。まずは「/」にマッピングさせるために，@RequestMappingアノテーションを**リスト5.17-⑦**のように設定する。そして「/customer」に対してフォワードするため，**リスト5.17-⑧**のように「forward:/customer」を返している。この設定はもちろん，次のようにshowAllCustomersメソッドに指定することも可能だ。

```
@RequestMapping(path = {"/", "/customer"}, ...
public String showAllCustomers(...
```

だが今後，コンテキストルートにアクセスした場合の初期表示画面が変わることを想定し，メソッドを独立させておくことにした。本来であればHomeControllerのようなControllerクラスを別途用意して，そこにhomeメソッドは定義しておくべきだろう。

次は顧客一覧画面のJSPを作成しよう（**リスト5.18**）。

リスト5.18　顧客一覧画面のJSP（list.jsp）

```
<%@ page contentType="text/html; charset=UTF-8" pageEncoding="UTF-8"%>
<%@ taglib uri="http://java.sun.com/jsp/jstl/core" prefix="c" %>
<!DOCTYPE HTML PUBLIC "-//W3C//DTD HTML 4.01 Transitional//EN">
<html>
<head>
<meta http-equiv="Content-Type" content="text/html; charset=UTF-8">
<title>顧客一覧画面</title>
</head>
<body>
<h2>顧客一覧画面</h2>
<table border="1">
  <tr>
    <th>ID</th>
    <th>名前</th>
    <th>Eメールアドレス</th>
    <th></th>
  </tr>
  <c:forEach items="${customers}" var="customer"> ←❶
  <tr>
```

```
      <td><c:out value="${customer.id}"/></td>
      <td><c:out value="${customer.name}"/></td>
      <td><c:out value="${customer.emailAddress}"/></td>
      <td>
        <c:url value="/customer/${customer.id}" var="url"/>  ←②
        <a href="${url}">詳細</a>                           ←③
        <c:url value="/customer/${customer.id}/edit" var="url"/> ┐
        <a href="${url}">編集</a>                                 ┘←④
      </td>
      </td>
    </tr>
    </c:forEach>
</table></body>
</html>
```

5.1.4.2項「View と ViewResolver」でも解説したように，Modelオブジェクトに設定したオブジェクトは，Spring MVCが自動的にHttpServletRequestに設定してくれている。そのため，**リスト5.18-①**のようにEL式を使ってオブジェクトを取得することが可能だ。あとはJSTLを使って取得した顧客の情報を表示している。

顧客一覧画面からのリンク先である顧客詳細画面は，URLを「/customer/{顧客ID}」として作成する。そこで<c:url>タグを使用してurl変数にコンテキストパスも含めた顧客詳細画面へのリンクを代入し（**リスト5.18-②**），リンクタグを定義している（**リスト5.18-③**）。同様に，顧客情報更新画面のURLは「/customer/{顧客ID}/edit」で作成している（**リスト5.18-④**）。

### 5.4.4.3 顧客詳細画面表示処理の実装

では最後に，顧客詳細画面表示処理を実装しよう。Controllerのメソッドは，URLが「/customer/{顧客ID}」にHTTPメソッドGETでアクセスした場合に表示できるように設定する。なおメソッド名はshowCustomerDetailとする（**リスト5.19**）。

リスト5.19　showCustomerDetailメソッド（CustomerListController.java）

```
@RequestMapping(path = "/customer/{customerId}", method = GET)              ←①
public String showAllCustomerDetail(@PathVariable int customerId, Model model) ←②
  throws DataNotFoundException {                                            ←⑥
  Customer customer = customerService.findById(customerId);                 ←③
  model.addAttribute("customer", customer);                                 ←④
  return "customer/detail";                                                 ←⑤
}
```

まず@RequestMappingアノテーションのマッピングは，今回はURIテンプレート機能を使って定義している（**リスト5.19-①**）。URL内の変数名は「customerId」としているので，**リスト5.19-②**の@PathVariableアノテーションを設定している引数の変数名も「customerId」としている。

メソッドで実施している処理はさほど難しい処理はない。CustomerServiceオブジェクトのfindByIdメソッドを使ってCustomerオブジェクトを取得し（**リスト5.19-③**），取得したCustomerオブジェクトを「customer」という名前でModelオブジェクトに設定し（**リスト5.19-④**），そしてView名として「customer/detail」を返している（**リスト5.19-⑤**）。これで，顧客詳細画面として「/WEB-INF/views/customer/detail.jsp」が表示されることになる。**リスト5.20**が顧客詳細画面のJSPだ。

リスト5.20　顧客詳細画面のJSP（detail.jsp）

```
<%@ page contentType="text/html; charset=UTF-8" pageEncoding="UTF-8"%>
<%@ taglib uri="http://java.sun.com/jsp/jstl/core" prefix="c" %>
<%@ taglib uri="http://java.sun.com/jsp/jstl/fmt" prefix="fmt" %>
<!DOCTYPE HTML PUBLIC "-//W3C//DTD HTML 4.01 Transitional//EN">
<html>
<head>
<meta http-equiv="Content-Type" content="text/html; charset=UTF-8">
<title>顧客詳細画面</title>
</head>
<body>
<h1>顧客詳細画面</h1>
<dl>
  <dt>名前</dt>
  <dd><c:out value="${customer.name}"/></dd>
  <dt>Eメールアドレス</dt>
  <dd><c:out value="${customer.emailAddress}"/></dd>
  <dt>誕生日</dt>
  <dd><fmt:formatDate pattern="yyyy/MM/dd" value="${customer.birthday}"/></dd> ←②
  <dt>好きな数字</dt>
  <dd><c:out value="${customer.favoriteNumber}"/></dd>
</dl>
<c:url value="/customer" var="url"/>
<a href="${url}">一覧</a>
</body>
</html>
```
（←①：<dt>名前</dt>〜<dd>…favoriteNumber…</dd>，←③：<c:url …/>〜<a …>一覧</a>）

Modelオブジェクトに「customer」という名前でCustomerオブジェクトを格納したので，**リスト5.20-①**のように名前，Emailアドレス，誕生日，好きな数字を取得できる。誕生日についてはDate型であるため，JSTLの<fmt:formatDate>タグでフォーマットを指定している（**リスト5.20-②**）。そして一覧画面へのリンクとして，**リスト5.20-③**のように「/customer」へのリンクを生成している。

## 5.5 入力値を受け取るController

5.4節で画面を表示するControllerの基本について学んだところで，この節では入力値を受け取るControllerを作成してみよう。画面で入力された値は，5.4.1.2項で解説した@RequestParamアノテーションを使うことで取得できる。しかし，たとえば画面から多くの値を受け取ろうとすると，次のように引数が非常に多くなってしまう。

```
// 引数が多過ぎる！！
@RequestMapping("/receiveManyValue")
public String receiveManyValue(
  @RequestParam("id") int id,
  @RequestParam("name") String name,
```

```
@RequestParam("address") String address,
@RequestParam("emailAddress") String emailAddress, ...
```

そこでSpring MVCには，複数のリクエストパラメータをもとに1つのオブジェクトを生成する機能がある。引数としてリクエストパラメータをまとめるオブジェクトを定義するだけだ。また，その引数として指定したオブジェクトを自動的にModelオブジェクトに設定してくれたり，自動的にsessionスコープで管理してくれたりもする。この節ではこれらの機能に加え，データバインディングとバリデーションについて解説していくことにしよう。

## 5.5.1 入力値の受け取りと@ModelAttributeアノテーション

まずは，画面から受け取った入力値をオブジェクトにマッピングする方法について解説しよう。ここでは，Customerオブジェクトのnameプロパティ，emailAddressプロパティ，birthdayプロパティ，favoriteNumberプロパティに設定する値を受け取り，それをもとにCustomerオブジェクトを生成する方法について見てみよう。

画面からこれら4つの値を送信するときは，それぞれCustomerオブジェクトのプロパティ名に合わせて[注15]，リクエストパラメータのキー名を「name」「emailAddress」「birthday」「favoriteNumber」とする。これはお約束なので，しっかり守るようにしよう。

今回のCustomerクラスはシンプルなクラスなので特に問題ないが，場合によっては以下のUserとAddressのように，クラス階層がネストしている場合がある。

```
public class User {
  private Address address;
}
public class Address {
  private String prefecture;
  private String city;
}
```

このようなケースでは，たとえばUserオブジェクトの「address」プロパティの「prefecture」プロパティに値を設定するには，「address.prefecture」をキーとしてリクエストパラメータを送信すればよい。

あとはControllerメソッドの定義だ。Customerオブジェクトに設定する値を受け取るControllerメソッドは，次のように設定すればよい。

```
@RequestMapping("/receiveCustomer")
public String receiveCustomer(Customer customer) {
```

つまり引数としてCustomer型の変数を定義するだけだ。これだけでCustomerオブジェクトが

注15 正確には，Customerクラスに定義されたSetterメソッド名に該当するプロパティ名に合わせる。

自動的に生成され[注16]，リクエストパラメータとして送信された値がCustomerオブジェクトに設定される。さらには，このCustomerオブジェクトは自動的にModelオブジェクトの中に格納されModelAttributeオブジェクトとなる。このときModelAttributeオブジェクトの名前は，クラス名の先頭を小文字にしたものだ。そのためこの例では，ModelAttribute（"customer"）オブジェクトとなる。もし異なる名前にしたい場合は，@ModelAttributeアノテーションを設定して，その値として名前を指定する。たとえば「sampleCustomer」という名前のModelAttributeオブジェクトにしたい場合は，Customerオブジェクト型の引数を以下のように定義すればよい。

```
@ModelAttribute("sampleCustomer") Customer customer
```

### URIテンプレートとModelAttributeオブジェクト

リクエストパラメータで送信された値は，自動的にModelAttributeオブジェクトのプロパティに設定されるわけだが，Spring3.1以降ではURIテンプレートの値も設定される。たとえばURLの設定を「/sample/{id}」のように設定しており，メソッドの引数にModelAttributeオブジェクトを定義している場合は，ModelAttributeオブジェクトのidプロパティに，URLの{id}に該当する値が設定される。

### メソッドと@ModelAttributeアノテーション

@ModelAttributeアノテーションはメソッドの引数だけではなく，以下のようにメソッドに設定することもできる。

```
@ModelAttribute("items")
List<Item> addItemsToModel() {
```

@ModelAttributeアノテーションを設定したメソッドは，@RequestMappingが設定されたメソッドを実行する前に実行される。そしてそのメソッドの戻り値が，メソッドに設定した@ModelAttributeアノテーションに応じてModelオブジェクトに格納されるのだ。たとえば前述のaddItemToModelメソッドであれば，このメソッドの戻り値がitemsという名前でModelオブジェクトに格納されることになる。あるControllerに複数の@RequestMappingメソッドがあり，それらのメソッドの中で必ず同じオブジェクトをModelに追加しているようであれば，@ModelAttributeアノテーションを設定したメソッドを使用することで容易に共通化することができるのだ。

## 5.5.2 データバインディング／バリデーションと入力エラー処理

画面で入力された値をModelAttributeオブジェクトのプロパティに設定しようとしたとき，そのプロパティがString型であれば問題ない。ただプロパティの型がint型やDate型の場合はどうす

注16　引数なしのコンストラクタを実装しておく必要がある（デフォルトコンストラクタでも可）。

ればよいだろうか。またString型であればとりあえず入力値を設定することはできるが，たとえば10桁以内にしなくてはらない，アルファベットしか受け付けない，などの業務的なルールを検証する場合はどうすればよいだろうか。このような場合は，5.1.5.2項，5.1.5.3項で説明したデータバインディングとバリデーションを適用することで解決できる。ここでは，データバインディングとバリデーション機能を簡単に紹介した上で，これらの処理を実行したときにエラーが発生した場合，Controllerではどのように処理を行うかについて説明しよう。エラーを画面でどのように表示するかについては，5.5.4.3項で解説する。

#### 5.5.2.1 データバインディング

Springでは強力なデータバインディング機能がデフォルトで有効になっており，さまざまな個所で利用することができる。Spring MVCでも特に設定することなく，データバインディング機能を使用することができる。たとえば今回のサンプルアプリケーションのCustomerクラスはInteger型のfavoriteNumberをプロパティとして持っている。ここに指定する値を送信する場合は，単純にリクエストパラメータ名を「favoriteNumber」としてパラメータを送信するだけだ。Springのデフォルトのデータバインディング機能が働いて，自動的に文字列がInteger型に変換されて設定される。このような文字列型から数値型に変換する処理については，Integer型以外のLong型やBigDecimal型，もちろん基本データ型についてもSpringのデフォルトのデータバインディングによって行われる。ちなみにSpring MVCにおけるデータバインディングはModelAttributeオブジェクトに限った話ではない。たとえば@RequestParamアノテーションを設定した引数や@PathVariableアノテーションを設定した引数などに対しても実行される。

またよく入力値として使用されるのは，日付や時刻などだ。Javaではjava.util.Date型にマッピングすることが多いが，この場合はどうすればよいだろうか。SpringではDate型のデータバインディングを実現する仕組みとして，アノテーションをベースとした仕組みを用意している。たとえばサンプルアプリケーションのCustomerクラスはDate型のbirthdayプロパティを持っているが，ここにyyyy/MM/ddの形式で入力された文字列をDate型に変換して設定したい場合は，以下のように指定する[注17]。

```
@DateTimeFormat(pattern = "yyyy/MM/dd")
private Date birthday;
```

@DateTimeFormatアノテーションは，java.util.Date型以外にも，java.util.Calendar型やLong型，Joda-Time[注18]で用意されている型やJava 8で導入されたjava.timeパッケージの型の変数にも指定可能だ。

また文字列を数値に変換するためのアノテーションとして，@NumberFormatアノテーションも存在する。以下のように指定する。

注17 pattern属性以外に，style属性やiso属性を指定可能。詳細はDateTimeFormatアノテーションのJavaDocを参照のこと。
注18 さまざまな強力な日時関係のクラスを提供するライブラリ。http://www.joda.org/joda-time/

```
@NumberFormat(pattern = "#,###")
private Long price;
```

これで，たとえば「10,800」のような文字列を入力として受け取った場合でも，Long型に変換してくれるのだ。なおNumberFormatアノテーションは，java.lang.Numberクラス（またはそのサブクラス）に適用可能だ。

ここまで説明した暗黙的な変換やアノテーションを使った変換については，Springにデフォルトで設定されているデータバインディングによって行われるが，独自のデータバインディングを設定することももちろん可能だ。Spring4.2以降であれば，Formatterインタフェースをimplementsしたクラスを作成して実装するとよい。**リスト5.21**は，String型を独自のMyType型に変換するFormatterの例だ。

リスト5.21　独自Formatterの作成（MyType.java，MyTypeFormatter.java）

```
// MyType.java

public class MyType {

  private String value;

  // Getter/Setterは省略
}

// MyTypeFormatter.java

import java.text.ParseException;
import java.util.Locale;

import org.springframework.format.Formatter;

public class MyTypeFormatter implements Formatter<MyType> {

  @Override
  public String print(MyType myType, Locale locale) {
    // MyType型をString型に変換
    return myType.getValue();
  }

  @Override
  public MyType parse(String text, Locale locale) throws ParseException {
    // String型をMyType型に変換
    MyType myType = new MyType();
    myType.setValue(text);
    return myType;
  }
}
```

ControllerでこのFormatterを適用するには，以下のようにControllerクラスに，@InitBinderアノテーションを指定したメソッドを用意してWebDataBinderオブジェクトに設定する[注19]。

```
@InitBinder
public void initBinder(WebDataBinder binder) {
  binder.addCustomFormatter(new MyTypeFormatter());
}
```

WebDataBinderオブジェクトは，SpringをベースとしたWebアプリケーションでデータバインディングを実現するオブジェクトだ。ここにはFormatterオブジェクト以外にもさまざまなデータバインディングに関するオブジェクトを指定できるが，その1つとしてJavaBeans仕様のPropertyEditorオブジェクトを指定することも可能だ。ここではStringTrimmerEditorクラスを紹介しておこう。

JavaのWebアプリケーションで，入力ボックスに何も入力しないで送信したリクエストパラメータを取得しようとすると，nullではなく空文字が返ってくる。Spring MVCのデータバインディングでも，入力ボックスに入力しないで送信した場合は，ModelAttributeオブジェクトのプロパティには空文字が指定されてしまう。これを防ぐためには，以下のようにStringTrimmerEditorを指定しておく。

```
@InitBinder
public void initBinder(WebDataBinder binder) {
  ...（省略）...
  binder.registerCustomEditor(String.class, new StringTrimmerEditor(true));
}
```

StringTrimmerEditorオブジェクトはStringオブジェクトのtrimメソッドの結果に変換してくれるPropertyEditorだが，コンストラクタにtrueを指定することで，空文字をnullに変換してくれるのだ。非常に便利な機能なので，ぜひ1つ覚えておこう。

#### 5.5.2.2 バリデーションとBean Validation

データバインディングに続いてバリデーションについて解説しよう。5.1.5.3項でも解説したように，Spring MVCではBean Validationを使ってバリデーションの設定を行うことができる[注20]。Bean Validationで用意されているデフォルトのアノテーションについて**表5.10**に示そう。なおここには，Bean Validationで定義されているアノテーション以外に，Bean Validationの実装であるHibernate Validator独自に定義されているアノテーションについても記載した。

注19 Formatterを適用する方法としては，@InitBinderアノテーションのメソッドで適用する方法以外にも，独自のWebBindingInitializerを作成する方法やConversionServiceを設定する方法などがある。

注20 本章では，SpringとBean Validationを組み合わせて使用する方法について説明する。Bean Validation単体で使用する場合は若干挙動が異なる場合もあるので，Bean Validation単体で使用する場合にはJSR-303/JSR-349の仕様書を参考にしてほしい。

表5.10　Bean Validationで定義されているアノテーション

| 所属 | アノテーション | 意味 | 使用例 | 補足 |
|---|---|---|---|---|
| Bean Validation | @NotNull | nullでないことを検証 | @NotNull String name | 空文字はOKと判断される |
| | @Max | 数値が指定した数以下であることを検証 | @Max(100) int point | - |
| | @Min | 数値が指定した数以上であることを検証 | @Min(20) int age | - |
| | @Size | 文字列やCollectionが指定した範囲の大きさであることを検証 | @Size(min = 0 max = 10)<br>List<User> selected | - |
| | @AssertTrue | trueであることを検証 | @AssertTrue<br>public boolean isNextTime() { ... | - |
| | @AssertFalse | falseであることを検証 | @AssertFalse<br>public boolean isNgWord() { ... | - |
| | @Pattern | 正規表現に一致することを検証 | @Pattern("[1-9][0-9]+")<br>int userNumber | - |
| Hibernate Validator | @NotEmpty | 文字列やCollectionがnullまたは空でないことを検証 | @NotEmpty List<User> users | 空文字はNGと判断される。文字列の前後の空白スペースは無視されない |
| | @NotBlank | 文字列がnullまたは空，あるいは空白スペースのみでないことを検証 | @NotBlank String name | 空文字はNGと判断される。文字列の前後の空白スペースは無視される |
| | @Length | 文字列が指定した範囲の長さであることを検証 | @Length(min = 0, max = 40)<br>String address | - |
| | @Range | 数値が指定した範囲であることを検証 | @Range(min = 80, max =100)<br>int point | - |
| | @Email | 文字列がEmail形式であることを検証 | @Email String emailAddress | - |
| | @CreditCardNumber | 文字列がクレジットナンバー形式であることを検証 | @CreditCardNumber<br>String cardNumber | - |
| | @URL | 文字列がURL形式であることを検証 | @URL String serverAddress | - |

では**表5.10**を参考にサンプルアプリケーションのCustomerクラスに，Bean Validationの設定を行ってみよう（**リスト5.22**）。

リスト5.22　Customerクラスの Bean Validation定義（Customer.java）

```
public class Customer implements java.io.Serializable {
```

```
  private int id;

  @NotNull
  @Size(max = 20)     ←①
  private String name;

  @NotNull
  // 簡易的に，@が含まれているかどうかの正規表現で検証
  @Pattern(regexp = ".+@.+")     ←②
  private String emailAddress;

  @NotNull                                  ←③
  @DateTimeFormat(pattern = "yyyy/MM/dd")  ←⑥
  private Date birthday;

  @Max(9)
  @Min(0)     ←④
  private Integer favoriteNumber;

  @AssertFalse(message = "{errors.emailAddress.ng}")  ←⑤
  public boolean isNgEmail() {
    if (emailAddress == null) {
      return false;
    }
    // ドメイン名が「ng.foo.baz」であれば使用不可のアドレスとみなす
    return emailAddress.matches(".*@ng.foo.baz$");
  }

  ...（省略）...
}
```

Bean Validationのアノテーションは，**リスト5.22-①②③④**のように変数に設定することもでき，**リスト5.22-⑤**のようにメソッドに設定することもできる。メソッドに設定した場合は，まずそのメソッドを実行して，その結果の戻り値に対してアノテーションで定義したバリデーションが実行されることになる。

なお，**リスト5.22-⑥**は前述のデータバインディングの設定だ。また**リスト5.22-⑤**のmessage属性については，5.5.4.3項「エラーメッセージの表示」で説明する。

では5.5.1項「入力値の受け取りと@ModelAttributeアノテーション」のUserとAddressの例のように，クラス階層がネストしている場合はどうすればよいだろうか。この場合は以下のように，オブジェクト型の変数のほうに@Validアノテーションを設定すればよい。

```
public class User {
  @Valid
  private Address address;
}
```

@Validアノテーションを設定することで，そのプロパティに対してもバリデーションが実行される。つまりUserオブジェクトに対してバリデーションを実行すると，Addressオブジェクトについて

もバリデーションが実行されるのだ。

では，String MVCでバリデーションを有効にする方法について解説しておこう。データバインディングはリクエストパラメータを適切な型に変換するために，自動的に実行される処理だ。しかしバリデーションについては，明確に「このModelAttributeオブジェクトに対してはバリデーションを実行する」という宣言をしておく必要がある。そのためにはModelAttributeオブジェクトの引数に，以下のように@Validアノテーションを設定しておこう。

```
@RequestMapping("...
public String foo(@Valid Customer customer) {
```

これで，データバインディングによってCustomerオブジェクトに値が設定された状態でバリデーション処理が自動的に実行されるのだ。

次は，1つのクラスの中でバリデーションを複数回に分けたい場合について解説しよう。たとえば，「userId（ユーザID）」「password（パスワード）」「address（住所）」「telNo（電話番号）」の4つのプロパティを持つUserクラスがあり，その4つのプロパティに設定する値を2つの画面で入力するとしよう（**図5.11**）。

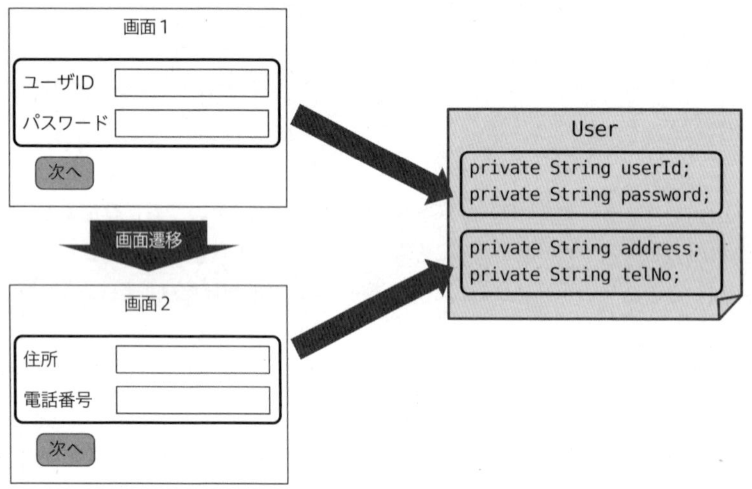


図5.11　バリデーションが複数画面にまたがる場合

画面1ではユーザIDとパスワード，画面2では住所と電話番号を入力する。この場合，画面1からリクエストされた場合はuserIdとpasswordのみバリデーションを行い，画面2からリクエストされた場合はaddressとtelNoのみバリデーションを行う必要がある。

このように，1つのオブジェクト内でバリデーションを実行するタイミングが異なる場合は，**リスト5.23**のようにバリデーションをグループ化しておこう。

リスト5.23 Validation処理のグループ化

```
public interface Group1 {}   ←①

public interface Group2 {}

public class User {

  @NotNull(groups = Group1.class) ←②
  private String userId;

  @NotNull(groups = Group1.class) ←③
  private String password;

  @NotNull(groups = Group2.class) ←④
  private String address;

  @NotNull(groups = Group2.class) ←⑤
  private String telNo;
}
```



まずはバリデーションの定義をグループ化するためのインタフェースを作成する（**リスト5.23-**①）。このクラスではバリデーションを2回に分けるため，それぞれGroup1，Group2というインタフェースを作成した。インタフェースを作成したら，各アノテーションのgroups属性に作成したグループを表すインタフェースのクラスを設定する。これで，バリデーションの定義がグループ化できた。ちなみに，groups属性は複数のインタフェースを指定することも可能だ。Group1でもGroup2でも実行する@NotNullアノテーションは，以下のように設定する。

```
@NotNull (groups = {Group1.class, Group2.class})
```

この場合は，Group1のバリデーション，Group2のバリデーションのいずれのバリデーションでもNotNullがチェックされることになる。

次はControllerのメソッドで，グループを指定する。このときは，@Validアノテーションの代わりに@Validatedアノテーションを使用する。たとえばvalidate1メソッドではGroup1のバリデーション，validate2メソッドではGroup2のバリデーションを実行したい場合は，以下のように設定する。

```
@RequestMapping("/validate1")
public String validate1(@Validated(Group1.class) User user) { ... }

@RequestMapping("/validate2")
public String validate2(@Validated(Group2.class) User user) { ... }
```

validate1メソッドの実行時は@Validatedアノテーションで Group1を指定しているので**リスト5.23-**②③が実行され，validate2メソッドの実行時は@Validatedアノテーションで Group2を指定しているので**リスト5.23-**④⑤が実行される。なお，@Validatedアノテーションに複数のグループを指定したい場合は，以下のように設定すればよい。

```
@Validated({Group1.class, Group2.class, Group3.class, ...})
```

### 5.5.2.3 Controllerでのエラー処理とErrorsオブジェクト

ここまででデータバインディングとバリデーションの実行方法について確認した。データバインディングで変換に失敗した場合，またバリデーションでエラーが発生した場合，ここまで説明したようにControllerのメソッドの引数にModelAttributeオブジェクトを設定するだけでは，単純に例外が発生してエラー画面に遷移するだけで，メソッドは実行されない。しかしデータバインディングやバリデーションのエラー処理としては以下のような処理をControllerのメソッドで実行したい場合もあるだろう。

- エラーが発生したかどうかを確認する
- エラーが発生している場合，入力画面に遷移させる
- エラーが発生していない場合，メインの処理を実行する

これらを実装するためには，ModelAttributeオブジェクトの引数の後ろに，以下のようにErrorsオブジェクトを指定する。

```
@RequestMapping("...
public String foo(@Valid Customer customer, Errors errors) {
```

こうすることで，もしエラーが発生した場合はその情報がErrorsオブジェクトに格納された状態でメソッドが実行される。ErrorsオブジェクトにはhasErrorsメソッドがあり，このメソッドを実行することでエラーが発生したかどうかを確認することができるので，以下のようにこのメソッドの結果に応じて正常処理と異常処理の切り分けを行えばよい。

```
if (errors.hasErrors()) {
  // エラーが発生した場合の処理
  return "validateErrorPage";
}
// メインの処理
```

なお，ほとんどのControllerメソッドの引数は順不同であるが，Errorsオブジェクトは必ず，対象となるModelAttributeオブジェクトの後ろに置かなくてはならない。この点はしっかり意識しておこう。

### 5.5.2.4 エラーメッセージの定義

ではここからはエラーメッセージについて解説しよう。データバインディングやバリデーションでエラーが発生した場合，Errorsオブジェクトにはエラーコードが設定される。このエラーコードを，

5.2.2項「ビジネスロジックのBean定義（メッセージ管理設定とBean Validation設定）」で定義したメッセージリソースファイルのメッセージキーと合わせておくことで，エラーが発生した場合に該当するメッセージを画面に表示することができるのだ。Errorsオブジェクトに格納されるエラーコードは以下の形式で設定されるので，この形式でメッセージリソースファイルにメッセージを設定しておけばよい。なおメッセージ形式は優先的に読み込まれる順に記載していた。この優先順位についても意識しておこう。

**データバインディングエラー**

- typeMismatch.[ModelAttribute名].[プロパティ名]
- typeMismatch.[プロパティ名]
- typeMismatch.[プロパティの型（パッケージ名を含む）]

たとえば，ModelAttribute("user")のDate型のbirthdayプロパティに関するエラーメッセージは，以下のように定義することができる。

```
typeMismatch.user.birthday = ユーザの誕生日は日付形式で入力してください
typeMismatch.birthday = 誕生日は日付形式で入力してください
typeMismatch.java.util.Date = 日付形式で入力してください
```

このうちの1つでもメッセージとして設定しておけば，該当するメッセージがエラーメッセージとして画面に表示されるのだ。

**バリデーションエラー**

- [アノテーションクラス名（パッケージ名を含まない）].[ModelAttribute名].[プロパティ名]
- [アノテーションクラス名（パッケージ名を含まない）].[プロパティ名]
- [アノテーションクラス名（パッケージ名を含まない）].[プロパティの型（パッケージ名を含む）]
- [アノテーションクラス名（パッケージ名を含まない）]

たとえば，ModelAttribute("user")のString型のnameプロパティに@NotNullアノテーションが設定されているとすると，エラーメッセージは以下のように定義することができる。

```
NotNull.user.name = ユーザ名は必須です
NotNull.name = 名前は必須です
NotNull.java.lang.String = 必須です
NotNull = 必須です
```

なおバリデーションエラーについては，Bean Validationの仕様で定義されている以下の形式にも対応している（優先順位は最も低い）。

```
[アノテーションクラス名（パッケージ名を含む）].message
```

次にメッセージの形式について詳細に説明しよう。データバインディング／バリデーションエラーの各メッセージには，以下の「{0}」のようにプレースホルダを指定することができる。

```
typeMismatch.java.lang.Integer = {0}は数値で入力してください
```

この{0}の部分には，データバインディング／バリデーション対象のプロパティ名に該当するキーのメッセージが設定される。具体的には，以下のように設定される。

① message.propertiesファイルに{ModelAttribute名}.{プロパティ名}をキーとしたメッセージがあれば，その値が設定される
② ①がない場合，{プロパティ名}をキーとしたメッセージが設定される

たとえばメッセージファイルに，前述の設定に加えて以下のように設定されているとしよう。

```
user.age = ユーザの年齢
number = 番号
```

この場合，ModelAttribute("user")のageプロパティ（型はInteger型とする）のデータバインディングで失敗した場合は「ユーザの年齢は数値で入力してください」となり，任意のModelAttributeオブジェクトのnumberプロパティのデータバインディングで失敗した場合は「番号は数値で入力してください」となる。

プレースホルダについて，バリデーションの属性を指定する方法についても確認しておこう。たとえば@Sizeアノテーションにはmin属性とmax属性を以下のように指定することができる。

```
@Size(min = 10, max = 200)
String comment;
```

このmin属性とmax属性をエラーメッセージに指定したい場合は，以下のように指定することが可能だ[注21]。

```
Size = {0}は{min}文字以上，{max}文字以内で入力してください
```

次に，バリデーションのエラーメッセージをアノテーションに指定する方法について見ておこう。すべてのBean Validationのアノテーションはmessageプロパティを持っており，ここにエラーメッ

注21　執筆時点のSpringのバージョン(4.1.2)では，value属性の値を指定しようとするとエラーになってしまう。たとえば@Maxアノテーションではvalue属性で最大値を指定するが，{value}というプレースホルダは指定することができないのだ。これを回避する方法として，{value}の代わりに{1}を指定するという方法がある。{1}を指定しておけば，value属性の値がここに指定される。またはBean Validation形式でメッセージを指定しておけば，この問題は発生しないようだ。

セージを指定することができるのだ。たとえば以下のように設定すると，そのメッセージリソースファイルではなくアノテーションに指定した「名前は必ず入力してください」が，エラーメッセージとして画面に表示される。

```
@NotBlank(message = "名前は必ず入力してください")
String name;
```

また，以下のようにメッセージキーを指定することも可能だ。

```
@NotBlank(message = "{errors.required}")
String name;
```

このように設定しておくことで，メッセージリソースファイルの「errors.required」というメッセージキーのメッセージが，エラーメッセージとなる。

最後に今回のサンプルアプリケーションのメッセージリソースファイルを**リスト5.24**に示しておこう。

リスト5.24 サンプルアプリケーションのメッセージリソースファイル

```
errors.datanotfound.customer=指定されたIDの顧客は存在しません。
errors.emailAddress.ng=このEメールアドレスは使用不可として設定されています。

typeMismatch.java.util.Date    = {0}はyyyy/MM/dd形式で入力してください。
typeMismatch.java.lang.Integer = {0}は数値で入力してください。

NotNull = {0}は必須です
Size    = {0}は{max}文字以内で入力してください
Pattern = {0}を正しい形式で入力してください
Max     = {0}は{1}以内の数値を入力してください
Min     = {0}は{1}以上の数値を入力してください

name           = 名前
address        = 住所
emailAddress   = Eメールアドレス
birthday       = 誕生日
favoriteNumber = 好きな数字
```

## Errorsオブジェクトに直接エラーを追加する方法

Errorsオブジェクトには，自動で行われるデータバインディングやバリデーションで発生したエラーだけではなく，Controllerのメソッドでエラーを追加することも可能だ。自動で実行されるデータバインディングやバリデーション以外の，たとえばビジネスロジックに問い合わせなくてはならないバリデーションなどは，Controllerメソッドに実装する。もしエラーが存在する場合は，次のようにErrorsオブジェクトにエラーを追加するのだ。

```
if (エラーが存在する場合) {
  errors.reject("errors.foo");
}
```

このように，Errorsオブジェクトのrejectメソッドを実行することでエラーを追加することができる。なおrejectメソッドの引数として渡している「errors.foo」はエラーコードだ。このエラーコードはエラーメッセージのキーとして使用されるもので，エラーメッセージのプロパティファイルのキーを指定するものと思っておけばよいだろう。なおErrorsオブジェクトの主なrejectメソッドを表5.11に示そう。

表5.11　Errorsオブジェクトのrejectメソッド

| 対象 | メソッド |
|---|---|
| オブジェクト全体のエラー | reject({エラーコード}) |
| | reject({エラーコード}, {デフォルトメッセージ}) |
| | reject({エラーコード}, {メッセージ引数配列}, {デフォルトメッセージ}) |
| プロパティごとのエラー | rejectValue({プロパティ名}, {エラーコード}) |
| | rejectValue({プロパティ名}, {エラーコード}, {デフォルトメッセージ}) |
| | rejectValue({プロパティ名}, {エラーコード}, {メッセージ引数配列}, {デフォルトメッセージ}) |

表5.11でデフォルトメッセージというのは，エラーコードに該当するメッセージが見つからない場合に表示されるメッセージだ。またメッセージ引数配列のところには，エラーメッセージの{0}や{1}に設定する値を配列で設定する。文字列で指定すれば，その文字列が直接{0}や{1}に設定される。ただ，文字列を直接指定するのではなくプロパティファイルのメッセージをメッセージ引数として指定したい場合もあるだろう。その場合はDefaultMessageSourceResolvableクラスのオブジェクトを生成して渡すとよい。たとえばメッセージキーが「errors.foo」のメッセージの「{0}」に，メッセージキーが「name」のメッセージを設定したい場合は，以下のように指定する。

```
reject("errors.foo",
  new Object[]{new DefaultMessageSourceResolvable("name")}, null);
```

## 5.5.3 Modelオブジェクトとsessionスコープ

ModelAttributeオブジェクトは自動的にrequestスコープに格納されるため，JSPでEL式を使って取得できるということはすでに解説した。では，たとえば入力画面，確認画面，完了画面といった形で，複数画面にわたって1つのオブジェクトを保持する必要がある場合はどうすればよいだろうか。requestスコープに格納したオブジェクトは一度クライアントにレスポンスを返してしまうと消えてしまうため，requestスコープでは管理できない。複数画面にわたって使用するオブジェクトはsessionスコープに格納することになる。Servletを実装する場合はHttpServletRequestからHttpSessionオブジェクトを取得し，取得したHttpSessionオブジェクトに格納する，という処理を記述する必要があるのだが，Spring MVCのControllerでは，アノテーションを使って簡潔にsessionスコープに格納するオブジェクトを指定することができる。それが@SessionAttributesアノテーションだ。@SessionAttributesアノテーションは，次のようにControllerクラスに対して設定する。

```
@SessionAttributes("customer")
@Controller
public class CustomerEditController {
```

@SessionAttributesアノテーションには，sessionスコープで管理するModelAttributeオブジェクトの名前を指定する。前述の例ではModelAttribute("customer")オブジェクトをsessionスコープで管理することを表している。これだけで，Modelオブジェクトに格納したModelAttributeオブジェクトは，すべてsessionスコープに格納されるのだ。そしてこのsessionスコープで管理されているModelAttributeオブジェクトは，ControllerメソッドのCustomer型の引数に自動的に設定されることになる。なぜなら，Customer型の引数のオブジェクトは「customer」という名前のModelAttributeオブジェクトであると認識されるからだ。もしModelAttribute("sampleCustomer")オブジェクトがsessionスコープに設定されているのであれば，Customer型の引数に@ModelAttribute("sampleCustomer")アノテーションを設定すればいいだけだ。

ちなみにModelAttributeオブジェクトを引数に持つメソッドが実行された際に，そのオブジェクトがsessionスコープに存在しない場合はHttpSessionRequiredException例外が発生する。そのため，@SessionAttributesアノテーションで指定されたModelAttributeオブジェクトを引数として受け取るメソッドが実行される前には，必ずModelオブジェクトに該当するオブジェクトを追加しておくことを忘れないようにしよう。

sessionスコープにオブジェクトを格納する方法は以上だが，sessionスコープからオブジェクトを削除する方法についても解説しておこう。この方法についても，Spring MVCでは非常にスマートな方法を提供している。次のようにControllerメソッドの引数にSessionStatusオブジェクトを指定し，sessionスコープからオブジェクトを削除するタイミングでSessionStatusオブジェクトのsetCompleteメソッドを実行するだけだ。

```
@RequestMapping("/sessionInvalidate")
public String sessionInvalidate(
  SessionStatus sessionStatus) {
  ...（省略）...
  sessionStatus.setComplete();
```

これでsessionスコープからModelAttributeオブジェクトが削除されるのだ。しかもsetCompleteメソッドの実行で削除されるオブジェクトは，「このメソッドが定義されているクラスの@SessionAttributeアノテーションで名前が指定されているModelAttributeオブジェクトのみ」だ。つまり，他のControllerクラスでsessionスコープに格納しているModelAttributeオブジェクトについては，特に影響はないのだ[注22]。

なおSessionStatusオブジェクトのsetCompleteメソッドを実行することで「sessionスコー

注22 ただしModelAttributeオブジェクトの名前が同じである場合は削除されてしまう。

プからは」ModelAttributeオブジェクトが削除されることになるのだが，requestスコープでは継続して保持される。つまりforwardしている限り，ModelAttributeオブジェクトは有効だ。そのためsetCompleteメソッドを実行したあとでもforwardで画面遷移しておけば，遷移先でModelAttributeオブジェクトを表示することができるのだ。

## 5.5.4 JSPとSpringタグライブラリの利用

次はJSPにかかわるSpringのタグライブラリについて解説しておこう。Spring MVCでは以下の2つのタグライブラリを用意している。

- http://www.springframework.org/tags（springタグライブラリ）
- http://www.springframework.org/tags/form（formタグライブラリ）

これらのタグの中で，特に有用なものについて解説していこう。

### 5.5.4.1 spring:bindタグとBindStatusオブジェクト

springタグライブラリとは，Spring MVCの初期のバージョンから存在しているタグライブラリだ。Spring MVCのビューをJSPで作成する上で，便利なタグが集まっている。springタグライブラリの中で特に重要なのが，spring:bindタグだ。spring:bindタグの役割は，データバインディングやバリデーションの情報（ユーザが入力した値やエラーメッセージなど）を取得するためのBindStatusオブジェクトを生成することだ。

まずはspringタグライブラリを使用するためには，JSPに以下のようにタグライブラリの設定をしよう。

```
<%@ taglib prefix="spring" uri="http://www.springframework.org/tags" %>
```

するとspring:bindタグは，以下のように使用することができる。

```
<spring:bind path="customer.name">
  プロパティのリクエストパラメータ名：${status.expression}<br>
  プロパティの値：${status.value}<br>
  エラーメッセージ<br>
  <c:forEach items="${status.errorMessages}" var="message">
    ${message}<br>
  </c:forEach>
</spring:bind>
```

spring:bindタグを設定すると，spring:bindタグの開始タグと終了タグの間で「status」という名前でBindStatusオブジェクトが使用できるようになる。ここでポイントになるのは，spring:bindタグのpath属性だ。path属性は「ModelAttributeオブジェクト名.プロパティ名」の形式で指定する。たとえば前述の例では，ModelAttribute("customer")オブジェクトのnameプロパティに関するBindStatusオブジェクトを取得しているのだ。

BindStatusオブジェクトは指定されたプロパティに関するさまざまな情報を保持しているオブジェクトで，**表5.12**に示すプロパティを持っている。

表5.12 BindStatusオブジェクトのプロパティ

| プロパティ名 | 型 | 説明 |
|---|---|---|
| path | java.lang.String | オブジェクト名を含めたプロパティ名（customer.nameなど） |
| expression | java.lang.String | オブジェクト名を含めないプロパティ名。inputタグなどのname属性（リクエストパラメータのパラメータ名）が設定されている |
| value | java.lang.Object | プロパティの値。データバインディングで失敗した場合は，入力した値が表示される。web.xmlでdefaultHtmlEscape=trueが指定されている場合は，デフォルトでHTMLエスケープされる。spring:bindタグのhtmlEscape属性で個別にHTMLエスケープを指定することも可能 |
| errors | org.springframework.validation.Errors | Errorsオブジェクト（指定されたプロパティに関するエラーのみ） |
| errorMessages | java.util.List<java.lang.String> | エラーメッセージが格納されたListオブジェクト（指定されたプロパティに関するエラーのみ） |

BindStatusオブジェクトのvalue属性はModelAttributeオブジェクトのプロパティ値が設定されている。データバインディングで失敗した場合はデータバインディング前の値が設定されているため，入力値を再度表示したい場合に有効だ。またvalue属性は，5.2.4.1項「web.xmlの設定」で説明したように「defaultHtmlEscapeがtrueに設定されている場合」は，自動的にHTMLエスケープが実行される。またspring:bindタグのhtmlEscape属性をtrueやfalseに設定することで，個別にHTMLエスケープの有無を指定することも可能だ。

もう1つ注目したいのは，エラーに関するプロパティだ。errorsプロパティ，errorMessagesプロパティには，指定したプロパティに関するエラーの情報のみが格納されている。そのため，<spring:bind path="customer.name">～</spring:bind>の中で「${status.errorMessages}」のように指定した場合はModelAttribute("customer")オブジェクトのnameプロパティに関するエラーのみが表示される。すべてのプロパティに関するエラーメッセージを取得したい場合は，path属性を以下のように設定すればよい。

```
<spring:bind path="customer.*">
```

このように「ModelAttributeオブジェクト名.*」と指定することで，指定したオブジェクトのすべてのプロパティに関するエラー情報が，errorsプロパティやerrorsMessagesプロパティに設定される。

さて，もう1つspring:nestedPathタグについても説明しておこう。spring:nestedPathタグは，spring:bindタグを効率的に記述するためのタグだ。たとえば「customer」オブジェクトのnameプロパティ，addressプロパティ，emailAddressプロパティすべてにアクセスしたい場合は，以下のように記述する必要がある。

```
<spring:bind path="customer.name">
  ${status.value}
</spring:bind>
<spring:bind path="customer.address">
  ${status.value}
</spring:bind>
<spring:bind path="customer.emailAddress">
  ${status.value}
</spring:bind>
```

同じModelAttributeオブジェクトのプロパティを何度も表示する場合は，ModelAttributeオブジェクト名を繰り返し記述しなくてはならない。このようなケースでは，spring:nestedPathタグを使用して以下のように記述することが可能だ。

```
<spring:nestedPath path="customer">
  <spring:bind path="name">
    ${status.value}
  </spring:bind>
  <spring:bind path="address">
    ${status.value}
  </spring:bind>
  <spring:bind path="emailAddress">
    ${status.value}
  </spring:bind>
</spring:nestedPath>
```

このように同じプロパティ名が繰り返し出てくるような場合には，spring:nestedPathタグは非常に効果的だ。

### 5.5.4.2 formタグライブラリの使用

formタグライブラリとは，inputタグやselectタグなど，入力にかかわるHTMLのタグをより便利に記述するためのタグライブラリだ。formタグライブラリで定義されているタグを使用することで，ModelAttributeオブジェクトのプロパティをデフォルト値として設定することができるのだ。

まずはformタグライブラリを使用するためには，JSPに以下のようにタグライブラリの設定をしよう。

```
<%@ taglib prefix="form" uri="http://www.springframework.org/tags/form" %>
```

ではformタグライブラリの使用例を見てみよう（**リスト5.25**）。

リスト5.25 formタグライブラリの使用例

```
<form:form modelAttribute="person">       ←①
  <dl>
    <dt>名前</dt>
    <dd>
      <form:input path="name"/>           ←②
    </dd>
    <dt>プロフィール</dt>
    <dd>
      <form:textarea path="profile"/> ←③
    </dd>
    <dt>趣味</dt>
    <dd>
      <!-- ${favorites}にList<Favorites>が設定されている前提 -->
      <form:select path="favorite"
                 items="${favorites}" itemLabel="id" itemValue="name"/> ←④
    </dd>
    <dt>喫煙</dt>
    <dd>
      <!-- ${smokingTypes}にMapが設定されている -->
      <form:checkboxes path="smoking" items="${smokingTypes}"/> ←⑤
    </dd>
  </dl>
</form:form>
```

5

まずformタグライブラリの中で中心的な役割を果たすのが，form:formタグだ。これはその名のとおりHTMLのformタグに該当する。form:formタグの役割はもちろんHTMLのformを表示することだが，もう1つ重要な役割がある。それはModelAttributeオブジェクトの指定だ。**リスト5.25-**①のように指定することで，このform:formタグで囲まれた範囲では，ModelAttribute("customer")オブジェクトについては，プロパティ名だけでアクセスすることが可能になる。

ではform:formタグ内のタグを見てみよう。**リスト5.25-**②③が，それぞれHTMLタグのinput[type="text"]タグ，textareaタグに該当するものだ。この中で注目したいのが，各タグのpath属性だ。spring:bindタグと同様に，path属性にはModelAttributeオブジェクトのプロパティを指定する。form:formタグに「modelAttribute="person"」が設定されているので，path属性には「name」「notes」といった形でプロパティ名だけを指定すればよいのだ。

formタグライブラリのタグを使用することで，オブジェクトのプロパティの値をデフォルト値として設定してくれる。たとえばform:inputタグについて言えば，「customer」オブジェクトのnameプロパティに「山田太郎」と設定されている場合，または山田太郎と入力して送信した場合は，inputタグのvalue属性に，「山田太郎」が設定されるのだ。

次は**リスト5.25-**④⑤を見てみよう。それぞれHTMLタグのselectタグとcheckboxタグに該当するタグだ。form:selectタグやform:checkboxesタグもpath属性があり，ここにはオブジェクトのプロパティ名を指定する。そしてform:selectタグとform:checkboxesタグの2つに備わる機能が，オブジェクトのデフォルト値を設定するだけでなく，選択の候補を指定できることだ。この選択候補となるオブジェクトは，ModelオブジェクトまたはHttpServletRequestに，Collection型やMap型のオブジェクトとして格納しておく。まずはCollection型として格納した場合のイメージを**図5.12**に示そう。

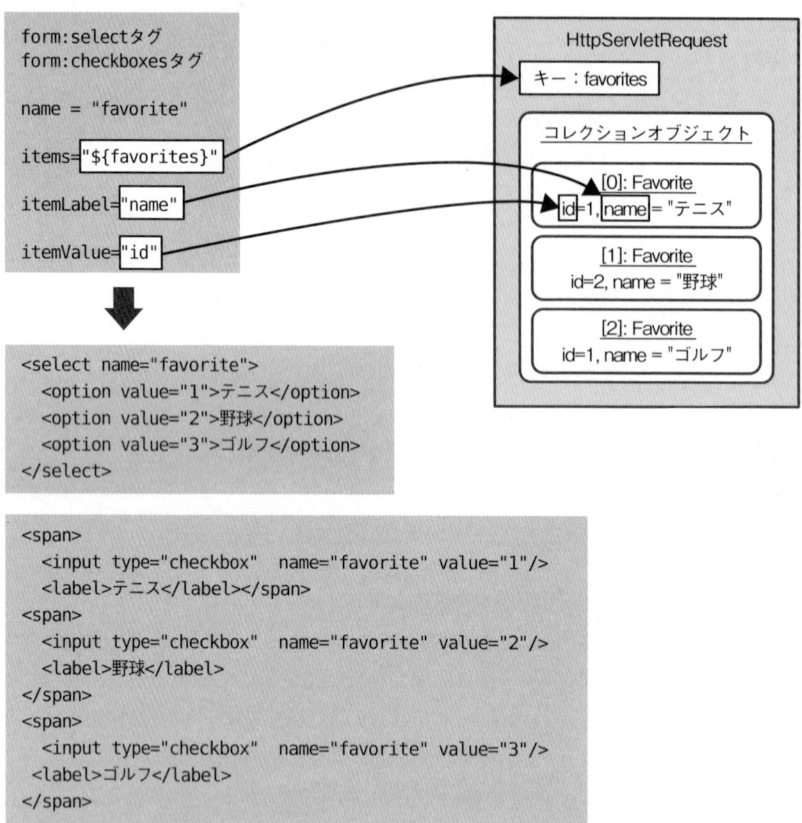


図5.12　form:select，form:checkboxesタグでCollectionを指定[注23]

form:selectタグとform:checkboxesタグにはitems属性がある。まずここに，ModelAttributeオブジェクトに格納したオブジェクトをELで設定する。そして画面に表示する値（form:selectタグはHTMLの<option>と</option>の間に設定される値，form:checkboxesタグはチェックボックスの右隣に表示される値）のプロパティ名を，タグのitemLabel属性に設定する。**図5.12**のようにCollectionオブジェクトの中にFavoriteオブジェクトが複数設定されており，Favoriteオブジェクトのnameプロパティの値を画面に表示したい場合は，「itemLabel = "name"」と指定すればよい。そしてサーバに送信される値（form:selectタグはHTMLのoptionタグのvalue属性の値，form:checkboxesタグはHTMLタグのinput[type=checkbox]タグのvalue属性の値）のプロパティ名を，タグのitemValue属性に設定する。Favoriteオブジェクトのidプロパティの値をサーバに送

注23　実際に出力されるタグにはid属性やfor属性などが設定されるが，この図ではわかりやすく表現するため，最低限の属性以外は省いて記述している。

信したい場合は,「itemValue = "id"」と指定すればよい。**リスト5.25-④**が，form:selectタグでCollectionオブジェクトを指定している例だ。ぜひ**図5.12**のイメージと照らし合わせて確認しておいてほしい。

次はMapオブジェクトをもとにタグを生成する方法だ（**図5.13**）。Mapオブジェクトの指定はCollectionオブジェクトの場合と同様に，タグのitems属性にELで設定する。ただMapオブジェクトを指定する場合は，itemLabel属性やitemValue属性の指定は必要ない。自動的に，Mapオブジェクトのキーがサーバに送信される値，Mapオブジェクトの値が画面に表示される値として指定される。**リスト5.25-⑤**が，form:checkboxesタグでMapオブジェクトを指定している例だ。こちらも**図5.13**のイメージと照らし合わせて確認しておいてほしい。

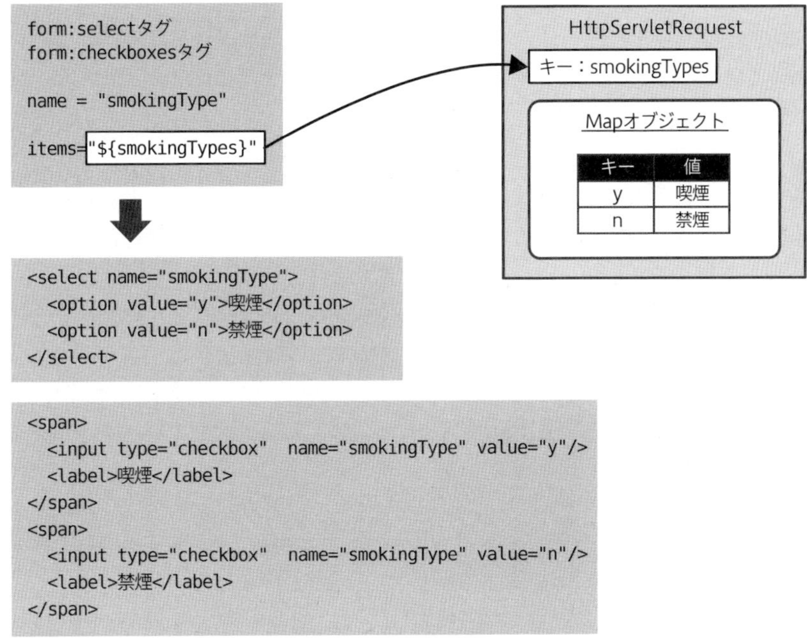


図5.13　form:select，form:checkboxesタグでMapを指定[注23]

なおform:selectタグとform:checkboxesタグは，path属性で指定されたプロパティと一致する項目がデフォルトで選択される。過去のSpring MVCではformタグライブラリはなかったため，このデフォルトで選択する処理をJSTLのc:ifタグなどを使って頑張って実装したものだ。formタグライブラリは，これらの問題に対処するべく作成されたタグライブラリといっても過言ではないだろう。

### 5.5.4.3 エラーメッセージの表示

次はエラーを表示するためのタグについて解説しよう。すでに5.5.4.1項「spring:bindタグとBindStatusオブジェクト」で，spring:bindタグを使ってErrorsオブジェクトやエラーメッセージを取得する方法については説明したが，form:errorsタグを使うともっと簡単にエラーを取得することができる。たとえば「customer」オブジェクトのエラーメッセージを表示するためには，以下のように指定すればよい。

```
<form:errors path="customer.name">
```

このように指定することで，spanタグとbrタグを使ってエラーメッセージを表示してくれるのだ。また「customer」オブジェクトの全プロパティのエラーメッセージを表示したい場合は以下のように指定する。

```
<form:errors path="customer.*">
```

form:errorsタグは非常に便利なタグではあるが，spanタグやbrタグが自動で挿入されてしまうため，画面仕様によっては使えない場合も考えられる。その場合はBindStatusオブジェクトからエラーメッセージを取得することになるだろう。

#### 5.5.4.4 メッセージの表示

最後に，エラーメッセージではなく普通のメッセージの表示方法を解説しよう。ViewとしてJstlViewを使用することで，MessageSourceオブジェクトに格納されたメッセージをJSTLのfmt:messageタグで表示することが可能だ。たとえば以下のようにメッセージリソースファイルにメッセージが登録されているとしよう。

```
message.foo.bar = Foo Barのメッセージです。
```

このメッセージを表示したい場合は，JSPに以下のようにfmt:messageタグを記述すれば，メッセージが表示される。

```
<fmt:message key="message.foo.bar"/>
```

## 5.5.5 サンプルアプリケーションの作成②

ではここまで解説した内容をもとに，サンプルアプリケーションを作成してみよう。今回作成するのは，顧客情報変更機能だ。作成する画面は，顧客情報変更の入力画面と確認画面，そして完了画面だ。まずは簡単に画面イメージを示しておこう（図5.14，図5.15，図5.16）。

入力画面
入力画面
名前
太郎
Eメールアドレス
taro@aa.bb.cc
誕生日
1975/01/11
好きな数字
1
次へ

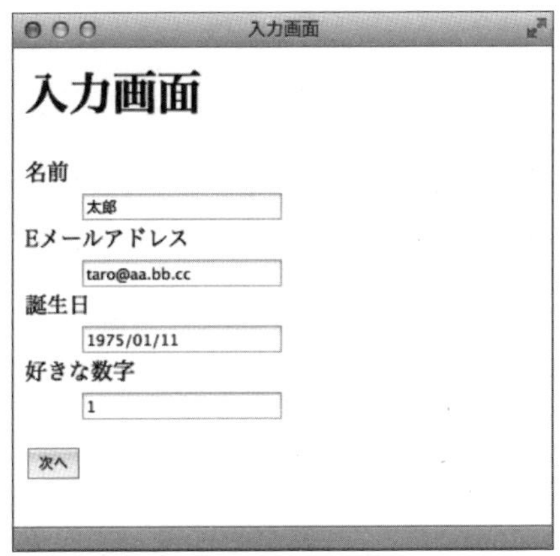

図5.14　顧客情報変更 入力画面

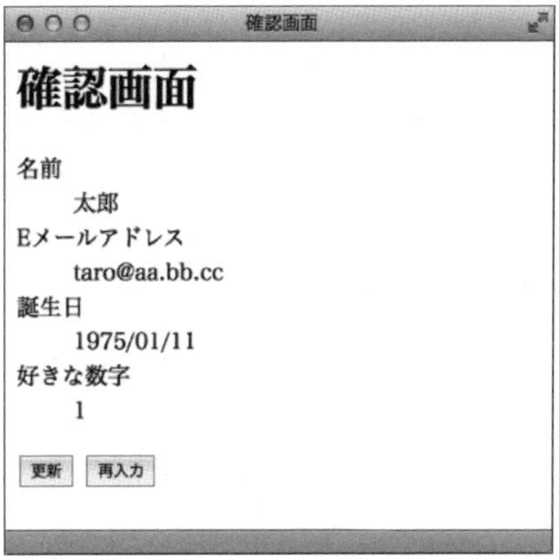

確認画面
確認画面
名前
太郎
Eメールアドレス
taro@aa.bb.cc
誕生日
1975/01/11
好きな数字
1
更新
再入力

図5.15　顧客情報変更 確認画面

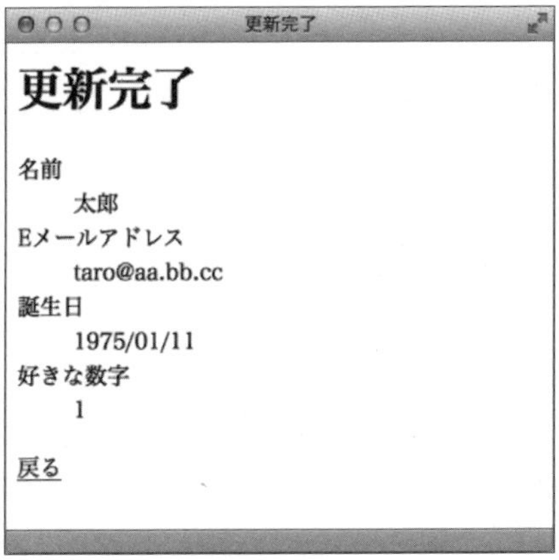

更新完了
更新完了
名前
太郎
Eメールアドレス
taro@aa.bb.cc
誕生日
1975/01/11
好きな数字
1
戻る

図5.16　顧客情報変更 完了画面

次は顧客情報変更機能のURL設計について考えてみよう。Spring MVCではURL設定の自由度が非常に高いため，どのようにURLを設定することもできる。RESTの思想に従って，すべてのリクエストに対して個別にURLを設定することもできるし，はたまたイベント駆動方式で，各画面のイベントをリクエストパラメータで切り分けることもできる。今回は，イベント駆動方式でURLを設定することにする。具体的な方針は以下のとおりだ。

- 画面を表示するURLと，その画面から発行するイベントを受け付けるURLを同一にする
- 画面を表示する際は，その画面のURLに対してHTTPメソッドをGETでリクエストする
- 画面からイベントを発行する際は，その画面のURLに対してHTTPメソッドをPOSTでリクエストする。どのイベントであるかを判断できるように，「_event_{イベント名}」を名前とするリクエストパラメータを送信する
- Post/Redirect/Getパターンに従って，イベントを実行するメソッドの実行後は，必ず画面を表示するURLに対してリダイレクトで遷移する

リクエストパラメータでイベントを切り替える方式を取ることで，formタグで複数のサブミットボタンを使ってデータを送信する場合にも対応しやすいのが，この方式を採用した理由だ。ただこの方式はあくまで，今回のサンプルアプリケーションに特化した1つの考え方に過ぎない。ぜひ構築するアプリケーションごとに，最適なURL設計を考えるように心がけてほしい。

以上の考えを踏まえて，今回のサンプルアプリケーションの画面遷移を確認しておこう。**図5.17**が，顧客登録機能の画面遷移図だ。

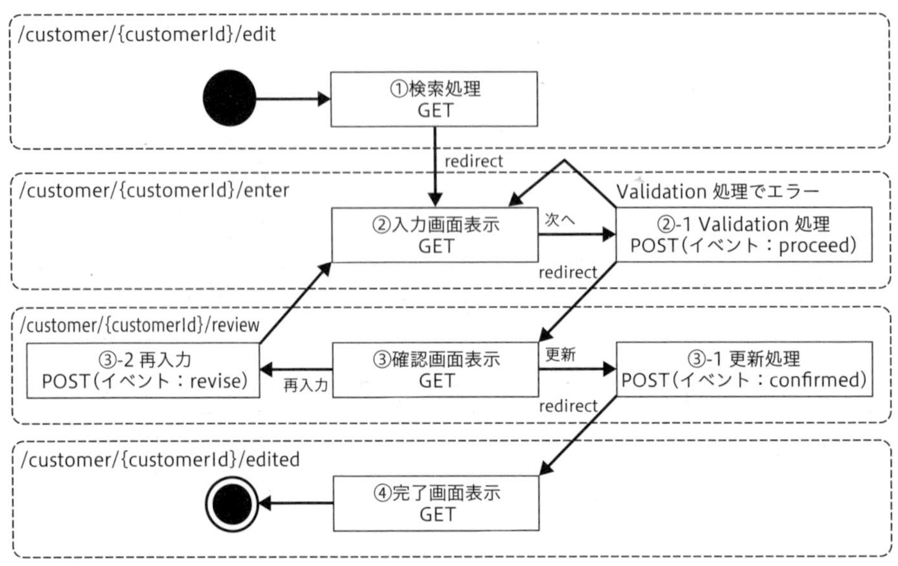


図5.17　顧客情報変更機能の画面遷移図

では，順番に見ていくことにしよう。

### 5.5.5.1 Controllerクラスの作成

ではControllerクラスを作成しよう。Controllerクラス名はCustomerEditControllerとする（リスト5.26）。

リスト5.26　CustomerEditControllerクラス（CustomerEditController.java）

```
package sample.customer.web.controller;

import static org.springframework.web.bind.annotation.RequestMethod.*;

...（省略）...

@Controller
@RequestMapping("/customer/{customerId}") ←❶
@SessionAttributes(value = "editCustomer") ←❷
public class CustomerEditController {
```

```
  @InitBinder
  public void initBinder(WebDataBinder binder) {
    binder.registerCustomEditor(String.class, new StringTrimmerEditor(true));
  }                                                                          ←④

  @Autowired
  private CustomerService customerService; ←③

  ...（省略）...

}
```

今回は，図5.17のURLを見ていただければわかるように，すべてのURLは「/customer/{customerId}」で始まる。そこで，クラス自身に@RequestMappingアノテーションを設定し，URL「/customer/{customerId}」を設定している（リスト5.26-①）。リスト5.26-②ではsessionスコープで管理するオブジェクトを設定している。このCustomerEditControllerでは，図5.17-①で取得したCustomerオブジェクトに図5.17-②で入力された情報を設定し，最後に図5.17-③-1で登録する。つまり画面をまたがってCustomerオブジェクトを保持する必要があるため，sessionスコープで「editCustomer」という名前で管理するのだ。

リスト5.26-③ではCustomerEditControllerが使用するCustomerServiceオブジェクトをインジェクションしている。またリスト5.26-④は，5.5.2.1項「データバインディング」で説明したStringTrimmerEditorの設定だ。これによって，未入力の場合に空文字ではなくnull値が設定されるようになるのだ。

### 5.5.5.2 入力画面表示の実装

では入力画面（図5.14）を作成しよう。入力画面は，画面遷移図（図5.17）でいうところの①②に該当する。入力画面に最初にアクセスした際は，図5.14のように編集対象の顧客の情報をデフォルト値として表示しておく必要がある。そのためには，まずはCustomerServiceを使って編集対象の顧客情報を取得しておかなくてはならず，その処理を実施するのが図5.17-①だ。そしてView名を指定してビューの表示を依頼するのが図5.17-②である。まずはこの処理をControllerのメソッドとして定義しよう（リスト5.27）。

リスト5.27　入力画面のメソッド（CustomerEditController.java）

```
@RequestMapping(path = "/edit", method = GET)
public String redirectToEntryForm(
  @PathVariable int customerId, Model model)       ←③
    throws DataNotFoundException {
  Customer customer = customerService.findById(customerId); ←④   ←①
  model.addAttribute("editCustomer", customer);    ←⑤

  return "redirect:enter";                          ←⑥
}
```

```
@RequestMapping(path = "/enter", method = GET)
public String showEntryForm() {
  return "customer/edit/enter";
}
```
←②

**リスト5.27-①**が**図5.17-①**，**リスト5.27-②**が**図5.17-②**に該当するControllerメソッドだ。**リスト5.27-①**から見ていこう。まずポイントとなるのが@RequestMappingアノテーションだ。このメソッドのURLは**図5.17**で示したとおり「/customer/{customerId}/edit」だが，クラスの@RequestMappingアノテーションに「/customer/{customerId}」を指定しているので（**リスト5.26-①**），差分の「/edit」だけをURLとして指定している。そして{customerId}の部分に指定された顧客IDを，@PathVariableアノテーションを指定してcustomerId引数に設定されるようにしているのだ。あとは，このcustomerId引数の値を使ってCustomerオブジェクトを取得し（**リスト5.27-④**），取得したCustomerオブジェクトを「editCustomer」という名前でModelオブジェクトに追加している（**リスト5.27-⑤**）。**リスト5.26-③**の設定により，ModelAttribute("editCustomer")オブジェクトは自動的にsessionスコープで管理されるため，**リスト5.27-⑤**で設定したオブジェクトは次の画面以降でも共有される。

最後に**リスト5.27-⑥**が，View名の指定だ。「redirect:」プレフィックスを指定して「enter」へリダイレクトを実施しているが，「redirect:」プレフィックスのあとに「/」を指定していないため，「enter」へのリダイレクトは相対パスを使って実施される。現在のURLは「/customer/{customerId}/edit」であるため，「/customer/{customerId}/enter」に対してリダイレクトが実行されるわけだ。なおコンテキストルートからのパスを指定したい場合には以下のように指定すればよい。

```
return "redirect:/customer/{customerId}/enter";
```

View名にもURIテンプレート形式のURLが使用できるため，「{customerId}」が使用できるのだ。

showEntryFormメソッド（**リスト5.27-②**）は見ていただければわかるだろう。すでにModelオブジェクトにはCustomerオブジェクトが設定されているため，showEntryFormメソッドではView名「customer/edit/enter」を返すだけだ。これで，「/WEB-INF/views/customer/edit/enter.jsp」が表示される。

さてここで考えてみよう。入力画面を表示するために行うべき処理は，結局は指定されたIDのCustomerオブジェクトを取得することだけだ。そうであれば，今回のように2つのメソッドに分けずとも，1つのメソッドでCustomerオブジェクトを取得して，View名「customer/edit/enter」を返せばよい。なぜ2つに分けているかといえば，初期表示ではCustomerオブジェクトを取得するが，再度入力画面に戻ってきた場合（**図5.17-③-2**のイベントが実行された場合）は取得する必要はないからだ。そのため今回のサンプルアプリケーションでは2つに分けている。1つのメソッドにまとめて「sessionスコープにCustomerオブジェクトが格納されている場合はCustomerオブジェクトを取得する」という処理を記述すると，毎回存在チェックの処理が発生してしまうことにもなるし，なにより複雑度が増してソースコードの可読性も落ちてしまう。

ではControllerメソッドの実装も終わったので，JSPを作成しよう（**リスト5.28**）。

リスト5.28　入力画面のJSP（enter.jsp）

```
<%@ page contentType="text/html; charset=UTF-8" pageEncoding="UTF-8"%>
<%@ taglib prefix="form" uri="http://www.springframework.org/tags/form" %> ←①
<!DOCTYPE HTML PUBLIC "-//W3C//DTD HTML 4.01 Transitional//EN">
<html>
<head>
<meta http-equiv="Content-Type" content="text/html; charset=UTF-8">
<title>入力画面</title>
</head>
<body>
<h1>入力画面</h1>
<form:form modelAttribute="editCustomer">
<dl>
  <dt>名前</dt>
  <dd>
    <form:input path="name"/> ←③
    <form:errors path="name"/> ←⑧
  </dd>
  <dt>Eメールアドレス</dt>
  <dd>
    <form:input path="emailAddress"/> ←④
    <form:errors path="emailAddress"/> ←⑨
    <form:errors path="ngEmail"/>       ←⑩
  </dd>
  <dt>誕生日</dt>                                        ←②
  <dd>
    <form:input path="birthday"/> ←⑤
    <form:errors path="birthday"/> ←⑪
  </dd>
  <dt>好きな数字</dt>
  <dd>
    <form:input path="favoriteNumber"/> ←⑥
    <form:errors path="favoriteNumber"/> ←⑫
  </dd>
</dl>
<button type="submit" name="_event_proceed" value="proceed"> ←⑦
  次へ
</button>
</form:form>
</body>
</html>
```

enter.jspではSpringのformタグライブラリを使用するために**リスト5.28-①**のようにタグライブラリの定義を行っている。そして入力フォーム全体をform:formタグで囲んでいる（**リスト5.28-②**）。ポイントは，form:formタグのmodelAttribute属性だ。ここで「editCustomer」と指定しているのは，ModelAttribute("editCustomer")オブジェクトであるCustomerオブジェクトの各プロパティをここで表示するからだ。実際に表示しているのが，**リスト5.28-③④⑤⑥**だ。これで

input[type="text"]タグが表示され，各タグのデフォルト値としてCustomerオブジェクトのプロパティ値が表示される。

なおform:formタグ内のフォームデータは，URL「/customer/{customerId}/entry」に対してPOSTで送信する必要がある。またその際は，リクエストパラメータとして「_event_proceed」を設定しなくてはならない。まずURLの設定から見てみよう。form:formタグにはaction属性が設定でき，ここにフォームデータの送信先URLを指定できる。ただ今回は，フォームデータの送信先が現在入力画面を表示しているURL「/customer/{customerId}/entry」と同様であるため省略している。またform:formタグにはmethod属性を指定することもできるのだが，form:formタグのデフォルトでは自動的にmethod="post"が設定されるため，指定していない。最後にリクエストパラメータの「_event_proceed」は，**リスト5.28-⑦**のbuttonタグに指定しておく。これにより，このボタンが押下された場合には「_event_proceed」がリクエストパラメータとして送信されるのだ。

ではエラー表示についても解説しておこう。**リスト5.28-⑧⑨⑩⑪⑫**がform:errorタグの設定だ。これで，form:errorタグのpath属性に指定したプロパティのデータバインディング，バリデーションでエラーが発生した場合は，そのエラーのエラーメッセージがここに表示される。1つ注目しておきたいのが**リスト5.28-⑩**だ。これは**リスト5.22-⑤**に対応するエラーメッセージ表示の設定だ。**リスト5.22-⑤**はメソッドに対する設定であるが，プロパティ名が「ngEmail」のプロパティのバリデーションであると判断されるため，**リスト5.28-⑩**のようにpath属性に「ngEmail」と指定しているのだ。

### 5.5.5.3 データバインディング／バリデーションイベントの実装

次はデータバインディング／バリデーションイベントに対応する処理を実装しよう。**リスト5.29**が，データバインディング／バリデーションイベントを処理するverifyメソッドだ。

リスト5.29　verifyメソッド（CustomerEditController.java）

```
@RequestMapping(
  path = "/enter", params = "_event_proceed", method = POST)   ←①
public String verify(
  @Valid @ModelAttribute("editCustomer") Customer customer,   ←②
  Errors errors) {                                             ←③
  if (errors.hasErrors()) {                                    ←④
    return "customer/edit/enter";                              ←⑤
  }                                                            ←⑥
  return "redirect:review";
}
```

verifyメソッドではproceedイベントに対応するために，@RequestMappingアノテーションのparams属性には「_event_proceed」を指定している（**リスト5.29-①**）。

verifyメソッドのポイントは**リスト5.29-②③**だ。**リスト5.29-②**によってModelAttribute("editCustomer")オブジェクトのCustomerオブジェクトが引数として設定されるが，まずはデータバインディング処理が実行される。データバインディング処理が終了したら，バリデーションが実行される。@Validアノテーションを設定することによって自動的にバリデーションが実行されるのだ。

そしてデータバインディング／バリデーションの結果がErrorsオブジェクトに格納され，**リスト5.29-③**のerrors引数に設定される。あとはメソッドの中でErrorsオブジェクトのhasErrorsメソッドを使ってエラーが発生したかどうかを確認し（**リスト5.29-④**），エラーがある場合は入力画面のビュー（customer/edit/enter）を表示し（**リスト5.29-⑤**），エラーがない場合は次の画面である「/customer/edit/review」にリダイレクトを行う（**リスト5.29-⑥**）。

#### 5.5.5.4 確認画面表示処理の実装

確認画面表示処理を実装しよう。**リスト5.30**が確認画面を表示するためのshowReviewメソッド，そして**リスト5.31**が確認画面のJSPだ。

リスト5.30　showReviewメソッド（CustomerEditController.java）

```
@RequestMapping(path = "/review", method = GET)
public String showReview() {
  return "customer/edit/review";
}
```

リスト5.31　確認画面のJSP（review.jsp）

```
<%@ page contentType="text/html; charset=UTF-8" pageEncoding="UTF-8"%>
<%@ taglib uri="http://java.sun.com/jsp/jstl/core" prefix="c" %>
<%@ taglib uri="http://java.sun.com/jsp/jstl/fmt" prefix="fmt" %>
<!DOCTYPE HTML PUBLIC "-//W3C//DTD HTML 4.01 Transitional//EN">
<html>
<head>
<meta http-equiv="Content-Type" content="text/html; charset=UTF-8">
<title>確認画面</title>
</head>
<body>
<h1>確認画面</h1>
<form method="post">
<dl>
  <dt>名前</dt>
  <dd><c:out value="${editCustomer.name}"/></dd>
  <dt>Eメールアドレス</dt>
  <dd><c:out value="${editCustomer.emailAddress}"/></dd>
  <dt>誕生日</dt>
  <dd><fmt:formatDate pattern="yyyy/MM/dd" value="${editCustomer.birthday}"/></dd>
  <dt>好きな数字</dt>
  <dd><c:out value="${editCustomer.favoriteNumber}"/></dd>
</dl>
<button type="submit" name="_event_confirmed">更新</button> ←❶
<button type="submit" name="_event_revise">再入力</button> ←❷
</form>
</body>
</html>
```

**リスト5.30**についてはView名を返しているだけなので，特に説明しなくても大丈夫だろう。**リス**

ト5.31については1つ見ておきたいところがある。**リスト5.31-①②**はHTMLのbuttonタグの定義になるが，ここには**リスト5.28-⑨**と同様にname属性にイベントのリクエストパラメータ名を設定している。これでどのボタンが押されたかによって，イベントを切り替えることができるのだ。

## 5.5.5.5 更新処理の実装

では最後に，更新処理の実装を確認しておこう。**リスト5.32**は，更新処理を実行するeditメソッド（**リスト5.32-①**）と完了画面を表示するshowEditedメソッド（**リスト5.32-②**）だ。

リスト5.32　editメソッドとshowEditedメソッド（CustomerEditController.java）

```
@RequestMapping(
  path = "/review", params = "_event_confirmed", method = POST)
public String edit(
  @ModelAttribute("editCustomer") Customer customer)
    throws DataNotFoundException {                              ←①
  customerService.update(customer);

  return "redirect:edited";
}

@RequestMapping(path = "/edited", method = GET)
public String showEdited(
  SessionStatus sessionStatus) { ←③
  sessionStatus.setComplete();   ←④                  ←②

  return "customer/edit/edited";
}
```

editメソッドはModelAttribute("editCustomer")オブジェクトを引数として受け取り，CustomerServiceオブジェクトのupdateメソッドに渡し，更新処理を実行するだけだ。そして完了画面へリダイレクト処理を行う。次にshowEditedメソッドでは完了画面を表示するわけだが，完了画面を表示してしまえばsessionスコープで管理されているModelAttribute("editCustomer")オブジェクトは必要なくなる。そこでSessionStatusオブジェクトを引数として受け取り（**リスト5.32-③**），SessionStatusオブジェクトのsetCompleteメソッドを実行することで（**リスト5.32-④**），sessionスコープからModelAttribute("editCustomer")オブジェクトを廃棄しているのだ。ModelAttribute("editCustomer")オブジェクトはクライアントにレスポンスが返るまでrequestスコープで有効であるため，完了画面を表示するJSPでは特に問題なくModelAttribute("editCustomer")オブジェクトを使用することができる。**リスト5.33**が，完了画面のJSPだ。

リスト5.33　完了画面のJSP（edited.jsp）

```
<%@ page contentType="text/html; charset=UTF-8" pageEncoding="UTF-8"%>
<%@ taglib uri="http://java.sun.com/jsp/jstl/core" prefix="c" %>
<%@ taglib uri="http://java.sun.com/jsp/jstl/fmt" prefix="fmt" %>
<!DOCTYPE HTML PUBLIC "-//W3C//DTD HTML 4.01 Transitional//EN">
```

```
<html>
<head>
<meta http-equiv="Content-Type" content="text/html; charset=UTF-8">
<title>更新完了</title>
</head>
<body>
<h1>更新完了</h1>
<dl>
  <dt>名前</dt>
  <dd><c:out value="${editCustomer.name}"/></dd>                ←①
  <dt>Eメールアドレス</dt>
  <dd><c:out value="${editCustomer.emailAddress}"/></dd>    ←②
  <dt>誕生日</dt>
  <dd><fmt:formatDate pattern="yyyy/MM/dd" value="${editCustomer.birthday}"/></dd> ←③
  <dt>好きな数字</dt>
  <dd><c:out value="${editCustomer.favoriteNumber}"/></dd> ←④
</dl>
<c:url var="url" value="/customer"/>
<a href="${url}">戻る</a>
</body>
</html>
```

リスト5.33-①②③④のように，特に問題なくModelAttribute("editCustomer")オブジェクトのプロパティにアクセスして表示処理を行っている。

### 5.5.5.6 顧客情報更新機能の課題

以上で顧客更新処理の実装は完了だ。ただ，実は現時点での顧客情報更新機能には欠陥が存在する。たとえば完了画面で，ブラウザの更新ボタンをクリックするとどうなるか。sessionスコープからCustomerオブジェクトが削除されてしまっているため，画面には値が表示されない（図5.18）。またブラウザの戻るボタンで確認画面へ戻って，画面上の更新ボタンを押してみよう。HttpSessionRequiredExceptionが発生しエラー画面が表示されてしまう（図5.19）。

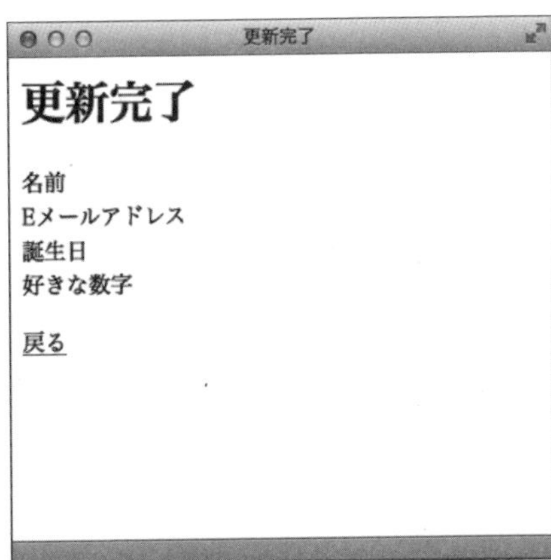


図5.18　値が表示されない完了画面

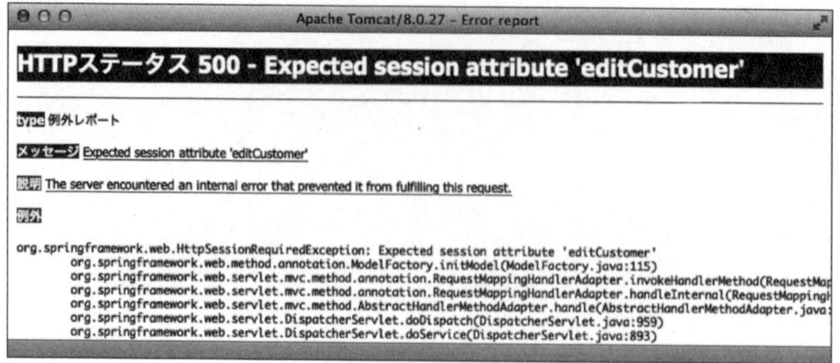


図5.19　確認画面で更新ボタンを押すとエラーが発生

この問題については，のちほどSpring MVCの例外処理を学んでから対処方法について考えてみることにしよう。

# 5.6 Spring MVCのその他の機能

この節では，まだ説明していないSpring MVCのその他の機能について解説しよう。

## 5.6.1 flashスコープ

Servletベースのwebアプリケーションで，あるServletから別なServletを実行するためにはフォワードやリダイレクトを実行する。フォワードはWebコンテナ内で別なServletを実行する処理である。そしてリダイレクトは，クライアントに対してリダイレクトを実行するようにレスポンスを返して，クライアントから別なServletを実行させる処理だ。ざっくり言ってしまうと，フォワードとリダイレクトの違いは，Webコンテナからクライアントへレスポンスを返すか否かである。

フォワードの場合はWebコンテナからクライアントへレスポンスを返さないため，フォワード元のServletからフォワード先のServletへ，requestスコープを介してオブジェクトを渡すことができる。しかしリダイレクトの場合は一度Webコンテナからクライアントへレスポンスを返してしまうので，リダイレクト元のServletからリダイレクト先のServletへ，requestスコープを介してオブジェクトを渡すことができない。そのためリダイレクト先のServletへオブジェクトを渡したい場合はsessionスコープを介してオブジェクトを渡すしかない。そうするとリダイレクト先のServletでsessionスコープからオブジェクトを明示的に消さないと，sessionスコープに無駄なオブジェクトが残ってしまう結果になってしまうのだ。

Spring MVCの場合，Spring MVCバージョン3.1から導入されたflashスコープを使用することでこの問題を解決できる。flashスコープはrequestスコープとほぼ同等のスコープであるが，リダイレクトの場合でも状態が保持される点がrequestスコープとの違いだ（**図5.20**）。

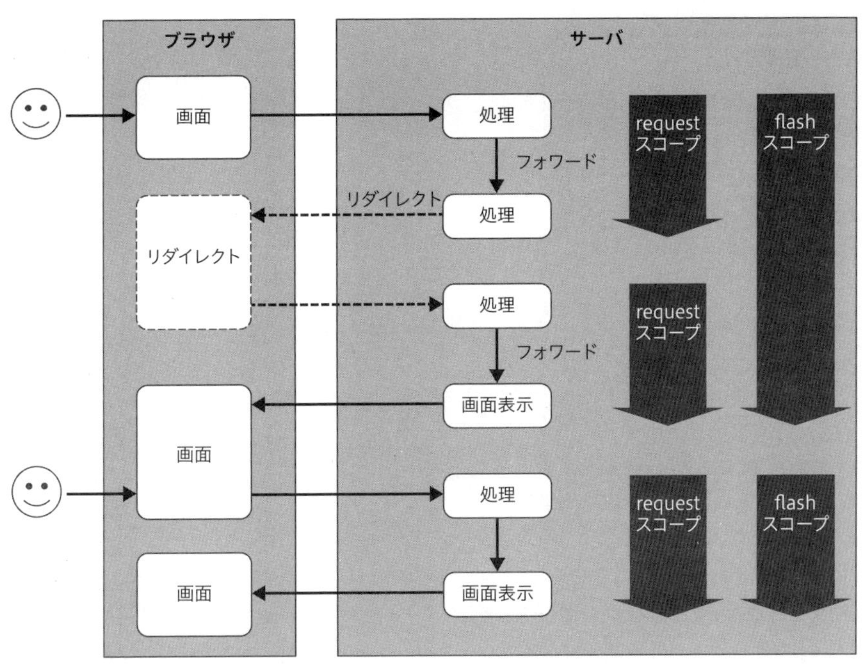


図5.20 flash スコープと request スコープ

**図5.20**のように，requestスコープの場合はリダイレクトを実行してしまうと状態が初期化されてしまうが，flashスコープの場合はリダイレクトを実行しても状態が残るため，リダイレクト元の処理でflashスコープに格納したオブジェクトを，リダイレクト先の処理で取得することができるのだ。さらにflashスコープは画面が表示されると初期化されるため，sessionスコープのように明示的にオブジェクトを削除する必要はない。これがflashスコープのメリットだ。

ではflashスコープの使い方を見てみるために，サンプルアプリケーションの顧客情報更新機能を改良してみたい。現状のサンプルアプリケーションでは，更新完了後に完了画面を表示しているが，これを更新完了後に顧客一覧画面を表示し，顧客一覧画面で更新した顧客の情報を表示するようにしよう（**図5.21**）。

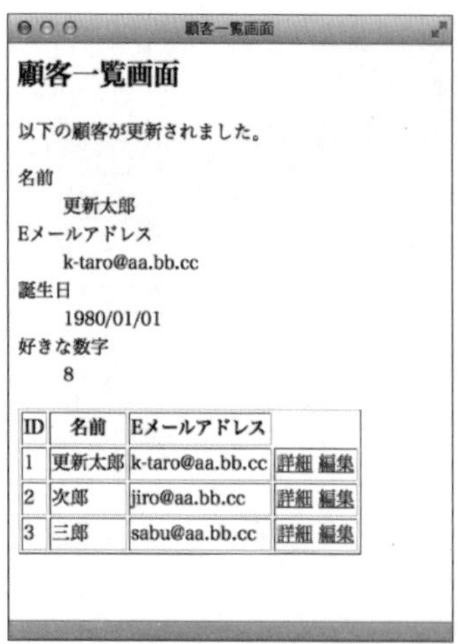


図5.21　顧客更新結果を表示した顧客一覧画面

P248の**リスト5.32**では，editメソッドで登録を行い，showEditメソッドでsessionスコープを初期化していた。しかし今回の改良ではeditメソッドから「/customer」へリダイレクトしてしまうため，sessionスコープの初期化ができない。といって顧客情報一覧を表示するControllerメソッドでsessionスコープのModelAttribute("editCustomer")オブジェクトを削除するのはいまいちだ。そこで，editメソッドでsessionスコープの初期化を行ってしまう。そしてflashスコープに情報更新後のCustomerオブジェクトを設定しておき，顧客一覧画面で表示を行う。そうすれば顧客一覧画面表示後にはflashスコープが初期化されるので，Customerオブジェクトを明示的に初期化する必要はなくなる。

ではeditメソッドを改良しよう。**リスト5.34**が改良後のeditメソッドだ。

リスト5.34　flashスコープを導入したeditメソッド（CustomerEditController.java）

```
@RequestMapping(
  path = "/review", params = "_event_confirmed", method = POST)
public String edit(
  @ModelAttribute("editCustomer") Customer customer,
  SessionStatus sessionStatus,
  RedirectAttributes redirectAttributes) ←①
    throws DataNotFoundException {
  customerService.update(customer);
  sessionStatus.setComplete();

  redirectAttributes.addFlashAttribute("editedCustomer", customer); ←②

  return "redirect:/customer";
}
```

**リスト5.34-**①のRedirectAttributeオブジェクトが今回の主役だ。RedirectAttributeはインタフェースであり，RedirectAttributeインタフェースはModelインタフェースを継承している。つまりRedirectAttributeオブジェクトはModelオブジェクトとして使用できるということだ。そしてRedirectAttributeインタフェースには，flashスコープにオブジェクトを格納するためのメソッドが定義されている。そのメソッドを実行しているのが**リスト5.34-②**で，「editedCustomer」という名前でflashスコープにCustomerオブジェクトを格納している。RedirectAttributeオブジェクトのaddFlashAttributeメソッドを使用して追加したオブジェクトはflashスコープに格納されるため，リダイレクト先でも取得することができるのだ。リダイレクト先の実装が**リスト5.35**だ。

リスト5.35 登録結果を表示する顧客一覧画面（list.jsp）

```
...（省略）...
<c:if test="${editedCustomer != null}">
以下の顧客が更新されました。
<dl>
  <dt>名前</dt>
  <dd><c:out value="${editedCustomer.name}"/></dd>
  <dt>Eメールアドレス</dt>
  <dd><c:out value="${editedCustomer.emailAddress}"/></dd>
  <dt>誕生日</dt>
  <dd><fmt:formatDate pattern="yyyy/MM/dd" value="${editedCustomer.birthday}"/></dd>
  <dt>好きな数字</dt>
  <dd><c:out value="${editedCustomer.favoriteNumber}"/></dd>
</dl>
</c:if>
...（省略）...
```

**リスト5.35**のように，flashスコープに格納した「editedCustomer」という名前でCustomerオブジェクトを取得しているのがわかる。

flashスコープは本当にちょっとした仕組みではあるのだが，このスコープを使用することでリダイレクトを伴う画面遷移をとてもシンプルに実装することができる。ぜひうまく活用するようにしよう。

## 5.6.2 Spring MVC の例外処理

Spring MVCで例外処理を行う方法について，今回は以下の2つの方法について解説しよう。

- Controllerごとに例外処理を定義する
- 1つのWebアプリケーション内で共通の例外処理を定義する

### 5.6.2.1 Controllerごとに例外処理を定義

Controllerのメソッドに@ExceptionHandlerアノテーションを設定することで，Controllerのメソッドで例外が発生した場合の処理を定義することができる。今回はまず，UserListControllerクラスのshowCustomerDetailメソッド（P217の**リスト5.19**）でDataNotFoundExceptionが発生した場合の処理を実装してみよう。

showCustomerDetailメソッドで例外が発生すると，そのままでは画面に例外情報が表示されてしまう。例外が発生する処理（今回はCustomerServiceオブジェクトのfindByIdメソッドを実行している行）をtry～catchでくくることでもこの問題に対処できるが，Spring MVCでは**リスト5.36**のように，例外処理メソッドを追加するだけで対処することが可能だ。

リスト5.36　DataNotFoundExceptionに対処するメソッド（CustomerListController.java）

```
@ExceptionHandler(DataNotFoundException.class) ←①
public String handleException() {
  return "customer/notfound"; ←②
}
```

まず例外処理を行うメソッドを定義し，そのメソッドに@ExceptionHandlerアノテーションを設定し，@ExceptionHandlerアノテーションの値には発生する例外のクラスオブジェクトを指定する（**リスト5.36-①**）。そうすると，showCustomerDetailメソッドはもちろん，このControllerクラス内の@RequestMappingアノテーションが設定されたどのメソッドでDataNotFoundExceptionが発生した場合でも，**リスト5.36**のメソッドが実行されるのだ。そしてこの例外処理を行うメソッドの戻り値は，@RequestMappingアノテーションを設定したメソッドと同様に，View名を返す（**リスト5.36-②**）。これで，View名「customer/notfound」に該当するビューが表示される。

なお@ExceptionHandlerアノテーションを設定したメソッドには，@RequestMappingアノテーションを設定したメソッドと同様にさまざまな引数を設定することができる[注24]。また発生した例外オブジェクトを引数として受け取ることも可能だ。以下のように発生する例外型の引数を設定することで，発生した例外オブジェクトが自動的にこの引数に設定される。

```
@ExceptionHandler
public String handleException(DataNotFoundException e) {
```

なお例外オブジェクトを引数として設定すると，どの例外が発生した場合のメソッドかをSpring MVCが特定することができる。そのため，@ExceptionHandlerアノテーションの例外クラスの指定は省略することができるのだ。

@ExceptionHandlerアノテーションについてもう少し補足しよう。@ExceptionHandlerアノテーションには，以下のように複数の例外クラスを指定することも可能だ。

```
@ExceptionHandler({FooException.class, BarException.class})
```

また1つのControllerクラスに，@ExceptionHandlerアノテーションを指定したメソッドを複数定義することができる。その例が**リスト5.37**だ。

注24　Servlet APIのオブジェクトやWebRequestオブジェクトなどが設定可能。一方で，Modelオブジェクトやリクエストパラメータなどは設定ができない。詳細は，@ExceptionHandlerアノテーションのAPIドキュメントを参照してほしい。

リスト5.37　複数の例外処理メソッドを定義

```
@ExceptionHandler(DataNotFoundException.class)
public String handleException() {
  return "customer/notfound";
}                                                  ←①

@ExceptionHandler
public String handleException(Exception e) {
  LOG.warn("Exception is threw", e);
}                                                  ←②
```

**リスト5.37**では，DataNotFoundExceptionに対応するメソッド（**リスト5.37-①**）とExceptionに対応するメソッド（**リスト5.37-②**）を同時に定義している。DataNotFoundExceptionクラスはExceptionクラスを継承しているため，DataNotFoundExceptionオブジェクトはExceptionクラスとも互換性がある。こうしたケースでは，最も子供のクラスに対応するメソッドが優先される。つまりこのケースでは，DataNotFoundExceptionに対応する**リスト5.37-①**が実行されることになるのだ。

**HttpSessionRequiredException例外の対策**

5.5.5.6項「顧客情報更新機能の課題」で触れたHttpSessionRequiredException例外について，ここまで読んでいただければ対策は理解してもらえるだろう。そう，HttpSessionRequiredExceptionに対応するメソッドを作成すればよいのだ。そして，たとえば戻り値のView名として「edit」を指定してやればよい。そうすれば顧客情報更新の入力画面からやり直すことができる。

しかしもう1つの問題についてはどうだろうか。sessionスコープからModelAttribute("editCustomer")オブジェクトが消された状態で完了画面を表示すると，図5.18が表示されてしまうのだった。これといった対策方法があるわけではないのだが，1つの対策として「その画面で必要な，sessionスコープで管理するModelAttributeオブジェクトをControllerのメソッドの引数として必ず定義する」という方法がある。たとえばshowEditedメソッド（リスト5.32）の引数が現在空であるが，ここに以下の引数を定義する。

```
@ModelAttribute("editCustomer") Customer customer
```

このように定義することで，sessionスコープからModelAttribute("editCustomer")オブジェクトが削除されている場合にはHttpSessionRequiredException例外が発生し，HttpSessionRequiredExceptionの例外処理メソッドが実行されるのだ。

### 5.6.2.2 1つのWebアプリケーション内で共通の例外処理を定義

次は1つのWebアプリケーション内で共通の例外処理を定義してみよう。共通の例外処理は，HandlerExceptionResolverインタフェースをimplementsしたクラスをDIコンテナに登録することで定義できる。今回は，Spring MVCで用意されているSimpleMappingHandlerExceptionResolverクラスを紹介しよう。このクラスはHandlerExceptionResolverをimplementsしたクラスで，「Exceptionの型」と「View名」を対応づけることが可能だ。**リスト5.38**に設定例を示す。

リスト 5.38　SimpleMappingHandlerExceptionResolverのBean定義ファイルの設定（beans-webmvc.xml）

```
<bean class="org.springframework.web.servlet.handler.SimpleMappingExceptionResolver">
  <property name="exceptionMappings">
    <props>
      <prop key="sample.exception.FooException">error/foo</prop>
      <prop key="sample.exception.BarException">error/bar</prop>
      <prop key="sample.exception.BazException">error/baz</prop>        ←①
      <prop key="sample.exception.SystemException">error/system</prop>
      <prop key="java.lang.Exception">error/exception</prop>
    </props>
  </property>
</bean>
```

まずはSimpleMappingHandlerExceptionResolverをBeanとして定義する。そしてSimpleMappingHandlerExceptionResolverのexceptionMappingプロパティに，キーがExceptionのクラス名，値がView名となるPropertiesオブジェクトを設定する（**リスト5.38-①**）。**リスト5.38-①**のように設定することで，たとえばBazExceptionが発生した場合はView名が「exception/baz」のビューが，SystemExceptionが発生した場合はView名が「exception/system」のビューが表示される。同様の設定をJavaConfigで設定したものが**リスト5.39**だ。

リスト 5.39　SimpleMappingHandlerExceptionResolverのJavaConfigの設定（WebConfig.java）

```
...（省略）...
public class WebConfig extends WebMvcConfigurerAdapter {

  ...（省略）...

  @Bean
  public SimpleMappingExceptionResolver exceptionResolver() {
    Properties prop = new Properties();
    prop.setProperty(FooException.class.getName(), "error/foo");
    prop.setProperty(BarException.class.getName(), "error/bar");
    prop.setProperty(BazException.class.getName(), "error/baz");
    prop.setProperty(SystemException.class.getName(), "error/system");
    prop.setProperty(Exception.class.getName(), "error/exception");

    SimpleMappingExceptionResolver resolver =
      new SimpleMappingExceptionResolver();
    resolver.setExceptionMappings(prop);

    return resolver;
  }
}
```

なお，発生した例外はHttpServletRequestに「exception」という名前で設定されるため[注25]，ビューで「exception」という名前で取得してログを出力する，画面に表示するなどの処理が可能だ。たとえば以下は，画面に発生した例外の情報を表示するJSPの例だ。

注25　この名前はデフォルト値であり，変更が可能だ。変更したい場合は，Spring設定ファイルでSimpleMappingHandlerExceptionResolverオブジェクトの「exceptionAttribute」プロパティに，名前を設定する。

```
<dl>
  <dt>例外クラス</dt>
  <dd>${exception.class.name}</dd>
  <dt>メッセージ</dt>
  <dd>${exception.message}</dd>
</dl>
```

## 5.6.3 ControllerAdvice

5.6.2項「Spring MVCの例外処理」では@ExceptionHandlerを使ってControllerごとに例外処理を定義する方法について説明したが，この方法では複数のControllerに適用することはできない。@InitBinderメソッドや@ModelAttributeメソッドなども同様だ。この3種類のアノテーションを設定したメソッドを複数のControllerに適用する方法として，ControllerAdviceがある。ControllerAdviceとは複数のControllerに共通する機能を1ヵ所に定義して，それを複数のControllerに適用することができる機能だ。ControllerAdviceには，@ExceptionHandlerメソッドや@InitBinderメソッド，そして@ModelAttributeメソッドを定義することができる。**リスト5.40**が，ControllerAdviceの例だ。

リスト5.40 ControllerAdviceの例（CustomerControllerAdvice.java）

```
package sample.customer.web.controller;

import org.springframework.beans.propertyeditors.StringTrimmerEditor;
import org.springframework.stereotype.Component;
import org.springframework.web.bind.WebDataBinder;
import org.springframework.web.bind.annotation.ControllerAdvice;
import org.springframework.web.bind.annotation.ExceptionHandler;
import org.springframework.web.bind.annotation.InitBinder;

import sample.customer.biz.service.DataNotFoundException;

@Component ←❷
@ControllerAdvice("sample.customer.web.controller") ←❶
public class CustomerControllerAdvice {

  @InitBinder
  public void initBinder(WebDataBinder binder) {
    binder.registerCustomEditor(String.class,
      new StringTrimmerEditor(true));
  }

  @ExceptionHandler(DataNotFoundException.class)
  public String handleException() {
    return "customer/notfound";
  }

  @ExceptionHandler(Exception.class)
  public String handleException(Exception e) {

    ...（例外処理 省略）...
```

```
    return "error";
  }
}
```

ControllerAdviceクラスは，@ControllerAdviceアノテーションを設定して作成する（**リスト5.40-①**）。**リスト5.40-②**は，component-scanで読み込まれるように設定しているが，beanタグや@Beanメソッドで指定しても問題はない。クラスを定義したら，Controllerに共通のメソッドを定義する。定義方法はここまで見てきたとおりだ。**リスト5.40**では，@InitBinderメソッドと@ExceptionHandlerメソッドを定義している。これで，**リスト5.40-①**のvalue属性にしているsample.customer.web.controllerパッケージに含まれるすべてのControllerに対して，これらのメソッドを適用することができるのだ。

なお@ControllerAdviceアノテーションの属性には以下のように複数のパッケージを指定することができる。

```
@ControllerAdvice({"foo.bar", "foo.baz"})
```

ほかにも，以下のような設定が可能だ。

```
// 指定したクラスに対して適用。
// また指定したクラスを継承したクラス，
// 指定したインタフェースをimplementsしたクラスにも適用可能
@ControllerAdvice(assignableTypes = {
  CustomerEditController.class, BaseController.class, IController.class})

// 指定したアノテーションが設定されているクラスに対して適用
@ControllerAdvice( annotations = {
  Annotation1.class, Annotation2.class, Annotation3.class})
```

## 5.6.4 ファイルアップロード

Webアプリケーションでは，よくファイルアップロードの機能が求められる。Spring MVCはファイルアップロード機能に対応しており，アップロードされたファイルの内容に容易にアクセスするためのクラスを用意している。ここではSpring MVCにおけるファイルアップロードについて見ておこう。なお，ファイルダウンロードの方式については，5.6.5.5項のTips「ファイルダウンロード機能の実装」で解説する。

まずSpring MVCのファイルアップロード機能を適用するためには，MultipartResolverインタフェースをimplementsしたクラスをBeanとして定義しておく必要がある。Spring MVCには，Servlet 3.0で導入されたマルチパートデータ機能に対応しているStandardServletMultipartResolverクラスや，

Commons File Upload[注26]を使用してMultipartResolverを実現しているCommonsMultipartResolverクラスが用意されているため，これらのクラスをBeanとして定義しよう。Bean定義ファイルであれば以下のように設定する。

```
<bean id="multipartResolver"
  class="org.springframework.web.multipart.commons.CommonsMultipartResolver"/>
```

またJavaConfigであれば以下のとおりだ。

```
@Bean
public MultipartResolver multipartResolver() {
  return new CommonsMultipartResolver();
}
```

ポイントとしては，Beanのidに「multipartResolver」を設定することだ。この名前が異なると，MultipartResolverオブジェクトは使用できなくなってしまうので注意しよう。なおCommonsMultipartResolverには，ファイルの最大サイズなどさまざまなプロパティが用意されており，ファイルアップロードの細かな設定が可能だ。詳細は，CommonsMultipartResolverクラスのAPIドキュメントを参考にしてほしい。

MultipartResolverを適用できれば，あとはWebアプリケーションにファイルアップロード機能を組み込むだけだ。アップロードするファイルを選択するJSPは以下のようになる。

```
<form action="urlForUpload" method="post" enctype="multipart/form-data">
<input type="file" name="uploadFile">
  <button type="submit">アップロード</button>
</form>
```

ファイルアップロードの際は，formタグのenctypeに「multipart/form-data」を指定する。そしてアップロードするファイルを入力させる項目として，input[type="file"]タグを定義し，name属性にリクエストパラメータ名を定義しよう。これでJSPは完成だ。次はControllerを見てみよう。これまで見てきたControllerと同様に，@RequestMappingアノテーションを設定したメソッドを作成すればよい（**リスト5.41**）。

リスト5.41　ファイルアップロードのメソッド

```
@RequestMapping(path = "/urlForUpload", method = RequestMethod.POST)
public String uploadFile(
  @RequestParam("uploadFile") MultipartFile multipartFile) ←❶
    throws IOException {
  // ファイル名
  String fileName = multipartFile.getOriginalFilename();
  // ファイルの大きさ（単位はbyte）
```

注26 http://commons.apache.org/fileupload/

```
long size = multipartFile.getSize();
// コンテンツタイプ
String contentType = multipartFile.getContentType();
// 内容（byte配列）
byte[] fileContents = multipartFile.getBytes();
// ファイルとして保存
multipartFile.transferTo(new File("/path/to/save/"));

try (InputStream is = multipartFile.getInputStream()) {
  // ファイルの内容を読み込むための処理
}

...（省略）...
```

**リスト5.41-①**のMultipartFileオブジェクトとは，アップロードされたファイルの情報を保持するオブジェクトだ。このオブジェクトを引数として定義し，@RequestParamアノテーションを設定してinput[type="file"]タグに指定したリクエストパラメータ名を指定する。これで，アップロードされたファイルの情報をもとにMultipartFileオブジェクトが作成されて引数に設定される。あとは，MultipartFileオブジェクトから必要な情報を取り出すのだ。MultipartFileオブジェクトを使って取得できる内容については**リスト5.41**を見ておいてほしい。

なお今回は，リクエストパラメータとして受け取る方法を紹介したが，ModelAttributeオブジェクトのプロパティとして指定することも可能だ。

## 5.6.5 REST APIの実装 ―― XML，JSONの送受信

この節の最後は，Spring MVCを使ったREST APIの実装について見ておこう。ここまで解説してきた内容は，基本的に画面表示を伴うWebアプリケーションを前提としてきた。ここから説明するREST APIは，HTTP通信を利用してXMLやJSON形式の情報を直接やり取りするWebアプリケーションだ（**図5.22**）。具体的には，HTTPリクエストやHTTPレスポンスのボディ部にXMLやJSON形式の情報を設定してやり取りするのだ。

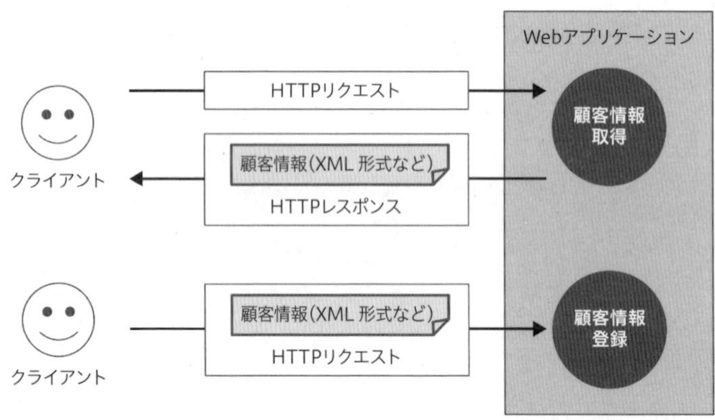


図5.22　REST APIの例

Spring MVCではどのように実装するか見ていくことにしよう。イメージとしては，HTTPリクエストのボディ部の情報をControllerメソッドの引数として受け取り，HTTPレスポンスのボディ部に設定する情報を直接returnするイメージだ（**図5.23**）。

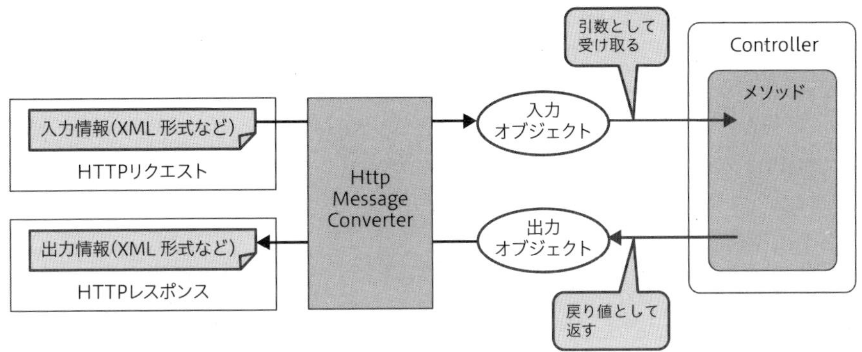


図5.23　Spring MVCでREST APIを実装するイメージ

その際は当然，HTTPリクエスト／レスポンスのボディ部とJavaオブジェクトを相互変換する必要がある。この相互変換を行ってくれるのがHttpMessageConverterオブジェクトである。HttpMessageConverterオブジェクトはその名のとおり，HTTPメッセージ（HTTPリクエスト／レスポンスのボディ部）とJavaオブジェクトの相互変換を行ってくれるオブジェクトだ。HttpMessageConverter はインタフェースであり，HttpMessageConverterインタフェースの実装クラスとしてはMarshallingHttpMessageConverterクラス（XML形式のHTTPメッセージをSpringのO/Xマッピング[注27]を使って変換）やJaxb2RootElementHttpMessageConverterクラス（XML形式のHTTPメッセージをJAXB[注28]で変換），MappingJacksonHttpMessageConverterクラス（JSON形式のHTTPメッセージをJackson[注29]で変換）などが用意されている。

では，ここから実際にREST APIを実装してみることにしよう。今回は，顧客情報を新規登録する機能と，IDを指定して顧客情報を取得する機能を実装してみたい。またHTTPメッセージの形式はXML形式として，JAXBを使ってXML文書とCustomerオブジェクトの変換を行う。

#### 5.6.5.1 HttpMessageConverterの設定

まずはHttpMessageConverterを設定しよう。Bean定義ファイルの場合は以下のように，mvc:annotation-drivenタグに設定する。

```
<mvc:annotation-driven validator="validator">
  <mvc:message-converters>
    <bean
     class="org.springframework.http.converter.xml.Jaxb2RootElementHttpMessageConverter"/>
```

注27　オブジェクトとXMLをマッピングする機能で，Spring内のさまざまな個所で利用されている。

注28　XMLドキュメントとJavaオブジェクトを相互変換するJavaの標準仕様で，JSR222で標準化されている(http://jcp.org/en/jsr/detail?id=222)。Java EEの一部であるが，Java SE 6以降には標準で含まれている。

注29　JSON文書とJavaオブジェクトを相互変換するオープンソースソフトウェア(https://github.com/FasterXML/jackson)。

```
  </mvc:message-converters>
</mvc:annotation-driven>
```

mvc:annotation-drivenタグの中にmvc:message-convertersタグを定義し，そこにHttpMessageConverterオブジェクトをBeanとして定義するのだ。今回はJAXBを使用してXML文書とCustomerオブジェクトの変換を行うので，HttpMessageConverterとしてJaxb2RootElementHttpMessageConverterを設定する。ちなみにmvc:message-convertersタグ内には，複数のMessageConverterを登録することが可能だ。またJavaConfigの場合は，WebMvcConfigurerAdapterクラスのconfigureMessageConvertersメソッドをオーバライドして追加する。

```
@Override
public void configureMessageConverters(List<HttpMessageConverter<?>> converters) {
  converters.add(new Jaxb2RootElementHttpMessageConverter());
}
```

ここで補足しておこう。今回は明示的にJaxb2RootElementHttpMessageConverterを登録したが，実はいくつかのHttpMessageConverterはデフォルトで自動的に登録される。たとえば文字列（String型のオブジェクト）とHTTPメッセージの相互変換を行うStringHttpMessageConverterや，byte配列とHTTPメッセージの変換を行うByteArrayHttpMessageConverter，前述のMappingJacksonHttpMessageConverterなどだ。またJaxb2RootElementHttpMessageConverterもデフォルトで自動登録されるHttpMessageConverterなので，実はこれらの設定は行わなくても動作する。

### 5.6.5.2 XMLとクラスのマッピング定義

Controllerのメソッドを実装する前に，まずはXMLの形式を決めておく必要がある。今回はCustomerオブジェクトをXML形式で表現する必要がある。そしてXMLの形式とCustomerクラスのマッピングは，JAXBで定義されているアノテーションで定義するのだ。今回は最も単純にマッピングが可能なように，XMLの形式を**リスト5.42**のように定義する。

リスト5.42 顧客情報のXML表現

```
<customer>
  <id>1</id>
  <name>太郎</name>
  <emailAddress>taro@aa.bb.cc</emailAddress>
  <birthday>2000-01-01T00:00:00+09:00</birthday>
  <favoriteNumber>7</favoriteNumber>
</customer>
```

この形式であれば，JAXBのアノテーションで以下のように設定すればマッピングの設定は完了だ。

```
@XmlRootElement
public class Customer {
  ...（省略）...
```

つまり，Customerクラスに@XmlRootElementアノテーションを設定しておけば，あとはJAXBがクラス名やプロパティ名をもとに自動的にXMLとのマッピングを行ってくれるのだ。

### 5.6.5.3 HTTPメッセージ受信の実装

では，HTTPメッセージを受信するControllerメソッドの実装を行ってみよう。**リスト5.43**が，顧客情報のXMLを受け取り，その内容をもとに顧客情報を新規登録するREST APIの実装だ。

リスト5.43　顧客新規登録のREST API実装（CustomerRestController.java）

```
@Controller
@RequestMapping("/api/customer") ←①
public class CustomerRestController {

  @Autowired
  private CustomerService customerService;

  @RequestMapping(method = POST)                          ←②
  @ResponseStatus(HttpStatus.OK)                          ←⑤
  @ResponseBody                                           ←⑦
  public String register(@RequestBody Customer customer) { ←③
    customerService.register(customer);                   ←④
    return "OK";                                          ←⑥
  }
}
```

まずはこれまでと同様にControllerメソッドを作成する。**リスト5.43-①②**から，このメソッドへアクセスするURLは「/api/customer/」で，HTTPメソッドPOSTでリクエストすることがわかる。そして**リスト5.43-③**がHTTPリクエストのボディ部を引数として受け取るための設定だ。@RequestBodyアノテーションを設定した引数には，HTTPリクエストのボディ部をHttpMessageConverterで変換した結果が設定される。今回は，受信したXML文書をJAXBでCustomerオブジェクトに変換して設定してくれているのだ。そのCustomerオブジェクトを，CustomerServiceのregisterメソッドを使って登録する（**リスト5.43-④**）。

これで登録処理は完了だが，次はHTTPレスポンスをどう返すかだ。REST APIで意識しなくてはならないのは，HTTPレスポンスに含まれるステータスコードだ。RESTの考え方では，原則としてクライアントは，HTTPレスポンスのステータスコードをもとに処理の成否を判断する。逆に言えば，サーバ側は正しくステータスコードを返す必要があるのだ。

Controllerメソッドが正常に終了した場合にどのステータスコードを返すかを定義しているのが**リスト5.43-⑤**の@ResponseStatusアノテーションだ。@ResponseStatusアノテーションには値としてHttpStatus enumの値を指定する。HttpStatusには，HTTPプロトコルで定められているステータスコードが一通り定義されており，適切な値を設定する。ちなみに@ResponseStatusアノテーションを指定しなくても，Controllerメソッドが正常に終了すれば基本的にはステータスコードはOK（200）が返るため，今回の場合は@ResponseStatusアノテーションは設定しなくても大丈夫だ。ここでは，RESTにおいてはこの@ResponseStatusが重要な意味を持つことを，しっかりと意識しておこう。

最後にこのメソッドでは，「OK」という文字列をreturnしている。これが，HTTPレスポンスのボディ部に埋め込む値だ。そして「HTTPレスポンスのボディ部に埋め込む値を返している」ということを設定するため，Controllerのメソッドには@ResponseBodyアノテーションを設定しているのだ（**リスト5.43-⑦**）。もしCustomerオブジェクトを返せば，JAXB対応のHttpMessageConverterによって顧客情報のXMLに変換されるわけだが，ここでは文字列「OK」をreturnしている。この場合はStringHttpMessageConverterが実行され，HTTPレスポンスのボディ部に「OK」という文字が埋め込まれることになる。

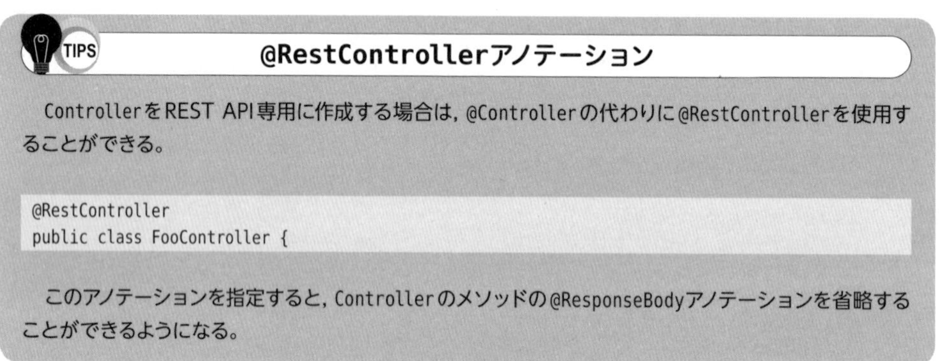

**TIPS　@RestControllerアノテーション**

ControllerをREST API専用に作成する場合は，@Controllerの代わりに@RestControllerを使用することができる。

```
@RestController
public class FooController {
```

このアノテーションを指定すると，Controllerのメソッドの@ResponseBodyアノテーションを省略することができるようになる。

### 5.6.5.4 HTTPメッセージ送信の実装と例外処理

では，HTTPメッセージを送信するControllerのメソッドの実装を行ってみよう。**リスト5.44**が，URLで指定した顧客情報のXMLを返すREST APIの実装だ。

リスト5.44　顧客情報取得のREST API実装（CustomerRestService.java）

```
@RequestMapping(path = "/{customerId}", method = GET)          ┐
@ResponseStatus(HttpStatus.OK)                                 │
@ResponseBody ←②                                               │
public Customer findById(@PathVariable int customerId)         │ ←①
  throws DataNotFoundException {                               │
  return customerService.findById(customerId);                 │
}                                                              ┘

@ExceptionHandler                                              ┐
@ResponseStatus(HttpStatus.NOT_FOUND) ←④                       │
@ResponseBody                                                  │ ←③
public String handleException(DataNotFoundException e) {       │
  return "customer is not found";                              │
}                                                              ┘
```

**リスト5.44-①**が，顧客情報を返すControllerのメソッドだ。メソッド内ではCustomerオブジェクトを取得してreturnしているだけだ。そしてメソッドに@ResponseBodyアノテーションを設定することで（**リスト5.44-②**），returnしたCustomerオブジェクトをもとにXMLが生成され，HTTPレスポンスがクライアントに返るのだ。

もう1つ定義したメソッドが，5.6.2.1項「Controllerごとに例外処理を定義」で解説した例外処理メソッドだ（**リスト5.44-③**）。このhandleExceptionメソッドに@ResponseStatusアノテーションを設定しているので（**リスト5.44-④**），findByIdメソッドでDataNotFoundExceptionが発生した場合はhandleExceptionメソッドが実行され，HTTPレスポンスのステータスコードはNOT FOUND（404）となるのだ[注30]。

### @RequestBodyアノテーション引数とエラー処理

ControllerのメソッドのModelAttributeオブジェクト引数に@Validアノテーションを設定することでバリデーションが自動的に実行される。同様に，@RequestBodyアノテーションを設定した引数にも@Validアノテーションを設定してバリデーションを適用することが可能だ。

```
public void foo(@Valid @RequestBody Customer customer)
```

5.5.2.3項「Controllerでのエラー処理とErrorsオブジェクト」で解説したように，customer引数の後ろにErrorsを引数として指定することでエラー情報を取得することができるのだが，Errorsを引数に指定していない場合はバリデーションエラーが発生するとMethodArgumentNotFoundException例外が発生する。REST APIを実装する場合はあえてMethodArgumentNotFoundException例外を発生させるようにして，例外処理メソッドでエラー処理を実装すると良い。以下が例外処理メソッドの実装例だ。

```
@ExceptionHandler
@ResponseStatus(HttpStatus.BAD_REQUEST)
@ResponseBody
public ErrorDto handleException(MethodArgumentNotFoundException ex) {
  // BindingResultクラスはErrorsクラスのサブクラスで，エラー情報を保持している
  BindingResult errors = ex.getBindingResult();

  // BindingResultオブジェクトからエラー情報を取得し，
  // レスポンスとして返すオブジェクトを生成する
  // （ErrorInfoクラスはレスポンスのフォーマットを意識して実装）
  ErrorDto errorDto = new ErrorDto( …
  …（省略）…

  return errorDto;
}
```

このように実装することで，バリデーションエラー発生時のHTTPレスポンスのステータスコードを適切に指定することができる。またバリデーションエラー発生時のレスポンスを統一したい場合は，5.6.3項「ControllerAdvice」で解説したControllerAdviceを適用することで，エラー処理を共通化することもできるのだ。

注30 @ResponseStatusアノテーションは，例外クラスに設定することも可能だ。この場合，例外を@ExceptionHandlerメソッドで処理せずthrowすることで，例外クラスに指定した@ResponseStatusのステータスコードでレスポンスが返る。

### 5.6.5.5 ResponseEntityオブジェクト

ではREST APIの解説の最後に，ResponseEntityオブジェクトについて解説しよう。ResponseEntityオブジェクトはHTTPレスポンスを表すオブジェクトで，HTTPレスポンスのヘッダとボディをプロパティとして保持している（**表5.13**）。ResponseEntityオブジェクトを戻り値として返すことで，ボディ部に加え，ステータスコードとHTTPレスポンスのヘッダをControllerメソッドで指定することができる。

表5.13　ResponseEntityのプロパティ

| プロパティ名 | 型 | 説明 |
|---|---|---|
| statusCode | org.springframework.http.HttpStatus | ステータスコード |
| headers | org.springframework.http.HttpHeaders | HTTPレスポンスのヘッダ |
| body | T(ResponseEntityオブジェクト生成時に型変数で指定) | ボディ部に埋め込む情報を保持するオブジェクト |

では**リスト5.44-①**のメソッドを，ResponseEntityオブジェクトを使って実装してみよう。

リスト5.45　ResponseEntityの使用例

```
@RequestMapping(path = "/{customerId}", method = GET)
public ResponseEntity<Customer> findById(@PathVariable int customerId)   ←①
  throws DataNotFoundException {
  Customer customer = customerService.findById(customerId);

  return ResponseEntity.ok()                                              ←②
    .header("My-Header", "MyHeaderValue")                                 ←③
    .contentType(new MediaType("text", "xml", Charset.forName("UTF-8")))  ←④
    .body(customer);                                                      ←⑤
}
```

まず**リスト5.45-①**で，戻り値がResponseEntityクラスになっていることを確認しよう。そしてResponseEntityクラスが戻り値の場合は，その内容をHTTPレスポンスに埋め込むことは明確なので，@ResponseBodyアノテーションは設定する必要がない。またステータスコードもResponseEntityオブジェクトに設定するので，@ResponseStatusアノテーションも必要ない。**リスト5.45-②**から**⑤**で，ResponseEntityオブジェクトを生成し各プロパティを設定している。Springバージョン4.1以降では，このようにBuilderパターンの形式でResponseEntityオブジェクトを生成できるようになった。ステータスコードとして「200 OK」（**リスト5.45-②**），レスポンスヘッダとして「My-Header=MyHeaderValue」（**リスト5.45-③**），コンテンツタイプとして「text/xml; charset=UTF-8」（**リスト5.45-④**），そしてレスポンスボディとしてCustomerオブジェクト（**リスト5.45-⑤**）を設定している。

ResponseEntityを使用すると，ソースコード自体はやや複雑にはなるがHTTPレスポンスの細かな設定が可能になる。アノテーションによる設定とResponseEntityによる実装を，ケースバイケースでうまく使い分けるようにしよう。

**ファイルダウンロード機能の実装**

ファイルダウンロード機能を実現するためには，5.6.5.3項「HTTPメッセージ受信の実装」で解説した@ResponseBodyアノテーションをControllerメソッドに設定して，メソッドからダウンロードファイルの内容を直接returnすればよい。ダウンロードファイルの内容がCSVなどの文字列であれば戻り値をString型にすればよいし，ダウンロードファイルの内容がZIPや画像などのバイナリ型である場合はbyte配列型を戻り値にすればよい。ただファイルダウンロード機能の難しいところは，HTTPレスポンスのヘッダ情報を細かく設定しなくてはならないところだ。そこで最後に解説したResponseEntityオブジェクトを使用するとその問題も解決できる。HttpHeadersオブジェクトに適切なヘッダ情報を設定すれば，細かな要求にも対応できるだろう。

## 5.7 最後に

非常に長くなったが，Spring MVCの理解を深めていただいただろうか。筆者は過去には，プレゼンテーション層のフレームワークとして主にStrutsを使用していた。いまいちいけてないフレームワークだとわかりながらも，なかなか取って代わるフレームワークがなかったのだ。Spring1.0が登場しSpring MVCを見たとき，インタフェースをベースとしたきれいな設計構造は気に入ったのだが，いかんせんわかりにくく，プロジェクトに適用するには厳しいと感じていた。

しかし数年が経ち，Spring MVCはアノテーションベースに生まれ変わり，非常にシンプルな，そして強力なフレームワークとして，今もさらに進化し続けている。また現在，Struts1系のサポートが終了したことで，多くの企業がStrutsの次のフレームワークとしてSpring MVCを選び，転換をしている。今後Java Webアプリケーションに携わっていく開発者は，ぜひ今後の動向に注目するようにしよう。

# 第6章

# 認証・認可

# 第6章 認証・認可

本章では，Webアプリケーションだけでなくさまざまな局面で必須となってきている，認証・認可機能について解説をしよう。まずは認証・認可機能の基本的な概念をおさえて，その後，Webアプリケーションに Spring Securityを使って認証・認可を実装する方法を説明する。

## 6.1 認証・認可とフレームワーク

一般的なWebアプリケーションでは，ほとんどのケースで認証機能や認可機能が必須である。特に最近では，社内資産へのアクセスを厳しくする傾向が強くなってきており，より強固で，かつ柔軟な対応が可能な認証・認可機能が求められるようになってきた。

これらの認証・認可機能については，各アプリケーションで個別に実装することが多い。その理由として，認証・認可機能の実装がアプリケーションに依存する部分が多く，アプリケーションをまたがった共通化が難しいと認識されていることが挙げられる。たとえば認証・認可を実施するための情報をどこから取得するかについて考えてみると，アプリケーションの一部であるデータベースから取得する場合もあれば，全社的に共通化している認証・認可情報システムから独自のAPIを通じて取得する場合もあるだろう。

このような認識から，認証・認可に共通的な機能を切り出すという試みがなされず，結果として有効な認証・認可フレームワークが存在していなかったというのが現実である。読者の中にも，Webアプリケーションの開発のたびに，毎回同じような認証・認可機能を何度も何度も実装してきたという人もいるのではないだろうか。

本章ではこのような背景も踏まえつつ，Springのサブプロジェクトとして開発されている「Spring Security」を使って，認証・認可機能を実装する方法について説明していきたい。その中で，これまで難しいと認識されてきた認証・認可機能のフレームワーク化を，Spring Securityがいかに実現しているかを感じてほしい。

## 6.2 認証・認可の基本

認証・認可は，言葉のとおり「認証機能」と「認可機能」を併せたものだ。まずは認証と認可の違いをはっきりさせるため，基本的な内容について見ていくことにしよう。

### 6.2.1 認証機能とは何か?

認証機能とは一言で表すと，「アプリケーションにアクセスするユーザを特定する機能」だ。たとえばWebアプリケーションの場合，URLさえ知っていれば誰でもブラウザを使用して簡単にアクセスができてしまうため，セキュリティの観点からアプリケーションにアクセスできるユーザを制限する必要がある。また，アクセスしているユーザが誰であるかを特定することによって，誰がいつどのような操作をアプリケーションに対して行ったのかもトレースできる。これが，認証機能の目的だ（**図6.1**）。

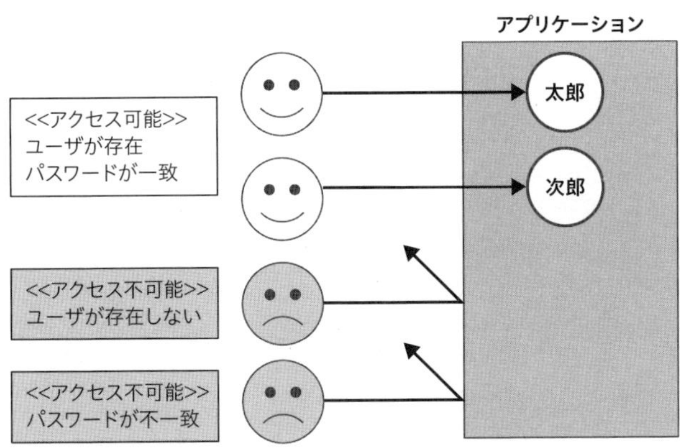


図6.1　認証機能の概要

一般的に最もよく使用される認証方式は，Webアプリケーションごとにユーザ名とパスワードを管理し，そのユーザ名とパスワードで認証を行う方式だ。この方式では，各Webアプリケーションが持つデータベースにログインに必要なユーザ名とパスワードを登録しておく。ユーザがアプリケーションにアクセスしてきた際に，ユーザにユーザ名とパスワードを入力させ，そのユーザ名とパスワードでユーザを特定する。

Webアプリケーションごとのデータベースでユーザ名とパスワードを管理する方式以外では，LDAPやActive Directoryなどで社内共通の認証情報システムを構築して，そこに各APIを通じてアクセスする方式が一般的だ。

## 6.2.2 認可機能とは何か？

認証機能の次は，認可機能について見てみよう。認可機能とは「特定されたユーザに対して，参照できる情報や実行できる操作を制限する機能」のことだ。

まずユーザを特定することが前提となるため，認証機能は認可機能の前提となる。認証機能によって，そのユーザがアプリケーションに対してアクセスできることは認められるが，すべてのユーザに対して同一の権限が与えられるとは限らない。あらゆる社内情報を管理している基幹システムであれば，社内の機密情報にアクセスできるユーザは限定しなくてはならないだろうし，同じシステムにプロパー社員と派遣社員がアクセスできるということであれば，派遣社員のほうには使える機能に制限をかける必要があるだろう。また経費精算システムなどワークフローを導入するようなケースでは，承認を実施できるユーザは上層部の人間に限定しなくてはならないことがほとんどだ。

このような要件に対して，認証されたユーザに対してどのような情報を参照させるのか，どのような操作を可能にするかを定義しておきアクセスを制限する，これが認可機能である（**図6.2**）。

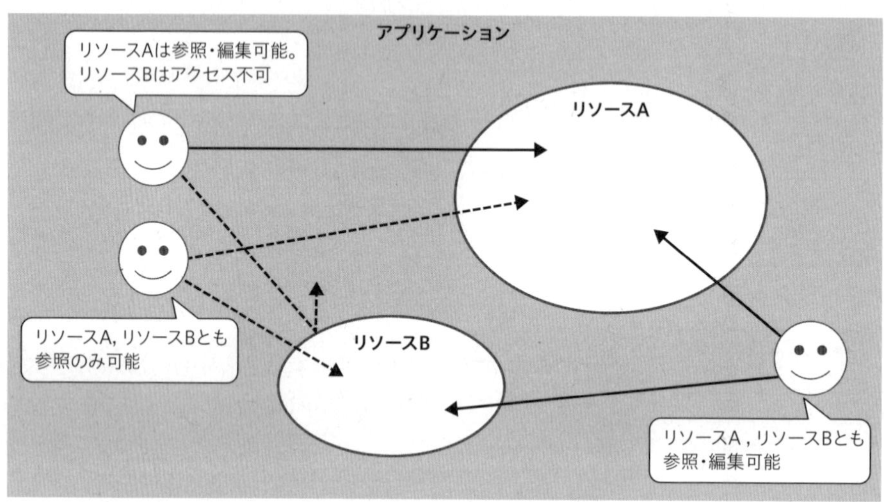


図6.2　認可機能の概要

認可機能を適用する場合は，認可情報，つまりどのユーザにどの権限を与えるかを定義したものを作成しておく必要がある。一般的には，リソースに対する参照，操作の権限を「ロール」として定義しておき，ロールに対してユーザを割り当てるのが一般的だ（**図6.3**）。

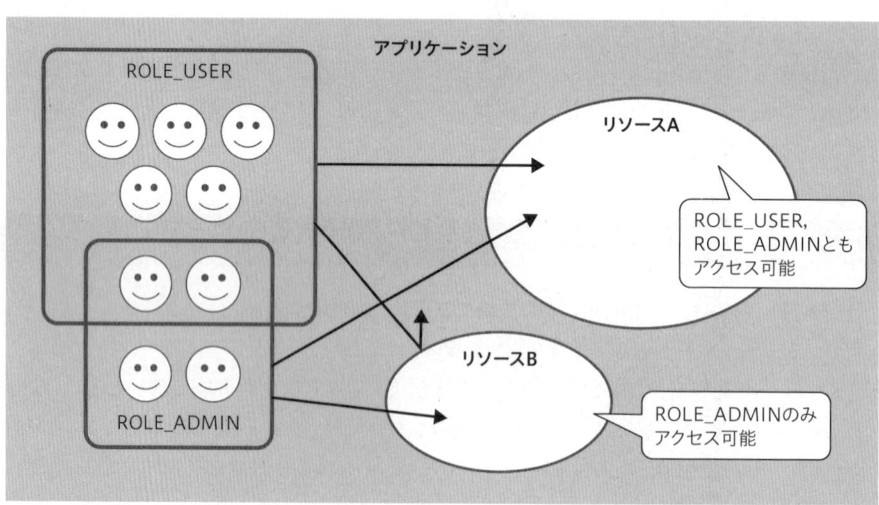


図6.3　認可とロール

認証処理が実施された際にその認証情報に基づく認可情報を取得しておき，リソースにアクセスする際にはその認可情報に基づいてアクセス制御をするのが認可機能だ。リソースへのアクセス制御としては，具体的には画面の表示項目の制限や，実行できる機能の制限などがある。

## 6.3 Spring Securityの概要と導入

ではSpring Securityについて説明していくことにしよう。ここではまずSpring Securityの概要を確認した上で，Spring Securityを簡単なWebアプリケーションに導入してみたい。細かいことは抜きにして，Spring Securityでどんなことができるかをざっと確認してみてほしい。

### 6.3.1 Spring Security の概要

先にも述べたように，認証・認可機能はこれまではWebアプリケーションごとに構築されることが多かった。そこに登場したのがSpring Securityである。

Spring Securityは「Acegi Security」としてSpringの関連プロダクトとして登場した。Acegi SecurityはSpringをベースとしたフレームワークで認証・認可まわりの共通機能を提供し，またアプリケーションごとに異なる個所には個別の実装を組み入れられる仕組みとなっていた。一方でAcegi Securityの時代は，Spring2.0で導入されたXMLスキーマにはまだ対応していなかったため，設定ファイルが非常に煩雑でわかりにくいのが難点だった。その後，Acegi Securityはバージョン2.0からSpring Securityと改名され，このバージョンからXMLスキーマに対応し，設定ファイルがシンプルに記述できるようになった。そしてSpring Security 3.2からは，JavaConfig形式でも設定できるようになった。Spring Securityは2015年12月時点ではメジャーバージョンは4まで上がり，さらに多くの機能を実現している。

Spring Securityの特徴は，主に以下のとおりだ。

- 認証・認可機能に共通の枠組みを提供
- Webアプリケーションで認証・認可を実現するための各種フィルタークラスを提供
- Bean定義ファイルやプロパティファイル，データベース，LDAPなど，さまざまなリソースから認証・認可情報を取得可能
- HTTP BASIC認証や画面からのフォーム認証など，Webアプリケーションで一般的に採用される認証に対応
- 認可情報に基づいて画面表示の制御を行うための，JSPタグライブラリを提供
- メソッド呼び出しに対するアクセス制御をAOPで適用可能
- セキュリティ攻撃対策機能を提供（CSRF対策，Session Fixation対策など）

Spring Securityはこのほかにも多くの機能を持っており，すべてについて説明するには紙面が足りない。そこでこの章では，主にSpring SecurityをWebアプリケーションに適用する方法につい

て，基本的な内容をピックアップして説明することにする。その他の機能に興味のある方は，ぜひSpring Securityのリファレンスマニュアルを参照してほしい。

## 6.3.2 Spring Securityの導入

まずはSpring Securityの導入方法を見ていくことにしよう。ここでは，図6.4のようなシンプルなページ遷移だけのWebアプリケーションを用意し，ここにSpring Securityを導入して認証認可の機能を追加してみることにする。top.jsp（リスト6.1），user.jsp（リスト6.2），admin.jsp（リスト6.3）のソースコードも確認しておこう。

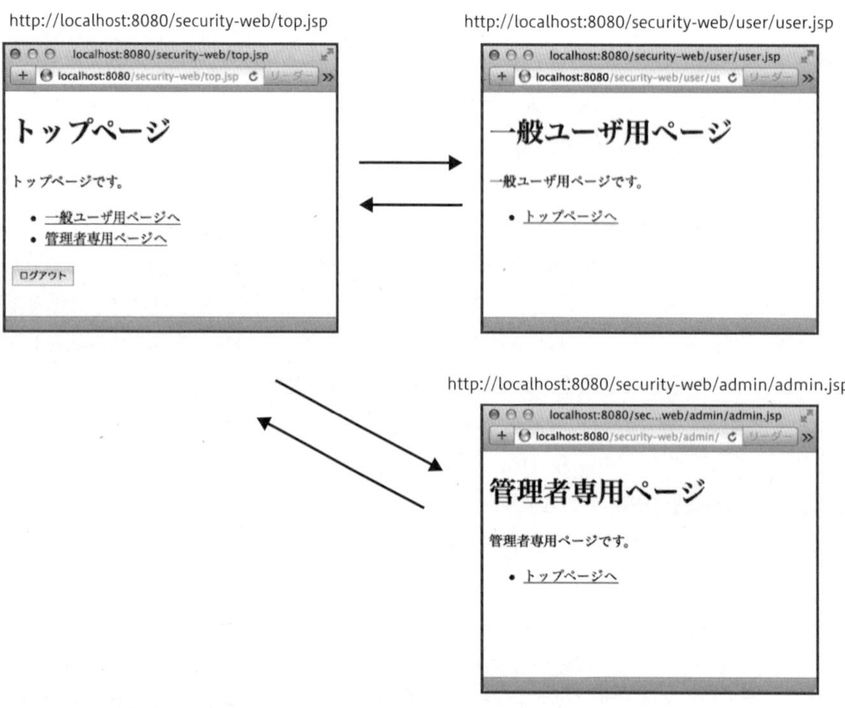


図6.4　シンプルなWebアプリケーション（画面遷移図）

リスト6.1　トップページ（top.jsp）

```
<%@ page contentType="text/html; charset=UTF-8" %>
<!DOCTYPE html>
<html>
<head>
  <meta charset="UTF-8">
</head>
<body>
<h1>トップページ</h1>
トップページです。
```

```
<ul>
  <li><a href="user/user.jsp">一般ユーザ用ページへ</a></li>
  <li><a href="admin/admin.jsp">管理者専用ページへ</a></li>
</ul>
<form action="logout" method="post">
  <button>ログアウト</button>
</form>
</body>
</html>
```

リスト 6.2 一般ユーザ用ページ（user/user.jsp）

```
<%@ page contentType="text/html; charset=UTF-8" %>
<!DOCTYPE html>
<html>
<head>
  <meta charset="UTF-8">
</head>
<body>
<h1>一般ユーザ用ページ</h1>
一般ユーザ用ページです。<br>
<ul>
  <li><a href="../top.jsp">トップページへ</a></li>
</ul>
</body>
</html>
```

リスト 6.3 管理者専用ページ（admin/admin.jsp）

```
<%@ page contentType="text/html; charset=UTF-8" %>
<!DOCTYPE html>
<html>
<head>
  <meta charset="UTF-8">
</head>
<body>
<h1>管理者専用ページ</h1>
管理者専用ページです。<br>
<ul>
  <li><a href="../top.jsp">トップページへ</a></li>
</ul>
</body>
</html>
```

このWebアプリケーションは，JSPだけで構築された画面遷移だけのWebアプリケーションだ。このようなSpringに依存しないWebアプリケーションであっても，Spring Securityは導入が可能であることを念頭に置いて，適用方法を確認してほしい。

#### 6.3.2.1 Spring Securityの設定ファイル

ではまずは，DIコンテナの設定だ。Spring Securityの中核をなすオブジェクトは，他のSpringの機能と同様にDIコンテナに設定することになる。まずはBean定義ファイルを見てみよう。

リスト6.4　Spring SecurityのBean定義ファイル（beans-security.xml）

```
<?xml version="1.0" encoding="UTF-8"?>
<beans:beans xmlns="http://www.springframework.org/schema/security"
    xmlns:xsi="http://www.w3.org/2001/XMLSchema-instance"
    xmlns:beans="http://www.springframework.org/schema/beans"
    xsi:schemaLocation="
        http://www.springframework.org/schema/beans
        http://www.springframework.org/schema/beans/spring-beans.xsd
        http://www.springframework.org/schema/security
        http://www.springframework.org/schema/security/spring-security.xsd">

  <http>
    <intercept-url pattern="/top.jsp" access="permitAll()"/>                          ←①
    <intercept-url pattern="/admin/**" access="hasAuthority('ROLE_ADMIN')"/>          ←②
    <intercept-url pattern="/**" access="isAuthenticated()"/>                         ←③
    <form-login default-target-url="/top.jsp"/>                                       ←④
    <logout logout-url="/logout" logout-success-url="/top.jsp"/>                      ←⑤
    <csrf disabled="true"/>                                                           ←⑥
  </http>

  <authentication-manager>                                                       ─┐
    <authentication-provider>                                                     │
      <user-service>                                                              │
        <user name="user" password="userpassword" authorities="ROLE_USER"/>       │
        <user name="admin" password="adminpassword" authorities="ROLE_ADMIN"/>    │ ←⑦
      </user-service>                                                             │
    </authentication-provider>                                                    │
  </authentication-manager>                                                      ─┘
</beans:beans>
```

タグの詳細は，のちほど見ていくとして，この設定ファイルで設定している内容を簡単に説明しておこう。

- /top.jspには，ログインしていないユーザでもアクセスできる（**リスト6.4-①**）
- /admin配下には，ロールROLE_ADMINが設定されているユーザでログインしている場合のみアクセスできる（**リスト6.4-②**）
- 上記以外のパスには，認証されているユーザであればアクセスできる（**リスト6.4-③**）
- 認証方式には，フォームログイン方式（画面上でユーザ名，パスワードを入力する方式）を採用する（**リスト6.4-④**）
- ログアウト機能を有効にして，ログアウト用のURLを/logoutとし，ログアウト実施後は，/top.jspに遷移する（**リスト6.4-⑤**）
- CSRF対策機能（6.8.1項参照）は無効にする（**リスト6.4-⑥**）
- 以下のユーザをSpring設定ファイルに定義し，メモリ上で管理する（**リスト6.4-⑦**）
  - ユーザ名：user，パスワード：userpassword，ロール：ROLE_USER
  - ユーザ名：admin，パスワード：adminpassword，ロール：ROLE_ADMIN

ぜひ前述のサンプルアプリケーションの画面遷移図を確認して，どのような設定をしているのか，確認しておいてほしい。

そしてもう1つ，JavaConfigによる設定方法についても見ておこう（**リスト6.5**）。

リスト6.5 Spring Security の JavaConfig ファイル（SecurityConfig.java）

```
package sample.security.config;

import org.springframework.context.annotation.Bean;
import org.springframework.security.authentication.AuthenticationManager;
import org.springframework.security.config.annotation.authentication.builders.AuthenticationManagerBuilder;
import org.springframework.security.config.annotation.web.builders.HttpSecurity;
import org.springframework.security.config.annotation.web.configuration.EnableWebSecurity;
import org.springframework.security.config.annotation.web.configuration.WebSecurityConfigurerAdapter;

@EnableWebSecurity
public class SecurityConfig extends WebSecurityConfigurerAdapter {

  @Override
  protected void configure(HttpSecurity http) throws Exception {
    http
      .authorizeRequests()
        .antMatchers("/top.jsp").permitAll()                     ←①
        .antMatchers("/admin/**").hasAuthority("ROLE_ADMIN")     ←②
        .anyRequest().authenticated()                            ←③
        .and()
      .formLogin()
        .defaultSuccessUrl("/top.jsp")      ←④
        .and()
      .logout()
        .logoutUrl("/logout")
        .logoutSuccessUrl("/top.jsp")       ←⑤
        .and()
      .csrf()
        .disable();      ←⑥
  }

  @Override
  protected void configure(AuthenticationManagerBuilder auth)
    throws Exception {
      auth.inMemoryAuthentication()
        .withUser("user").password("userpassword").authorities("ROLE_USER").and()
        .withUser("admin").password("adminpassword").authorities("ROLE_ADMIN");
  }                                                                ←⑦
}
```

**リスト6.4**の設定を，JavaConfigに置き換えたものなので，こちらも内容を確認しておこう。①～⑦の対応付けも**リスト6.4**とまったく同じだ。

### 6.3.2.2 Webアプリケーションへの適用

次はSpring SecurityをWebアプリケーションに適用しよう。以下の2種類の方法で適用可能だ。

- web.xmlで設定
- SecurityWebApplicationInitializerクラスで設定

#### web.xmlで設定する方法

web.xmlで設定する場合，必要な設定は大きく以下の2つだ。

- DIコンテナをWebアプリケーションに配置する設定
- Spring Security用のFilterの設定

まずはBean定義ファイル（**リスト6.4**）の定義を使ったweb.xmlの設定が**リスト6.6**だ。

リスト6.6 Bean定義ファイルを使ったweb.xmlの定義（web.xml）

```
<web-app xmlns="http://xmlns.jcp.org/xml/ns/javaee"
         xmlns:xsi="http://www.w3.org/2001/XMLSchema-instance"
         xsi:schemaLocation="
             http://xmlns.jcp.org/xml/ns/javaee
             http://xmlns.jcp.org/xml/ns/javaee/web-app_3_1.xsd"
         version="3.1">
  <context-param>
    <param-name>contextConfigLocation</param-name>
    <param-value>classpath:/META-INF/spring/beans-security.xml</param-value>
  </context-param>
  <listener>
    <listener-class>
      org.springframework.web.context.ContextLoaderListener
    </listener-class>
  </listener>                                                  ←①
  <filter>
    <filter-name>springSecurityFilterChain</filter-name>
    <filter-class>org.springframework.web.filter.DelegatingFilterProxy</filter-class>
  </filter>
  <filter-mapping>
    <filter-name>springSecurityFilterChain</filter-name>
    <url-pattern>/*</url-pattern>
  </filter-mapping>                                            ←②
</web-app>
```

まず**リスト6.6-①**の設定が，**リスト6.4**のBean定義ファイルをもとにDIコンテナを作成するための設定だ。第2章で説明した内容なので，しっかりと復習しておこう。もしSpringベースのWebアプリケーションを作成していてBean定義ファイルがほかにもある場合は，既存のcontextConfigLocationの設定にbeans-security.xmlのパスを追加すればよい。次に**リスト6.6-②**が，Spring Security用のFilterの設定だ。Bean定義ファイルにhttpタグを定義すると，裏では自動的にSpring Security用のFilter（Servlet APIに準拠したFilter）がDIコンテナの中に「springSecurityFilterChain」という名前で作成される。**リスト6.6-②**の設定は，そのDIコンテナ内に作成されたFilterをWebアプリケーションに適用するための設定だ。1つめのポイントは，Filterの名前をspringSecurityFilterChainとすることだ。この名前はDIコンテナに作成されるFilterと同じ名前にする必要があるため，正確に定義しよう。2つめのポイントは，filter-mappingの定義をWebアプリケーション全体に設定していることだ。これによって，このWebアプリケーションで管理しているコンテンツ全体に対して，Spring Securityを適用できる。

参考までに，JavaConfig形式の定義ファイルを使ったweb.xmlの定義についても掲載しておくので，**リスト6.6**と比較しておこう（**リスト6.7**）。

リスト6.7 JavaConfigを使ったweb.xmlの定義（web.xml）

```
<web-app xmlns="http://xmlns.jcp.org/xml/ns/javaee"
         xmlns:xsi="http://www.w3.org/2001/XMLSchema-instance"
         xsi:schemaLocation="
             http://xmlns.jcp.org/xml/ns/javaee
             http://xmlns.jcp.org/xml/ns/javaee/web-app_3_1.xsd"
         version="3.1">
  <context-param>
    <param-name>contextClass</param-name>
    <param-value>org.springframework.web.context.support.AnnotationConfigWebApplicationContext</param-value>
  </context-param>
  <context-param>
    <param-name>contextConfigLocation</param-name>
    <param-value>sample.security.config.SecurityConfig</param-value>
  </context-param>
  <listener>
    <listener-class>
      org.springframework.web.context.ContextLoaderListener
    </listener-class>
  </listener>
  <filter>
    <filter-name>springSecurityFilterChain</filter-name>
    <filter-class>org.springframework.web.filter.DelegatingFilterProxy</filter-class>
  </filter>
  <filter-mapping>
    <filter-name>springSecurityFilterChain</filter-name>
    <url-pattern>/*</url-pattern>
  </filter-mapping>
</web-app>
```

### SecurityWebApplicationInitializerで設定する方法

ではSecurityWebApplicationInitializerで設定する方法を見てみてよう。アプリケーション固有のSecurityWebApplicationInitializerクラスを作成してクラスパス上に配置するだけで，web.xmlを使用せずにSpring Security用のFilterを設定することができるのだ。まずはJavaConfigを指定する方法からだ（**リスト6.8**）。

リスト6.8 JavaConfigを使ったSecurityWebApplicationInitializerの定義 (SecurityWebApplicationInitializer.java)

```
package sample.security.config;

import org.springframework.security.web.context.AbstractSecurityWebApplicationInitializer;

public class SecurityWebApplicationInitializer
  extends AbstractSecurityWebApplicationInitializer { ←①

  public SecurityWebApplicationInitializer() {
    super(SecurityConfig.class); ←②
  }
}
```

AbstractSecurityWebApplicationInitializerクラスを継承したクラスを作成し(**リスト6.8-①**)，コンストラクタでスーパクラスのコンストラクタを実行してJavaConfigクラスを指定する(**リスト6.8-②**)。ここには次のように，JavaConfigを複数指定することも可能だ。

```
super(SecurityConfig1.class, SecurityConfig2.class, ...);
```

次はBean定義ファイルを指定する方法だ(**リスト6.9**)。

リスト6.9 Bean定義ファイルを使ったSecurityWebApplicationInitializerの定義 (SecurityWebApplicationInitializer.java)

```
package sample.security.config;

import org.springframework.context.annotation.Configuration;
import org.springframework.context.annotation.ImportResource;
import org.springframework.security.web.context.AbstractSecurityWebApplicationInitializer;

public class SecurityWebApplicationInitializer
  extends AbstractSecurityWebApplicationInitializer {

  public SecurityWebApplicationInitializer() {
    super(ImportResourceConfig.class);                    ←②
  }

  @Configuration
  @ImportResource("classpath:/META-INF/spring/beans-security.xml")  ┐
  public static class ImportResourceConfig {                          │ ←①
  }                                                                   ┘
}
```

残念ながらAbstractSecurityWebApplicationInitializerはJavaConfigにしか対応していないので，Bean定義ファイルを読み込むJavaConfigを作成して(**リスト6.9-①**)コンストラクタに指定しよう(**リスト6.9-②**)。

#### 6.3.2.3 動作確認

一通りSpring Securityの適用が完了したところで，実際にサンプルWebアプリケーションを動かしてみよう。まずトップページ（/top.jsp）はログインしていなくても表示することは可能だ。次に一般ユーザ用ページ（/user/user.jsp）にアクセスしてみよう。一般ユーザ用ページは認証が必要なページ（isAuthenticated()が設定されている）であるため，**図6.5**のようなログイン画面が表示される[注1]。

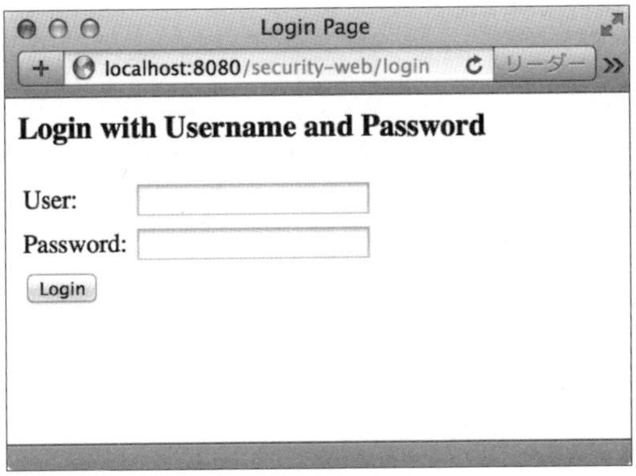

図6.5　ログイン画面

では**リスト6.4-⑦**，**リスト6.5-⑦**で設定したユーザで動作確認してみよう。まずadminユーザでログインした場合は，3つの画面すべてを表示することができるはずだ。トップページでログアウトを実施し，userユーザでログインして確認すると，トップページと一般ユーザ用ページは表示できるが，管理者専用ページを表示しようとすると**図6.6**のようなエラーページが表示される。

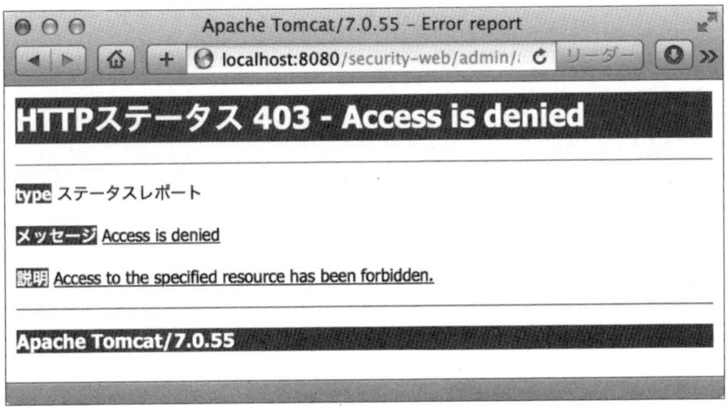

図6.6　アクセス拒否のエラー画面

これでSpring Securityの導入は完了だ。ここからは，Spring Securityが持つ機能について，順に見ていこう。

注1　このページは，Spring Securityが自動生成してくるログイン画面である。

# 6.4 Spring Securityの基本構造

まずはSpring Securityを使用した認証・認可処理の中心となる，コアコンポーネントについて説明することにしよう。まずは図6.7に，認証・認可の中心となるコンポーネントを示す。

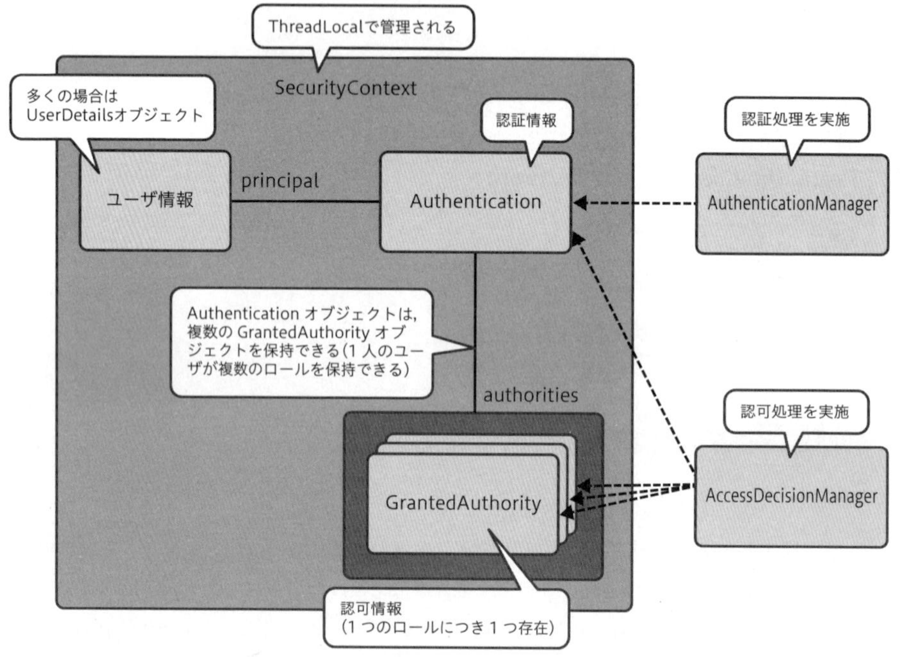


図6.7 Spring Security のコアコンポーネント

では順に見ていこう。

## 6.4.1 SecurityContext, Authentication, GrantedAuthority

SecurityContextオブジェクトは，認証・認可情報を管理するオブジェクトだ。Spring Securityを導入したWebアプリケーションでは，SecurityContextオブジェクトはThreadLocalに紐付けられる[注2]。そのため，いったん認証処理を行うと，認証処理を行ったThreadでは自由にSecurityContextオブジェクトを取得することができるのだ[注3]。

SecurityContextオブジェクトはAuthenticationオブジェクトを保持する。Authenticationオブジェクトは認証情報を表すオブジェクトで，認証されたユーザの情報を保持する。ユーザ名

注2 正確には，SecurityContextオブジェクトを管理するのはSecurityContextHolderクラスだ。SecurityContextHolderクラスがデフォルトでは，SecurityContextオブジェクトをThreadLocalで管理する。

注3 異なるThread間で認証情報を共有する仕組みも，Spring Securityは提供している。詳細はSpring Securityのリファレンスマニュアルを参照してほしい。

(name:String型) やパスワード (credentials:Object型) をプロパティとして持っている。Java標準であるJAASでいうところの，Principalに該当する注4。GrantedAuthorityオブジェクトは認可情報を表すオブジェクトで，1つのロールが1つのGrantedAuthorityオブジェクトに該当する。たとえばtaroユーザがadminロールとsalesロールを保持する場合，taroユーザを表すAuthenticationオブジェクトが，adminロールを表すGrantedAuthorityオブジェクトとsalesロールを表すGrantedAuthorityオブジェクトの2つを保持する形になる (**図6.8**)。

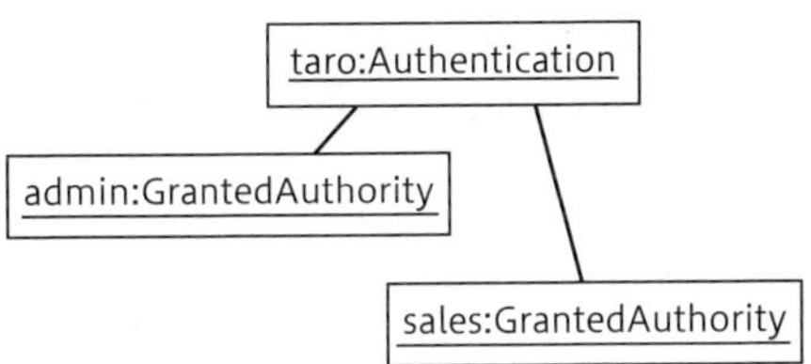


図6.8 Authenticationオブジェクトと GrantedAuthorityオブジェクト

なお，Authenticationオブジェクトにはget Principalメソッドが定義されており，このgetPrincipalメソッドを実行すると認証されているユーザに関する詳細な情報を取得することができる。例外もあるが，多くの場合はgetPrincipalメソッドの戻り値はUserDetailsオブジェクトで，UserDetailsオブジェクトからはユーザ名(username:String型)やパスワード(password:String型)，またそのユーザが有効であるかどうか (enabled:boolean型) を取得することができる。また後述のUserDetailsServiceを拡張することで，独自のUserDetailsオブジェクトを指定することもできる。



## 6.4.2 AuthenticationManagerとAccessDecisionManager

AuthenticationManagerオブジェクトは認証処理を実施するオブジェクトで，**リスト6.4-⑦**，**リスト6.5-⑦**で定義したオブジェクトが該当する。AuthenticationManagerインタフェースにはauthenticateメソッドのみが定義されており，ここに認証に必要な情報を渡すことで認証処理が実行される。認証に失敗した場合は，AuthenticationExceptionが発生する。

AccessDecisionManagerは認可処理を実施するオブジェクトで，**リスト6.4**の<http>タグや**リスト6.5**のHttpSecurityを引数として取るconfigureメソッドで設定を行うことにより生成される。認証されたユーザを対象に，設定された認可情報をもとにアクセス制御を行うのがAccessDecisionManagerの役割だ。なおアプリケーション開発者は，AccessDecisionManagerを直接触れる機会はほとんどない。裏にこのようなオブジェクトが存在していることくらいを意識しておけば大丈夫だ。

注4 実際，AuthenticationインタフェースはPrincipalインタフェースを継承している。

# 6.5 Webアプリケーションと認証

Spring Securityの基本構造について概要を把握したところで，Webアプリケーションにおける認証の設定についてみていくことにしよう。前述のとおり，認証処理を実施するのはAuthenticationManagerオブジェクトであるため，主な認証の設定は**リスト6.4-⑥**のように<authentication-manager>タグに行うことを意識しておいてほしい。

## 6.5.1 AuthenticationManagerの基本構造

AuthenticationManagerを構成する主なクラス，インタフェースを**図6.9**に示す。

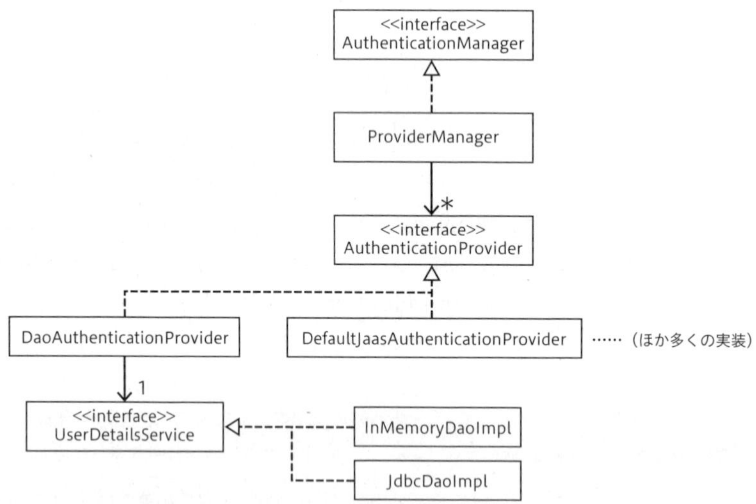


図6.9　AuthenticationManagerを構成する主なクラス，インタフェース

AuthenticationManagerを実装するクラスがProviderManagerで，ProviderManagerが保持するAuthenticationProviderは実際に設定ファイルやデータベース，LDAPなどに格納された情報をもとに認証を実施するオブジェクトだ。ProviderManagerには複数のAuthenticationProviderオブジェクトを関連づけることができる。この場合，ProviderManagerは1つめのAuthenticationProviderから順に認証処理を依頼していき，認証処理が成功した場合は認証成功とみなす。最後まで認証が成功しない場合は，認証失敗とみなすのだ。たとえば複数のロケーションに認証情報を分散させて格納している場合，各々のロケーションにアクセスするAuthenticationProviderオブジェクトを用意しておくことで対応が可能だ。

AuthenticationProviderインタフェースの実装クラスには，UserDetailsServiceを使用して認証処理を実施するDaoAuthenticationProviderクラスや，JAASを使用して認証処理を実施するDefaultJaasAuthenticationProviderなど，多くのクラスが存在する。このうちDaoAuthenticationProviderは，UserDetailsService(ユーザ名を引数にUserDetailsオブジェクト

を取得するメソッドを持つインタフェース）を使って認証処理を実行するクラスだ。UserDetailsServiceインタフェースの実装クラスには，メモリ上で認証情報を管理するInMemoryDaoImplクラスやデータベース情報認証情報にアクセスするJdbcDaoImplクラスなどがある。

本節では，DaoAuthenticationProviderの主な使い方を順に見ていくことにしよう

## 6.5.2 メモリ上で認証情報を管理

それではまず，メモリ上で認証情報を管理する方法に付いてみていこう。この方法ではSpringの設定ファイルに認証情報を定義し，Webアプリケーションを起動するたびにメモリに読み込む。まずはBean定義ファイル方式からだ。

リスト6.10　メモリ上で認証情報を管理する設定（Bean定義ファイル）

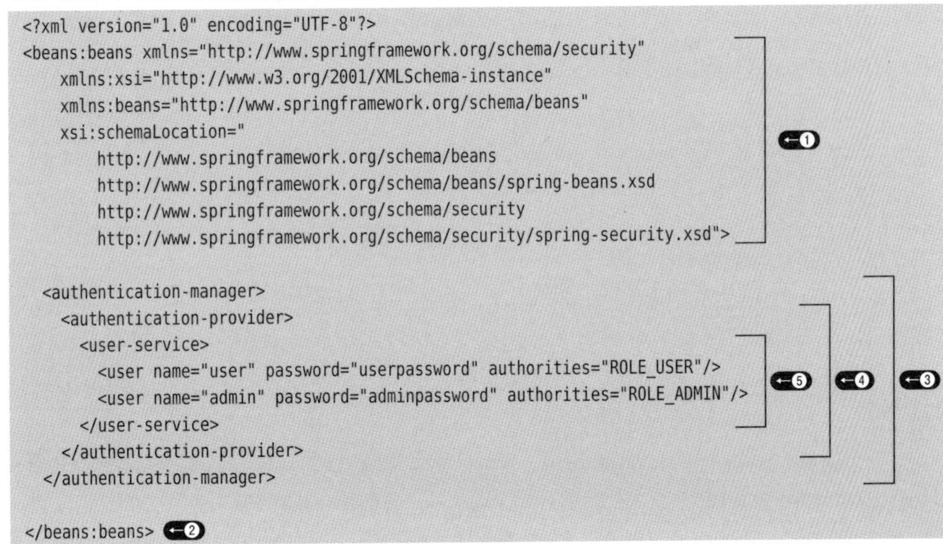

```
<?xml version="1.0" encoding="UTF-8"?>
<beans:beans xmlns="http://www.springframework.org/schema/security"
    xmlns:xsi="http://www.w3.org/2001/XMLSchema-instance"
    xmlns:beans="http://www.springframework.org/schema/beans"
    xsi:schemaLocation="
        http://www.springframework.org/schema/beans
        http://www.springframework.org/schema/beans/spring-beans.xsd
        http://www.springframework.org/schema/security
        http://www.springframework.org/schema/security/spring-security.xsd">   ←①

  <authentication-manager>                                                      ←③
    <authentication-provider>                                                   ←④
      <user-service>                                                            ←⑤
        <user name="user" password="userpassword" authorities="ROLE_USER"/>
        <user name="admin" password="adminpassword" authorities="ROLE_ADMIN"/>
      </user-service>
    </authentication-provider>
  </authentication-manager>

</beans:beans> ←②
```

**リスト6.10**は，**リスト6.4**からAuthenticationManagerの設定を抜粋したものだ。まずはルートタグについて見てみよう（**リスト6.10-①②**）。ここはいつもなら「beans」となるはずだが，ここでは「beans:beans」となっている。これは，**リスト6.10-①**の先頭でデフォルト名前空間を，Spring BeanのXMLスキーマではなく，Spring SecurityのXMLスキーマを指定しているからだ。Spring SecurityのBean定義ファイルではSpring SecurityのXMLスキーマを多用するため，Spring SecurityのXMLスキーマをデフォルトにしておくと容易に定義することができる。

**リスト6.10-③**がAuthenticationManagerの定義だ。<authentication-manager>タグでAuthenticationManagerオブジェクトが生成され，この中に<authentication-provider>タグを定義することで（**リスト6.10-④**）,DaoAuthenticationProviderオブジェクトが生成される。**リスト6.10-⑤**の<user-service>タグはInMemoryDaoImplを生成する設定だ。その名のとおり，メモリ中にユーザ情報を保持するUserDetailsServiceだ。<user>タグで定義したとおりのユーザを認証情報とし

て保持する。

なお，authorities属性はカンマで区切ることで，複数のロールを定義することが可能だ。

```
<user name="multi-role-user" password="xxx"
  authorities="ROLE_A, ROLE_B, ROLE_C, ROLE_D" />
```

このように定義することで，multi-role-userとしてログインしたユーザは，ROLE_A～ROLE_Dの4つのロールが設定される。

次はJavaConfigで同様の設定を行ってみよう。

リスト6.11　メモリ上で認証情報を管理する設定（JavaConfig）

```
package sample.security.config;

import org.springframework.security.config.annotation.authentication.builders.AuthenticationManagerBuilder;
import org.springframework.security.config.annotation.web.configuration.EnableWebSecurity;
import org.springframework.security.config.annotation.web.configuration.WebSecurityConfigurerAdapter;

@EnableWebSecurity ←①
public class SecurityConfig extends WebSecurityConfigurerAdapter { ←②

  @Override                                                                   ┐
  protected void configure(AuthenticationManagerBuilder auth)                 │
    throws Exception {                                                        │
    auth.inMemoryAuthentication() ←④                                          │ ←③
      .withUser("user").password("userpassword").authorities("ROLE_USER").and()   ┐ ←⑤
      .withUser("admin").password("adminpassword").authorities("ROLE_ADMIN");     ┘
  }                                                                           │
}                                                                             ┘
```

Spring SecurityのJavaConfigは，@EnableWebSecurityアノテーションを設定してWebSecurityConfigurerAdapterクラスを継承して作成する。名前からわかるとおり，この設定はWebアプリケーションに認証・認可を設定するためのアノテーションと抽象クラスだ。

**リスト6.11-③**がAuthenticationManagerの設定を行っている個所だ。configureメソッドをオーバライドして，引数のAuthenticationManagerBuilderに各種認証の設定を行っていく。今回はメモリ上で認証情報を管理する方式なので，inMemoryAuthenticationメソッドを実行した上で（**リスト6.11-④**），ユーザ名，パスワード，そしてロールを設定していく（**リスト6.11-⑤**）。各ユーザの設定ごとにandメソッドを呼び出して区切っていくことに注意しよう。

ポイントはロールの設定方法だ。ロールの設定はauthoritiesメソッドで行うことができる。可変長引数に対応しているため，以下のように複数指定することも可能だ。

```
withUser("xxx").password("xxxpassword")
  .authorities("ROLE_A", "ROLE_B", "ROLE_C", ...)
```

なおロールの設定は，以下のようにrolesメソッドで行うことも可能だ。

```
.withUser("xxx").password("xxxpassword")
  .roles("A", "B", "C", ...)
```

rolesメソッドとauthoritiesメソッドの違いは，rolesメソッドがロール名に自動的に「ROLE_」を補完してくれることだ。そのため，Webアプリケーションでロール名のプレフィックスに「ROLE_」を指定しているような場合はrolesメソッドを使うとよい。

## 6.5.3 データベースで認証情報を管理

次はデータベースに登録された認証情報を使用する方法について説明しよう。常に固定のユーザでアクセスするようなWebアプリケーションであれば，6.5.2項「メモリ上で認証情報を管理」のようにSpring設定ファイルにユーザを登録する方法で問題ないが，よくある業務システムでは，自分自身のデータベース上にユーザ情報を保持している。Spring Securityではどのような構造のテーブル構造であっても対処できるように，認証情報や認可情報を取得するためのSQLを定義する形で設定することができる。

### 6.5.3.1 サンプル認証・認可テーブル



今回は，図6.10の構造のテーブルを前提として設定を行うことにしたい。データは図6.11を参照してほしい。

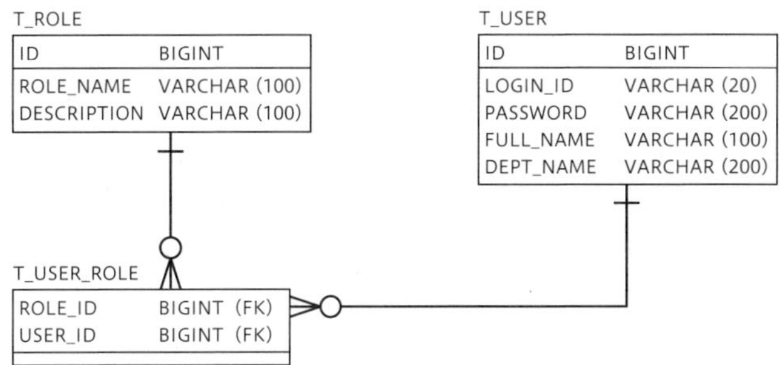


図6.10 認証・認可テーブル

T_USER

| ID | LOGIN_ID | PASSWORD | FULL_NAME | DEPT_NAME |
|---|---|---|---|---|
| 1 | user | userpassword | 一般太郎 | 開発部 |
| 2 | admin | adminpassword | 管理者次郎 | 管理部 |

T_ROLE

| ID | ROLE_NAME | DESCRIPTION |
|---|---|---|
| 1 | ROLE_USER | 一般ロール |
| 2 | ROLE_ADMIN | 管理ロール |

T_USER_ROLE

| USER_ID | ROLE_ID |
|---|---|
| 1 | 1 |
| 2 | 2 |

図6.11 認証・認可テーブルのデータ

T_USERテーブルのFULL_NAME（姓名）とDEPT_NAME（部署名）は，認証・認可処理とは関係ないカラムだが，のちほど独自のUserDetailsオブジェクトを用意してそこに追加の個人情報として保持させる方式を説明するために用意している。

### 6.5.3.2 Spring設定ファイルの定義

ではSpring設定ファイルに，データベースから認証・認可情報を取得する設定を行っていこう。まずはBean定義ファイルからだ（**リスト6.12**）。

リスト6.12　データベースで認証情報を管理する設定（Bean定義ファイル）

```
<?xml version="1.0" encoding="UTF-8"?>
<beans:beans xmlns="http://www.springframework.org/schema/security"
    xmlns:xsi="http://www.w3.org/2001/XMLSchema-instance"
    xmlns:beans="http://www.springframework.org/schema/beans"
    xsi:schemaLocation="
        http://www.springframework.org/schema/beans
        http://www.springframework.org/schema/beans/spring-beans.xsd
        http://www.springframework.org/schema/security
        http://www.springframework.org/schema/security/spring-security.xsd">

  <authentication-manager>
    <authentication-provider>
      <jdbc-user-service
          data-source-ref="authDataSource"          ←②
          users-by-username-query
            ="select LOGIN_ID, PASSWORD, true
              from T_USER
              where LOGIN_ID = ?"                     ←③
          authorities-by-username-query
            ="select LOGIN_ID, ROLE_NAME
              from T_ROLE
                inner join T_USER_ROLE on T_ROLE.ID = T_USER_ROLE.ROLE_ID
                inner join T_USER on T_USER_ROLE.USER_ID = T_USER.ID
              where LOGIN_ID = ?" />                  ←④ ←①
    </authentication-provider>
  </authentication-manager>

</beans:beans>
```

まず<authentication-provider>タグの中に，<jdbc-user-service>タグを定義しよう（**リスト6.12-①**）。この設定によって，データベースから認証情報を読み込むJdbcDaoImplクラスのオブジェクトが生成されるのだ。<jdbc-user-service>タグのdata-source-ref属性には，認証・認可情報を保持するテーブルに接続するためのDataSourceオブジェクトのBean IDを定義する（**リスト6.12-②**）。あとは認証・認可情報を取得するためのSQLを定義するだけだ。それぞれSpring Securityの仕様に従って，以下のように指定する。

**●認証情報取得SQL (users-by-username-query属性) (リスト6.12-③)**

- 指定したユーザの認証情報を取得するSQLを定義
- SELECT句には以下を指定
  - ログインID
  - パスワード
  - ユーザが有効か無効か[注5]
- ログインIDが設定される入力パラメータを1つ設定

**●認可情報取得SQL (authorities-by-username-query属性) (リスト6.12-④)**

- 指定したユーザの認可情報を取得するSQLを定義
- SELECT句には以下を指定
  - ログインID
  - ロール名
- ログインIDが設定される入力パラメータを1つ設定

この設定を行うだけで，Spring Securityが適切なタイミングでこれらのSQLを実行してAuthenticationオブジェクトを作成してくれるのだ。

では，JavaConfigの場合の設定についても確認しておこう（**リスト6.13**）。



リスト6.13 データベースで認証情報を管理する設定（JavaConfig.java）

```
package sample.security.config;

import javax.sql.DataSource;

import org.springframework.beans.factory.annotation.Autowired;
import org.springframework.beans.factory.annotation.Qualifier;
import org.springframework.security.config.annotation.authentication.builders.AuthenticationManagerBuilder;
import org.springframework.security.config.annotation.web.configuration.EnableWebSecurity;
import org.springframework.security.config.annotation.web.configuration.WebSecurityConfigurerAdapter;

@EnableWebSecurity
public class SecurityConfig extends WebSecurityConfigurerAdapter {

  @Autowired
  @Qualifier("authDataSource")          ←①
  private DataSource dataSource;

  private static final String USER_QUERY
    = "select LOGIN_ID, PASSWORD, true "
    + "from T_USER "
    + "where LOGIN_ID = ?";

  private static final String ROLES_QUERY
    = "select LOGIN_ID, ROLE_NAME "
```

注5　ResultSetのgetBooleanメソッドを使って取得されるため，真偽値型をサポートしているデータベースであればtrueやfalse，サポートしていなければ文字型や数値型の「1」を返せばよい。

```
    + "from T_ROLE "
    + "inner join T_USER_ROLE on T_ROLE.ID = T_USER_ROLE.ROLE_ID "
    + "inner join T_USER on T_USER_ROLE.USER_ID = T_USER.ID "
    + "where LOGIN_ID = ?";

  @Override
  protected void configure(AuthenticationManagerBuilder auth)
    throws Exception {
    auth.jdbcAuthentication()                          ←②
        .dataSource(dataSource)                        ←③
        .usersByUsernameQuery(USER_QUERY)              ←④
        .authoritiesByUsernameQuery(ROLES_QUERY);      ←⑤
  }
}
```

まず認証情報を認証・認可情報を保持するテーブルに接続するためのDataSourceオブジェクトを@Autowiredでインジェクションする設定をしておこう(**リスト6.13-①**)。あとは,AuthenticationManagerBuilderのjdbcAuthenticationメソッドを実行して(**リスト6.13-②**)データベースから取得するための設定を行っていく。**リスト6.13-③**がDataSourceの設定,**リスト6.13-④**が認証情報取得SQLの設定,**リスト6.13-⑤**が認可情報取得SQLの設定だ。**リスト6.12**と比較して確認しておこう。

**ロールプレフィックスの指定**

6.5.2項「メモリ上で認証情報を管理」で,JavaConfigでロールの設定をする場合はrolesメソッドを使うと自動的に「ROLE_」を補完してくれると説明した。データベースで認証を管理する方法でも,同様の設定が可能だ。データベースのロール名には「ROLE_」を除いた形で定義しておき,Spring設定ファイルでプレフィックスを指定するのだ。Bean定義ファイルの場合には,次のように<jdbc-user-service>タグのrole-prefix属性に指定する。

```
<jdbc-user-service role-prefix="ROLE_" ...
```

JavaConfigの場合は,jdbcAuthenticationメソッド実行後にrolePrefixメソッドを実行する。

```
auth.jdbcAuthentication().rolePrefix("ROLE_"). ...
```

### 6.5.3.3 (応用編)独自UserDetailsオブジェクトの定義とJdbcDaoImplの拡張

6.4.1項「Authentication, GrantedAuthority, SecurityContext」で述べたように,Spring Securityによって認証が行われるとそのユーザの情報はAuthenticationオブジェクトを通して取得することができるようになる。詳細なユーザ情報はUserDetailsオブジェクトが保持しているので,AuthenticationオブジェクトのgetPrincipalメソッドを実行してUserDetailsオブジェクトを取得して，必要な情報を取得すればよい。

このUserDetailsは最低限の認証情報しか持っていないが，アプリケーションによってはUserDetailsに，アプリケーション独自の情報（ユーザの姓名，所属部署コードなど）を持たせたい場合もあるだろう。そのような場合は，UserDetailsを拡張したクラスを作成するとよい。たとえば今回はT_USERテーブルにユーザの名前（FULL_NAME）と部署名（DEPT_NAME）を持っているので，これらを持ったUserDetailsオブジェクトを作成しよう（**リスト6.14**）。

リスト6.14 UserDetailsオブジェクトの拡張（SampleUser.java）

```
package sample.security.authentication;

import java.util.Collection;

import org.springframework.security.core.GrantedAuthority;
import org.springframework.security.core.userdetails.User;

public class SampleUser extends User {

  private String fullName;

  private String deptName;

  public SampleUser(String username, String password,
    Collection<? extends GrantedAuthority> authorities) {
      super(username, password, authorities);
  }

    ...（Getter，Setterは省略）...
}
```

Spring SecurityにはUserDetailsインタフェースの実装としてUserクラスが用意されているため，このUserクラスを継承してクラスを作成するとよい。もちろん，直接UserDetailsインタフェースをimplementsして作成しても問題はない。あとは，追加したい属性とそのGetter/Setterを定義しておこう。

次は独自のUserDetailsServiceを作成しよう。JdbcDaoImplクラスを継承したクラスを作成し，データベースから必要な情報を取得して，それらを使ってSampleUserオブジェクトを生成するように拡張する（**リスト6.15**）。

リスト6.15 JdbcDaoImplクラスの拡張（SampleJdbcDaoImpl.java）

```
package sample.security.authentication;

import java.sql.ResultSet;
import java.sql.SQLException;
import java.util.List;

import org.springframework.jdbc.core.RowMapper;
import org.springframework.security.core.GrantedAuthority;
```

6

```
import org.springframework.security.core.authority.AuthorityUtils;
import org.springframework.security.core.userdetails.UserDetails;
import org.springframework.security.core.userdetails.jdbc.JdbcDaoImpl;

public class SampleJdbcDaoImpl extends JdbcDaoImpl {

  @Override
  protected List<UserDetails> loadUsersByUsername(String username) {
    return getJdbcTemplate().query(getUsersByUsernameQuery(), new String[] { username }, ←②
      new RowMapper<UserDetails>() {
        public UserDetails mapRow(ResultSet rs, int rowNum)
          throws SQLException {
          String loginId = rs.getString("LOGIN_ID");
          String password = rs.getString("PASSWORD");
          String fullName = rs.getString("FULL_NAME");
          String deptName = rs.getString("DEPT_NAME");    ←③

          SampleUser user = new SampleUser(loginId, password,
            AuthorityUtils.NO_AUTHORITIES);
                                                          ←④
          user.setFullName(fullName);
          user.setDeptName(deptName);

          return user;
        }
      });
  }                                                       ←①

  @Override
  protected UserDetails createUserDetails(
    String username, UserDetails userFromUserQuery,
    List<GrantedAuthority> combinedAuthorities) {
    SampleUser origin = (SampleUser) userFromUserQuery;
    String loginId = origin.getUsername();
    String password = origin.getPassword();
    String fullName = origin.getFullName();
    String deptName = origin.getDeptName();               ←⑤

    SampleUser user = new SampleUser(loginId, password, combinedAuthorities);
    user.setFullName(fullName);
    user.setDeptName(deptName);

    return user;
  }
}
```

まずデータベースからアプリケーション独自の情報を取得できるように，loadUsersByUsernameメソッドをオーバライドする（**リスト6.15-①**）。このメソッドは，継承元であるJdbcDaoImplのloadUsersByUsernameメソッドを参考に作成するとよい。JdbcTemplateのqueryメソッドの第1引数には，認証情報取得SQLを指定する（**リスト6.15-②**）。この認証情報取得SQLのSELECT句にFULL_NAMEとDEPT_NAMEを指定しておけば**リスト6.15-③**のように取得することができるので，あとは**リスト6.14**で作成したSampleUserオブジェクトをnewして返せばよい（**リスト6.15-④**）。

これでアプリケーション独自情報を持ったUserDetailsオブジェクトが生成されるのだが，これだけでは不十分だ。Spring Securityは「loadUsersByUsernameメソッドで取得したUserDetailsオブジェクト」と「認可情報取得SQLを実行した結果から作成するGrantedAuthorityのList」をcreateUserDetailsメソッドに渡して最終的なUserDetailsオブジェクトを生成する。createUserDetailsでは新規でUserDetailsオブジェクトを生成するので，このメソッドをもれなくオーバライドしてSampleUserオブジェクトを生成して返すように実装しよう（**リスト6.15-⑤**）。

なお今回は認証情報取得SQLの実行と同時に追加情報を取得するために，loadUsersByUsernameメソッドをオーバライドした。別なSQLで追加情報を取得する場合や，またはデータベース以外で管理している情報を追加したいのであれば，createUserDetailsメソッドのみをオーバライドして，その中で追加情報の取得処理を記述してやればよい。

では作成したSampleJdbcDaoImplをUserDetailsServiceとしてSpringの設定ファイルに定義しよう。まずはBean定義ファイルから見てみよう（**リスト6.16**）。

リスト6.16　独自JdbcDaoImplの設定（Bean定義ファイル）

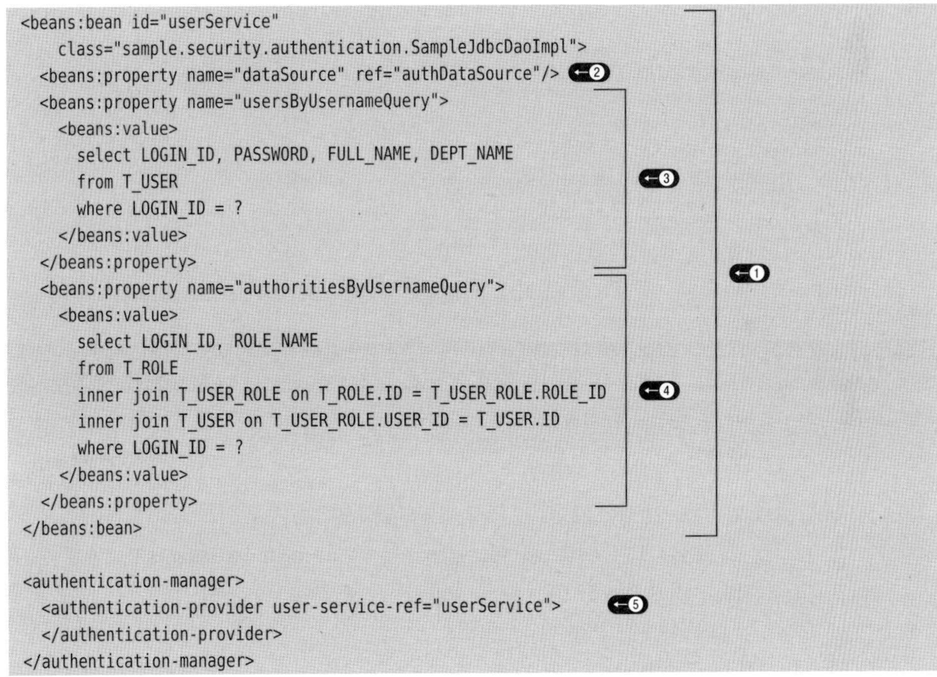

```
<beans:bean id="userService"
    class="sample.security.authentication.SampleJdbcDaoImpl">
  <beans:property name="dataSource" ref="authDataSource"/> ←②
  <beans:property name="usersByUsernameQuery">
    <beans:value>
      select LOGIN_ID, PASSWORD, FULL_NAME, DEPT_NAME
      from T_USER                                          ←③
      where LOGIN_ID = ?
    </beans:value>
  </beans:property>                                            ←①
  <beans:property name="authoritiesByUsernameQuery">
    <beans:value>
      select LOGIN_ID, ROLE_NAME
      from T_ROLE
      inner join T_USER_ROLE on T_ROLE.ID = T_USER_ROLE.ROLE_ID ←④
      inner join T_USER on T_USER_ROLE.USER_ID = T_USER.ID
      where LOGIN_ID = ?
    </beans:value>
  </beans:property>
</beans:bean>

<authentication-manager>
  <authentication-provider user-service-ref="userService">     ←⑤
  </authentication-provider>
</authentication-manager>
```

まずは独自のJdbcDaoImplクラスをBeanとして定義しよう（**リスト6.16-①**）。プロパティには<jdbc-user-service>タグで定義したものと同様に，DataSource（**リスト6.16-②**），認証情報取得SQL（**リスト6.16-③**），認可情報取得SQL（**リスト6.16-④**）を設定する。ポイントは**リスト6.16-③**だ。**リスト6.16-③**で指定したSQLが**リスト6.15-②**に渡されるので，ここを意識しながらSQLを定義しよう。独自JdbcDaoImplをBeanとして定義したら，<authentication-provider>タグの

user-service-ref属性にBeanのIDを設定しよう。これで設定は完了だ。

次はJavaConfigの設定だ（**リスト6.17**）。**リスト6.16**の番号と対応しているので，確認しておこう。

リスト6.17　独自JdbcDaoImplの設定（JavaConfig）

```
@Autowired
@Qualifier("authDataSource")
private DataSource dataSource;

private static final String USER_QUERY
  = "select LOGIN_ID, PASSWORD, ADDRESS, EXTENSION_NUMBER "
  + "from T_USER "
  + "where LOGIN_ID = ?";

private static final String ROLES_QUERY
  = "select LOGIN_ID, ROLE_NAME "
  + "from T_ROLE "
  + "inner join T_USER_ROLE on T_ROLE.ID = T_USER_ROLE.ROLE_ID "
  + "inner join T_USER on T_USER_ROLE.USER_ID = T_USER.ID "
  + "where LOGIN_ID = ?";

@Override
protected void configure(AuthenticationManagerBuilder auth)
  throws Exception {
  SampleJdbcDaoImpl userService = new SampleJdbcDaoImpl();   ←①
  userService.setDataSource(dataSource);                     ←②
  userService.setUsersByUsernameQuery(USER_QUERY);           ←③
  userService.setAuthoritiesByUsernameQuery(ROLES_QUERY);    ←④

  auth.userDetailsService(userService);                      ←⑤
}
```

## 6.5.4　（応用編）独自認証方式の適用

Spring Securityの認証方式としてはここまで説明した方法のほかにも，LDAPを使った認証方式やSingle Sign Onを使った認証方式が用意されている。ではSpring Securityで用意されていない方式，たとえば独自仕様のREST APIを使って認証する方式などに対応する場合はどうすればよいだろうか。その場合は，UserDetailsServiceインタフェースをimplementsしたクラスを作成して設定してやればよい（**リスト6.18**）。

リスト6.18　独自UserDetailsServiceの例

```
package sample.security.authentication;

import java.util.HashSet;
import java.util.Set;

import org.springframework.security.core.GrantedAuthority;
import org.springframework.security.core.authority.SimpleGrantedAuthority;
import org.springframework.security.core.userdetails.User;
```

```
import org.springframework.security.core.userdetails.UserDetails;
import org.springframework.security.core.userdetails.UserDetailsService;
import org.springframework.security.core.userdetails.UsernameNotFoundException;

public class SampleUserDetailsService implements UserDetailsService {

  @Override
  public UserDetails loadUserByUsername(String username)
    throws UsernameNotFoundException {

    // 独自認証APIにアクセス
    ... (省略) ...

    if (ユーザが存在しない場合) {
      throw new UsernameNotFoundException( ... ); ←①
    }

    // ユーザ名からパスワードを取得
    String password = ...

    // ユーザ名からロール名を取得
    String roleName1 = ...
    String roleName2 = ...
    ...

    // GrantedAuthorityのCollectionを作成
    Set<GrantedAuthority> authorities = new HashSet<>();
    authorities.add(new SimpleGrantedAuthority(roleName1));    ←③
    authorities.add(new SimpleGrantedAuthority(roleName2));
    ...

    // Userオブジェクトをreturn
    return new User(username, password, authorities);    ←②
  }
}
```

UserDetailsServiceにはloadUserByUsernameメソッドのみが定義されており，その名のとおり，ログインユーザ名からUserDetailsオブジェクトを取得するメソッドだ。もし指定されたユーザが存在しない場合はUsernameNotFoundExceptionをthrowする（**リスト6.18-①**）。ユーザが存在している場合は，そのユーザのユーザ名，パスワード，そして認可情報から，Spring Securityが用意しているUserクラス（UserDetailsインタフェースの実装クラス）のオブジェクトを生成してreturnする（**リスト6.18-②**）。なお認可情報についてはGrantedAuthorityのCollection型でUserクラスのコンストラクタに渡す必要がある。GrantedAuthorityはインタフェースであるため，シンプルな実装クラスであるSimpleGrantedAuthorityクラスのオブジェクトを生成してCollectionオブジェクトに設定するとよいだろう（**リスト6.18-③**）。

独自UserDetailsServiceを作成したら，Spring設定ファイルで設定しよう。JdbcDaoImplの拡張と同じように設定すればよい。Bean定義ファイルの場合は次のように，独自UserDetailsServiceクラスをBeanとして定義し，<authentication-provider>タグのuser-service-ref属性にそのIDを指定する。

```
<beans:bean id="userService"
    class="sample.security.authentication.SampleUserDetailsService"/>
<authentication-manager>
  <authentication-provider user-service-ref="userService">
  </authentication-provider>
</authentication-manager>
```

JavaConfigの場合は，configureメソッドで独自UserDetailsServiceのオブジェクトを設定する。

```
@Override
protected void configure(AuthenticationManagerBuilder auth) throws Exception {
  auth.userDetailsService(new SampleUserDetailsService());
}
```

## 6.5.5 パスワードの暗号化

ここまでパスワードは，平文で設定ファイルやデータベースに保存することを前提に説明してきた。しかし一般的なWebアプリケーションでは，不正アクセスに備えてパスワードを暗号化して管理しなくてはならない。Spring Securityには暗号化されたパスワードを使って認証処理を行うための機能が用意されている。

Spring Securityではパスワードの暗号化方式としてBCryptが推奨されているため，まずはBCryptで暗号化されたパスワードにアクセスする方式を見ていくことにしよう。Bean定義ファイルで設定する場合は，<authentication-provider>タグ内に<password-encoder>タグを定義し，hash属性にbcryptを設定する。

```
<authentication-provider>
  <password-encoder hash="bcrypt"/>
```

Spring設定ファイルでパスワードを管理する場合でも，データベースでパスワードを管理する場合でも，まったく同様の設定となる。JavaConfigの場合は，configureメソッド内でxxxAuthenticationメソッドやuserDetailsServiceメソッドを実行したあとに，passwordEncoderメソッドを呼び出してBCryptPasswordEncoderオブジェクトを設定しよう。

```
auth.xxxAuthentication() // またはuserDetailsServiceメソッドの呼び出し
  ...（省略）...
  .passwordEncoder(new BCryptPasswordEncoder());
```

独自の暗号化方式を適用したい場合は，PasswordEncoderインタフェースをimplementsしたクラスを作成し，Bean定義ファイルの場合は<password-encoder>タグのref属性にそのBeanのIDを指定する。JavaConfigの場合はpasswordEncoderメソッドに独自のPasswordEncoderクラスのオブジェクトを渡せばよい。

## 6.5.6 ログイン／ログアウト機能の適用

ここまでで，一通りのAuthenticationManagerの設定は完了だ。ではこの設定をWebアプリケーションに適用して，ログイン機能とログアウト機能を有効化することにしよう。6.3.2.1項「Spring Securityの設定ファイル」で紹介したBean定義ファイルとJavaConfigから，ログイン／ログアウトにかかわる部分のみを抜き出した定義ファイルが**リスト6.19**と**リスト6.20**だ。

リスト6.19　ログイン／ログアウトの設定（Bean定義ファイル）

```
<?xml version="1.0" encoding="UTF-8"?>
<beans:beans xmlns="http://www.springframework.org/schema/security"
    xmlns:xsi="http://www.w3.org/2001/XMLSchema-instance"
    xmlns:beans="http://www.springframework.org/schema/beans"
    xsi:schemaLocation="
        http://www.springframework.org/schema/beans
        http://www.springframework.org/schema/beans/spring-beans.xsd
        http://www.springframework.org/schema/security
        http://www.springframework.org/schema/security/spring-security.xsd">
  <http>                                                                        ─┐
    ...（省略）...                                                                │
    <form-login default-target-url="/top.jsp"/> ←❷                             │ ←❶
    <logout logout-url="/logout" logout-success-url="/top.jsp"/> ←❸            │
    <csrf disabled="true"/> ←❹                                                  │
  </http>                                                                       ─┘

     ...（省略）...

</beans:beans>
```

リスト6.20　ログイン／ログアウトの設定（JavaConfig）

```
package sample.security.config;

import javax.sql.DataSource;

import org.springframework.beans.factory.annotation.Autowired;
import org.springframework.beans.factory.annotation.Qualifier;
import org.springframework.security.config.annotation.authentication.builders.AuthenticationManagerBuilder;
import org.springframework.security.config.annotation.web.builders.HttpSecurity;
import org.springframework.security.config.annotation.web.configuration.EnableWebSecurity;
import org.springframework.security.config.annotation.web.configuration.WebSecurityConfigurerAdapter;
import org.springframework.security.crypto.bcrypt.BCryptPasswordEncoder;

@EnableWebSecurity
public class SecurityConfig extends WebSecurityConfigurerAdapter {

  @Override                                                          ─┐
  protected void configure(HttpSecurity http) throws Exception {      │
    http                                                              │
      ...（省略）...                                                   │ ←❶
      .formLogin()                  ─┐                                │
        .defaultSuccessUrl("/top.jsp") ─┘ ←❷                          │
```

```
        .and()
      .logout()
        .logoutUrl("/logout")
        .logoutSuccessUrl("/top.jsp")    ←③
        .and()
      .csrf().disable(); ←④
  }

    ... (省略) ...
}
```

Bean定義ファイルの場合はhttpタグで（**リスト6.19-①**），JavaConfigの場合はHttpSecurityオブジェクトを引数として受け取るconfigureメソッドで（**リスト6.20-①**），設定していることを確認しておこう。なお，**リスト6.19-④**，**リスト6.20-④**のCSRF対策機能については，6.8節「セキュリティ攻撃対策」で説明する。

ここからは，httpタグとconfigureメソッドの設定方法をもう少し詳しく見ていこう。

### 6.5.6.1 フォームログイン機能の設定

**リスト6.19-②**の<form-login>タグ，**リスト6.20-②**のformLoginメソッドによって，フォームログイン機能が有効になる。フォームログイン機能とは，Webアプリケーションのユーザに画面でユーザ名／パスワードを入力させ，その情報を使ってログインさせる機能だ。

6.3.2.3項「動作確認」で確認したように，この設定によってSpring Securityがユーザ名／パスワードを入力するための画面を表示してくれるようになる。しかしこの画面をそのまま使うことはほとんどなく，基本的には独自のログイン情報入力画面を用意することになるだろう。今回は**リスト6.21**のログイン画面を使ってログインさせることにしよう。今回のサンプルでは，**図6.12**のように遷移させるものとする。

リスト6.21　ログイン画面（login.jsp）

```
<%@ page contentType="text/html; charset=UTF-8" %>
<!DOCTYPE html>
<html>
<head>
  <meta charset="UTF-8">
</head>
<body>
<h1>ログインページ</h1>
<form action="processLogin">
  <dl>
    <dt>
      ログインID
    </dt>
    <dd>
      <input type="text" name="paramLoginId">
    </dd>
    <dt>
      パスワード
```

```
      </dt>
      <dd>
        <input type="password" name="paramPassword">
      </dd>
    </dl>
    <button>ログイン</button>
  </form>
</body>
</html>
```

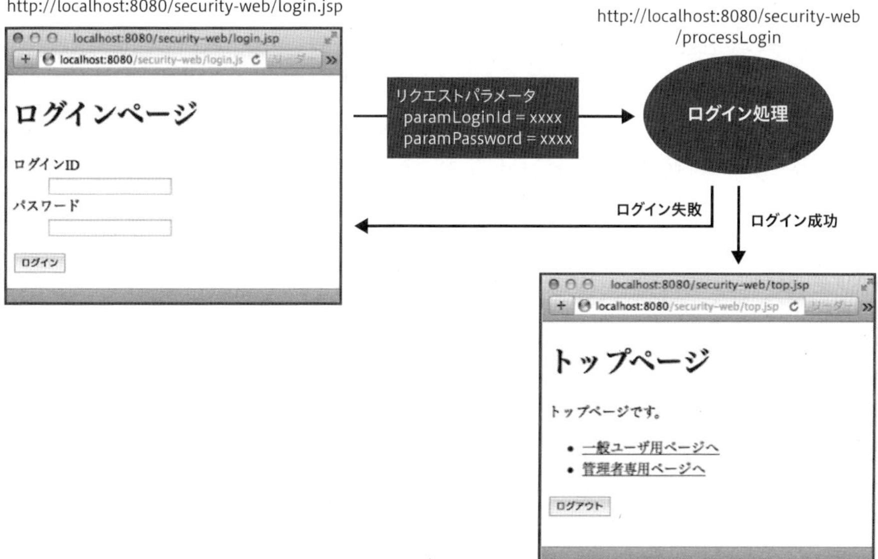


図6.12　ログインの遷移

ポイントは以下のとおりだ。

① ログイン画面のURLは「/login.jsp」
② ログイン処理を実行するURLは「/processLogin」
③ ログイン成功後の遷移先は「/top.jsp」
④ ログイン失敗時の遷移先は「/login.jsp」
⑤ リクエストパラメータ名は以下のとおり
　i. ログインID：paramLoginId
　ii. パスワード：paramPassword

ではこれらをBean定義ファイルに設定してみよう（リスト6.22）。

リスト 6.22　ログインの設定（Bean 定義ファイル）

```
<http>
  <form-login
    login-page="/login.jsp"                        ←①
    login-processing-url="/processLogin"           ←②
    default-target-url="/top.jsp"                  ←③
    authentication-failure-url="/login.jsp"        ←④
    username-parameter="paramLoginId"              ←⑤
    password-parameter="paramPassword"/>           ←⑤
  ...（省略）...
```

それぞれ，上記ポイントの①〜⑤に対応しているので，しっかりと確認しておこう。なお，**リスト6.22-①**について補足しておきたい。この設定をしておくことで，アクセス制御の設定されたページに遷移しようとしたときに，自動的にログイン画面を表示してログインを促してくれるのだ。この機能は非常に便利な機能なので，6.6.4項「AccessDeniedException発生時のフローとエラーハンドリング」で詳しく見ていくことにする。

次はJavaConfigの設定を見てみよう（**リスト6.23**）。こちらも上記ポイントの①〜⑤と対応づけて確認しておこう。

リスト 6.23　ログインの設定（JavaConfig）

```
@Override
protected void configure(HttpSecurity http) throws Exception {
  http
    .formLogin()
    .loginPage("/login.jsp")                       ←①
    .loginProcessingUrl("/processLogin")           ←②
    .defaultSuccessUrl("/top.jsp")                 ←③
    .failureUrl("/login.jsp")                      ←④
    .usernameParameter("paramLoginId")             ←⑤
    .passwordParameter("paramPassword")            ←⑤
    .and()
  ...（省略）...
```

なお，ログインで失敗した場合は，設定したログイン失敗ページに遷移させる前に，Spring SecurityがHttpSessionに発生した例外オブジェクトを「SPRING_SECURITY_LAST_EXCEPTION」という名前[注6]で格納してくれる。そのためHttpSessionの中を確認することでエラーメッセージを表示するなどの制御も可能だ（**リスト6.24**）。

リスト 6.24　ログイン失敗のエラー表示（login.jsp）

```
<%@ page contentType="text/html; charset=UTF-8" %>
<%@ taglib prefix="c" uri="http://java.sun.com/jsp/jstl/core" %>
<!DOCTYPE html>
<html>
<head>
  <meta charset="UTF-8">
```

注6　Spring Securityに含まれるWebAttributesクラスのAUTHENTICATION_EXCEPTION定数（String型）で定義されている。

```
</head>
<body>

<h1>ログインページ</h1>

<%-- エラーメッセージの表示 --%>
<c:if test="${not empty SPRING_SECURITY_LAST_EXCEPTION}">
  ログインエラーです<br>
  例外型：${SPRING_SECURITY_LAST_EXCEPTION.getClass().name}<br>   ←①
  メッセージ：${SPRING_SECURITY_LAST_EXCEPTION.message}<br>
  <c:remove var="SPRING_SECURITY_LAST_EXCEPTION" scope="session"/> ←②
</c:if>

<form action="processLogin" method="post">
...（省略）...
```

**リスト6.24-①**が，例外情報を表示している部分だ。例外を表示したら，HttpSessionから例外を削除するのを忘れないようにしよう（**リスト6.24-②**）。

### 6.5.6.2 ログイン処理と認証オブジェクトの取得

さて，これでログイン成功時，失敗時の画面遷移については設定できた。ログインが成功した場合，Spring Securityは**図6.13**の処理を行ってくれる。

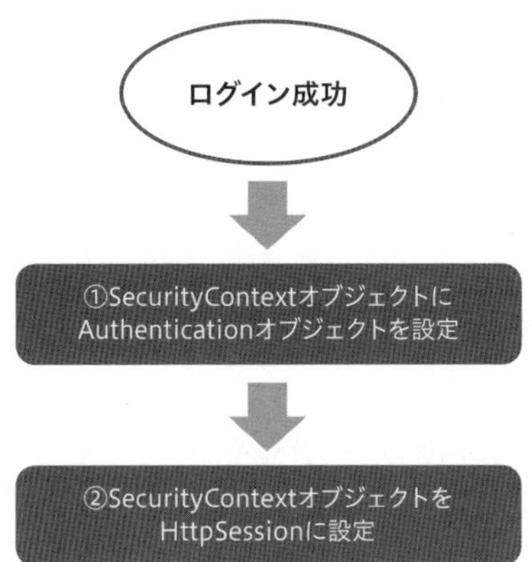


図6.13　ログイン成功時の処理

まず**図6.13-①**の処理だが，Spring SecurityはSecurityContextオブジェクトを，SecurityContextHolderクラスを使って取得する（SecurityContextについては，6.4節の**図6.7**を確認しておこう）。SecurityContextHolderはその名のとおりSecurityContextオブジェクトを保持するクラスで，デフォルトではThreadLocal上にSecurityContextオブジェクトを保持する。そのSecurityContextオブジェクトにAuthenticationオブジェクトを格納することで，処理を実行しているThread上のどこからでも（ServiceでもDAOでも）Authenticationオブジェクトを取得できるようになるのだ。さらに図6.13-②の処理によってSecurityContextオブジェクトがHttpSessionで管理されるようになるため，クライアントにレスポンスが返ったあとも認証情報はサーバ側で保持される。一度ログインが成功したユーザが次回以降Webアプリケーションにアクセスした場合は，図6.14の処理が行われる。

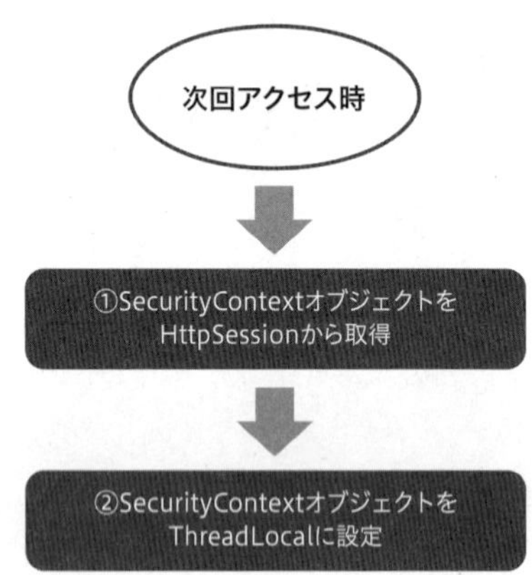


図6.14　ログイン成功後に再度アクセスしたときの処理

図6.14-①の処理によってHttpSessionからSecurityContextオブジェクト（Authenticationオブジェクトが格納されている）を取得した上で，さらに図6.14-②の処理によってThreadLocal上にSecurityContextオブジェクトが管理されるため，先ほどと同様にThread上のどこからでもAuthenticationオブジェクトを取得できるのだ。Authenticationオブジェクトの取得方法は，次のとおりだ。

```
SecurityContext securityContext = SecurityContextHolder.getContext();
Authentication authentication = securityContext.getAuthentication();
// UserDetailsオブジェクトの取得
UserDetails userDetails = (UserDetails) authentication.getPrincipal();
// ユーザ名，パスワードの取得
String username = userDetails.getUsername();
String password = userDetails.getPassword();
```

もちろん，6.5.3.3項「（応用編）独自UserDetailsオブジェクトの定義とUserDetailsServiceの拡張」や6.5.4項「（応用編）独自認証方式の適用」のようにUserDetailsオブジェクトを拡張している場合は独自のUserDetailsオブジェクトを取得することができる。

```
// UserDetailsオブジェクトの取得
SampleUser userDetails = (SampleUser) authentication.getPrincipal();
```

なおServletやSpring MVCのControllerでUserDetailsオブジェクトを取得する方法について

は，6.7節「Spring Securityの連携機能」で説明する。

### Spring Securityと単体テスト

ServiceやDAOでSecurityContextHolderを使用している場合，Webアプリケーション上で実行している場合は問題ないが，単体テストはどのように実装すればよいだろうか。このようなケースに対応するために，Spring Securityでは単体テスト連携機能を用意している。

まず前提として，単体テストクラスでは以下のようにSpringのテストサポート機能を有効化しておく必要がある。

```
@RunWith(SpringJUnit4ClassRunner.class)
@ContextConfiguration(...)
public class XxxServiceTest {
```

その上でテストメソッドに以下のように@WithMockUserアノテーションを設定しておけば，自動的にSecurityContextオブジェクトおよびAuthenticationオブジェクトが生成され，@WithMockUserアノテーションの属性で指定したとおりにUserDetailsオブジェクトが設定されるのだ。

```
@Test
@WithMockUser(
  username = "admin", password = "adminpassword",
  authorities = {"ROLE_A", "ROLE_B", "ROLE_C"})
public void testXxx() { ...
```

また独自のUserDetailsServiceを適用している場合は，以下のように@WithUserDetailsアノテーションを使用する。

```
@Test
@WithUserDetails("admin")
public void testXxx() { ...
```

こうすることで，DIコンテナからUserDetailsServiceを取得して，そのUserDetailsServiceからvalue属性に指定したユーザ名でUserDetailsオブジェクトを取得し，そのUserDetailsオブジェクトをもとにSecurityContextおよびAuthenticationオブジェクトを生成してくれる。

ほかにも，SecurityContextを生成するFactoryを作成して，そのFactoryを指定してSecurityContextを初期化する@WithSecurityContextアノテーションも存在する。興味のある読者はぜひ調べてみてほしい。

### 6.5.6.3 ログアウト機能の設定

ログイン機能に続いてログアウト機能について見ていくことにしよう。**リスト6.19-③**の<logout>タグ，**リスト6.20-③**のlogoutメソッドによって，ログアウト機能が有効になる。ログアウト機能によって，ログアウトを実行するためのURLが用意される。このURLにアクセスするとログアウト処理としてSecurityContextオブジェクトが破棄され，HttpSessionオブジェクトからも削除されるのだ。では細かい設定を見ていくことにしよう。まずはBean定義ファイルからだ（**リスト6.25**）。

リスト6.25　ログアウトの設定（Bean定義ファイル）

```
<http>
  <form-login ...
  <logout
    logout-url="/logout"                              ←①
    logout-success-url="/top.jsp"                     ←②
    invalidate-session="true"                         ←③
    delete-cookies="JSESSIONID,OTHER1,OTHER2"/>       ←④
  ...（省略）...
</http>
```

**リスト6.25-①**はログアウトを実行するURLの指定だ。ここでは「/logout」を指定しているので，「コンテキストルート/logout」にアクセスすることでログアウトが実行される。なお，後述のCSRF機能を有効にしている場合は，HTTPメソッドのGETは受け付けないので注意が必要だ。次に**リスト6.25-②**がログアウト処理実行後に遷移するURLの指定だ。**リスト6.25-③**はログアウト時にHttpSessionを無効化するかどうかの設定だ。この指定をtrueにしておけば，ログアウト実行時に自動でHttpSessionを無効化してくれる。最後に**リスト6.25-④**は，ログアウト時に削除したいクッキーを指定している。カンマ区切りで複数指定することができ，これらのクッキーがログアウト時に削除されるのだ。

ではJavaConfigの設定も見ておこう（**リスト6.26**）。**リスト6.25**の番号と一致しているので，対応を確認しておいてほしい。

リスト6.26　ログアウトの設定（JavaConfig）

```
@Override
protected void configure(HttpSecurity http) throws Exception {
  http
    .formLogin()
      ...（省略）...
    .logout()
      .logoutUrl("/logout")                                    ←①
      .logoutSuccessUrl("/top.jsp")                            ←②
      .invalidateHttpSession(true)                             ←③
      .deleteCookies("JSESSIONID", "OTHER1", "OTHER2")        ←④
      .and()
    ...（省略）...
}
```

# 6.6 Webアプリケーションと認可(アクセス制御)

ここからは，Spring Securityの認可機能，つまりアクセス制御の設定方法についてみていこう。Spring Securityのアクセス制御の特徴は，Spring Expression Language（以降，SpEL）を使って柔軟に制御の設定を記述することができることだ。またURL単位，メソッド単位，さらにはタグライブラリを使ったアクセス制御が可能であるが，いずれもSpELを使った設定が可能であるため，統一的なアクセス制御が可能であることも特徴だ。ではまずはSpELを使ったアクセス制御の指定方法について説明し，その後，URL単位，メソッド単位のアクセス制御について説明していこう。タグライブラリを使ったアクセス制御については，6.7.1項「JSPとの連携 ―― Spring Securityタグライブラリ」で説明する。

## 6.6.1 SpEL を使ったアクセス制御定義

Spring Securityのアクセス制御のキーとなるのが，SpELだ。Expression Language（EL）とは処理を文字列で記述するための構文のことで，有名なものではJSPのELやOGNLなどがあるが，Springでは独自のELとしてSpELを用意している。

Spring Security 3.0以降ではアクセス制御の設定を，SpELを使って定義することができる。たとえば「ROLE_管理者」を保持しており，かつ「ROLE_人事」または「ROLE_開発」いずれかを保持しているユーザにのみアクセスを許可したい場合，以下のように記述することができる[注7]。

```
hasRole("管理者") and hasAnyRole("人事", "開発")
```

hasRoleやhasAnyRoleというのはSpring Securityが用意しているメソッドだ。Spring Securityのアクセス制御では，これらのSpring Securityが用意しているメソッドを使ってSpEL構文でアクセス制御を記述できるため，柔軟な設定が可能になるのだ。さらにこの構文は，この節で紹介するURL単位／メソッド単位のアクセス制御，さらには次の節で説明するタグライブラリでのアクセス制御でも使用できるため，統一的なアクセス制御が可能だ。ぜひおさえておこう。

注7　hasRoleやhasAnyRoleは，指定したロール名に「ROLE_」を補完してくれる。

### Spring SecurityでSpELを使用するポイント

SpELではほぼJavaの構文と同じように処理を記述することができるが，さらに柔軟性を持たせた言語となっている。Spring Securityのアクセス制御を記述する上でおさえておきたいポイントをここで説明しておこう。

#### ●文字列の定義

SpELでは文字列を「"Hello World"」のようにダブルクォーテーションを使って表現できるが，「'Hello World'」のようにシングルクォーテーションで表現することもできる。Spring Securityのアクセス制御の設定は以下の例のようにダブルクォーテーション内に指定することになるため，シングルクォーテーションで指定したほうがすっきりと記述できる。

```
<intercept-url pattern="/xxx" access="hasRole('ADMIN')" />
```

#### ●論理演算子

SpELでは表6.1の3つの論理演算子の使用が可能だ。

表6.1　SpELで使用できる論理演算子

| 演算子 | 内容 | 使用例 |
|---|---|---|
| and | 論理積 | hasRole('MANAGER') and hasRole('DEVELOP') |
| or | 論理和 | hasRole('GUEST') or isAnonymous() |
| ! | 否定 | !hasRole('ADMIN') |

Spring Securityのアクセス制御はboolean型で指定することになるため，比較的登場する機会も多いので，ぜひおさえておこう。

#### ●プロパティアクセス

SpELではオブジェクトのプロパティを参照することができる。たとえばSpring Securityのアクセス制御では，authenticationという変数名でAuthenticationオブジェクトを参照することができるが，このauthenticationオブジェクトのgetCredentialsメソッドの実行結果を参照したい場合は，以下のように定義できる。

```
authentication.credentials
```

これだけで，自動的にGetterメソッドであるgetCredentialsメソッドが実行されるのだ。

ではSpring Securityで用意している，SpEL構文でアクセスできる主なメソッドと変数を紹介しておこう（表6.2，表6.3）。

表6.2 SpELから利用できるSpring Securityの主なメソッド

| メソッド | 説明 | 使用例 |
|---|---|---|
| hasAuthority(ロール名) | 指定したロールをユーザが保持している場合にtrueを返す | [ROLE_ADMINを保持している場合true]<br>hasAuthority('ROLE_ADMIN')<br>[ROLE_MANAGERを保持しており，かつ，ROLE_DEVELOPを保持している場合true]<br>hasAuthority('ROLE_MANAGER') and<br>hasAuthority('ROLE_DEVELOP') |
| hasAnyAuthority(ロール名，ロール名，...) | 指定したロールのいずれかをユーザが保持している場合にtrueを返す | [ROLE_AまたはROLE_Bを保持している場合true]<br>hasAnyAuthority('ROLE_A', 'ROLE_B')<br>[ROLE_MANAGERを保持しており，かつ，ROLE_SALESまたはROLE_DEVELOPを保持している場合true]<br>hasAuthority('ROLE_MANAGER') and<br>hasAnyAuthority('ROLE_SALES', 'ROLE_DEVELOP') |
| hasRole(ロール名) | 指定したロールをユーザが保持している場合にtrueを返す。<br>「ROLE_」で始まるロール名以外が指定された場合は，「ROLE_」をプレフィックスとして設定した状態で確認する | [ROLE_ADMINを保持している場合true]<br>hasRole('ADMIN')<br>[ROLE_MANAGERを保持しており，かつ，ROLE_DEVELOPを保持している場合true]<br>hasRole('MANAGER') and hasRole('DEVELOP') |
| hasAnyRole(ロール名，ロール名，...) | 指定したロールのいずれかをユーザが保持している場合にtrueを返す。<br>「ROLE_」で始まるロール名以外が指定された場合は，「ROLE_」をプレフィックスとして設定した状態で確認する | [ROLE_AまたはROLE_Bを保持している場合true]<br>hasAnyRole('A', 'B)<br>[ROLE_MANAGERを保持しており，かつ，ROLE_SALESまたはROLE_DEVELOPを保持している場合true]<br>hasRole('MANAGER') and hasAnyRole('SALES',<br>'DEVELOP') |
| isAuthenticated() | ユーザが認証されたユーザ(ログイン済みユーザ）である場合にtrueを返す(匿名ユーザでない場合にtrueを返す) | isAuthenticated() |
| isAnonymous() | ユーザが匿名ユーザである場合にtrueを返す | isAnonymous() |
| permitAll() | 常にtrue | permitAll() |
| denyAll() | 常にfalse | denyAll() |

表6.3 SpELから利用できるSpring Securityの主な変数

| 変数 | 説明 | 使用例 |
|---|---|---|
| principal | AuthenticationオブジェクトのgetPrincipalメソッドの結果 | principal.username<br>principal.enabled |
| authentication | Authenticationオブジェクト | authentication.credentials<br>authentication.authenticated |
| permitAll | 常にtrue | permitAll |
| denyAll | 常にfalse | denyAll |

これらのメソッドとプロパティをうまく使いこなすことがSpring Securityのアクセス制御のポイントとなる。なおここで紹介したメソッドとプロパティは，SecurityExpressionRootクラスとそのサブクラスで定義されているものだ。興味のある読者は，APIドキュメントを参照してほしい。

### ロールのプレフィックス

hasRole，hasAnyRoleメソッドは，指定されたロール名に「ROLE_」というプレフィックスを指定した形で検証するメソッドだ。具体的には，hasRole('ADMIN')と指定された場合は，そのユーザがROLE_ADMINを保持している場合にtrueとなる。このプレフィックスのデフォルト値は「ROLE_」だが，変更することも可能だ。具体的にはSecurityExpressionHandlerインタフェースの実装クラスであるDefaultWebSecurityExpressionHandler（URL単位のアクセス制御／タグライブラリを使ったアクセス制御用）やDefaultMethodSecurityExpressionHandler（メソッド単位のアクセス制御用）のdefaultRolePrefixプロパティの値に，プレフィックスの値を設定する。

ただし，特に問題なければ，デフォルトのROLE_にあわせるか，またはhasAuthority，hasAnyAuthorityメソッドを使用しておくのが無難だろう。

### 匿名ユーザ

匿名ユーザとは，アプリケーションにアクセスしているもののログインしていないユーザ（ログアウト済みのユーザも含む）を表す。Spring Securityのデフォルトの設定では，匿名ユーザであっても自動的に匿名ユーザのAuthenticationオブジェクトが作成される（デフォルトのユーザ名はanonymousUser）。なお匿名ユーザのAuthenticationオブジェクトはgetPrincipalメソッドの実行結果はUserDetailsではなくユーザ名の文字列であるため，この点には注意しておこう。

表6.2のisAnonymousメソッドは匿名ユーザである場合にtrueを返すメソッドだ。一方でisAuthenticatedメソッドは匿名ユーザでない場合にtrueを返すメソッド，つまり認証済みのユーザである場合にtrueを返すメソッドである。特にisAuthenticatedメソッドはよく使用するものなので，しっかりとおさえておこう。

なお，匿名ユーザを無効にすることもできる。その場合は，Bean定義ファイルであればhttpタグの中に以下のように定義する

```
<http>
  <anonymous enable="false" />
```

JavaConfigであればhttpオブジェクトに対して以下のようにメソッドを実行する

```
http
  anonymous().disable().and()
```

## 6.6.2 URL単位のアクセス制御

ではURL単位でアクセス制御を設定する方法を見てみよう。URL単位でのアクセス制御では，Ant形式[注8]または正規表現でURLを指定し，そのURLごとにSpELでアクセス制御を設定していく。まずはBean定義ファイルから見ていこう（**リスト6.27**）。

リスト6.27　URL単位のアクセス制御（Bean定義ファイル）

```
<http>
  <intercept-url method="GET" pattern="/top.jsp" access="permitAll()" />
  <intercept-url method="GET" pattern="/login.jsp" access="permitAll()" />
  <intercept-url method="POST" pattern="/processLogin" access="permitAll()" /> ←①
  <intercept-url method="POST" pattern="/logout" access="isAuthenticated()"/>

  <intercept-url pattern="/admin/**" access="hasRole('ADMIN')" /> ←③
  <intercept-url pattern="/user/**" access="isAuthenticated()" />
  <intercept-url pattern="/**" access="denyAll()" />             ←②
  ...（省略）...
```

Bean定義ファイルでは，URL単位のアクセス制御は<http>タグの中に<intercept-url>で定義する。<intercept-url>タグの主な属性は以下のとおりだ。

**●pattern**

- URLを指定
- デフォルトではAnt形式のワイルドカード[注9]を使った指定が可能
- 正規表現形式で指定したい場合は，<http>タグのrequest-matcher属性に「regex」を指定

**●method**

- HTTPメソッド（GET, POST, etc）を指定
- 省略した場合はすべてのHTTPメソッドが該当する

**●access**

- 6.6.1項「SpELを使ったアクセス制御定義」で紹介したSpEL形式でアクセス制御を指定

では例をもとにポイントを確認していこう。**リスト6.27**のように，<intercept-url>タグは複数定義することができ上から順に評価される。たとえば「/processLogin」にPOSTメソッドでアクセスしたとすると，上から順にmethod属性とpattern属性をもとにURLが一致するかを評価していき，今回の場合は**リスト6.27-①**で一致するため，access属性に指定したpermitAll()が実行される。結果はtrueなので，どのようなユーザであってもアクセス可能と判断される。「/processLogin」にGETメソッドでアクセスした場合は，**リスト6.27-①**で一致しないまま下まで行き，最終的に**リスト6.27-②**で一致するため，access属性のdenyAll()が実行されfalseとなり，どのようなユーザであっ

注8　http://ant.apache.org/manual/dirtasks.html#patterns
注9　「?」は任意の1文字に一致する。「*」は0文字以上の任意の文字列に一致する。「**」は任意のフォルダ階層の任意の文字列に一致する。

てもアクセス不可と判断される。

ここで，「上から順に」評価されるという点に注意しよう。たとえば「/admin/admin.jsp」というページにアクセスしたとしよう。その場合，上から順にmethod属性とpattern属性をもとに一致するかを確認していき，**リスト6.27-③**の部分で一致する。access属性にはhasRole('ADMIN')が設定されているので，「ROLE_ADMIN」をロールとして持つユーザの場合はtrueとなり，このページにアクセスできる[注10]。ここで，次のように設定されていたとしよう。

```
<http>
  <intercept-url pattern="/**" access="denyAll()"/>
  <intercept-url pattern="/admin/**" access="hasRole('ADMIN')" />
  ...（省略）...
```

「/admin/admin.jsp」に一致するかを上から順に確認していったとき，いきなり2行目の「/**」で一致してしまうため，denyAll()が実行され，アクセス不可となる。つまり，3行目以降にどのような設定を書いたとしても無視されてしまうのだ。このようなことがないよう，必ず詳細なURLから順に設定していくようにして，かつテストをしっかりと実施して問題のないことを確認するようにしよう。

ではJavaConfigについても設定を確認しておこう。JavaConfigの場合は，HttpSecurityを引数として取るconfigureメソッドで設定を行う（**リスト6.28**）。

リスト6.28 URL単位のアクセス制御（JavaConfig）

```
package sample.security.config;

import static org.springframework.http.HttpMethod.*; ←①

...（省略）...

@Override
protected void configure(HttpSecurity http) throws Exception {
  http
    .authorizeRequests()
      .antMatchers(GET, "/top.jsp").permitAll()
      .antMatchers(GET, "/login.jsp").permitAll()
      .antMatchers(POST, "/processLogin").permitAll()
      .antMatchers(POST, "/logout").authenticated()
      .antMatchers("/admin/**").hasRole("ADMIN")
      .antMatchers("/user/**").authenticated()
      .anyRequest().denyAll() ←②
      .and()
  ...（省略）...
```

JavaConfigの場合もBean定義ファイルと同様に，上から順に評価される点に注意が必要だ。JavaConfigの場合は，URLをantMatchersメソッドで指定し，続けてアクセス制御定義メソッド（permitAllメソッド，hasRoleメソッドなど）を実行する形で定義を行う。アクセス制御定義メソッ

注10 hasRoleメソッドなので，「ROLE_」が自動的に補完される。hasAuthority('ADMIN')の場合は，「ADMIN」ロールを持つユーザがアクセスできるということになる。

ドと，**表6.2**で説明したSecurityExpressionRootクラスのメソッド／プロパティとの関係は**表6.4**を参考にしてほしい。

表6.4 アクセス制御定義メソッドとSecurityExpressionRootメソッドの対応[注11]

| アクセス制御定義メソッド | 対応するSecurityExpressionRootのメソッド/プロパティ |
|---|---|
| hasAuthority(ロール名) | hasAuthority(ロール名) |
| hasAnyAuthority(ロール名, ロール名, ...) | hasAnyAuthority(ロール名, ロール名, ...) |
| hasRole(ロール名) | hasRole(ロール名) |
| hasAnyRole(ロール名, ロール名, ...) | hasAnyRole(ロール名, ロール名, ...) |
| isAuthenticated() | authenticated() |
| isAnonymous() | anonymous() |
| permitAll() | permitAll(), permitAll |
| denyAll() | denyAll(), denyAll |
| access("アクセス制御式") | アクセス制御式* |

*アクセス制御式を直接文字列で指定することが可能

URL指定について補足しておこう。antMatchersメソッドは名前のとおりAnt形式のワイルドカードを使ってURLを指定するメソッドだ。正規表現を使う場合は，次のようにregexMatchersメソッドを使用する。antMatchersメソッドと併用することも可能だ。

```
http.authorizeRequests()
  .regexMatchers(GET, "/user/.*")
  ...（省略）...
```

またantMatchersメソッド，regexMatchersメソッドにHTTPメソッドを指定する場合は，HttpMethod Enumで定義されている値を指定する。そのため**リスト6.28-①**のようにstaticインポートをしておくと便利だ。最後に，**リスト6.28-②**はJavaConfigならではの設定だ。すべてのURLにマッチすることを指定するためのanyRequestメソッドが用意されているので，アクセス制御の最後にはこのメソッド呼び出しを入れてやるとよいだろう。

アクセス制御定義メソッドについても補足しておこう。アクセス制御定義メソッドの1つとしてaccessメソッドが用意されており，ここには以下のように，どのようなアクセス制御でも指定可能だ。

```
.antMatchers("/xxxx").access("hasRole('A') and hasRole('B') or hasAuthority('XXX')")
```

複雑なアクセス制御でも，accessメソッドを使用すれば設定可能であることを頭に入れておこう。

注11 Spring Securityバージョン4.1.2の時点では，アクセス制御定義メソッドのhasRole, hasAnyRoleメソッドのソースコードにはロールプレフィックスとして，ROLE_がべた書きされている。つまり，前述のTips「ロールのプレフィックス」で記載したSecurityExpressionHandlerのdefaultRolePrefixの設定が有効にならないのだ。おそらくこのアクセス制御定義メソッドの位置づけが，アクセス制御を設定する上でのヘルパーメソッドとしての役割しかないため，軽んじられているためだろう。ロールのプレフィックスを変更している場合は，hasAuthority, hasAnyAuthorityメソッドを使用するか，またはaccessメソッドでhasRole, hasAnyRoleメソッドを定義するようにしよう。

なおURL単位のアクセス制御でアクセスが拒否された場合は，AccessDeniedExceptionが発生する。AccessDeniedExceptionが発生した場合の処理については，のちほど説明する。

### Spring Securityでアクセス制御をしないURLの設定

ここまでURL単位でのアクセス制御を見てきたが，CSSファイルやJavaScriptファイルなど，ページによってはSpring Securityによるアクセス制御を行いたくない場合もあるだろう。そのような場合は，URL単位でSpring Securityによる制御を「除外」する設定を行う。

まずBean定義ファイルの場合は，<http>タグを以下のように「security="none"」と設定して定義すれば除外することが可能だ。

```
<http pattern="/css/**" security="none"/>
<http pattern="/js/**" security="none"/>
<http>
  <intercept-url ···
```

この設定によって，css/js配下に配置したファイルへのSpring Securityによるアクセス制御を除外することができる。なお<http>タグを定義する順番には注意しよう。Spring SecurityのURLのマッピングは上から順番に行われるため，たとえば「/css/**」を指定した<http>タグをメインの<http>タグの下に持ってきてしまうとうまく動作しない。

またJavaConfigの場合は，WebSecurityConfigurerAdapterクラスの，引数にWebSecurityオブジェクトを受け取るconfigureメソッドをオーバライドすることで設定できる。

```
@Override
public void configure(WebSecurity web) throws Exception {
  web.ignoring()
    .antMatchers("/css/**")
    .antMatchers("/js/**");
    // .antMatchers("/css/**", "/js/**") のように記述することも可能
}
```

## 6.6.3 メソッド単位のアクセス制御

URL単位のアクセス制御に続き，メソッド単位のアクセス制御を確認しよう。メソッド単位のアクセス制御とは，アノテーションが設定されたメソッドに対してAOPを使ってアクセス制御を実行する方式だ。そのため，アクセス制御を設定したい対象のオブジェクトは，SpringのDIコンテナで管理しておく必要がある。

まずSpring設定ファイルで，メソッド単位のアクセス制御に使うアノテーションを有効化する必要がある。Bean定義ファイルでは，<global-method-security>タグを次のように定義する。

```
<beans:beans ...>
  <global-method-security pre-post-annotations="enabled"/>
```

JavaConfigでは，@EnableGlobalMethodSecurityアノテーションを設定しよう。

```
@EnableWebSecurity
@EnableGlobalMethodSecurity(prePostEnabled = true)
public class SecurityConfig extends WebSecurityConfigurerAdapter {

  @Override
  @Bean
  public AuthenticationManager authenticationManagerBean()
    throws Exception {
    return super.authenticationManagerBean();
  }
```

@EnableGlobalMethodSecurityアノテーションを設定する場合はAuthenticationManagerをDIコンテナでBeanとして管理する必要があるため，authenticationManagerBeanメソッドをオーバライドして@Beanアノテーションを設定しておく必要がある。

ではメソッドにアクセス制御を設定してみよう。次のように，アクセス制御を行う必要があるメソッドに@PreAuthorizeアノテーションを設定するだけだ。

```
@PreAuthorize("hasRole('ADMIN')")
public String executeForAdmin() {...
```

@PreAuthorizeアノテーションの値には，アクセス制御をSpELで指定する。これで，ROLE_ADMINロールを持っていないユーザがこのメソッドを実行しようとした場合，AccessDeniedExceptionが発生する。

なお@PreAuthorizeアノテーションでは，メソッドの引数を使って処理をすることも可能だ。メソッドの引数には「#引数名」でアクセスできるので，たとえば次のような記述ができる。

```
@PreAuthorize("hasRole('ADMIN') and #customer.name == principal.username")
public String executeWithCustomer(Customer customer) {...
```

#customerは引数のCustomerオブジェクトを表す。#customer.nameでCustomerオブジェクトのnameプロパティの値を取得することができるので，その値がprincipalオブジェクト（UserDetailsオブジェクト）のusernameプロパティと一致するかを比較しているのだ。もし一致しない場合は前の例のように，AccessDeniedExceptionが発生する。ちなみに引数名が長過ぎるなどして引数に別名を付けたいような場合は，次のように，Spring Securityで用意されている@Pアノテーションで別名を付けることも可能だ。

```
@PreAuthorize("hasRole('ADMIN') and #cst.name == principal.username")
public String executeWithCustomer(@P("cst") Customer customer) {...
```

では@PreAuthorizeアノテーションに続いて@PostAuthorizeアノテーションを紹介しよう。

@PostAuthorizeアノテーションはその名のとおり，メソッドを実行した「あとに」アクセス権の確認をするメソッドだ。メソッド実行後にアクセス権を確認してどうなるのか，という話もあるが，たとえば以下のようなケースでの使用が考えられる。

- メソッド内で認証情報の変更などを行い，その結果に対してアクセス権の確認を行いたい
- メソッド実行後の戻り値を使ってアクセス制御を行いたい

@PostAuthorizeアノテーションでは，アクセス制御のSpELで「returnObject」というプロパティ名でメソッドの戻り値を参照することができる。

```
@PostAuthorize("hasRole('ADMIN') and returnObject.name == principal.username")
public Customer findMe() {...
```

このように設定することで，メソッドを実行したあとに@PostAuthorizeアノテーションに指定したアクセス制御の式を確認し，もし式の結果がfalseになった場合はAccessDeniedExceptionが発生する。なお，式の中の「returnObject.name」は，戻り値であるCustomerオブジェクトのnameプロパティを表している。

## 6.6.4 AccessDeniedException発生時のフローとエラーハンドリング

URL単位またはメソッド単位でアクセス制御を設定している場合，アクセス権がない場合はAccessDeniedExceptionが発生する。この場合のフローについて確認しておこう（図6.15）。

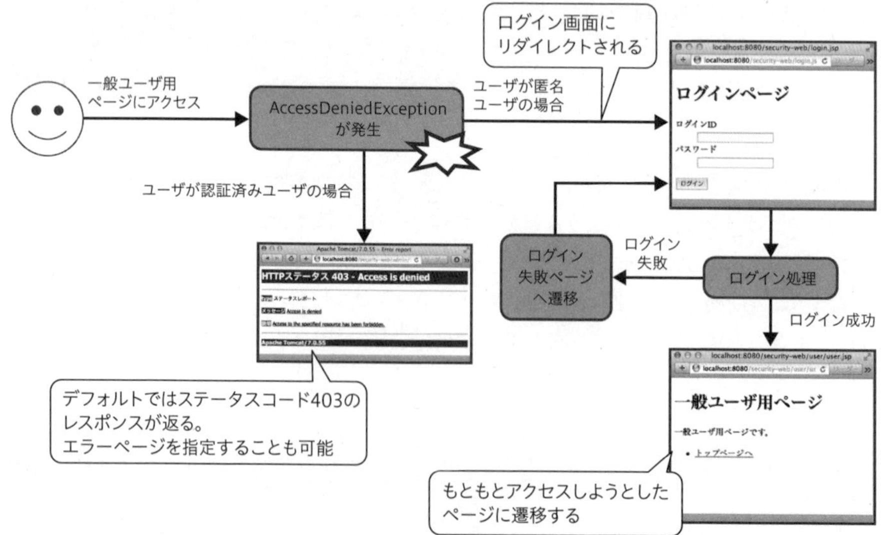


図6.15　AccessDeniedException発生時のフロー

たとえば一般ユーザ用ページ（/user/user.jsp）にアクセスしたとしよう。まだログインしていない場合，つまり匿名ユーザの場合は，ログイン画面にリダイレクトされる。このログイン画面とは，6.5.6.1項「フォームログイン機能の設定」の**リスト6.22-①**と**リスト6.23-①**で設定した画面だ。そしてログインが成功した場合は，もともとアクセスしようとしたページ，つまり一般ユーザ用ページに遷移する。ここが，Spring Securityの大きなポイントだ。Spring Securityがもともとアクセスしようとしたページをしっかりと記憶していて，そのページに遷移させてくれるのである。仮にログインに失敗した場合はログイン失敗のエラーページに遷移するが，再度ログイン処理を実行してログインに成功すると，もともとアクセスしようとしたページに遷移してくれる。

ユーザが認証済みユーザ（すでにログインしている場合）である場合は，デフォルトの設定ではステータスコード403のレスポンスが返ることになる。ただし設定をしておけば，特定のページに遷移させることも可能だ。Bean定義ファイルで設定する場合は，<http>タグ内に<access-denied-handler>タグを定義することで設定することができる。

```
<http>
  <access-denied-handler error-page="/accessDenied.jsp"/>
```

JavaConfigの場合は，HttpSecurityオブジェクトに対してexceptionHandlingメソッドを実行し，accessDeniedPageメソッドでエラーページを設定する

```
http
  .exceptionHandling()
    .accessDeniedPage("/accessDenied.jsp")
    .and()
```

なお今回の例ではURL単位のアクセス制御を例に説明したが，メソッド単位のアクセス制御の場合も同様のフローとなる。もっといえば，どのオブジェクトでAccessDeniedExceptionが発生した場合であっても（明示的にAccessDeniedExceptionを発生させたとしても），Spring SecurityのFilterがAccessDeniedExceptionを検知して，このフローを実行してくれるのだ。

## 6.7 Spring Securityの連携機能

ここからは，Spring SecurityとWebアプリケーションの連携機能について確認しておこう。まずはJSPとの連携機能ということで各種タグライブラリについて説明する。そしてServlet APIとの連携機能，Spring MVCとの連携機能についても軽く触れておきたい。

### 6.7.1 JSPとの連携 —— Spring Securityタグライブラリ

Spring Securityには，認証・認可にかかわるJSPタグライブラリが用意されている。ここではそのタグライブラリに含まれるタグのいくつかを紹介しよう。まずはタグライブラリを有効にするため

に，JSPの先頭にタグライブラリの宣言をしておこう。

```
<%@ taglib prefix="sec" uri="http://www.springframework.org/security/tags" %>
```

prefix属性はなんでもかまわないが，Spring Securityの一般的なルールとしては「sec」にしておく。

### 6.7.1.1 authorizeタグ

authorizeタグは，画面表示レベルでアクセス制御を行うためのタグだ。たとえばROLE_ADMINロールを保持するユーザにのみ，管理者専用ページへのリンクを表示したい場合は，JSPで以下のように記述すればよい。

```
<sec:authorize access="hasRole('ADMIN')">
  <li><a href="admin/admin.jsp">管理者専用ページへ</a></li>
</sec:authorize>
```

authorizeタグのaccess属性に指定するのは，SpEL構文で記述したアクセス制御文だ。access属性のアクセス制御文を実行し，trueになった場合のみauthorizeタグの中身が評価される。URL単位，メソッド単位のアクセス制御と同様の記述で制御ができるのがポイントだ。

またauthorizeタグでは，URL単位のアクセス制御を利用した指定を記述することも可能だ。たとえば管理者専用ページ（/admin/admin.jsp）へのリンクを，「/admin/admin.jspにHTTPメソッドGETでアクセスが可能な場合のみ表示したい」場合，JSPには以下のように指定する。

```
<sec:authorize method="GET" url="/admin/admin.jsp">
  <li><a href="admin/admin.jsp">管理者専用ページへ</a></li>
</sec:authorize>
```

method属性とurl属性でアクセスしたいURLを指定することで，そのURLにアクセス可能なユーザであればauthorizeタグの中が表示される。なおmethod属性は省略可能だ。

もう1つ，authorizeタグの便利な機能を紹介しておこう。1つのJSPで，ROLE_ADMINロールを保持している場合のみ表示したい部分が複数個所あったとする。その場合はauthorizeタグで以下のように指定することができる。

```
<sec:authorize access="hasRole('ADMIN')">
  管理者ならば表示したい内容①
</sec:authorize>
...（省略）...
<sec:authorize access="hasRole('ADMIN')">
  管理者ならば表示したい内容②
</sec:authorize>
```

しかしこれでは，access属性に同じ内容を繰り返し記述する必要が出てくる上，実行すると複数回，hasRole('ADMIN')の処理が実行されてしまう。これを防ぐために，access属性の実行結果に名前を付けて保存することができる。

```
<sec:authorize var="isAdminRole" access="hasRole('ADMIN')"/>
<c:if test="${isAdminRole}">
  管理者ならば表示したい内容1
</c:if>
...（省略）...
<c:if test="${isAdminRole}">
  管理者ならば表示したい内容2
</c:if>
```

このように，authorizeタグのvar属性に変数名を指定しておくと，access属性で指定した式の結果をJSPのEL式で参照できるようになるのだ。便利な機能なので，こちらもぜひおさえておこう。

#### 6.7.1.2 authenticationタグ

authenticationタグは，Authenticationオブジェクトのプロパティにアクセスするためのタグだ。たとえばAuthenticationオブジェクトのnameプロパティを表示したい場合は以下のように指定すればよい。

```
ユーザ名 : <sec:authentication property="name"/>
```

これで，AuthenticationオブジェクトのgetNameメソッドの結果が表示される。property属性には入れ子構造で指定することもできるため，Authenticationオブジェクトのprincipalプロパティが持つusernameを表示したい場合は，以下のように指定する[注12]。

```
ユーザ名 : <sec:authentication property="principal.username"/>
```

またauthenticationタグもauthorizeタグと同様にvar属性を指定することができるので，次のような記述も可能だ。

```
<sec:authentication var="user" property="principal"/>
ユーザ名: ${user.username}<br>
```

### 6.7.2 Servlet APIとの連携

Servlet APIには，認証・認可にかかわるAPIがいくつか用意されている。Spring Securityを導入することで，これらのAPIと連携することが可能になる。具体例をもとに内容を確認しておこう。まずは認証情報を参照するメソッドのサンプルだ（**リスト6.29**）。

注12 匿名ユーザの場合は，Authenticationオブジェクトのprincipalプロパティには匿名ユーザのユーザ名が文字列で設定されているため，このまま表示しようとすると「Stringオブジェクトにはusernameプロパティが存在しない」というエラーになる。そのため，access="isAuthenticated()"を指定したauthorizeタグで，この部分を囲っておくとよいだろう。

リスト6.29　認証情報を参照するServlet（AuthenticationInfoServlet.java）

```
package sample.security.web.servlet;

import java.io.IOException;

import javax.servlet.ServletException;
import javax.servlet.annotation.WebServlet;
import javax.servlet.http.HttpServlet;
import javax.servlet.http.HttpServletRequest;
import javax.servlet.http.HttpServletResponse;

import org.springframework.security.core.Authentication;

@WebServlet(urlPatterns = "/authentication-info-servlet")
public class AuthenticationInfoServlet extends HttpServlet {

  @Override
  protected void doGet(HttpServletRequest req, HttpServletResponse resp)
    throws ServletException, IOException {

    // ユーザ名を取得
    String username = req.getRemoteUser();
    System.out.println("ユーザ名:" + username);

    // Authenticationオブジェクトを取得
    Authentication authentication = (Authentication) req.getUserPrincipal();
    System.out.println("Authentication:" + authentication);

    // 指定したロールを保持しているかを取得
    boolean hasRoleAdmin = req.isUserInRole("ROLE_ADMIN");
    System.out.println("管理者ロールか？:" + hasRoleAdmin);

    resp.sendRedirect("top.jsp");
  }
}
```

**リスト6.29**を見てわかるとおり，HttpServletRequestにアクセスできればどのようなフレームワークを使用している場合でも（もちろんServletを直接使用するような場合でも）認証情報にアクセスすることができる。特にgetUserPrincipalメソッドを実行すればAuthenticationオブジェクトを取得することができるため，あらゆる認証情報を取得することが可能だ。ただしアプリケーション開発者に直接Authenticationオブジェクトを触らせるのではなく，HttpServletRequestを引数として受け取るユーティリティメソッドなどを必要に応じて用意しておくのがよいだろう。

次はログインとログアウトを実行するサンプルだ（**リスト6.30**，**リスト6.31**）。

リスト6.30　ログインを実行するServlet（LoginServlet.java）

```
package sample.security.web.servlet;

import java.io.IOException;

import javax.servlet.ServletException;
```

```
import javax.servlet.annotation.WebServlet;
import javax.servlet.http.HttpServlet;
import javax.servlet.http.HttpServletRequest;
import javax.servlet.http.HttpServletResponse;

@WebServlet(urlPatterns = "/login-servlet")
public class LoginServlet extends HttpServlet {

  @Override
  protected void doGet(HttpServletRequest req, HttpServletResponse resp)
    throws ServletException, IOException {

    String username = req.getParameter("paramLoginId");
    String password = req.getParameter("paramPassword");

    try {
      // ログインを実行
      // 第1引数:ユーザ名, 第2引数:パスワード
      req.login(username, password);
    } catch (ServletException e) {
      // ログインに失敗するとServletExceptionが発生する
      ... (ログイン失敗時の処理) ...
    }

    ... (ログイン成功時の処理) ...
  }

}
```



リスト 6.31　ログアウトを実行するServlet (LogoutServlet.java)

```
package sample.security.web.servlet;

import java.io.IOException;

import javax.servlet.ServletException;
import javax.servlet.annotation.WebServlet;
import javax.servlet.http.HttpServlet;
import javax.servlet.http.HttpServletRequest;
import javax.servlet.http.HttpServletResponse;

@WebServlet(urlPatterns = "/logout-servlet")
public class LogoutServlet extends HttpServlet {

  @Override
  protected void doGet(HttpServletRequest req, HttpServletResponse resp)
    throws ServletException, IOException {

    // ログアウトを実行
    req.logout();

    ... (ログアウト後の処理) ...
  }

}
```

まずリスト6.30はログインを実行するサンプルだ。HttpServletRequestのloginメソッドを実行することでSpring Securityのログイン処理を実行することができ，ログインに成功した場合は6.5.6.2項「ログイン処理と認証オブジェクトの取得」で説明したログイン成功後の処理が実行されるのだ。なおログインに失敗した場合はServletExceptionが発生する。リスト6.31はログアウトを実行するサンプルだ。HttpServletRequestのlogoutメソッドを実行することで，Spring Securityのログアウト処理を実行することができる。

なお，リスト6.30，リスト6.31のloginメソッドとlogoutメソッドはServlet 3以降で使用できるメソッドであることに注意しておこう。

### 6.7.3 Spring MVCとの連携

Spring SecurityにはSpring MVCとの連携機能が用意されている。特に有効な連携機能がUserDetailsオブジェクトをメソッドの引数として受け取ることができる機能だ。次のようにメソッドの引数にUserDetailsオブジェクトを指定して@AuthenticationPrincipalアノテーションを設定しておけば，UserDetailsオブジェクトがControllerメソッドの引数に自動的に設定されるのだ。

```
@RequestMapping(...)
public String doUserDetails(@AuthenticationPrincipal UserDetails user) {...
```

もちろんUserDetailsServiceを拡張して独自のUserDetailsオブジェクトを使用している場合は，その独自の型を指定することもできる。

```
@RequestMapping(...)
public String doSampleUser(@AuthenticationPrincipal SampleUser user) {...
```

これで，先述のHttpServletRequest#getUserPrincipalメソッドやSecurityContextHolder#getContextメソッドなどを使用しなくても簡単にUserDetailsオブジェクトにアクセスが可能となる。

Spring MVCとの連携についてもう一点触れておこう。ControllerメソッドはServlet APIのHttpServletRequestを引数として受け取ることができる。そのため先述のログインやログアウトをControllerで実行したい場合は，引数としてHttpServletRequestを指定しておくとよいだろう。

## 6.8 セキュリティ攻撃対策

この節では，セキュリティ攻撃への対策としてSpring Securityが備えている機能について説明しよう。ここでは以下の2つの機能について説明する。

- Cross Site Request Forgery (CSRF) 対策機能
- Session Fixation対策機能

この他にも，HTTPレスポンスにセキュリティ関連のヘッダ（Cache-Control，X-XSS-Protection，X-Frame-Options，etc）を自動で埋め込んでくれる機能がある。詳細はSpring Securityのリファレンスマニュアルを参照してほしい。

## 6.8.1 Cross Site Request Forgery（CSRF）対策機能

CSRFとはWebアプリケーションに対するセキュリティ攻撃の1つで，悪意を持ったサイトにアクセスしたユーザを誘導して，攻撃対象対象のWebアプリケーションに対して不正なリクエストを送信する攻撃のことだ（**図6.16**）。

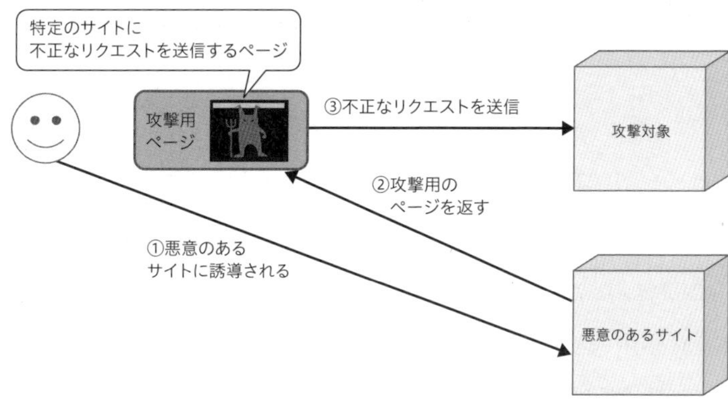


図6.16　Cross Site Request Forgeryの概要

この攻撃を防ぐためには，リクエストの送信元が正規のサイトであるかを検証する仕組みが必要となるが，1つの方式としてトークンを使用した方法がある（**図6.17**）。

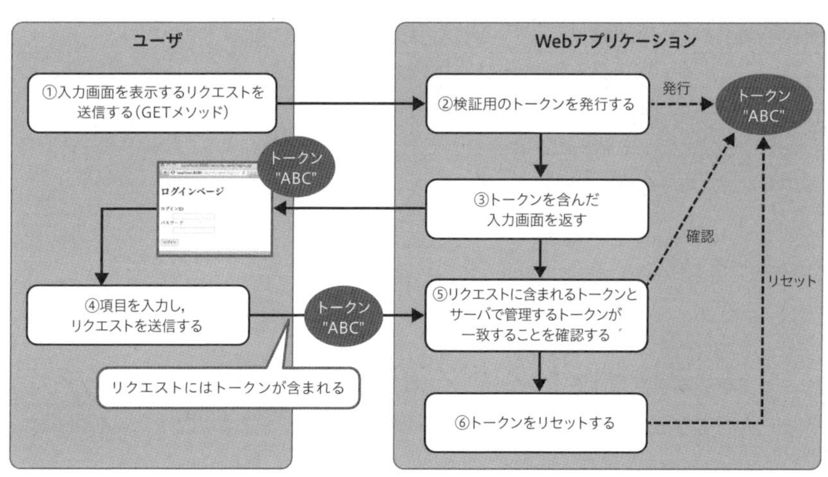


図6.17　トークンを使用したCSRF対策

Webアプリケーションが入力画面をレスポンスとして返す際は，必ずトークンを発行して入力画面に含めるようにする。そしてユーザから入力内容を受け取る際は，ユーザから送信されたトークンとサーバ側のトークンが一致することを確認するようにする。このようにすることで，自分がレスポンスとして返した入力画面からリクエストが投げられることを検証できるようになるのだ。

Spring Securityではこのトークンを使った仕組みを提供している。まずCSRF対策機能はSpring Securityのデフォルトで有効になっているので，Spring設定ファイルで特に指定する必要はない。明示的に有効にするには次のように設定する[注13]。

Bean定義ファイルの場合

```
<http>
  <csrf/>
```

JavaConfigの場合

```
http.csrf().and()
```

この設定を有効にすると，HTTPメソッドのGETでリクエストを受け付けるとSpring SecurityはCSRFトークンを発行する。そしてHTTPメソッドのPOSTでリクエストを受け付けた場合には，GETのリクエストを受け付けた際に保存したCSRFトークンを含んでいないと，リクエストが拒否されるのだ。

ではCSRFトークンをクライアントからのリクエストに含める方法について説明しよう。CSRF対策機能を有効にするとCsrfTokenオブジェクトがHttpServletRequestに「_csrf」という名前で設定される。CsrfTokenオブジェクトのプロパティは**表6.5**のとおりだ。

表6.5　CsrfTokenオブジェクトのプロパティ

| プロパティ名 | 内容 |
|---|---|
| token | CSRFトークンの値 |
| parameterName | リクエストパラメータでトークンを送信する際のリクエストパラメータ名 |
| headerName | HTTPヘッダでトークンを送信する際のヘッダ名 |

このCsrfTokenオブジェクトを活用して，CSRFトークンを送信する。CSRFトークンは以下のいずれかでリクエストに含める必要がある。

- リクエストパラメータ
- HTTPヘッダ

フォームでデータを送信するようなケースではリクエストパラメータで，AjaxなどJavaScriptでデータを送信するようなケースではHTTPヘッダで送信するとよい。CsrfTokenオブジェクトのプ

注13　CSRF対策を無効にする設定は，リスト6.19-④，リスト6.20-④を参照してほしい。

ロパティをJSPのEL式などで参照して設定していこう。まずリクエストパラメータで送信する際は，hiddenタグで以下のように指定する。

```
<form ...
  <input type="hidden" name="${_csrf.parameterName}" value="${_csrf.token} >
```

またはSpring SecurityのcsrfInputタグを記述しておくと，自動的にinput[type=hidden]タグに変換される。

```
<form ...
  <sec:csrfInput />
```

### Spring MVCでCSRFトークンを送信する方法

Spring MVCを使用している場合は，<form:form>タグを指定すると自動的にCSRFトークンがinput[type=hidden]タグで含まれるので，特にここで説明した内容は意識する必要はない。

Ajaxなどで CSRFトークンを送信する場合は，Ajaxフレームワークの構文に従ってHTTPヘッダにCSRFトークンを含める。Spring Securityが提唱している方式は，まずHTMLのmetaタグにCSRFトークンの値とヘッダ名を設定する。

```
<head>
  <meta name="_csrf_header" content="${_csrf.headerName}"/><%-- ヘッダ名 --%>
  <meta name="_csrf" content="${_csrf.token}"/><%-- トークンの値 --%>
  ...（省略）...
</head>
```

そしてAjaxフレームワークでmetaタグからそれぞれを取得し，「[ヘッダ名]:[トークンの値]」の形式でHTTPヘッダに含めて送信する。なお，Spring SecurityのcsrfMetaTagsタグを埋め込むことで，上記のmetaタグが埋め込まれる。

```
<head>
  <sec:csrfMetaTags/>
  ...（省略）...
</head>
```

#### Session Fixation対策機能

Session Fixationとは，以下の方法で攻撃を行うセキュリティ攻撃だ。

① 攻撃者は攻撃対象のWebアプリケーションにアクセスし，セッションIDを取得する

② 攻撃者はユーザに，自分が取得したセッションIDを含むリクエストをWebアプリケーションに送信させる
③ ユーザは攻撃者が取得したセッションIDでWebアプリケーションにアクセスし，ログインを実行する
④ 攻撃者は自分が取得したセッションIDでWebアプリケーションにアクセスすると，そのセッションIDでログインが完了しているため，ユーザになりすまして攻撃をすることができる

この攻撃が成功するのは，ログイン実行前に使用していたセッションIDを，ログイン実行後にも使用し続けるWebアプリケーションであることが前提である。つまり，ログインを実行するたびにセッションIDを変更すれば，Session Fixation攻撃を防ぐことができるのだ。

Spring SecurityではデフォルトでSession Fixation対策機能が有効になっており，以下のような処理が実行される。

**●Servlet API 3.0以前の環境**

ログイン実行時にHttpSessionを破棄し，新規でHttpSessionを作成する。その際，元のHttpSessionに設定されているオブジェクトをすべて新しいHttpSessionに移行する

**●Servlet API 3.1以降の環境**

ログイン実行時にHttpServletRequestのchangeSessionIdメソッドを実行して，セッションIDを変更する

Webアプリケーションサーバでこれらの対策がなされている場合や，またはアプリケーション独自の方式で対策を行う場合は，これらのデフォルトの設定を変更する必要があるかもしれない。詳細なSession Fixation対策機能の設定方法については，Spring Securityのリファレンスマニュアルを確認してほしい。

## 6.9 まとめ

この章では，認証・認可の基本的な知識とSpring Securityの基本機能，そしてWebアプリケーションへの適用方法について説明した。認証・認可に必要な非常に多くの機能がSpring Securityには備わっていることを理解してもらえたと思う。ただこの章で紹介したSpring Securityの機能は基本的なものに過ぎない。たとえばSingle Sign On機能との連携機能や，Remember Me機能（自動ログイン機能），そのほかにもドメインオブジェクトにアクセス権限を設定する機能などもある。ぜひ自分で試しながら確認してみてほしい。

第7章

# ORM連携 —— Hibernate, JPA, MyBatis

# 第7章 ORM連携 —— Hibernate, JPA, MyBatis

Springと連携できるデータアクセス技術はさまざまであることを第3章で述べたが，本章では，代表的なORMのデータアクセス技術であるHibernate，JPA，MyBatisとの連携方法を解説する。Springと連携することで冗長な処理の記述が不要になったり，Springの汎用データアクセス例外やトランザクション機能が使えるようになるため，Springと併せて使う場合は必須の機能といってよいだろう。

なお，本書ではSpringの連携方法に着目して解説するため，Hibernate，JPA，MyBatis自体の解説は最小限に留めている。Hibernate，JPA，MyBatisの詳しい解説は，それぞれのマニュアルを参照してほしい。

## 7.1 Hibernateとの連携

### 7.1.1 Hibernateとは?

2001年に登場したHibernateは，高価で難しいというORMの当時のイメージを変えた製品といってよいだろう。オープンソースライセンスで利用でき，エンティティのクラスがPOJOで記述できるHibernateは，多くの開発者に支持された。現在はRed Hatが開発を行っており，執筆時点の最新版は4.3.11.Finalである。

**Coffee Break 僕と若手プログラマの会話**

「どうだい。調べものは終わったかい」

「いえ，Hibernateをネットで調べていたんですけど，英語のサイトや本ばかりであきらめようと思ってたんですよ」

「あきらめるなんて，君らしくもないね。それに，英語が読めるというのは今のエンジニアにとっては最低限の必須科目だよ」

「あいかわらず厳しいですね」

「残念なことだけど，この業界の新しい技術は米国からくることが多いし，IT社会は英語が公用語だからね。いろいろな技術をいち早くキャッチアップして仕事に役立てようと思ったら英語は今からでも遅くない。勉強したほうがよいよ」

「それはわかるんですが。なかなか時間がなくて」

「う〜ん，困ったな。今度，○○(USAの超有名なアーキテクト)が来日するんで，歓迎会を兼ねた座談会をすることになったんだが，予算の関係で通訳はいないから君は参加できないかな？」

「いえ，行きます，行きます。今から勉強しますよ」

「じゃあ，まずHibernateの調査からだね。何かわかったら教えてね(僕も英語は苦手だから)」

追記：実際問題として年に1人くらいは海外からトップレベルのプログラマやアーキテクトがくる。セミナーが開かれるのはもちろんだが，日本の有志の方達によって居酒屋などで座談会が開かれたりすることも多い。そういう座談会には，ぜひ潜り込んで，世界のトップレベルの人達が今何を考えているのか探り出そう。たいていの場合，通訳してくれる人がいるが，もちろん，英語が喋れたほうがよいに決まっている。

## 7.1.2 Hibernateの利用イメージ

Hibernateは，SQL文の生成・発行や，ドメイン[注1]とレコードの変換を自動的に行ってくれる。これらの処理は`Session`（Hibernateが提供するAPI）オブジェクトが行っており，`Session`オブジェクトは`SessionFactory`（Hibernateが提供するAPI。`Session`オブジェクトのファクトリ）オブジェクトから取得することができる。

SpringのBeanとして`SessionFactory`を管理することで，リソースまわりの制御（`Session`オブジェクトの生成（オープン）・破棄（クローズ）やトランザクション制御）の記述が不要となる（Springが制御してくれる）。開発者は，`SessionFactory`をBeanとして定義してDAOなどのBeanにインジェクションし，必要に応じて`SessionFactory`から`Session`オブジェクトを取得し利用すればよい（**図7.1**）。

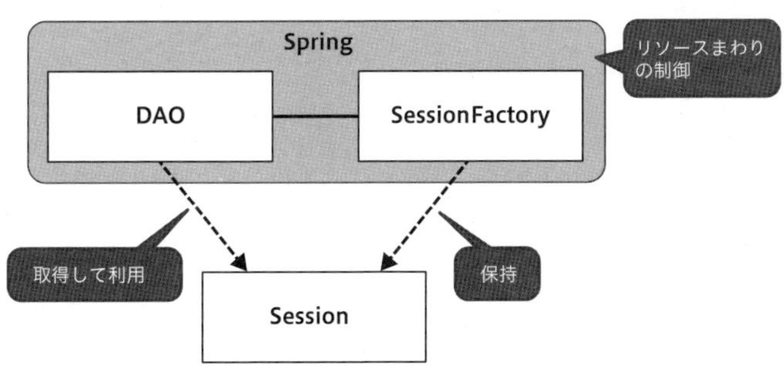


図7.1 Hibernateの利用イメージ

注1 本章では，ドメインクラスのオブジェクトのことをドメインと呼ぶ。

## 7.1.3 解説で使用するサンプル

具体的な連携方法を説明する前に，解説で使用するサンプルについて紹介しよう。**図7.2**に全体像を示す。

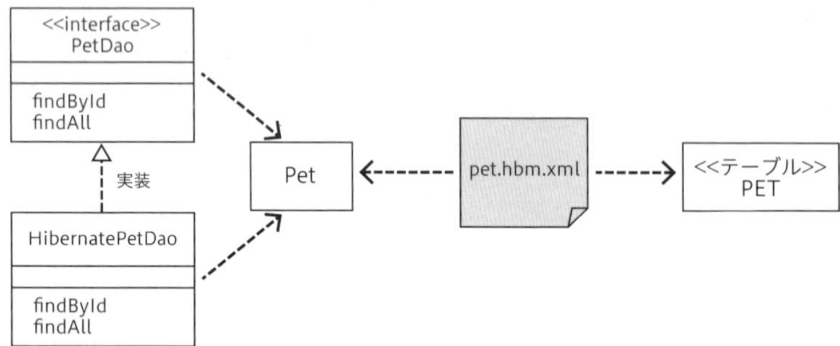


図7.2　解説で使用するサンプル

PetDaoはDAOのインタフェースで，HibernatePetDaoはDAOの実装クラスである。Petはドメインクラスで，PetクラスとPETテーブルとのマッピングの記述がPet.hbm.xmlに記述されている。マッピングの記述はアノテーションでもXMLでも行うことができるが，今回はXMLでマッピングしている想定だ。なお，XMLの解説は本書では省略する。

## 7.1.4 SessionFactoryのBean定義

Hibernateを利用する際は，SessionのファクトリであるSessionFactoryを用意する必要があるが，Springと連携する場合は，SessionFactoryをBeanとして定義すればよい。**リスト7.1**に，Bean定義のサンプルを示す。

リスト7.1　SessionFactoryのBean定義（XML）

```
<bean id="sessionFactory"
  class="org.springframework.orm.hibernate4.LocalSessionFactoryBean">
  <property name="dataSource" ref="dataSource" />
  <property name="namingStrategy" >
    <bean class="org.hibernate.cfg.ImprovedNamingStrategy"/>
  </property>
  <property name="mappingResources">
    <list>
      <value>sample/dao/Pet.hbm.xml</value>
    </list>
  </property>                                                          ←❶
  <property name="hibernateProperties">
    <value>
      hibernate.dialect=org.hibernate.dialect.HSQLDialect
      hibernate.show_sql=true
```

```
    </value>
  </property>
</bean>

<bean id="transactionManager"
  class="org.springframework.orm.hibernate4.HibernateTransactionManager">
  <property name="sessionFactory" ref="sessionFactory" />
</bean>
```
←②

①のBeanのクラスの指定では，LocalSessionFactoryBeanを指定している。LocalSessionFactoryBeanは，SessionFactoryの設定を簡易に行うためのFactoryBeanだ。プロパティの指定では，データソースやマッピングのルール（名前の紐づけのルール），マッピングファイルのパス[注2]のほか，データベースの種類（**リスト7.1**ではHSQLDBを指定）や内部で発行されるSQLのログの要否を指定している。

また，②ではトランザクションマネージャのBean定義を行っている。クラスとしてHibernateTransactionManagerを指定し，SessionFactoryのBeanをインジェクションすればよい。

同じBean定義をJavaConfigで行った場合のサンプルを**リスト7.2**に示す。

リスト7.2 SessionFactoryのBean定義（JavaConfig）

```
@Bean
public LocalSessionFactoryBean sessionFactory() {
  LocalSessionFactoryBean fb = new LocalSessionFactoryBean();
  fb.setDataSource(dataSource);
  fb.setNamingStrategy(new org.hibernate.cfg.ImprovedNamingStrategy());
  fb.setMappingResources("sample/dao/Pet.hbm.xml");
  Properties prop = new Properties();
  prop.setProperty("hibernate.dialect", "org.hibernate.dialect.HSQLDialect");
  prop.setProperty("hibernate.show_sql", "true");
  fb.setHibernateProperties(prop);
  return fb;
}

@Bean
public PlatformTransactionManager transactionManager(SessionFactory sf) {
  return new HibernateTransactionManager(sf);
}
```

設定内容は**リスト7.1**と同じなので，各自比べてみてほしい。

注2 複数のマッピングファイルをまとめて指定したい場合は，mappingResourceプロパティで個別に指定するよりも，mappingDirectoryLocationsプロパティを使用すると便利だ。mappingDirectoryLocationでは，個別にマッピングファイルを指定するのではなく，マッピングファイルを配置するフォルダを指定することができる。このほか，LocalSessionFactoryBeanは，アノテーションでマッピングを設定している場合にも対応できる。詳細は，LocalSessionFactoryBeanのAPIドキュメントを参照してほしい。

## 7.1.5 DAOの実装

次に，DAOの実装のサンプルを見ていこう。まずはクラス全体のソースコードを**リスト7.3**に示す。

リスト7.3 DAOの実装

```
@Repository
public class HibernatePetDao implements PetDao {

  @Autowired
  private SessionFactory sf;                       ←①

  @Override
  public Pet findById(int petId) {
    Session s = sf.getCurrentSession();            ←②
    return (Pet)s.get(Pet.class, petId);
  }

  @Override
  public List<Pet> findAll() {
    Session s = sf.getCurrentSession();            ←③
    return s.createQuery("from Pet").list();
  }

}
```

①では，SessionFactoryのBeanをフィールドにインジェクションしている。これにより，②や③のメソッドの中でSessionFactoryを利用してSessionオブジェクトを取得することができる。SessionオブジェクトはgetCurrentSessionメソッドで取得する。getCurrentSessionメソッドは「現在使用中のSessionオブジェクト」を取得するためのメソッドだ。Springと連携する場合は，Springのトランザクション機能によって管理されたSessionオブジェクトが取得されることになる。Sessionオブジェクトが取得できたら，あとは自由にSessionのメソッドを呼び出せばよい（Sessionのメソッドの詳細はHibernateのマニュアルを参照してほしい）。呼び出し終わったあと，Sessionをクローズしないように注意しよう（クローズはSpringのトランザクション機能が行うため）。

### Hibernateで実装したDAOのテスト

ここまで説明したとおり，SessionFactoryのgetCurrentSessionメソッドを実行することで，Springのトランザクション管理で制御されているSessionオブジェクトを取得できる。逆に，もしトランザクションが開始されていない場合は，Sessionオブジェクトが存在していないということで例外が発生してしまう。つまりDAOのUnitテストを実行する場合には，必ずトランザクションを開始してからテストを実行しなくてはならないのだ。ではどうするか。以下のように，テストメソッドに@Transactionalアノテーションを設定しておけばよいのだ。

```
@Transactional
@Test
public void testFindAll() {
  ... (DAOを使ったテストコード) ...
```

テストクラスに@RunWith(SpringJUnit4ClassRunner.class)アノテーションを設定しておけば，tx:annotation-drivenタグをBean定義ファイルに設定しなくても@Transactionalアノテーションを使用することができるようになるのだ。すべてのテストメソッドでトランザクション制御を有効にしたいのであれば，クラス自身に@Transactionalアノテーションを設定しておけばよい。

ただしトランザクションマネージャのBean名が「transactionManager」ではない場合は，@TransactionConfigurationアノテーションでトランザクションマネージャのBean名を指定する必要がある。たとえばトランザクションマネージャのBean名が「txManager」の場合は，テストクラスに以下の太字のように設定する。

```
@RunWith(SpringJunit4ClassRunner.class)
@ContextConfiguration(location="classpath:/foo/bar/beans.xml")
@TransactionConfiguration(transactionManager="txManager")
@Transactional
public class PersonDaoTest {
```

## 7.1.6 汎用データアクセス例外の利用

7

Sessionのメソッドを呼び出した際に内部で例外が発生すると，Hibernate独自の例外がスローされる。DAOの実装の中で特にキャッチしなければ，そのままHibernate独自の例外が伝搬することになる（上位の層にHibernate独自の例外がスローされてしまう）。データアクセス技術（ここではHibernate）に依存しない汎用データアクセス例外（Springが提供する例外クラス群）に変換させるには，以下のBean定義を行えばよい。

XMLの場合

```
<bean class="org.springframework.dao.annotation.PersistenceExceptionTranslationPostProcessor"/>
```

JavaConfigの場合

```
@Bean
public PersistenceExceptionTranslationPostProcessor exceptionTranslator() {
  return new PersistenceExceptionTranslationPostProcessor();
}
```

これにより，@Repositoryが付与されたクラス（通常はDAOの実装クラス）のメソッドがHibernate独自の例外をスローすると，Springが汎用データアクセス例外に変換し，上位の層にスローしてくれる。

**HibernateTemplateクラス**

HibernateとSpringを連携させる際，以前はHibernateTemplateクラスを使用することが多かった。HibernateTemplateクラスはSessionをラップしたようなメソッドを提供し，Sessionの取得や汎用データアクセス例外の変換を内部で行ってくれる便利なクラスだ。しかし，Sessionのすべての機能を提供しているわけではないし，今後Hibernateに機能が追加された場合，その機能にHibernateTemplateが対応しない限りは使えなくなってしまう[注3]。一方で本章で解説したSessionFactoryを直接使う方式であれば，Sessionオブジェクトを直接使ってなんでもできるし，さらにはHibernateに慣れた開発者からすれば，HibernateのAPIだけを意識しておけばよいのだから，効率よく処理を記述することができる。このような理由から，Springのリファレンスマニュアルでは，本章で解説したSessionFactoryを直接使う方式だけが紹介され，推奨されている。

## 7.2 JPAとの連携

第3章で解説したSpring Data JPAは，DAOの実装を自動生成する便利な機能を提供する反面，直接JPAを使用するのに比べると柔軟性が落ちてしまう。本章では，直接JPAを使いつつ（Spring Data JPAを使用しない），Springと連携するための方法を解説する。なお，JPAの概要や使い方については3.3.2項「JPAの基礎」で触れているので，JPAに詳しくない読者は参考にしてほしい。なお，第3章と同じく本章でもJPAの実装としてHibernateを使用する。

### 7.2.1 JPAの利用イメージ

JPAは，SQLの生成・発行やドメインとレコードの変換を自動的に行ってくれる。これらの処理はEntityManagerオブジェクト（JPAが提供するAPI）が行っており，EntityManagerオブジェクトはEntityManagerFactory（JPAが提供するAPI。EntityManagerオブジェクトのファクトリ）から取得することができる。

SpringのBeanとしてEntityManagerFactoryを管理することで，リソースまわりの制御（EntityManagerオブジェクトの生成（オープン）・破棄（クローズ）やトランザクション制御）の記述が不要となる（Springが制御してくれる）。開発者は，Springが用意してくれたEntityManagerオブジェクトをDAOなどのBeanにインジェクションし利用すればよい（図7.3）。

注3　正確には，HibernateTemplateのexecuteメソッドとHibernateCallbackインタフェースを使えばSessionオブジェクトを直接使用して処理を実装できるのだが，匿名クラスを使用するなど実装が複雑になってしまう。

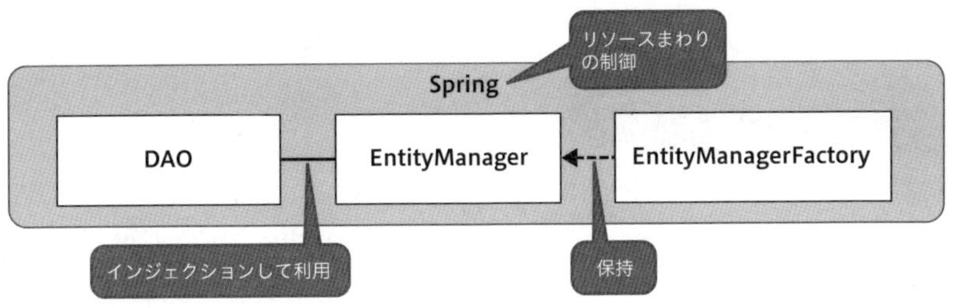


図 7.3　JPA の利用イメージ

## 7.2.2 解説で使用するサンプル

具体的な連携方法を説明する前に，解説で使用するサンプルについて紹介しよう。**図7.4**に全体像を示す。

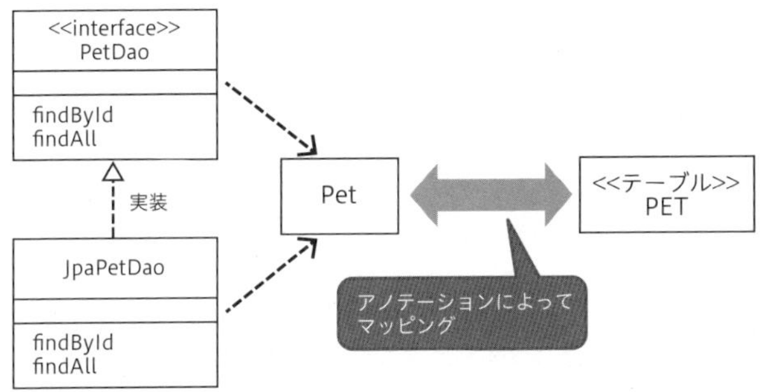


図 7.4　解説で使用するサンプル

PetDaoはDAOのインタフェースで，JpaPetDaoはDAOの実装クラスである。Petはドメインクラスで，PetクラスとPETテーブルとのマッピングが，Petクラスに付与されたアノテーションによって行われている。なお，アノテーションの記述例は本章では解説しないが，3.3.2項「JPAの基礎」で触れているので必要であれば参照してほしい。

## 7.2.3 EntityManagerFactory の Bean 定義

JPAを利用する際は，EntityManagerのファクトリであるEntityManagerFactoryを用意する必要があるが，Springと連携する場合は，EntityManagerFactoryをBeanとして定義すればよい。**リスト7.4**に，Bean定義のサンプルを示す。

リスト 7.4　EntityManagerFactory の Bean 定義（XML）

```
<bean id="entityManagerFactory"
  class="org.springframework.orm.jpa.LocalContainerEntityManagerFactoryBean">   ←❶
  <property name="dataSource" ref="dataSource" />
```

```
  <property name="persistenceProviderClass" value="org.hibernate.jpa.HibernatePersistenceProvider" />
  <property name="packagesToScan" value="sample.entity" />
  <property name="jpaProperties">
    <props>
      <prop key="hibernate.dialect">org.hibernate.dialect.HSQLDialect</prop>
      <prop key="hibernate.show_sql">true</prop>
      <prop key="hibernate.ejb.naming_strategy">org.hibernate.cfg.ImprovedNamingStrategy</prop>
    </props>
  </property>
</bean>

<bean id="transactionManager" class="org.springframework.orm.jpa.JpaTransactionManager">
  <property name="entityManagerFactory" ref="entityManagerFactory" />    ←②
</bean>
```

①のBeanのクラスの指定では，LocalContainerEntityManagerFactoryBeanを指定している[注4]。LocalContainerEntityManagerFactoryBeanは，EntityManagerFactoryの設定を簡易に行うためのFactoryBeanだ。プロパティの指定では，データソースやJPAプロバイダ（JPA実装），スキャンするドメインクラスのパッケージなどが指定されている（各プロパティの説明は**表3.2**を参照してほしい）。

また，②ではトランザクションマネージャのBean定義を行っている。クラスとしてJpaTransactionManagerを指定し，EntityManagerFactoryのBeanをインジェクションすればよい。

同じBean定義をJavaConfigで行った場合のサンプルを**リスト7.5**に示す。

リスト7.5　EntityManagerFactoryのBean定義（JavaConfig）

```
@Bean
public LocalContainerEntityManagerFactoryBean entityManagerFactory(
  DataSource dataSource){

    HibernateJpaVendorAdapter adapter = new HibernateJpaVendorAdapter();
    adapter.setShowSql(true);
    adapter.setDatabase(Database.HSQL);

    Properties props = new Properties();
    props.setProperty("hibernate.ejb.naming_strategy",
                      "org.hibernate.cfg.ImprovedNamingStrategy");

    LocalContainerEntityManagerFactoryBean emfb =
      new LocalContainerEntityManagerFactoryBean();
    emfb.setJpaVendorAdapter(adapter);
    emfb.setJpaProperties(props);
    emfb.setDataSource(dataSource);
    emfb.setPackagesToScan("sample.entity");

    return emfb;
  }
```

注4　LocalEntityManagerFactoryBeanというクラス（クラス名に「Container」が含まれない）を指定する方法もあるが，LocalContainerEntityManagerFactoryBeanのほうが柔軟な設定ができるため，特に理由がなければLocalContainerEntityManagerFactoryBeanを使用するのが良いだろう。

```
@Bean
public PlatformTransactionManager transactionManager(EntityManagerFactory emf) {
  return new JpaTransactionManager(emf);
}
```

設定内容は**リスト7.4**と同じなので，各自比べてみてほしい。

また，開発プロジェクトによってはJavaEEのアプリケーションサーバで管理するEntityManagerFactoryオブジェクトを利用するケースがあるだろう。その場合は，JNDI[注5]を使用してEntityManagerFactoryオブジェクトを取得しBeanとして登録すればよい。以下にサンプルを示す。

```
<jee:jndi-lookup id="entityManagerFactory" jndi-name="persistence/MyEntityManagerFactory"/>
```

jeeスキーマのjndi-lookupタグで，JNDI名（ここでは「persistence/MyEntityManagerFactory」を想定）をjndi-name属性に指定すればよい。JavaConfigを使用する場合は以下のように記述する。

```
@Bean
public EntityManagerFactory entityManagerFactory() throws NamingException {
  Context ctx = new InitialContext();
  return (EntityManagerFactory)ctx.lookup("persistence/MyEntityManagerFactory");
}
```

JNDIのAPIを直接使用してEntityManagerFactoryオブジェクトを取得している。

7

## 7.2.4 DAOの実装

次に，DAOの実装のサンプルを見ていこう。まずはクラス全体のソースコードを**リスト7.6**に示す。

リスト7.6 DAOの実装

```
@Repository
public class JpaPetDao implements PetDao {

  @PersistenceContext              ←❶
  private EntityManager em;

  @Override
  public Pet findById(int petId) {            ←❷
    return em.find(Pet.class, petId);
  }

  @Override
  public List<Pet> findAll() {                              ←❸
    return em.createQuery("from Pet").getResultList();
  }
```

注5 Java Naming and Directory Interface。ネーミングサービスからデータを取得する際のJava標準のAPI。より詳しい説明は第3章を参照してほしい。

```
}
```

①では，EntityManagerのBeanをフィールドにインジェクションしている（@Autowiredではなく@PersistenceContextを使用していることに注意しよう）。これにより，②や③のメソッドの中でEntityManagerオブジェクトを自由に使用することができる（インジェクションしたEntityManagerオブジェクトはプロキシになっており，トランザクションごとの個別のEntityManagerオブジェクトに処理が委譲される[注6]）。ただし，EntityManagerのクローズ処理はしないように注意しよう（クローズはSpringのトランザクション機能が行うため）。

### 7.2.5 汎用データアクセス例外の利用

EntityManagerのメソッドを呼び出した際に内部で例外が発生すると，JPA独自の例外がスローされる。DAOの実装の中で特にキャッチしなければ，そのままJPA独自の例外が伝搬することになる（上位の層にJPA独自の例外がスローされてしまう）。データアクセス技術（ここではJPA）に依存しない汎用データアクセス例外（Springが提供する例外クラス群）に変換させるには，DAOの実装クラスに@Repositoryアノテーションを付与し，Bean定義でPersistenceExceptionTranslationPostProcessorのBeanを定義すればよい。具体的な定義方法は7.1.6項「汎用データアクセス例外の利用」で紹介しているので参照してほしい。

## 7.3 MyBatisとの連携

HibernateやJPAのような高機能なORMは魅力的だが，「SQL文はやっぱり自分で記述したい」という人にお勧めなのがMyBatisだ。本節ではSpringとMyBatisの連携方法について解説する。

### 7.3.1 MyBatisとは?

2002年に登場したMyBatisは（当時はiBATISという名前だった），開発者が自分でSQLを記述しつつ，ドメインとレコードの変換を自動化することができるオープンソースのORMだ。今でも根強い人気があり多くの開発プロジェクトで利用されている[注7]。また，SQLを外部ファイルに記述するため，SQLの管理がしやすいという特徴がある。本節では，MyBatis自体の解説は最小限にし，MyBatisとSpringの連携方法に着目して解説する。MyBatisの詳細については，MyBatisのマニュアルなどを参照してほしい。

注6　DAOの単体テストをする場合，トランザクションが開始されていなければEntityManagerが存在せず例外が発生してしまう。単体テスト時にトランザクションを開始する簡単な方法を7.1.5項のTips「Hibernateで実装したDAOのテスト」で紹介しているので参考にしてほしい。

注7　海外からSpringに関係するエンジニアがやってくると，日本でのMyBatis人気に驚く。海外ではMyBatisが利用されることは少ないようだ。

## 7.3.2 連携機能の提供元

SpringとMyBatisの連携機能は，Spring側が提供しているわけではなく，MyBatis側が提供している。そのため，連携機能の解説はSpringのマニュアルには記載されていない。「mybatis-spring」というサイト[注8]に詳しく記載されているので，詳しい情報が必要な場合は参照してほしい。

## 7.3.3 MyBatisの利用イメージ

MyBatisの主要なAPIは，`SqlSession`（MyBatisが提供するインタフェース）である。`SqlSession`のオブジェクトは，SQLを外部ファイルから読み込んで発行しつつ，ドメインとレコードの変換を行ってくれる。SQLと変換のマッピングが記述されたファイルをマッピングファイルと呼ぶ。なお，`SqlSession`オブジェクトは`SqlSessionFactory`（MyBatisが提供するAPI。`SqlSession`オブジェクトのファクトリ）から取得することができる。

SpringのBeanとして`SqlSessionFactory`を管理させることで，リソースまわりの制御（`SqlSession`オブジェクトの生成（オープン）・破棄（クローズ）やトランザクション制御）の記述が不要となる（Springが制御してくれる）。開発者は，Springが用意してくれた`SqlSession`オブジェクトをDAOなどのBeanにインジェクションし利用すればよい（**図7.5**）。

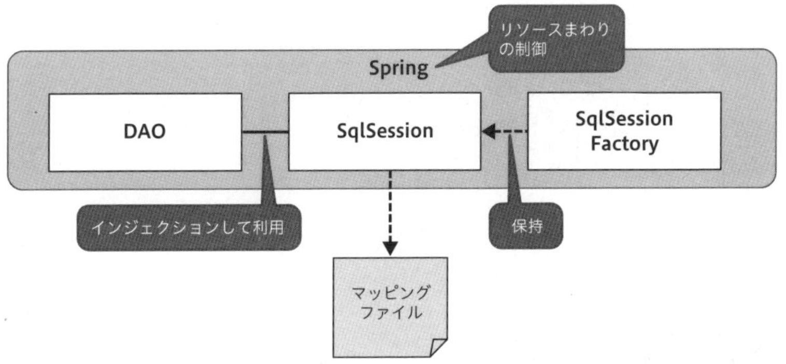


図7.5 MyBatisの利用イメージ

また，MyBatisは，DAOの実装を自動生成するMapperという機能を提供している。Mapperを利用する場合は，開発者がMapper用のインタフェース（DAOのインタフェースの位置づけ）を用意し，`Mapper`オブジェクトを生成するためのBean定義を行ってサービスなどにインジェクションし利用すればよい（**図7.6**）。

注8 `http://www.mybatis.org/spring/`

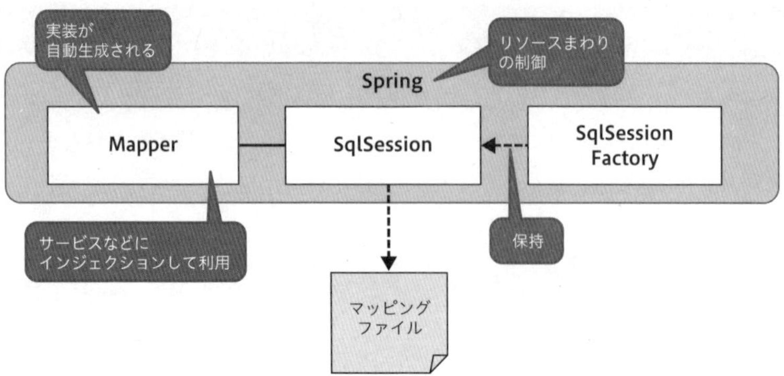


図7.6　MyBatisの利用イメージ（Mapperを使う場合）

## 7.3.4 解説で使用するサンプル

具体的な連携方法を説明する前に，解説で使用するサンプルについて紹介しよう。Mapperを使わない場合と使う場合の2つを紹介する。まずは，Mapperを使わない場合のサンプルを**図7.7**に示す。

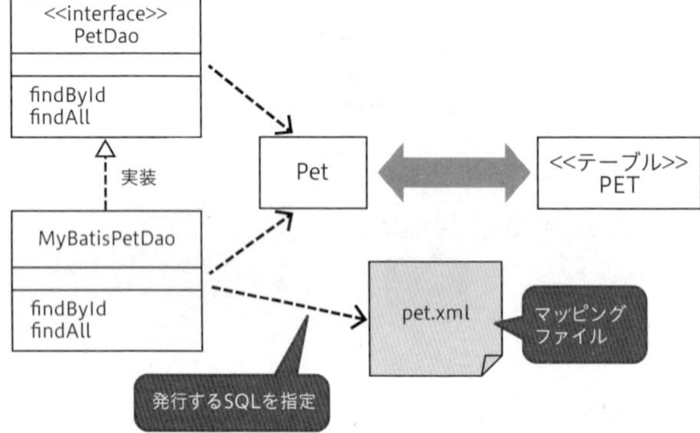


図7.7　解説で使用するサンプル

PetDaoはDAOのインタフェースで，MyBatisPetDaoはDAOの実装クラスである。Petはドメインクラスの位置づけで，SQLの取得結果やパラメータとしてPetオブジェクトを使用する。発行するSQLやPetクラスとPETテーブルとのマッピングがpet.xmlに記述されている。なお，SQLやマッピングの記述方法については本章では解説しないが，参考として記述例を**リスト7.7**に示す。

リスト7.7　pet.xml

```
<?xml version="1.0" encoding="UTF-8" ?>
<!DOCTYPE mapper PUBLIC "-//mybatis.org//DTD Mapper 3.0//EN"
"http://mybatis.org/dtd/mybatis-3-mapper.dtd">
```

```
<mapper namespace="sample.mybatis.business.service.PetDao">
  <select id="findById" parameterType="int"
          resultType="sample.mybatis.business.domain.Pet">
    SELECT * FROM PET WHERE PET_ID = #{id}
  </select>
  <select id="findAll" resultType="sample.mybatis.business.domain.Pet">
    SELECT * FROM PET
  </select>
</mapper>
```

一点，大事な部分を補足しておこう。アプリケーションは，発行するSQLを特定する必要があるのだが，そのときに使用する情報はmapperタグのnamespace属性とselectタグ[注9]のid属性である。この2つの属性値をつなげたものが，SQLの識別子となるのだ。詳しい記述の方法に興味のある読者はMyBatisのマニュアルを参照してほしい。簡潔かつ柔軟な記述が可能であることがわかるはずだ。

次に，Mapperを使う場合のサンプルを**図7.8**に示す。

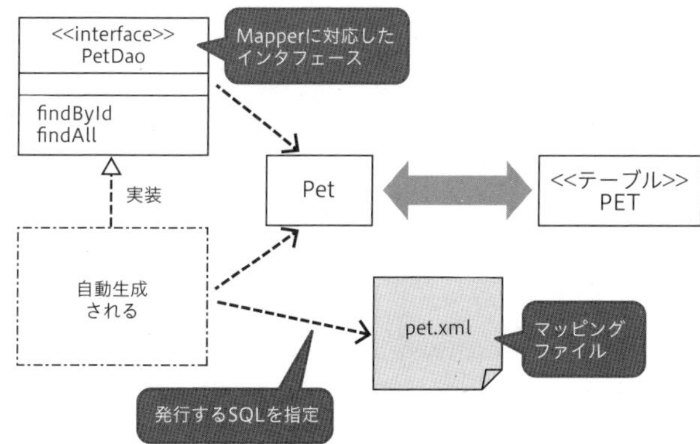


図7.8　解説で使用するサンプル（Mapperを使う場合）

DAOのインタフェースをMapperに対応させ，DAOの実装が自動生成されている。ちなみに，DAOのインタフェースをMapperに対応させるために，特別なインタフェースを継承したり，特別なアノテーションを付加するなどの対応は必要ない。パッケージ名・インタフェース名・メソッド名を，pet.xmlに記述したSQLの識別子（mapperタグのnamespace属性とselectタグのid属性をつなげたもの）に対応させればよい。

## 7.3.5 SqlSessionFactoryのBean定義

Mapperを使う場合も使わない場合も，SqlSessionFactoryのBean定義は必要である。**リスト7.8**に，Bean定義のサンプルを示す。

注9　selectタグのほかに，insert，update，deleteタグが存在しSQLの種類に応じて使い分ける。

リスト7.8　SqlSessionFactoryのBean定義（XML）

```
<bean id="sqlSessionFactory" class="org.mybatis.spring.SqlSessionFactoryBean">
  <property name="dataSource" ref="dataSource" />
  <property name="configLocation" value="mybatis-config.xml"/>
  <property name="mapperLocations">
    <list>
      <value>sample/dao/pet.xml</value>
    </list>
  </property>
</bean>

<bean id="transactionManager"
      class="org.springframework.jdbc.datasource.DataSourceTransactionManager">
  <property name="dataSource" ref="dataSource" />
</bean>
```

**リスト7.8-①**のBeanのクラスの指定では，SqlSessionFactoryBeanを指定している。SqlSessionFactoryBeanは，SqlSessionFactoryの設定を簡易に行うためのFactoryBeanだ。プロパティの指定では，データソースをはじめ，MyBatisの設定ファイル[注10]のパス（「mybatis-config.xml」というパスを想定）や，マッピングファイルのパス（「sample/dao/pet.xml」というパスを想定）が指定されている。マッピングファイルが複数ある場合，valueタグを追加してひとつひとつ指定することもできるが，面倒な場合はワイルドカードを使って以下のような記述もできる。

```
<value>classpath*:sample/dao/**/*.xml</value>
```

ワイルドカードにより，sample/dao配下（サブパッケージを含む）の，拡張子がxmlのファイルをすべて読み込むことができる。ちなみに，「classpath」ではなく「classpath*」と記述しているのは，複数のファイルを読み込む際に必要な記述だからだ。「classpath」と記述した場合，ワイルドカードでヒットした最初のファイルのみが読み込まれるので注意しよう。

また，**リスト7.8-②**ではトランザクションマネージャのBean定義を行っている。クラスとしてDataSourceTransactionManagerを指定し，データソースをインジェクションすればよい。

同じBean定義をJavaConfigで行った場合のサンプルを**リスト7.9**に示す。

リスト7.9　SqlSessionFactoryのBean定義（JavaConfig）

```
@Bean
public SqlSessionFactoryBean sqlSessionFactory() throws Exception {
  SqlSessionFactoryBean sf = new SqlSessionFactoryBean();
  sf.setDataSource(dataSource);
  sf.setConfigLocation(new ClassPathResource("mybatis-config.xml"));
  sf.setMapperLocations(
    new Resource[]{new ClassPathResource("sample/dao/pet.xml")}
  );
  return sf;
```

注10　基本的に，設定はSqlSessionFactoryBeanのプロパティで行えるのだが，マッピング時の名前の紐づけのルールやキャッシュの有効無効などの細かい設定方法はマニュアルに記載されていないため，MyBatisの設定ファイルで設定したほうが簡単だ。

```
}

@Bean
public PlatformTransactionManager transactionManager() {
  return new DataSourceTransactionManager(dataSource);
}
```

設定内容はXMLと同じなので，各自比べてみてほしい。また，複数のマッピングファイルをワイルドカードで読み込む場合は，該当個所を以下のように記述すればよい。

```
  sf.setMapperLocations(
    new PathMatchingResourcePatternResolver().getResources(
      "classpath*:sample/dao/**/*.xml")
  );
```

## 7.3.6 DAOの実装

### 7.3.6.1 Mapperを使わない場合

まずは，Mapperを使わない場合のDAOの実装から見ていこう。7.3.3項「MyBatisの利用イメージ」でも触れたが，Mapperを使わない場合はSqlSessionオブジェクトをDAOにインジェクションして利用すればよい。SqlSessionオブジェクトは，Bean定義によって用意することができる。**リスト7.10**にBean定義のサンプルを示す。

リスト7.10 SqlSessionのBean定義（XML）

```
<bean class="org.mybatis.spring.SqlSessionTemplate">
  <constructor-arg ref="sqlSessionFactory" />
</bean>
```

クラスの指定では，SqlSessionTemplateクラスを指定する。SqlSessionTemplateは，SqlSessionインタフェースをimplementsした実装クラスだ。

JavaConfigの場合は**リスト7.11**のように記述する。

リスト7.11 SqlSessionのBean定義（JavaConfig）

```
@Bean
public SqlSession sqlSession(SqlSessionFactory sf) {
  return new SqlSessionTemplate(sf);
}
```

次に，DAOの実装のサンプルを**リスト7.12**に示す。

リスト7.12 DAOの実装

```
@Repository
public class MyBatisPetDao implements PetDao {
```

```
  @Autowired
  private SqlSession ss;        ←①

  @Override
  public Pet findById(int petId) {
    return ss.selectOne("sample.dao.PetDao.findById", petId);   ←②
  }

  @Override
  public List<Pet> findAll() {
    return ss.selectList("sample.dao.PetDao.findAll");   ←③
  }

}
```

**リスト7.12**-①では，SqlSessionのBeanをフィールドにインジェクションしている。これにより，②や③のメソッドの中でSqlSessionオブジェクトを自由に使用することができる（インジェクションしたSqlSessionオブジェクトはプロキシになっており，トランザクションごとに固有のSqlSessionオブジェクトに処理が委譲される）。SqlSessionの持つAPIの詳しい説明は行わないが，サンプルで使用しているのはselectOneメソッドとselectListメソッドだ。selectOneメソッドは1件分のデータ（ここではPetオブジェクト）を戻り値で返してくれるメソッドだ。引数には，SQLの識別子とパラメータの情報を指定する（パラメータの指定が必要ない場合は省略可能）。selectListメソッドは複数件のデータをリストで返してくれるメソッドで，引数はselectOneメソッドと同じくSQLの識別子とパラメータの情報を指定する。また，SqlSessionのクローズ処理はしないように注意しよう（クローズはSpringのトランザクション機能が行うため）。

### 7.3.6.2 Mapperを使う場合

Mapperを使う場合は，Mapperオブジェクトを Bean定義する必要がある。Mapperの実装（本書ではDAOの実装と同義）はMyBatisが自動生成するため，厳密には，Mapperを自動生成するFactoryBeanをBean定義することになる。まずは，自動生成のもととなるDAOのインタフェースを**リスト7.13**に示す。

リスト7.13 DAOのインタフェース

```
package sample.mybatis.business.service;

public interface PetDao {
  Pet findById(int petId);
  List<Pet> findAll();
}
```

一見特徴のないインタフェースに見えるが，パッケージ名・インタフェース名・メソッド名を，pet.xmlに記述したSQLの識別子（mapperタグのnamespace属性とselectタグのid属性をつなげたもの）に対応させている。

次に，Mapperを生成するFactoryBeanのBean定義を**リスト7.14**に示す。

リスト7.14 MapperのBean定義（XML）

```
<bean id="petDao" class="org.mybatis.spring.mapper.MapperFactoryBean">
  <property name="mapperInterface" value="sample.mybatis.business.service.PetDao" />
  <property name="sqlSessionFactory" ref="sqlSessionFactory" />
</bean>
```

クラスの指定ではMapperFactoryBeanを指定する。プロパティでは，Mapperに対応したインタフェース（PetDao）を指定し，SqlSessionFactoryオブジェクトをインジェクションしている。また，ひとつひとつMapperオブジェクトをBean定義するのが面倒な場合は，以下の記述でまとめて定義することができる。

```
<mybatis:scan base-package="sample.mybatis.business.service"/>
```

sample.mybatis.business.service配下（サブパッケージも含む）のインタフェースに対し，Mapperオブジェクトが生成されBeanとして管理される。また，上記のタグはmybatisスキーマを使用するのだが，mybatisスキーマを利用するためのbeansタグの設定例を以下に示す。

```
<beans xmlns="http://www.springframework.org/schema/beans"
  xmlns:xsi="http://www.w3.org/2001/XMLSchema-instance"
  xmlns:context="http://www.springframework.org/schema/context"
  xmlns:tx="http://www.springframework.org/schema/tx"
  xmlns:mybatis="http://mybatis.org/schema/mybatis-spring"
  xsi:schemaLocation="
   http://www.springframework.org/schema/beans
   http://www.springframework.org/schema/beans/spring-beans.xsd
   http://www.springframework.org/schema/context
   http://www.springframework.org/schema/context/spring-context.xsd
   http://www.springframework.org/schema/tx
   http://www.springframework.org/schema/tx/spring-tx.xsd
   http://mybatis.org/schema/mybatis-spring
   http://mybatis.org/schema/mybatis-spring.xsd
   ">
```

太文字になってる個所がmybatisスキーマの設定個所だ。

次に，JavaConfigの場合のMapperのBean定義を見てみよう。**リスト7.15**にサンプルを示す。

リスト7.15 MapperのBean定義（JavaConfig）

```
@Bean
public PetDao petDao(SqlSessionFactory sf) {
  SqlSessionTemplate st = new SqlSessionTemplate(sf);
  return st.getMapper(PetDao.class);
}
```

SqlSessionTemplateを使ってMapperオブジェクトを生成することができる。

また，まとめてMapperオブジェクトを生成する場合は，@MapperScanアノテーションの記述をJavaConfigのクラスに付加すればよい。

```
@MapperScan(basePackages="sample.mybatis.business.service")
```

sample.mybatis.business.service配下（サブパッケージも含む）のインタフェースに対し，Mapperオブジェクトが生成されBeanとして管理される。

上記のいずれかの方法でMapperオブジェクトが用意できたら，あとはサービスなどのオブジェクトにインジェクションして利用すればよい。

### 7.3.7 汎用データアクセス例外の利用

MyBatisの処理の内部で例外が発生すると，自動的に汎用データアクセス例外（Springが提供する例外クラス群）に変換される。汎用データアクセス例外を利用するための特別な設定は必要ない。

#### Mapperオブジェクトと DAO/Serviceの関係

本章では，Mapperオブジェクトのインタフェースとして DAOのインタフェースを使用した。MyBatisによって生成されるMapperオブジェクトをDAOと位置づけて，Serviceにインジェクションして使用するイメージだ。

ただMapperオブジェクトには制限があり，1つのメソッドにつき1つのSQLしか発行することができないのだ。そのため，1つのDAOのメソッドで複数のSQLを発行したい場合は，Mapperオブジェクトを DAOとして使用することはできないので，DAOの実装クラスを作り，そこにMapperオブジェクトをインジェクションして使用するしかないのだ。

読者の中には，「DAOのメソッドでは複雑なことはすべきではないから，複数のSQLを発行する必要などない」と言う人もいるかもしれない。そのような構造のシステムであれば，ServiceにMapperオブジェクトを直接インジェクションする方式でも問題はないだろう。ただ現実的には，DAOから複数SQLを発行したいケースも遭遇する。アーキテクトは，そういったところも視野に入れながらアーキテクチャを決定する必要があるだろう。

## 7.4 まとめ

本章では，Hibernate，JPA，MyBatisとの連携を解説した。第3章で解説したSpring JDBCやSpring Data JPAもそうなのだが，それぞれのデータアクセス技術には一長一短があり，どれが一番よいというのはない。また，1つのアプリケーションで複数のデータアクセス技術を使い分けてもよいだろう。アプリケーションの特徴や開発者のスキルなどを加味し，適切と思われるデータアクセス技術を選択してほしい。

第8章

# キャッシュ抽象機能（Cache Abstraction）——Spring Cache

# 第8章 キャッシュ抽象機能（Cache Abstraction）—— Spring Cache

Webアプリケーションのパフォーマンス・ボトルネックの代表格は，昔からRDBなどのデータが格納されたストレージへのアクセスと相場が決まっている（**図8.1**）。そこで，RDBのマスタテーブルに分類されるような変更が少ないデータや，Web上から取得するAmazonの持っているISBNのようなデータ，こうしたデータを都度RDBにアクセスしてデータを取得するのではなく，データをキャッシュすることでパフォーマンスを落とさないようにしたい（**図8.2**）。

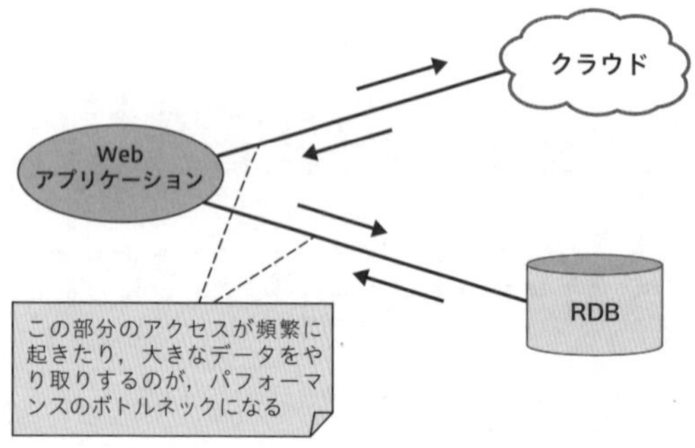


図8.1　パフォーマンスのボトルネック

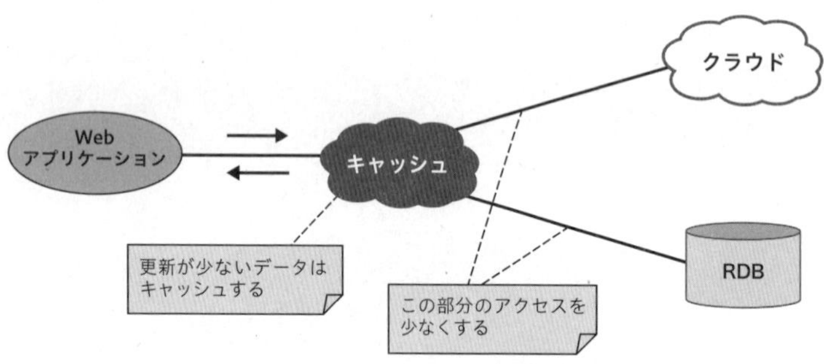


図8.2　キャッシュ

Springは3.1から，データをキャッシュする機能を提供している。これは，キャッシュ抽象化といわれ，主にCacheとCacheManagerインタフェースで構成されるSPI（Service Provider Interface）だ。SPIとは，JNDIのようにインタフェースの実装を隠すことで，利用者に意識させることなく実装の置き換えを可能とするものだ。Springのキャッシュ抽象化も同様に，SPIを通して実際のキャッシュプロバイダにアクセスできるようになっている。

なお，Springの4.1からはJSR-107（JCache）のアノテーションも利用できるようになっているが，この章では，まずSpringのアノテーションを利用して，第2章「SpringのCore概要」で解説したサンプルにキャッシュの機能を加えてみよう。

## 8.1 ProductDaoImplとProductServiceImpl，ProductSampleRunの改造と動作確認

まず，クラスProductDaoImplを少し改造しよう。主な改造個所はメソッドfindProductのリターン前（**リスト8.1-①**）に，3秒間スリープするメソッドslowlyを加えたことだ（**リスト8.1-②**）。

次に，クラスProductServiceImplのfindProductメソッドにストップウォッチを仕込んで（**リスト8.2-①②③**），メソッドの処理速度と取得したデータであるProductインスタンスの中身を表示するようにする（**リスト8.2-④**）。

最後に，起動用のクラスProductSampleRunのメソッドexecuteでは，Productインスタンス（一意となるキーが"ホチキス"，価格が100）を追加して3回取り出す（**リスト8.3-①**），さらにProductインスタンス（一意となるキーは"ホチキス"のままで，価格が200）を上書きで追加[注1]して3回取り出すというロジックを付け加える（**リスト8.3-②**）。

では，さっそく実行してみよう。メソッドslowlyがボトルネックになって，1回の読み込みに3秒，実行が終わるまでに18秒はかかるはずだ（**図8.3**）。

リスト 8.1　改造後の ProductDaoImpl

```
@Repository
public class ProductDaoImpl implements ProductDao {

  // RDBの代わり
  private Map<String, Product> storage = new HashMap<String, Product>();

  // Daoだけど簡単にするためRDBにはアクセスしていません。
  public Product findProduct(String name) {
    slowly(); // 故意に遅らせる ←①
    return storage.get(name);
  }

  public void addProduct(Product product) {
    storage.put(product.getName(), product);
  }

  private void slowly() {                            ┐
    try {                                            │
      Thread.sleep(3000L);                           │
    } catch (InterruptedException e) {               │ ←②
      throw new IllegalStateException(e);            │
    }                                                │
  }                                                  ┘
}
```

注1　リスト8.3-②の最初のメソッドは，「上書きだからaddProduct()ではなく，updateProduct()じゃないの」という意見もあったが，DIやAOPからの話の流れ上，メソッド名はaddProduct()を採用している。

リスト 8.2　改造後の ProductServiceImpl

```
@Service
public class ProductServiceImpl implements ProductService {
  @Autowired
  private ProductDao productDao;

  public Product findProduct(String name) {

    // 測定開始
    StopWatch sw = new StopWatch(); ←❶
    sw.start(); ←❷

    Product product = productDao.findProduct(name);

    // 測定終了
    sw.stop(); ←❸

    System.out.format("Seconds=%1$s, value=%2$s%n",    ┐
            sw.getTotalTimeSeconds(), product);        ┘ ←❹

    return product;
  }

  public void addProduct(Product product) {
    productDao.addProduct(product);
  }
}
```

リスト 8.3　改造後の ProductSampleRun のメソッド execute

```
public void execute() {
  ProductService productService = initProductService();

  String productName = "ホチキス";                              ┐
  productService.addProduct(new Product(productName, 100));   │
  productService.findProduct(productName);                     │ ←❶
  productService.findProduct(productName);                     │
  productService.findProduct(productName);                     ┘

  productService.addProduct(new Product(productName, 200));   ┐
  productService.findProduct(productName);                     │ ←❷
  productService.findProduct(productName);                     │
  productService.findProduct(productName);                     ┘
}
```

```
Seconds=3.0, value=Product= [name=ホチキス, price=100]
Seconds=3.0, value=Product= [name=ホチキス, price=100]
Seconds=3.001, value=Product= [name=ホチキス, price=100]
Seconds=3.0, value=Product= [name=ホチキス, price=200]
Seconds=3.0, value=Product= [name=ホチキス, price=200]
Seconds=3.0, value=Product= [name=ホチキス, price=200]
```

図 8.3　実行後のコンソール

## 8.1.1 キャッシュの適用と実行

それでは，パフォーマンスのボトルネックであるクラスProductDaoImplのメソッドfindProductを呼び出したときに，データがキャッシュされていれば，それを利用することでメソッドfindProductを利用しないようにしてみよう。

### 8.1.1.1 application-context.xml

まず最初にBean定義ファイルを修正しよう。はじめに，キャッシュを利用するために，スキーマとスキーマロケーションを設定する（リスト8.4-①②）。

続けて「cache:annotation-driven」アノテーションでキャッシュを行うことを設定する（リスト8.4-③）。

次はCacheManagerの設定だ。ここでは，Springが提供する簡易なSimpleCacheManagerを利用することにしよう（リスト8.4-④）。実際にデータを格納するキャッシュはConcurrentMapCacheFactoryBeanが作成する（リスト8.4-⑤）。プロパティに設定されているareaというのは（リスト8.4-⑥），作成されるキャッシュの具体的な名前で，必要があれば名前付きのキャッシュを複数作ることが可能だ。

リスト 8.4 application-context.xml

```
<?xml version="1.0" encoding="UTF-8"?>
<beans xmlns="http://www.springframework.org/schema/beans"
  xmlns:xsi="http://www.w3.org/2001/XMLSchema-instance"
  xmlns:context="http://www.springframework.org/schema/context"
  xmlns:cache="http://www.springframework.org/schema/cache" ←❶

  xsi:schemaLocation="
   http://www.springframework.org/schema/beans
   http://www.springframework.org/schema/beans/spring-beans.xsd
   http://www.springframework.org/schema/context
   http://www.springframework.org/schema/context/spring-context.xsd
   http://www.springframework.org/schema/cache
   http://www.springframework.org/schema/cache/spring-cache.xsd"> ←❷

  <context:annotation-config />
  <context:component-scan base-package="sample.di.business.*" />
  <context:component-scan base-package="sample.di.dataaccess" />

  <cache:annotation-driven /> ←❸
  <bean id="cacheManager" class="org.springframework.cache.support.SimpleCacheManager"> ←❹
    <property name="caches">
      <set>
        <bean class="org.springframework.cache.concurrent.ConcurrentMapCacheFactoryBean"> ←❺
          <property name="name" value="area" /> ←❻
        </bean>
      </set>
    </property>
  </bean>
</beans>
```

### 8.1.1.2 キャッシュアノテーションの設定

いよいよキャッシュの設定をしよう。クラスProductDaoImplのメソッドfindProductに@Cacheable(value = "area")を付加しよう（**リスト8.5-①**）。valueに設定されているareaはBean定義で設定された利用するキャッシュの名前だ（**リスト8.4-⑥**）。また，本来は@Cacheable(value = "area", key = "#product.name")とkeyも指定しなければならないのだが，メソッドの第1引数をkeyにする場合は，省略が可能なので，ここでは省略している。

これで終わり，これだけでキャッシュできるのだ（**図8.4**）。

リスト8.5　@Cacheable

```
@Repository
public class ProductDaoImpl implements ProductDao {

  // RDBの代わり
  private Map<String, Product> storage = new HashMap<String, Product>();

  // Daoだけど簡単にするためRDBにはアクセスしていません。
  @Cacheable(value = "area") ←①
  public Product findProduct(String name) {
... (省略) ...
```

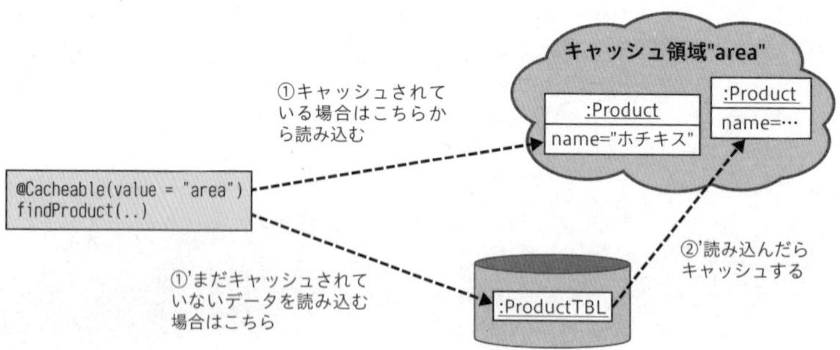


図8.4　@Cacheableのキャッシュ・イメージ

### 8.1.1.3 実行と不具合

では実際にキャッシュできているか，試してみよう（**図8.5**）。

最初の1回目の読み込みは3秒（**図8.5-①**），2回目以降はキャッシュが効いて0.0秒以下のスピードだということがわかる（**図8.5-②**）。

しかし，よく考えると4回目以降はホチキスの値段を200にしている（**リスト8.3-②**）のに，値段が100のままである（**図8.5-③**）。値の変更がキャッシュに反映されていない。

```
Seconds=3.0, value=Product= [name=ホチキス, price=100]    ←①
Seconds=3.004, value=Product= [name=ホチキス, price=100]
Seconds=0.001, value=Product= [name=ホチキス, price=100]
Seconds=0.0, value=Product= [name=ホチキス, price=100]        ←②
Seconds=0.0, value=Product= [name=ホチキス, price=100]
Seconds=0.0, value=Product= [name=ホチキス, price=100]    ←③
Seconds=0.0, value=Product= [name=ホチキス, price=100]
```

図8.5　実行後のコンソール（@Cacheable）

### 8.1.1.4 修正と実行

値が変更されたら，キャッシュにも反映されるようにしよう。

@CacheEvictをクラスProductDaoImplのメソッドaddProductに付与すればOKだ（**リスト8.6-①**）。

@CacheEvictのvalueは利用しているキャッシュの名前が設定されている。keyにはSpEL式でキャッシュをクリアする条件が入っており，#product.nameは引数のproductのnameプロパティを設定している。

ここでは，Productインスタンスのnameプロパティの設定された値に該当する部分（今回は"ホチキス"のデータ）だけがクリアされる（**図8.6**）。もし，キャッシュされたすべてのデータをクリアしたい場合は，@CacheEvict(value = "area", allEntries = true)とすればよい。

このほかにも，**表8.1**のようなアノテーションが用意されている。

では，実際にキャッシュがクリアされているか実行してみよう。4回目はキャッシュがクリアされて3秒かかっているが，5，6回目は0.0秒以下，値も200になっていることがわかる（**図8.7**）。

リスト8.6　@CacheEvict

```
...（省略）...
  @CacheEvict(value = "area", key = "#product.name")  ←①
  public void addProduct(Product product) {
    storage.put(product.getName(), product);
  }
...（省略）...
```

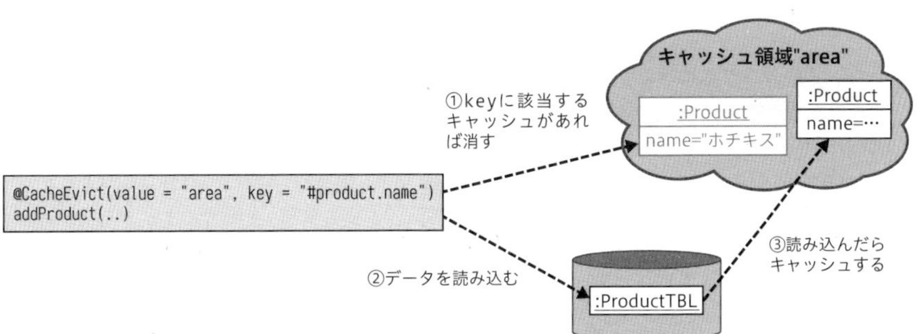


図8.6　@ CacheEvictのキャッシュイメージ

表8.1　キャッシュの主なアノテーション

| アノテーション | 説明 |
|---|---|
| @Cacheable | キャッシュを適用する。<br>リスト8.5はメソッドの第1引数をkeyとしているのでkeyを省略しているが，@Cacheable(value = "area", key = "#product.name")と同義 |
| @CacheEvict | キャッシュをクリアする |
| @CachePut | キャッシュを更新する。<br>@CachePut(value = "area", key = "#product.name")でキャッシュだけを更新する |
| @Caching | @CacheEvictや@CachePutなどをまとめる。<br>以下は2つの@CacheEvictをまとめた例<br>@Caching(evict={@CacheEvict(value="space", key="#product.price"),<br>@CacheEvict(value="area", key="#product.name") }) |

```
Seconds=3.001, value=Product= [name=ホチキス, price=100]
Seconds=0.0, value=Product= [name=ホチキス, price=100]
Seconds=0.0, value=Product= [name=ホチキス, price=100]
Seconds=3.002, value=Product= [name=ホチキス, price=200]
Seconds=0.0, value=Product= [name=ホチキス, price=200]
Seconds=0.0, value=Product= [name=ホチキス, price=200]
```

図8.7　実行後のコンソール（@CacheEvict）

## 8.2 応用編

ここまでのサンプルコードでは，簡単なキャッシュの例を見てきた。しかし，エンタープライズ系のシステムでは利用者の増加などを考えてキャッシュを複数サーバで共有したり，キャッシュをストレージに保存したり，そのストレージをスケールできなければならないだろう（**図8.8**）。最もわかりやすい例として，Webアプリケーションのセッション保存の仕組みに適用することが考えられる。

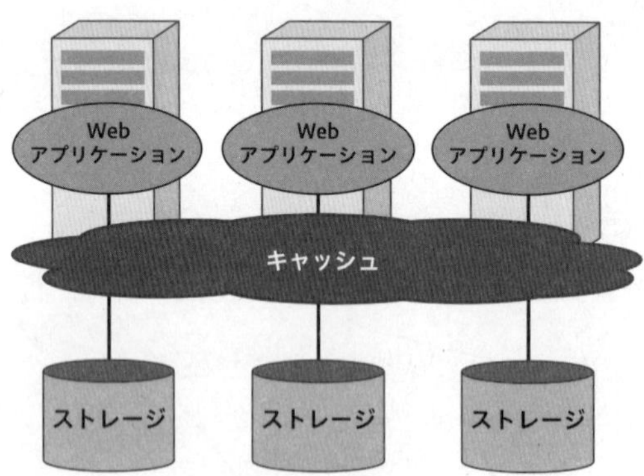


図8.8　キャッシュの共有

Springには，Spring Dataというプロジェクトがあり，その中にはSpring Data RedisやSpring Data GemFireが存在する。こうしたプロジェクトを利用すると，Redis[注2]やGemFire[注3]をキャッシュの基盤として利用することが可能だ。

本書の範疇を超えるので詳しい解説は省略するが，たとえば先のサンプルでSpring Data Redisを利用したい場合，Spring Data RedisとRedisのクライアントであるJedis，この2つのJarにクラスパスを通し，Bean定義（**リスト8.4**）のcacheManagerの設定を変更する（**リスト8.7**）だけで，プログラムの変更なしにRedisのキャッシュを利用することができる[注4]。

今回は簡単なサンプルなので，複数のアプリケーションでキャッシュを共有したりするなど凝ったことはできないが，Webアプリケーションとして作成すれば，**図8.8**のようなことも実現可能だ。

また，GemFireのサンプルを簡単に利用したい場合は，Spring Bootのサンプルに「Caching Data with GemFire」があるので，そちらを参照してほしい。

リスト 8.7　cacheManager の設定変更

```
...
  <bean
    id="jedisConnectionFactory"
    class="org.springframework.data.redis.connection.jedis.JedisConnectionFactory"
    p:host-name="localhost"
    p:port="6379"
    p:use-pool="true"/>

  <bean
    id="redisTemplate"
    class="org.springframework.data.redis.core.RedisTemplate"
    p:connection-factory-ref="jedisConnectionFactory"/>

  <bean
    id="cacheManager"
    class="org.springframework.data.redis.cache.RedisCacheManager"
    c:template-ref="redisTemplate"/>
</beans>
```

設定されているhost-nameとportはRedisサーバを指す。ここではRedisサーバとのコネクションを作っている。

RedisTemplateは，Redisに対するsetやget，deleteなどのメソッドを提供する。



注2　TwitterやLINEでの採用実績もある非SQLのKey-Valueストア。インメモリで高速なデータアクセスも可能。2010年からVMwareが支援している。

注3　Pivotalが提供する非SQLのKey-Valueストア。インメモリで高速なデータアクセスも可能。OSS版のGeodeが2015年に公開された。

注4　なお，先のサンプルではクラスProductDaoImplのプロパティであるHashMapをRDBに見立てていたが，この節ではあくまで，単なるHashMapであると考えてほしい。

# 第9章

# バッチの設計と実装

# 第9章 バッチの設計と実装

エンターープライズシステムを開発しようとすると，Webアプリケーションだけではなく，バッチも必要となる。Webアプリケーションを Javaで作っているなら，バッチもJavaで作りたいし，Webアプリケーションで Springを使っているなら，バッチでもSpringを使いたいだろう。

この章では，バッチを作るためのプロダクトSpring Batch[注1]を解説しよう。

## 9.1 バッチ

Spring Batchの解説に入る前に，まずはバッチ（バッチ処理）とは何かを理解しておこう。

そもそも，バッチ（Batch）とは「束」を意味する単語である。業務的に考えれば「帳票の束」ということになるだろう。そこから「帳票の束をまとめて処理」，「データの一括処理」をバッチと言うようになったのだと思う。

### 9.1.1 バッチの基本

バッチは概ね，その特徴である「大量データの処理」「Webアプリケーションの裏で定期的に自動実行」という課題を解決するための機能を持っている。

「大量データの処理」を行うためにはパフォーマンスが重要である。よく一晩でバッチが終わらなくて大変だったという話を聞いたことがあるだろう。パフォーマンスを上げるためには，バッチが対象とするテーブルやSQLをチューニングすることも大事であるが，バッチ自体に，複数の処理を同時並行して実行できるような機能も必要となるだろう。

「Webアプリケーションの裏で定期的に自動実行」ということは，バッチはWebアプリケーションのようにオペレータがUIを通して動作させるのでは必ずしもないということだ。

まず，いつ実行されるのか，毎日なのか毎月なのか，夜なのか昼なのか，どのくらいの時間，実行することが許されるのか，そして，実行時に不正なデータを取得したときやデータの書き込みにエラーが起きたときなど，バッチを止めるのか，それともその処理だけスキップして処理を続けるのか，そうしたことを選択する機能，その実行結果をログなどに記述してあとからオペレータが確認できるような機能が求められるのだ。

注1　Java EE 7に含まれているバッチ仕様（jBatch，JSR-352）は，Spring Batchから多くを受け継いでおり，本書では解説しないがSpring BatchはJSR-352もサポートしている。

## 9.1.2 ジョブの基本

バッチは複数の処理で構成されることが一般的だ。そのひとつひとつの処理は一般的にジョブという単位で呼ばれる（バッチそのものをジョブという場合もあるのでややこしいが，ここでは1つの処理単位だ）。

そのジョブの基本的な動作は，コミット単位でRDBやCSVファイルなどからデータを入力し，入力したデータの妥当性をチェック，妥当なデータを出力形式に合わせるなどの加工を施したあと，RDBやCSVファイルに出力する（**図9.1**）。こうしたことを入力データがなくなるまで繰り返すことだ。ちなみに，ジョブの中でコミット単位にまとめたデータを「チャンク」という。

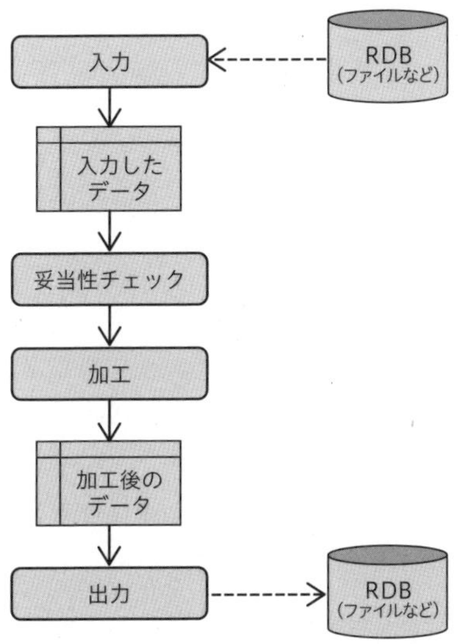


図9.1　ジョブ（基本処理）

## 9.1.3 ジョブネットの基本

バッチは複数のジョブで構成される。そのジョブの依存関係，簡単に言うとどういう順番でジョブを実行するか決めたものをジョブネットという。ジョブネットは**図9.2**に示すように，主に「順次」「同時並行」「分岐」「再実行」の4つのパターンを組み合わせて作られる。

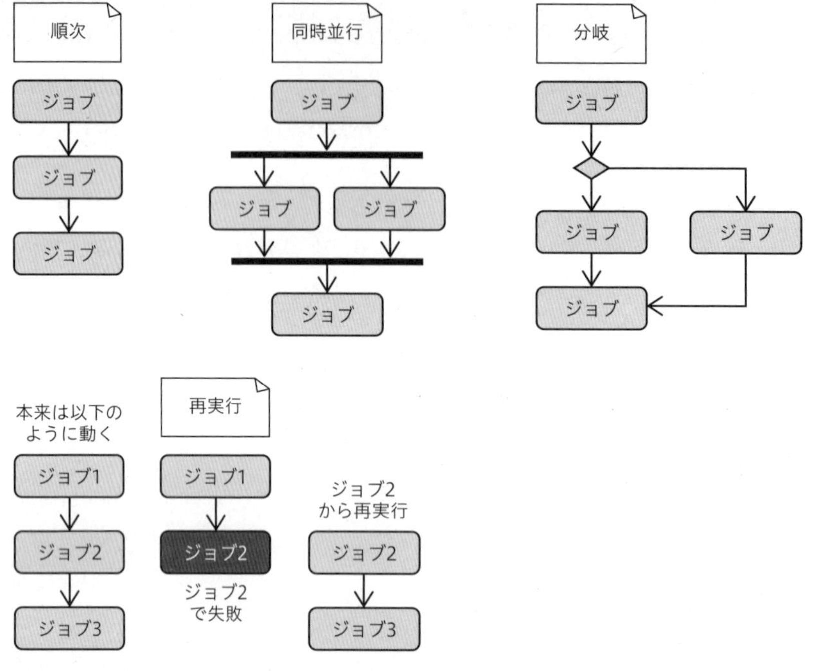


図 9.2　ジョブネットの基本パターン

# 9.2 Spring Batch

バッチの基本が理解できたところで，Spring Batch の仕組みを見ていこう。

## 9.2.1 全体像

まず最初に，Spring Batch の主な登場人物をおさえておこう。

● **JobLauncher**

Job を起動する

● **Job**

JobLauncher によって起動され，設定された Step を起動する

● **Step**

Job によって起動される，バッチの最小実行単位。ItemReader から ItemWriter は 9.2.3.1 項「ItemReader，ItemProcessor，ItemWriter の簡単な解説」で解説する

● **JobRepository**

バッチが実行する処理そのものではなく，JobLauncher，Job，Step の実行状況および結果を RDB で永続管理する

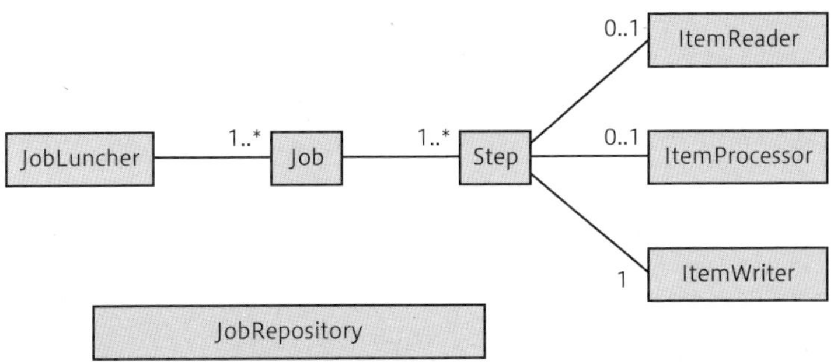


図 9.3 Spring Batch の全体像

## 9.2.2 JobLauncher

JobLauncherはJobを起動する（Jobを起動するというのは，バッチを起動すると同義だ）ためのインタフェースであり，その実体にはSimpleJobLauncherがある。

Jobを起動するためには，JobLauncherのrunメソッドを呼び出せばよい。**リスト9.1**は，Bean定義ファイル（ここまでSpring Batchで利用するBean定義ファイルの解説をしていないが，あとで**リスト9.10**，特に**リスト9.10-①**を理解したあとで，もう一度，この部分を読み直してほしい）を利用した場合の，JobLauncherによるJobの起動だ。

**リスト9.1**ではrunメソッドの引数には，起動するJobとJobParameters（Jobに渡すパラメータをセットする。**リスト9.1**では，渡すべきパラメータがないので単にインスタンス化しているだけ）を指定する（**リスト9.1**をコマンドラインで起動する例は**リスト9.4**を参照）。

リスト 9.1 JobLauncher による Job の起動

```
ApplicationContext ctx = new ClassPathXmlApplicationContext("/batch-context.xml");
JobLauncher jobLauncher = ctx.getBean(JobLauncher.class);
Job job = (Job) ctx.getBean("job1");
jobLauncher.run(job, new JobParameters());
```

もし，パラメータを渡したい場合，たとえば入力元となるCSVファイルの名前を渡したい場合は，**リスト9.2-①**のようになる（**リスト9.2**をコマンドラインで起動する例は**リスト9.5**を参照）。

リスト 9.2 JobLauncher による Job の起動（パラメータあり）

```
ApplicationContext ctx = new ClassPathXmlApplicationContext("/batch-context.xml");
JobLauncher jobLauncher = ctx.getBean(JobLauncher.class);
Job job = (Job) ctx.getBean("job1");

Map<String, JobParameter> params = new HashMap<String, JobParameter>();          ←①
params.put("inputFile", new JobParameters("classpath:/product_csv/1.csv"));

jobLauncher.run(job, new JobParameters(params));
```

あるアプリケーションからJobを非同期に動かしたい場合もあるだろう。その場合は，**リスト9.3**のようにJobLuncherのtaskExecutorパラメータ（**リスト9.3-①**）に，SimpleAsyncTaskExecutorを指定する設定（**リスト9.3-②**）をBean定義ファイルに行うだけでよい。

リスト9.3　JobLauncherによる非同期なJobの起動

```
... (省略) ...
  <bean id="jobLauncher"
        class="org.springframework.batch.core.launch.support.SimpleJobLauncher">
    <property name="jobRepository" ref="jobRepository" />
    <property name="taskExecutor"> ←①
      <bean class="org.springframework.core.task.SimpleAsyncTaskExecutor" /> ←②
    </property>
  </bean>
... (省略) ...
```

### 9.2.2.1 JobRunner

Jobを起動するには，JobLauncherを利用するだけでなく，コマンドラインからJobを起動するCommandLineJobRunnerクラスがある。

CommandLineJobRunnerには，**表9.1**に示すパラメータを指定する。

表9.1　CommandLineJobRunnerの主なオプションパラメータ

| No | パラメータ | 説明 | |
|---|---|---|---|
| 1 | Bean定義のパス | Job定義を含むBean設定ファイルのパスを指定する | |
| 2 | Jobの識別子 | Bean定義に記載されている実行対象のJob ID（9.3.3.1項「基本の基本」を参照），もしくは，Job実行ID（9.2.5項「Execution」を参照）を指定する | |
| 3 | パラメータ | 入力ファイルや出力ファイル名などのパラメータを指定する | |
| 4 | 主なオプション | -restart | 失敗したJobを，失敗したStepから再実行する<br>● Jobの識別子にJob IDを指定した場合：最新の失敗JobExecution（9.2.5項「Execution」を参照）を検索して実行する<br>● Jobの識別子にJob実行 IDを指定した場合：指定されたJobExecutionを実行する |
| | | -next | 強制的にJobを実行する。-nextではパラメータを記述することが可能である<br>● Jobの識別子にJob IDを指定した場合：最新のJobExecutionを検索して実行する<br>● Jobの識別子にJob実行 IDを指定した場合：指定されたJobExecutionを実行する |
| | | -stop | 処理中のJobを停止し，JobExecutionのステータス（**表9.3**を参照）をSTOPPEDに設定する<br>停止したJobは-restartにより再実行が可能である。<br>● Jobの識別子にJob IDを指定した場合：すべてのJobExecutionのステータスをSTOPPEDに設定して停止する<br>● Jobの識別子にJob実行 IDを指定した場合：指定されたJobExecutionのステータスをSTOPPEDに設定して停止する |

以下の**リスト9.4**，**リスト9.5**，**リスト9.6**は，コマンドラインからJobを起動する例だ（なお，Eclipseなどから動かす場合，CommandLineJobRunnerの先頭にはパッケージ名を付加したjava org.springframework.batch.core.launch.support.CommandLineJobRunnerとなる）。

リスト 9.4　Job ID = 1 の実行

```
CommandLineJobRunner classpath:/batch-context.xml job1
```

リスト 9.5　Job ID = 1 でパラメータとして入力ファイルがある場合

```
CommandLineJobRunner classpath:/batch-context.xml job1 inputFile=classpath:/product_csv/1.csv
```

リスト 9.6　Job 実行 ID が 13 で，再実行させたい場合

```
CommandLineJobRunner classpath:/batch-context.xml 13 -restart
```

### 9.2.3 Step, Job, ItemReader, ItemProcessor, ItemWriter

Spring Batchを理解する上で，まず最初に注意すべきことは，9.1.2項「ジョブの基本」で記述したジョブのことをSpring BatchではStepということだ。そしてStepを組み合わせた1つのジョブネットをJobということだ（**図9.4**）。

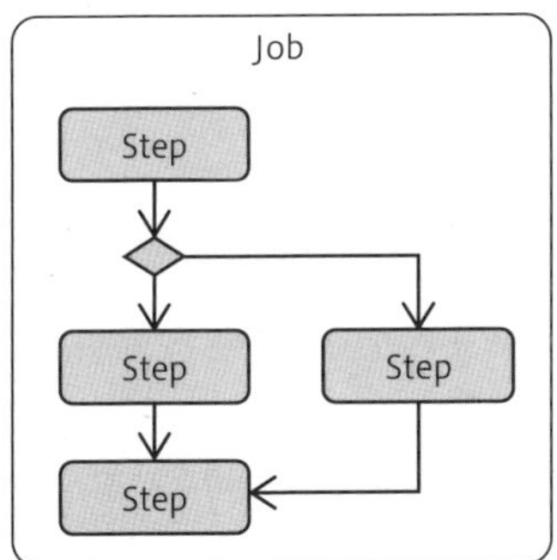


図 9.4　Step と Job の例

そして，Stepは以下の3つのオブジェクトで構成される。ItemWriterが呼び出されるのはコミット周期（commit-interval）ごととなっているため，コミット周期が「2」に設定されている場合は，ItemReaderとItemProcessorが2回動作後に，ItemWriterが呼び出される。その動作は**図9.5**のようになる。

**●ItemReader**

- RDBやファイルなどからデータを取得し，ItemProcessorにデータ（Item）を渡す

**●ItemProcessor**

- 受け取ったデータ（Item）を加工し，データ（Item'）とする

**●ItemWriter**

- Item'をすべてRDB，ファイルなどに書き込む
- ItemWriterが呼び出されるのはコミット周期（commit-interval）ごととなっているため，コミット周期の値が「2」に設定されている場合は，ItemReaderとItemProcessorが2回動作後に，ItemWriterが呼び出される

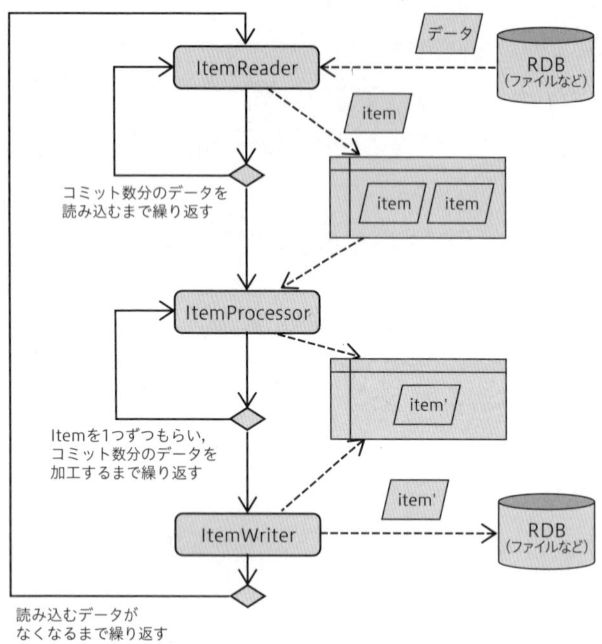


図9.5　Stepの実行

### 9.2.3.1 ItemReader, ItemProcessor, ItemWriterの簡単な解説

さて,「そもそもItemWriterやItemReaderというのは何だ?」という話だが, これはそれぞれ, ItemReaderインタフェースやItemWriterインタフェースを実現するために適切な処理が書かれたクラスのことだ。**リスト9.7**は, RDBにもファイルにもデータを書き込みせず, ただ受け取ったデータを標準出力であるコンソールに表示するための超簡単なItemWriterだ。@ComponentのBean定義で指定可能な名前を, @ScopeでスコープをStepに指定している（もしスコープをstepにしないと, コマンドラインから実行する場合はよいが, 何らかのアプリケーションから実行すると, インスタンスの消えるタイミングがなくなるので要注意だ）。

リスト9.7　簡単なItemWriter

```
@Component("itemWriter")
@Scope("step")
public class EntryItemWriter implements ItemWriter<Object> {

  public void write(List<? extends Object> data) throws Exception {
    System.out.println(data);
  }
}
```

実はSpring Batchでプログラマが記述しなければならないのは, ItemWriterやItemProcessor, ItemReaderの3つぐらいなのである（Bean定義は別としての話だ）。

続いて，JobやStepをどのように定義するか，Bean定義ファイルで見ていこう。

**リスト9.8**は1つのJob内で，1つのStepが動作するBean定義ファイルだ。jobタグのid属性に記述されているのが，Job IDであり，CommandLineJobRunnerなどから起動するときに指定するものだ。

stepタグ内にtaskletタグがあるが，TaskletとはStep内で実行される処理を意味するものだ。

ItemReaderやItemWriterなどは，chunkタグに設定されている。chunkタグのreaderやprocessor，writer属性にはBean名を記述する。**リスト9.7**のItemWriterは@ComponentでBean名をitemWriterとしているので，chunkタグでwrite="itemWriter"と記述すればItemWriterとして利用される。

ちなみに，chunkタグのchunk（チャンク）とはコミット単位にまとめたデータのことだ。また，ItemWriterが呼び出されるコミット周期（commit-interval）もchunkタグの属性として設定されているのがわかるだろう。このcommit-interval属性は省略ができないので要注意だ。

なお，chunkタグは必須ではなく，taskletタグからストアドプロシージャなどを呼び出すことも可能である。

リスト9.8　簡単なJobとStep，Itemの設定

```
...（省略）...
  <job id="job1">
    <step id="step1">
      <tasklet>
        <chunk reader="itemReader" processor="itemProcessor"
                                   writer="itemWriter" commit-interval="1" >
        </chunk>
      </tasklet>
    </step>
  </job>
...（省略）...
```

先に「Spring Batchでプログラマが記述しなければならないのは，ItemWriterやItemProcessor，ItemReaderの3つぐらい」と記述したが，実を言えば，ItemReaderやItemProcessor，ItemWriterに該当するクラスも**表9.2**に示すSpringが提供してくれるサポートクラスをそのまま利用できれば，Spring Batchでプログラミングの必要は皆無である[注2]。

表9.2　Springが提供する主なサポートクラス

| インタフェース | サポートクラス | 概要 |
|---|---|---|
| ItemReader | HibernateCursorItemReader | Hibernateを利用したRDB入力用クラス。<br>JPAやJDBC，Mongo，Neo4j用などもある |
| | FlatFileItemReader | テキストファイル入力用クラス。任意の区切り文字でCSV形式，TSV形式などのファイルを入力する。<br>ヘッダやフッタを読み飛ばすことも可能 |
| ItemProcessor | ValidatingItemProcessor | データの検証を行うクラス。<br>HibernateValidatorなどと併せて利用する |

注2　そういうこともあって，Spring BatchではJavaConfigではなく，アノテーションとBean定義ファイルだけの解説になっている。

(前ページよりの続き)

| インタフェース | サポートクラス | 概要 |
|---|---|---|
| ItemWriter | HibernateItemWriter | Hibernateを利用したRDB出力用クラス<br>JPAやJDBC，Mongo，Neo4j用などもある |
| | FlatFileItemWriter | テキストファイル出力用クラス<br>任意の区切り文字でCSV形式，TSV形式などのファイルを出力する。<br>ヘッダやフッタの記述も可能 |
| | SimpleMailMessageItemWriter | メール送信用クラス |

## 9.2.4 JobInstance

JobInstanceは，Spring Batchの基本的なオブジェクトの1つで，起動したJobを区別できるものだ。ここから先は**図9.6**を参照しながら読んでもらうと理解しやすいだろう。たとえば，同じJobの起動を規制(たとえば，一度完了したJobは再実行できない)することが可能だ。

JobInstanceは9.2.2項「JobLauncher」で示したJobLauncherのパラメータであるjobIdentifier(JobのID)とjobParameters(Jobの引数)の組み合わせで，Jobが同じか否かを区別する(同じJobInstanceの場合，org.springframework.batch.core.repository.JobInstanceAlreadyCompleteException例外が発生する)。

以下は，JobInstanceがどのように区別されるかの例だ。

- 同じJobInstanceとなるJobLauncherのパラメータ
  - job1 name=tarou date=2015/01/01
  - job1 date=2015/01/01 name=tarou
- 異なるJobInstanceとなるJobLauncherのパラメータ
  - job1 date=2015/12/25 name=tarou
  - job1 date=2015/12/25 name=hanako
  - job1 date=2015/12/24 name=tarou
  - job2 date=2015/12/25 name=tarou

## 9.2.5 Execution

ExecutionはJobやStepの実行結果などをプロパティとして保持するもので，JobExecutionとStepExecutionがある。

JobExecutionはJobが実行されるたびに生成され，Job実行IDが振られる。前節で解説したJobInstanceはJob IDを持つことで区別されるが，JobExecutionは1つのJobInstanceに対して複数存在する。つまり1つのJob IDに対して，複数のJob実行IDが存在するのだ。

### 9.2.5.1 JobExecutionとStepExecution

JobExecutionは，Jobが失敗したときにリトライなどに対応するために，Jobの結果と動作したStep分のStepExecutionをプロパティに保持し，StepExecutionは，1つのStepの結果をプロパティに保持する。

表9.3　JobExecutionのプロパティ

| プロパティ | 解説 |
|---|---|
| status | Jobの主な実行のスタータス<br>● 失敗：BatchStatus.FAILED<br>● 成功：BatchStatus.COMPLETED<br>● 停止：BatchStatus.STOPPED |
| startTime | ジョブ実行開始時間 |
| endTime | ジョブ実行終了時間(実行結果については関知しない) |
| exitStatus | 実行結果。基本的にstatus(BatchStatus)と同じものが入る<br>● 失敗：ExitStatus.FAILED<br>● 成功：ExitStatus.COMPLETED<br>● 停止：ExitStatus.STOPPED<br>ExitStatusはクラスとして自作することが可能 |
| createTime | JobExecutionが最初に生成された時間 |
| lastUpdated | JobExecutionが存在していることを表す最後に記録された時間 |
| executionContext | ExecutionContextの参照 |
| failureExceptions | jobの実行中に発生した例外のリスト |

表9.4　StepExecutionのプロパティ

| プロパティ | 解説 |
|---|---|
| status | 実行ステータス(以下は主な実行ステータス)<br>● 失敗：BatchStatus.FAILED<br>● 成功：BatchStatus.COMPLETED<br>● 停止：BatchStatus.STOPPED |
| startTime | Step実行開始時刻 |
| endTime | Step実行完了時刻(実行結果については関知しない) |
| exitStatus | 実行結果。基本的にstatus(BatchStatus)と同じものが入る。以下は主な実行結果<br>● 失敗：ExitStatus.FAILED<br>● 成功：ExitStatus.COMPLETED<br>● 停止：ExitStatus.STOPPED<br>ExitStatusはクラスとして自作することが可能。また，実行結果はリスナーなどで意図的に変更することが可能(**リスト9.17-①**) |
| executionContext | ExecutionContextの参照 |
| readCount | 入力が成功した回数 |
| writeCount | 出力が成功した回数 |
| commitCount | コミットの回数 |
| rollbackCount | ロールバックの回数 |
| readSkipCount | 入力の失敗(概ねItemReaderからのException)で，Skipした回数 |
| processSkipCount | Processorの失敗(概ねItemProcessorからのException)でSkipした回数 |
| filterCount | ItemProcessorによってフィルターされたデータ(item)の数 |
| writeSkipCount | 出力の失敗(概ねItemWriterからのException)で，Skipした回数 |

## 9.2.6 ExecutionContext

ExecutionContextはJobやStepで利用する，もしくは利用したデータの保管庫（保管庫として

RDBを利用する）で，Job用のExecutionContextとStep用のExecutionContextがある（Job用，Step用のExecutionContextも，同じクラスExecutionContextである）。

JobExecutionContextはJobExecutionのメソッドgetExecutionContext()で取得し，Step用のExecutionContextもStepExecutionのメソッドgetExecutionContext()で取得することが可能であり，ExecutionContextのメソッドput(key, データ)でデータを保管することが可能だ。

ExecutionContextに保管されているデータは，JobやStepの終了時や，Chunkのコミット時など，決められたタイミングでRDBに保存され，リスタート時など，前回の実行時のデータを利用することもできる。サンプルではHSQLDBにデータが保管されているので，JobであればBATCH_JOB_EXECUTION_CONTEXTテーブルなど，StepであればBATCH_STEP_EXECUTION_CONTEXTテーブルなどに何が格納されているのか見てみるとよいだろう（**リスト9.9**を参照してほしい）。

## 9.2.7 JobRepository

JobRepositoryは，JobLauncher，Job，Stepの実行状況および結果をRDBで永続管理するもので，具体的には，1回のJobの実行でJobExecutionを生成，永続化し，1回のStepの実行でStepExecutionを生成，永続化する。

ちなみに，JobExecutionやStepExecutionが実際の実行結果であるのに対し，JobInstanceは複数のJobを概念的にまとめたものとなる。

さて，ここまでの話をまとめたものを**図9.6**に示すので，参考にしてほしい。

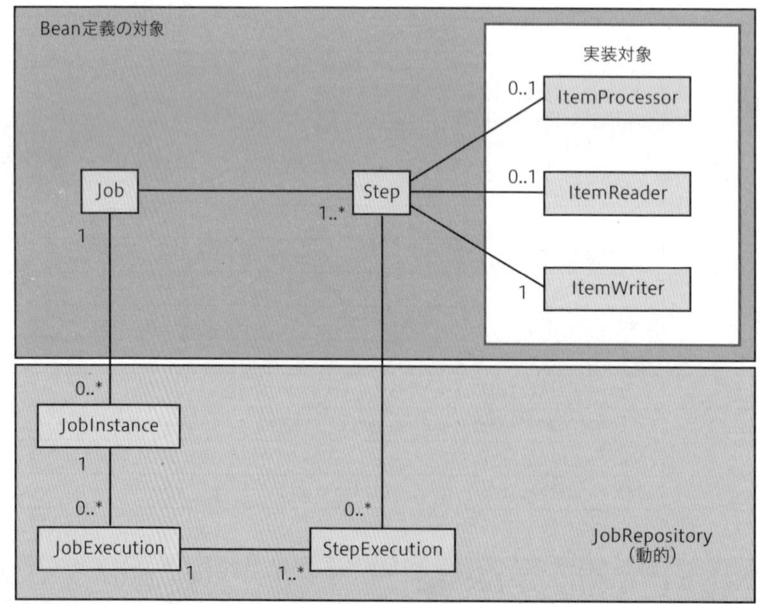


図9.6　ここまでの全体像

# 9.3 サンプルを使った解説

Spring Batchの基本を理解したところで，実際のサンプルを見ながらより理解していこう。

サンプルは以下に示すように，入門（Entry）から応用（Advanced）まで3つあるので，順次見ていこう。

## ●batch-entry（バッチの入門）

- 1Job, 1Step
- 文字列をコンソールに表示する
- 独自にプログラミングしたItemReader, ItemProcessor, ItemWriterとSkipExceptionを利用する

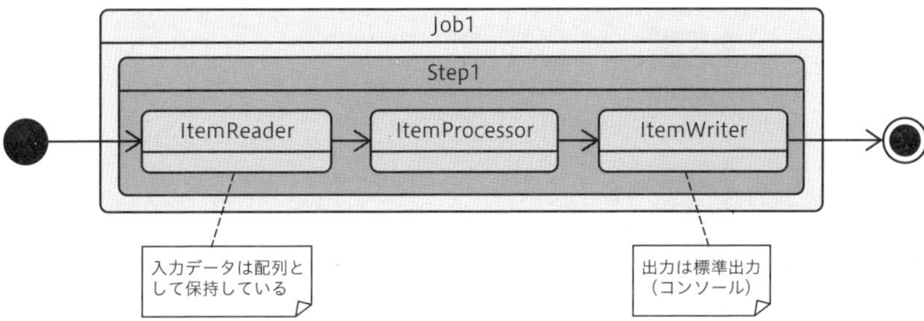


図 9.7 batch-entry

## ●batch-basic（バッチの基本）

- 1Job, 1Step
- CSVからデータを入力し，RDBへ出力する
- ItemReader, ItemProcessor, ItemWriterはサポートクラスを利用する
- リスナー（Listener）を利用する

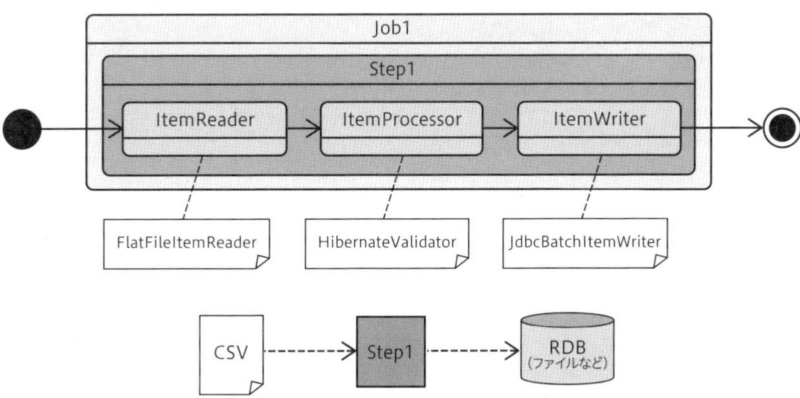


図 9.8 batch-basic

**●batch-advanced（バッチの応用）**

- 1Job, 2Step
- 1つのStepは，CSVからデータを入力し，RDBへ出力し，もう1つのStepはRDBからデータを入力し，CSVとして出力する
- ItemReader，ItemProcessor，ItemWriterはサポートクラスを利用する
- さまざまなジョブネットを試してみる

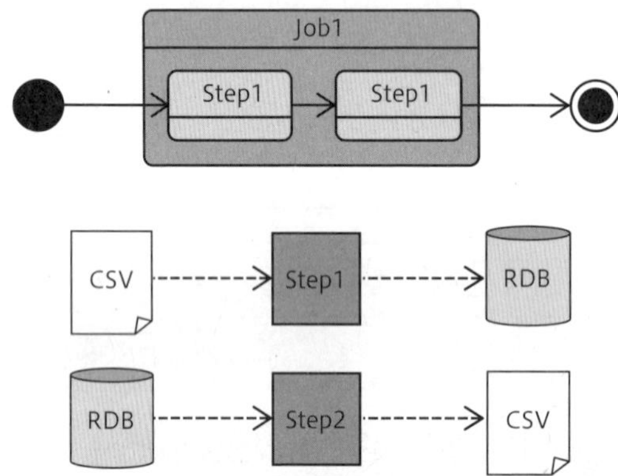


図9.9　batch-advanced

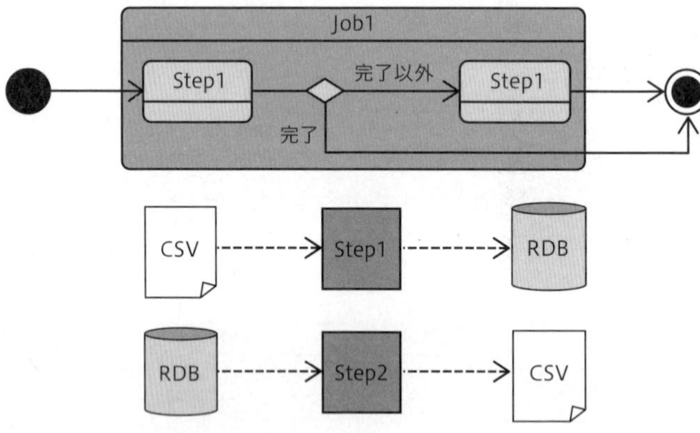


図9.10　batch-advanced（分岐）

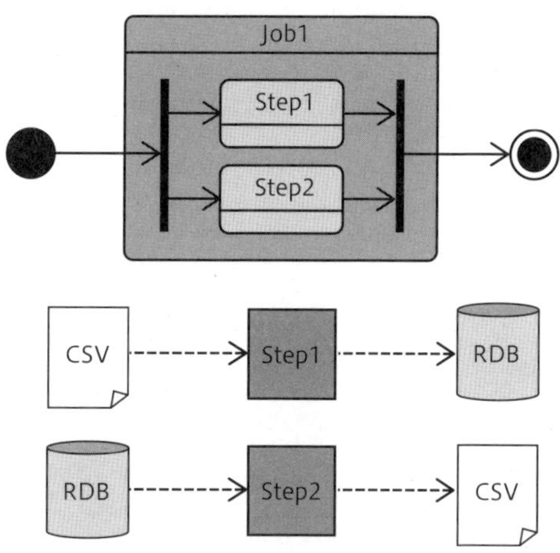


図 9.11 batch-advanced（並行）

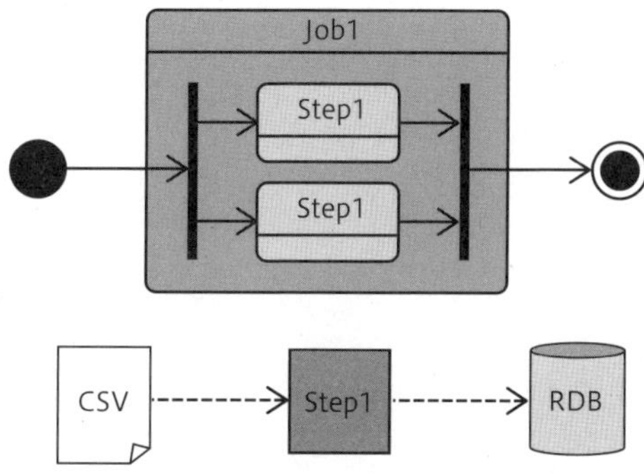


図 9.12 batch-advanced（同一 Step の並行）

## 9.3.1 サンプルを見る前に

サンプルを見る前に，すべてのサンプルに共通している部分，RDBの設定とBean定義ファイルのうちbatch-context.xmlについて解説しておこう。

### 9.3.1.1 RDBの設定

本書ではRDBにHSQLDBを利用する。

batch-basicとbatch-advancedでは，バッチ処理としてPRODUCTSテーブルとMEMBERテーブルを利用する。batch-entryではこれらのテーブルは利用しないが，JobRepositoryがJobとStepの実行結果を保存するためにRDBが必要である。

サンプルコードを動かす前には，**リスト9.9**をHSQLDB上で動作させ，JobRepository用のテーブルを作成しておかなければならない（このあとで解説するBean定義ファイルbatch-context.xml

で，**リスト9.9**は自動で動作するように設定している）。

リスト9.9　schema-init-hsqldb.sql

```
DROP TABLE  BATCH_STEP_EXECUTION_CONTEXT IF EXISTS;
DROP TABLE  BATCH_JOB_EXECUTION_CONTEXT IF EXISTS;
DROP TABLE  BATCH_STEP_EXECUTION IF EXISTS;
DROP TABLE  BATCH_JOB_EXECUTION IF EXISTS;
DROP TABLE  BATCH_JOB_PARAMS IF EXISTS;
DROP TABLE  BATCH_JOB_INSTANCE IF EXISTS;

DROP TABLE  BATCH_STEP_EXECUTION_SEQ IF EXISTS;
DROP TABLE  BATCH_JOB_EXECUTION_SEQ IF EXISTS;
DROP TABLE  BATCH_JOB_SEQ IF EXISTS;

CREATE TABLE BATCH_JOB_INSTANCE  (
    JOB_INSTANCE_ID BIGINT IDENTITY NOT NULL PRIMARY KEY ,
    VERSION BIGINT ,
    JOB_NAME VARCHAR(100) NOT NULL,
    JOB_KEY VARCHAR(32) NOT NULL,
    constraint JOB_INST_UN unique (JOB_NAME, JOB_KEY)
) ;

CREATE TABLE BATCH_JOB_EXECUTION  (
    JOB_EXECUTION_ID BIGINT IDENTITY NOT NULL PRIMARY KEY ,
    VERSION BIGINT  ,
    JOB_INSTANCE_ID BIGINT NOT NULL,
    CREATE_TIME TIMESTAMP NOT NULL,
    START_TIME TIMESTAMP DEFAULT NULL ,
    END_TIME TIMESTAMP DEFAULT NULL ,
    STATUS VARCHAR(10) ,
    EXIT_CODE VARCHAR(100) ,
    EXIT_MESSAGE VARCHAR(2500) ,
    LAST_UPDATED TIMESTAMP,
    constraint JOB_INST_EXEC_FK foreign key (JOB_INSTANCE_ID)
    references BATCH_JOB_INSTANCE(JOB_INSTANCE_ID)
) ;

CREATE TABLE BATCH_JOB_PARAMS  (
    JOB_INSTANCE_ID BIGINT NOT NULL ,
    TYPE_CD VARCHAR(6) NOT NULL ,
    KEY_NAME VARCHAR(100) NOT NULL ,
    STRING_VAL VARCHAR(250) ,
    DATE_VAL TIMESTAMP DEFAULT NULL ,
    LONG_VAL BIGINT ,
    DOUBLE_VAL DOUBLE PRECISION ,
    constraint JOB_INST_PARAMS_FK foreign key (JOB_INSTANCE_ID)
    references BATCH_JOB_INSTANCE(JOB_INSTANCE_ID)
) ;

CREATE TABLE BATCH_STEP_EXECUTION  (
    STEP_EXECUTION_ID BIGINT IDENTITY NOT NULL PRIMARY KEY ,
    VERSION BIGINT NOT NULL,
    STEP_NAME VARCHAR(100) NOT NULL,
    JOB_EXECUTION_ID BIGINT NOT NULL,
```

```
    START_TIME TIMESTAMP NOT NULL ,
    END_TIME TIMESTAMP DEFAULT NULL ,
    STATUS VARCHAR(10) ,
    COMMIT_COUNT BIGINT ,
    READ_COUNT BIGINT ,
    FILTER_COUNT BIGINT ,
    WRITE_COUNT BIGINT ,
    READ_SKIP_COUNT BIGINT ,
    WRITE_SKIP_COUNT BIGINT ,
    PROCESS_SKIP_COUNT BIGINT ,
    ROLLBACK_COUNT BIGINT ,
    EXIT_CODE VARCHAR(100) ,
    EXIT_MESSAGE VARCHAR(2500) ,
    LAST_UPDATED TIMESTAMP,
    constraint JOB_EXEC_STEP_FK foreign key (JOB_EXECUTION_ID)
    references BATCH_JOB_EXECUTION(JOB_EXECUTION_ID)
) ;

CREATE TABLE BATCH_STEP_EXECUTION_CONTEXT  (
    STEP_EXECUTION_ID BIGINT NOT NULL PRIMARY KEY,
    SHORT_CONTEXT VARCHAR(2500) NOT NULL,
    SERIALIZED_CONTEXT LONGVARCHAR ,
    constraint STEP_EXEC_CTX_FK foreign key (STEP_EXECUTION_ID)
    references BATCH_STEP_EXECUTION(STEP_EXECUTION_ID)
) ;

CREATE TABLE BATCH_JOB_EXECUTION_CONTEXT  (
    JOB_EXECUTION_ID BIGINT NOT NULL PRIMARY KEY,
    SHORT_CONTEXT VARCHAR(2500) NOT NULL,
    SERIALIZED_CONTEXT LONGVARCHAR ,
    constraint JOB_EXEC_CTX_FK foreign key (JOB_EXECUTION_ID)
    references BATCH_JOB_EXECUTION(JOB_EXECUTION_ID)
) ;

CREATE TABLE BATCH_STEP_EXECUTION_SEQ (
    ID BIGINT IDENTITY
);
CREATE TABLE BATCH_JOB_EXECUTION_SEQ (
    ID BIGINT IDENTITY
);
CREATE TABLE BATCH_JOB_SEQ (
    ID BIGINT IDENTITY
);
```

#### 9.3.1.2 Bean定義ファイル(batch-context.xml)

本書では，Bean定義ファイルを役割ごとに3つに分けている(図9.13)。実際の開発では，3つに分ける必要もないし，3つ以上に分けてもよい。ケースバイケースだ。

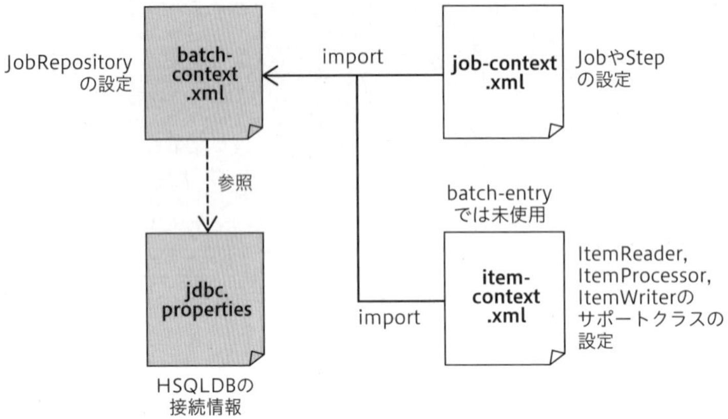


図9.13　Bean定義ファイルの構成

**リスト9.10**に示すbatch-context.xmlは3つのサンプル（batch-entry，batch-basicとbatch-advanced）のバッチに共通するBean定義ファイルであり，3つに分割されているBean定義ファイルのもととなるものだ。

そのため，最初に他のBean定義ファイルをインポートしている（**リスト9.10-①**，ただしプロジェクトbatch-entryでは，item-context.xmlは利用しないのでコメントアウトされている）。

次にjobLauncherと，そのパラメータとなるJobRepositoryの定義を行っている（**リスト9.10-②**，**リスト9.10-③**）。

そのJobRepositoryは永続化のためにRDBを利用するので，RDBへの接続情報を持ったプロパティファイル（**リスト9.11**）を読み込み，DataSourceを作成している（**リスト9.10-④**）。また，RDBへの書き込みのためにトランザクションマネージャも作成している（**リスト9.10-⑤**）。

最後（**リスト9.10-⑥**）はバッチをサンプルとして動作させるために，RDBをクリアするためのスクリプト（**リスト9.9**がそのスクリプトだ）の起動である。このスクリプトでRDBをクリアしないと同じJobを続けて起動させることができないのだ。

リスト9.10　batch-context.xml

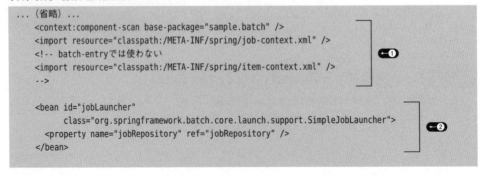

```
...（省略）...
    <context:component-scan base-package="sample.batch" />
    <import resource="classpath:/META-INF/spring/job-context.xml" />
    <!-- batch-entryでは使わない                                        ←①
    <import resource="classpath:/META-INF/spring/item-context.xml" />
    -->

    <bean id="jobLauncher"
          class="org.springframework.batch.core.launch.support.SimpleJobLauncher">   ←②
      <property name="jobRepository" ref="jobRepository" />
    </bean>
```

```
    <batch:job-repository id="jobRepository"
        data-source="jobDataSource" transaction-manager="transactionManager" />    ←③

    <context:property-placeholder location="classpath:/META-INF/jdbc.properties" />

    <bean id="jobDataSource" class="org.apache.commons.dbcp.BasicDataSource">
      <property name="driverClassName" value="${batch.jdbc.driver}" />
      <property name="url" value="${batch.jdbc.url}" />                              ←④
      <property name="username" value="${batch.jdbc.user}" />
      <property name="password" value="${batch.jdbc.password}" />
    </bean>

    <bean id="transactionManager"
          class="org.springframework.jdbc.datasource.DataSourceTransactionManager">  ←⑤
      <property name="dataSource" ref="jobDataSource" />
    </bean>

    <jdbc:initialize-database data-source="jobDataSource">
      <jdbc:script location="${batch.schema.init.script}" />                         ←⑥
    </jdbc:initialize-database>
```

リスト 9.11　jdbc.properties

```
# HSQLDB
batch.jdbc.driver=org.hsqldb.jdbcDriver
batch.jdbc.url=jdbc:hsqldb:hsql://localhost/
batch.jdbc.user=sa
batch.jdbc.password=
batch.schema=
batch.schema.init.script=classpath:/META-INF/schema-init-hsqldb.sql
#batch.schema.init.script=classpath:/org/springframework/batch/core/schema-hsqldb.sql
#batch.schema.drop.script=classpath:/org/springframework/batch/core/schema-drop-hsqldb.sql
```

## 9.3.2 batch-entry（バッチの入門）

最初のサンプルでは，バッチの全体的なイメージ（**図9.7**）をつかんでほしいので，ファイルの読み込みやRDBへの書き込みはない。

まずは，プログラムを見ていこう。

ItemReader（**リスト9.12**）は保持している配列に格納されている文字列を入力データ（**リスト9.12-①**）とする。格納されている文字列に「hoge」が入っていた場合は，エラーデータとして例外としてスキップするようになっている（**リスト9.12-②**）。

ItemProcessor（**リスト9.13**）は文字列の最後に「!!」を付加しているだけである。

ItemWriter（**リスト9.7**）は受け取ったデータを，標準出力であるコンソールに出力する（**図9.14**）。

リスト 9.12　batch-entry の ItemReader

```
@Component("itemReader")
@Scope("step")
```

```
public class EntryItemReader implements ItemReader<String> {

  private String[] input = {"Hello World", "hoge",  "こんにちは。世界", null}; ←①
  private int index = 0;

  public String read() throws Exception {

    String message = input[index++];

    if(message == null) {
      return null;
    }
    if (message.equals("hoge")) { ←②
      throw new BatchSkipException("不正なデータです [" + message + "]");
    }
    return message;
  }
}
```

リスト9.13　batch-entry の ItemProcessor

```
@Component("itemProcessor")
@Scope("step")
public class EntryItemProcessor implements ItemProcessor<String, String> {

  public String process(String message) throws Exception {
    return message + "!!";
  }
}
```

```
[Hello World!!]
[こんにちは。世界!!]
```

図9.14　コンソール出力

次にJobの設定をしているjob-context.xml（**リスト9.14**）を見てみよう。概ね**リスト9.8**と変わっていないので，差分のみを解説する。

まずはskip-limit属性だ（**リスト9.14-①**）。これは，1回のチャンク（コミット単位のデータ読み込み）で不正なデータがあったときなどにスキップ可能な回数だ。1回のチャンクで指定したスキップ回数を超えた不正データがあったときにはJobは終了してしまう。サンプルではItemReaderの入力データに文字列「hoge」を見つけると不正データとみなすので，「hoge」の数を増やしたり，skip-limit属性の値を変更するなどして，確認してみるとよいだろう。

続けてskippable-exception-classesタグ（**リスト9.14-②**）だが，これはスキップするExceptionを指定している。ここではBatchSkipExceptionが発生した場合にスキップすることを設定している。ここであらためて**リスト9.12-②**を見てみよう。文字列「hoge」があったときに，BatchSkipExceptionをスローしていることがわかるだろう。

リスト9.14 batch-entryのjob-context.xml

```
...（省略）...
<batch:job id="job1">
  <batch:step id="step1">
    <batch:tasklet>
      <batch:chunk reader="itemReader" processor="itemProcessor" ←①
                   writer="itemWriter" commit-interval="1" skip-limit="2">
        <batch:skippable-exception-classes>                  ←②
          <batch:include class="sample.batch.exception.BatchSkipException" />
        </batch:skippable-exception-classes>
      </batch:chunk>
    </batch:tasklet>
  </batch:step>
</batch:job>
...（省略）...
```

## 9.3.3 batch-basic（バッチの基本）

バッチの入門でSpring Batchの基本動作が理解できたので，次はもう少し業務っぽいサンプルとして，CSVファイルを入力して，RDBに出力するサンプルを見ていこう（図9.8）。

### 9.3.3.1 基本の基本

まず，最初にこの節ではItemReader，ItemProcessor，ItemWriterはすべてサポートクラスを利用する。つまりバッチの入門のように自作のプログラムは使わないということだ。

#### item-context.xml

そこで，ItemReader，ItemProcessor，ItemWriterにサポートクラスを利用するという設定が必要になる。それがこのitem-context.xml（**リスト9.15**）だ。

少しリストが大きいので，A，B，Cの3つのブロックに分けて解説しよう。

9

#### ■ Aブロック —— ItemReader

まず最初にAブロックだ。ここはItemReaderの設定をしている（**図9.15**）。

Product（製品）データが格納されているCSVファイルを読み込むためにFlatFileItemReaderを設定している（**リスト9.15-①**）。次のresourceプロパティでJobに渡された入力ファイル名（**図9.15**の起動コマンドのinputFile）を設定している（**リスト9.15-②**）。次のlineToSkipプロパティはCSVファイルの1行目をスキップするという設定で，CSVファイルの1行目が見出しの場合に利用する設定だ（**リスト9.15-③**）。

lineMapperプロパティ以下では，CSVファイルには1行ずつ，カンマ区切りで，name（製品名）とprice（価格）のデータが格納されているので，データはカンマ区切り（**リスト9.15-④**）とデータはnameとprice（**リスト9.15-⑤**）ということを設定している。

続けて，読み込んだデータをProductクラスにマッピングする設定をしている（**リスト9.15-⑥**）

## ■ Bブロック ItemProcessor

次のBブロックは，ItemProcessorの設定をしている（**リスト9.15-⑦**）。ItemProcessorの役割は，入力データのバリデーションだ（**図9.16**）。

どのようなバリデーションを行うかは，入力データを格納するProductクラスのアノテーションで設定している（**図9.16**のProductクラス）。

実際にバリデーションを行うValidatorは，Validatorを生成するファクトリーLocalValidatorFactoryBeanが生成する（**リスト9.15-⑧**）。LocalValidatorFactoryBeanはクラスパスにHibernateValidatorがあればそれを自動的に使用するようになっている。サンプルではクラスパスにHibernateValidatorがあるのでHibernateValidatorを利用している。なお，バリデーションのエラーが出た場合は，META-INF配下にあるValidationMessages.properties（このファイル名は原則固定です）のキーに合致したメッセージが標準出力に出る仕組みになっている。

## ■ Cブロック ItemWriter

最後のCブロックはItemWriterの設定だ（**リスト9.15-⑨**）。

入力して，バリデーションも通った，データをRDBに出力している（**図9.17**）。

ここでは，RDBへの書き込みにJdbcBatchItemWriterを利用している（**リスト9.15-⑩**）。これは**表9.2**にあるようなHibernateItemWriterなどを利用するとマッピング用のファイル類が多くなってしまうためだ。

JdbcBatchItemWriterを利用しているので，データのRDBへの出力は至って簡単だ。insert文を記述し，入力するデータには:（コロン）を付加して，Productクラスのプロパティ名を書くだけだ（**リスト9.15-⑪**）。

リスト9.15　batch-basicのitem-context.xml

```
...（省略）...
<bean id="productItemReader"                                             ←①
      class="org.springframework.batch.item.file.FlatFileItemReader" scope="step">
  <property name="resource" value="#{jobParameters[inputFile]}" />  ←②
  <property name="linesToSkip" value="1" />                          ←③
  <property name="lineMapper">
    <bean class="org.springframework.batch.item.file.mapping.DefaultLineMapper">
      <property name="lineTokenizer">
        <bean class="org.springframework.batch.item.file.transform.DelimitedLineTokenizer">
          <property name="delimiter" value="," />          ←④
          <property name="names" value="name,price" />  ←⑤
        </bean>
      </property>                                                                      ←Ⓐ
      <property name="fieldSetMapper">
        <bean class="org.springframework.batch.item.file.mapping.BeanWrapperFieldSetMapper">
          <property name="targetType"
                    value="sample.business.domain.Product" />  ←⑥
        </bean>
      </property>
    </bean>
  </property>
</bean>
```

```
<bean id="productItemProcessor"                           ←⑦
      class="org.springframework.batch.item.validator.ValidatingItemProcessor">
  <property name="validator">
    <bean class="org.springframework.batch.item.validator.SpringValidator">      ←Ⓑ
      <property name="validator" ref="validator" />
    </bean>
  </property>
</bean>

<bean name="validator" ←⑧
      class="org.springframework.validation.beanvalidation.LocalValidatorFactoryBean" />

<bean id="productItemWriter"                              ←⑨
      class="org.springframework.batch.item.database.JdbcBatchItemWriter"> ←⑩
  <property name="dataSource" ref="batchDataSource" />
  <property name="sql" value="insert into product (name, price) values(:name, :price)" /> ←⑪
  <property name="itemSqlParameterSourceProvider">                                          ←Ⓒ
    <bean class="org.springframework.batch.item.database.BeanPropertyItemSqlParameterSourceProvider" />
  </property>
</bean>
...（省略）...
```

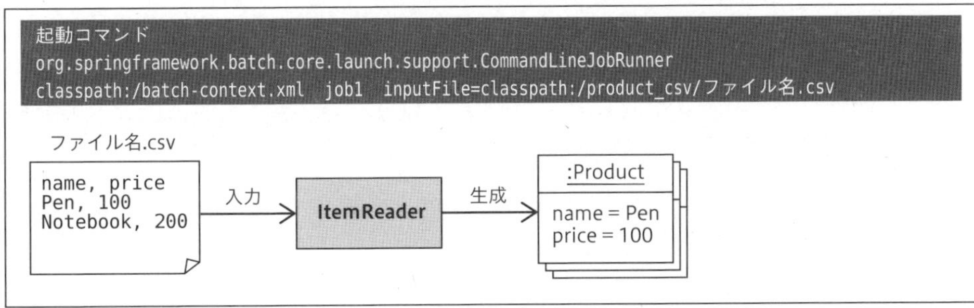


図 9.15　ItemReader の仕様

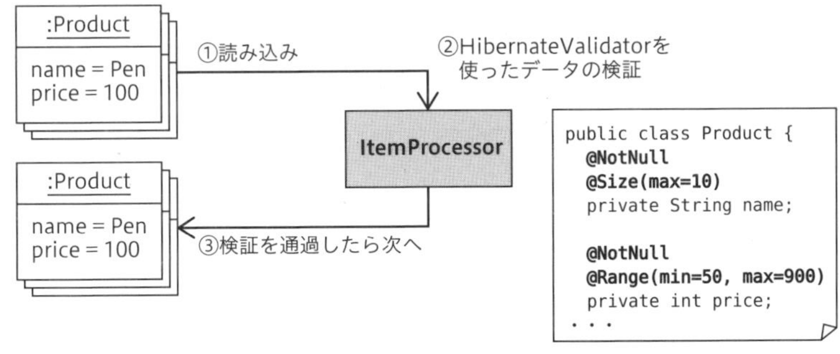


図 9.16　ItemProcessor の仕様

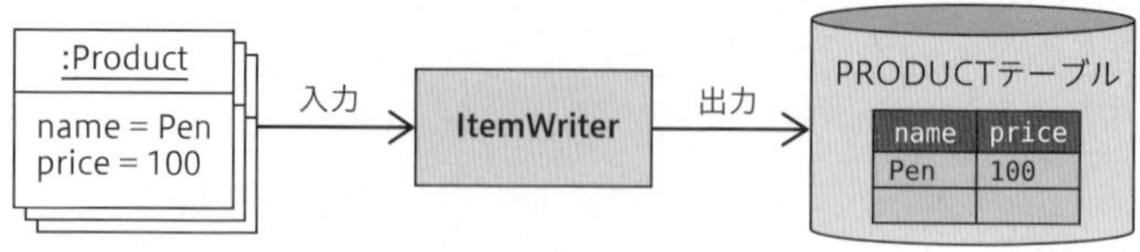


図9.17　ItemWriterの仕様

### job-context.xml

job-context.xml（**リスト9.16**）は前節のbatch-entryのjob-context.xml（**リスト9.14**）とほとんど変わらない。

変わったところはSkipのExceptionで，前節では独自クラスBatchSkipExceptionを利用していたが，今回はItemProcessorのバリデーションでエラーが出たときの，ValidationExceptionを利用している（**リスト9.16-①**）。

リスト9.16　batch-basicのjob-context.xml

```
...（省略）...
  <job id="job1">
    <step id="step1">
      <tasklet>
        <chunk reader="productItemReader" processor="productItemProcessor" writer="productItemWriter"
               commit-interval="1" skip-limit="2">
          <skippable-exception-classes>
            <include class="org.springframework.batch.item.validator.ValidationException" /> ←①
          </skippable-exception-classes>
        </ chunk>
      </ tasklet>
    </step>
  </job>
...（省略）...
```

以上で，バッチの入門の最初の解説は終わりだ。あとは，実際にサンプルを動作させてみるとよいだろう。

## 9.3.3.2 リスナー（Listener）を追加する

前項でSpring Batchの基本を理解したところで，本項では基本の追加としてリスナーについて見ていこう。

Spring Batchでは，Stepやchunk，itemReader・ItemProcessor・ItemWriter，そしてSkipごとにリスナーのインタフェースが準備されており（**表9.5**），そのインタフェースを実現したリスナーを利用することで，たとえばデータのスキップ時などにログを出力したり，Stepの前処理や後処理，たとえばStepを分岐させたい（分岐については9.3.4.2項「job-context.xml ―― 順次・分岐・並行」を参照）場合に終了状態を変更する（**リスト9.17-①**）などの実装をすることが可能になる。特にStepリスナーはメソッドの引数として，StepExecutionを受け取るが，StepExecutionからはJobExecution，ExecutionContextが取得できるので，これらを利用することでさまざまなことができるだろう。

表 9.5 Listener インタフェース

| 対象 | インタフェース | アノテーション |
|---|---|---|
| Step | `public interface StepExecutionListener extends StepListener {`<br>`void beforeStep(StepExecution stepExecution);`<br>`ExitStatus afterStep(StepExecution stepExecution);`<br>`}` | @BeforeStep<br>@AfterStep |
| Chunk | `public interface ChunkListener extends StepListener {`<br>`void beforeChunk();`<br>`void afterChunk();`<br>`}` | @BeforeChunk<br>@AfterChunk |
| ItemReader | `public interface ItemReadListener<T> extends StepListener {`<br>`void beforeRead();`<br>`void afterRead(T item);`<br>`void onReadError(Exception ex);`<br>`}` | @BeforeRead<br>@AfterRead<br>@OnReadError |
| ItemProcessor | `public interface ItemProcessListener<T, S> extends StepListener {`<br>`void beforeProcess(T item);`<br>`void afterProcess(T item, S result);`<br>`void onProcessError(T item, Exception e);`<br>`}` | @BeforeProcess<br>@AfterProcess<br>@OnProcessError |
| ItemWriter | `public interface ItemWriteListener<S> extends StepListener {`<br>`void beforeWrite(List<? extends S> items);`<br>`void afterWrite(List<? extends S> items);`<br>`void onWriteError(Exception exception, List<? extends S> items);`<br>`}` | @BeforeWrite<br>@AfterWrite<br>@OnWriteError |
| Skip発生時<br>(SkipListenerの対象メソッドはコミットの直前にまとめて呼ばれる) | `public interface SkipListener<T, S> extends StepListener {`<br>`void onSkipInRead(Throwable t);`<br>`void onSkipInProcess(T item, Throwable t);`<br>`void onSkipInWrite(S item, Throwable t);`<br>`}` | @OnSkipInRead<br>@OnSkipInWrite<br>@OnSkipInProcess |

まずは，Stepリスナー（**リスト9.17**）とChunkリスナー（**リスト9.18**）を見てほしい。特別な処理はしていないので，特に解説はいらないだろう。

リスト 9.17 Step リスナー（SampleStepExecutionListener）

```
@Component
public class SampleStepExecutionListener {

  @BeforeStep
  public void beforeStep(StepExecution stepExecution) {
    System.out.println("*** Before Step :Start Time " + stepExecution.getStartTime());
  }

  @AfterStep
  public ExitStatus afterStep(StepExecution stepExecution) {
    System.out.println("*** After Step :Commit Count " + stepExecution.getCommitCount());
    return ExitStatus.COMPLETED; ←①
  }
}
```

リスト 9.18 Chunk リスナー (SampleChunkListener)

```
@Component
public class SampleChunkListener {

  @BeforeChunk
  public void beforeChunk() {
    System.out.println("*** before Chunk");
  }

  @AfterChunk
  public void afterChunk() {
    System.out.println("*** after Chunk");
  }
}
```

続いて，job-context.xml（**リスト9.19**）だ。listenersタグが追加され，リスナーが追加されたことがわかるだろう。

実際にリスナーを追加してサンプルbatch-basicを実行すると，コンソール上には次のようなメッセージが出るはずだ（**図9.18**）。確かめてほしい。

リスト 9.19 job-context.xml（リスナー追加）

```
...（省略）...
  <job id="job1">
    <step id="step1">
      <tasklet>
        <chunk reader="productItemReader" processor="productItemProcessor" writer="productItemWriter"
              commit-interval="1" skip-limit="10">
          <skippable-exception-classes>
            <include class="org.springframework.batch.item.validator.ValidationException" />
          </skippable-exception-classes>
        </chunk>
      </tasklet>
      <listeners>
        <listener ref="sampleChunkListener" />
        <listener ref="sampleStepExecutionListener" />
      </listeners>
    </step>
  </job>
...（省略）...
```

```
*** Before Step :Start Time Tue Jun 02 13:44:21 JST 2015
*** before Chunk
*** after Chunk
*** before Chunk
*** after Chunk
*** After Step :Commit Count 2
```

図 9.18 リスナー追加後の実行結果（コンソール）

## 9.3.4 batch-advanced（バッチの応用）

Spring Batchの最後の解説は，応用編だ。2つのStepが登場する。Step1は前節のProduct（製品）のCSVファイルからデータを入力して，PRODUCTテーブルに出力するものだ。この節では新たに，MEMBERテーブルからデータを入力して，CSVファイルに出力するStep2を追加した。

また，この節ではStepの組み合わせ方法（順次，分岐，並行）に注目してもらうため，ItemProcessorは利用していない。

### 9.3.4.1 item-context.xml

本節で利用するitem-context.xmlを簡単に見ていこう（**リスト9.20**）。Step1で利用するItem関連の設定は，前節のitem-context.xml（**リスト9.15**）からItemProcessorを抜いたものとなるので，省略している。

Step2となるItem関連の設定だが，まずStep2はMember（会員）のデータをRDBから入力するItemReader（**図9.19**）とCSVにデータを出力するItemWriter（**図9.20**）から構成されていることを理解してほしい。

では，Step2のitem-context.xmlだが，ItemReaderは独自実装ではなく，サポートクラスであるJdbcCursorItemReaderを利用している（**リスト9.20-①**）。こちらもStep1と同じ理由でHibernateCursorItemReaderなどの高機能なものは利用していない。ItemReaderのやっていることは簡単で，SELECT文を発行して，入力したデータをMemberクラスのプロパティに格納しているだけだ（**リスト9.20-②**，**リスト9.20-③**）。

ItemWriterも独自実装ではなく，サポートクラスであるFlatFileItemWriterを利用している（**リスト9.20-④**）。resourceプロパティで出力ファイル名（**リスト9.20-⑤**）を，shouldDeleteIfExistsプロパティをtrueにすることでファイルの上書きを可能にしている（**リスト9.20-⑥**）。もし，出力ファイル名を実行ごとに変更したい場合は，Step1の入力ファイル名をパラメータで受け取るのを真似るとよい。

lineAggregatorプロパティ（**リスト9.20-⑦**）以下で，CSVへの1行ごとの出力を設定している。出力するのはMemberクラスのプロパティ memberIdとnameだ（**リスト9.20-⑧**）。

リスト9.20 batch-advancedのitem-context.xml

```
... (省略) ...
  <bean id="memberItemReader" class="org.springframework.batch.item.database.JdbcCursorItemReader"> ←①
    <property name="dataSource" ref="batchDataSource" />
    <property name="rowMapper">
      <bean class="org.springframework.jdbc.core.simple.ParameterizedBeanPropertyRowMapper">
        <property name="mappedClass" value="sample.business.domain.Member" /> ←②
      </bean>
    </property>
    <property name="sql" value="select * from member" /> ←③
  </bean>

  <bean id="memberItemWriter" class="org.springframework.batch.item.file.FlatFileItemWriter"> ←④
```

```
    <property name="resource" value="file:c:/member.csv" /> ←⑤
    <property name="shouldDeleteIfExists" value="true"/>     ←⑥
    <property name="lineAggregator">                         ←⑦
      <bean class="org.springframework.batch.item.file.transform.DelimitedLineAggregator">
        <property name="fieldExtractor">
          <bean class="org.springframework.batch.item.file.transform.BeanWrapperFieldExtractor">
            <property name="names" value="memberId,name" /> ←⑧
          </bean>
        </property>
      </bean>
    </property>
  </bean>
...（省略）...
```

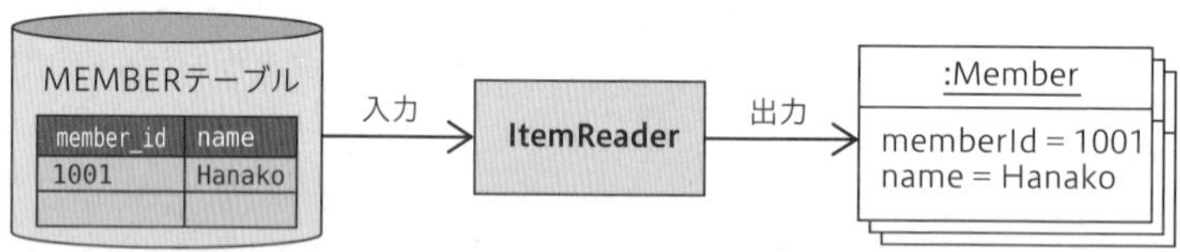


図9.19　ItemReaderの仕様

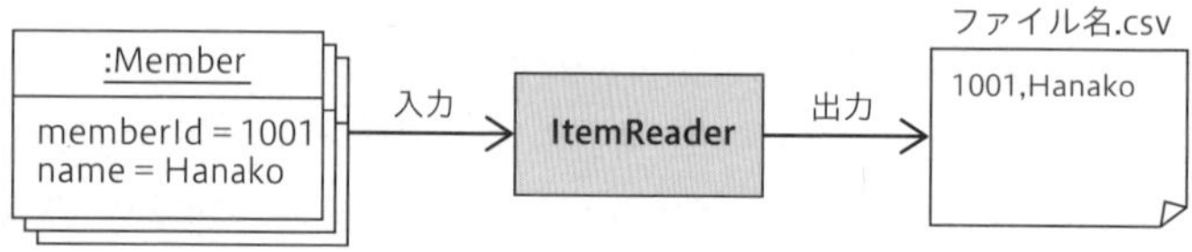


図9.20　ItemWriterの仕様

### 9.3.4.2 job-context.xml —— 順次・分岐・並行

Step1とStep2がわかったところで（あまり処理自体は関係ないのだが），どのようにStepを順次に動かすのか，分岐させるのか，並行して動かすのかを見ていこう。

Stepを組み合わせるのは，サンプルではjob-context.xmlに記述されたjobタグ以下となる。

#### 順次

まずは基本となる順次だ（**図9.9**）。

job-context.xml（**リスト9.21**）で，Step1が終了した場合，その実行結果にかかわらず，Step2へ進むのがわかるだろう（**リスト9.21-①②**）。

リスト9.21　順次のjob-context.xml

```
...（省略）...
  <job id="job1">
    <step id="step1" next="step2"> ←①
      <tasklet>
        <chunk reader="productItemReader" writer="productItemWriter" commit-interval="1"/>
      </tasklet>
    </step>
```

```
    <step id="step2"> ←②
      <tasklet>
        <chunk reader="memberItemReader" writer="memberItemWriter" commit-interval="1"/>
      </tasklet>
    </step>
  </job>
...（省略）...
```

## 分岐

順次の次は分岐だ（**図9.10**）。

job-context.xml（**リスト9.22**）で，Step1が終了した場合，その実行結果（正確にはStepExecutionのexitStatus，**表9.4**を参照）がCOMPLETEDの場合は終了（**リスト9.22-①**），それ以外「*」のときにはStep2へ進むのがわかるだろう（**リスト9.22-②③**）。

リスト9.22　分岐のjob-context.xml

```
...（省略）...
  <job id="job1">
    <step id="step1">
      <tasklet>
        <chunk reader="productItemReader" writer="productItemWriter" commit-interval="1" />
      </tasklet>
      <end on="COMPLETED" />        ←①
      <next on="*" to="step2" /> ←②
    </step>
    <step id="step2">               ←③
      <tasklet>
        <chunk reader="memberItemReader" writer="memberItemWriter" commit-interval="1" />
      </tasklet>
    </step>
  </job>
...（省略）...
```

もう少し細かく見ていくと，**リスト9.22**で利用したendやnext以外にも分岐のタグには**表9.6**のようなタグと，**表9.7**のような属性がある。

表9.6　主な分岐のタグ

| タグ | 解説 |
|---|---|
| next | on属性の値に合致した場合，to属性で指定のStepに遷移する |
| end | on属性の値に合致した場合，実行ステータス（StepExecutionのstatus，**表9.4**を参照）をCOMPLETEDにして，バッチを終了する |
| fail | on属性の値に合致した場合，実行ステータス（StepExecutionのstatus，**表9.4**を参照）をFAILEDにし，バッチを終了する |
| stop | on属性の値に合致した場合，実行ステータス（StepExecutionのstatus，**表9.4**を参照）をSTOPPEDにし，バッチを終了する。restart属性が必要となる |

表9.7　主な分岐のタグの属性

| 属性 | 解説 |
|---|---|
| on | 分岐条件となるStepの実行結果(StepExecutionのexitStatus, **表9.4**を参照) を設定する。<br>ちなみに条件が合致したか否かは，タグの順番とは関係ない。たとえば，**リスト9.22-①**と**リスト9.22-②**の順番を入れ替えても，意味は変わらないということだ。<br>なお，Stepの実行結果には**リスト9.22-②**のように*や，？などのワイルドカードを利用することも可能である |
| to | nextタグで，onで指定した値とマッチする場合に指定したStepに遷移する |
| exit-code | end, fail, stopタグで，Jobの実行結果(JobExecutionのexitStatus, **表9.3**を参照) を設定する |

## 並行

分岐が終わったところで，次は並行だ。

まず最初に，並行は並列とは異なることは理解しておこう。(並行と並列はさまざまな定義があるのでこれが唯一無二の解答ではないが) 並行とは「複数の動作が，入れ替わり立ち替わり同時のように実行される」ことで，並列は「複数の動作が，ちゃんと同時に実行される」ことだ。簡単にいうと「ある人が1台のPCでメールを書きながら，Facebookを読む」のは並行で,「あっちの人がPCでメールを書き，こっちの人は別のPCでFacebookを読む」のが並列だ。バッチでいえば，人とPCをCPU，メールを書くことをJob，Facebookを読むこともJobと解釈してほしい。

さて，なぜバッチで並行処理が必要かというと，もちろん，大量のデータを処理するバッチを制限された時間内に，つまりは早く終わらせたいと思うからだ。しかし，並行の解説でわかると思うが，場合によっては順次に処理したほうが早く終わることもあるので要注意だ。

Spring BatchはJMSなどを利用したRemote chunkingやRemote partitioningによる並列処理も提供するが，本書では対象外とさせていただく。

さて，本書で扱う並行は，Split (複数Stepを並行に実行) と，Partition (同一Stepを複数並行に実行) の2種類だ。

### ■ Split

Splitは複数のStepを並行に実行する (**図9.11**)。サンプルではstep1とstep2という異なるStepを並行に実行する。これは同時に実行しても互いに影響を与えないStepの場合に有効だ。

設定方法を見てみよう (**リスト9.23**)。基本的にはSplitはsplitタグ (**リスト9.23-①**) の中に，並行させたい分だけflowタグ (**リスト9.23-②**) を設定し，その中に実行させたいstepタグを設定すればよいだけである。

ちなみに，splitタグのtask-executor属性に設定されているtaskExecutor (**リスト9.23-①**) には，非同期処理を実行するSimpleAsyncTaskExecutorが設定されている (**リスト9.23-④**)。

リスト9.23 並行（Split）の job-context.xml

```
...（省略）...
  <job id="job1">
    <split id="split1" task-executor="taskExecutor"> ←❶
      <flow> ←❷
        <step id="step1">
          <tasklet>
            <chunk reader="productItemReader" writer="productItemWriter" commit-interval="1" />
          </tasklet>
        </step>
      </flow>
      <flow> ←❸
        <step id="step2">
          <tasklet>
            <chunk reader="memberItemReader" writer="memberItemWriter" commit-interval="1" />
          </tasklet>
        </step>
      </flow>
    </split>
  </job>

<bean id="taskExecutor" class="org.springframework.core.task.SimpleAsyncTaskExecutor" /> ←❹
...（省略）...
```

なお，サンプルでは**図9.11**のような並行を実現しているが，splitタグを<split id="split1" task-executor="taskExecutor" next="step3">のように設定することで，**図9.21**のようなバッチを実現することもできる。

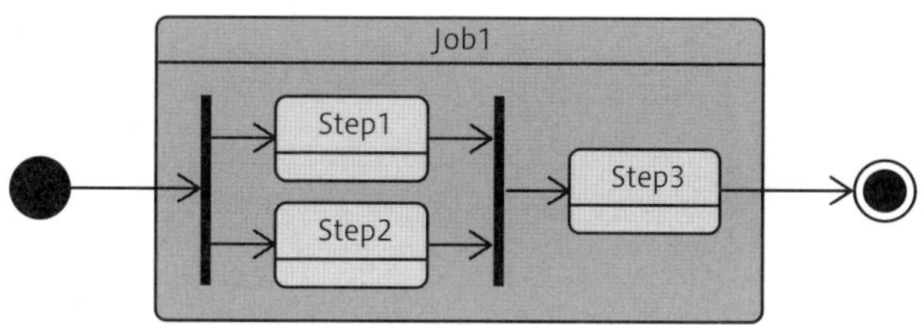


図9.21 並行（3つのStep）

## ■ Partition

Partitionは1つのStepを複数並行に実行する（**図9.12**）。サンプルではstep1を複数並行に実行する。Partitionは，たとえば同じ形式のファイルが複数あるとき，そして，それらを同じ処理をする場合に有効だ（**図9.22**）。

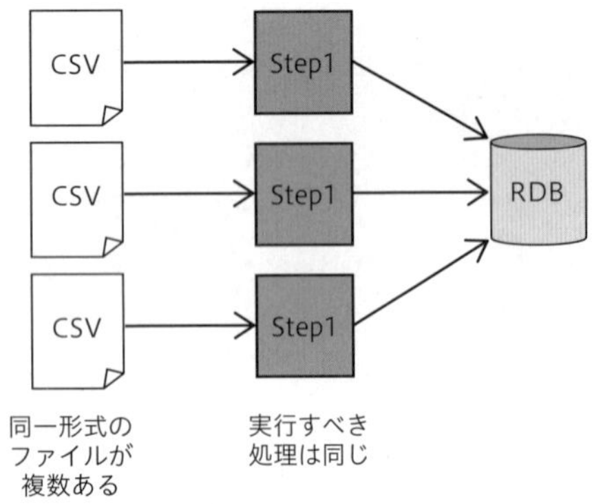


図9.22　Partitionが有効な例

設定方法を見てみよう（**リスト9.24**）。まず設定は，AのブロックとBのブロックに大きく分けて考えることができる。Aのブロックは並行実行させたいJobの設定，Bのブロックは実際に実行されるStepだ。Bのブロックを見てみると，今までに何度も出てきたStepの設定なので解説はいらないだろう。

では，Aのブロックを見てみよう。jobタグの中にstepタグがある（**リスト9.24-①**）。これはPartitionのときに記述する「メインStep」というもので，Bブロックのようにその中にtaskletやchunkタグを設定するものではない。

そのメインStepの中には，partitionタグがある（**リスト9.24-②**）。partitionタグのstep属性には実際に動作させたいStepの識別名を設定する。ここでは，BブロックのStepの識別名step1を設定している。

同じくpartition属性ではファイルを入力するためのBean（**リスト9.24-④**）を参照するように設定されている。設定されているBeanであるMultiResourcePartitioner（**リスト9.24-④**）はresource属性の値に「*」（ワイルドカード）でファイル名を指定することで（**リスト9.24-⑤**），並行に実行されるStepに適当にファイルを分けてくれるものだ。つまり，itemReaderはjobからではなく，MultiResourcePartitionerがセットしたリソースを（実際にはStepExecutionContextから）受け取るようになる。そのため，たとえばパラメータとしてファイル名を受け取りたい場合は，**リスト9.25**のような記述が，サンプルの場合はitem-context.xmlに必要となる。

partitionタグの中にあるhandlerタグ（**リスト9.24-③**）では，まず，並行するStepの数の上限をgrid-size属性で設定する。これは，たとえば入力対象となるCSVファイルが100あった場合，grid-size属性に設定されている数までStepを並行して実行するということだ。続いて，task-executorにTaskExecutorを設定する。TaskExecutorについては，Splitで解説したので省略する。

リスト 9.24 並行（Partition）の job-context.xml

```
...（省略）...
  <job id="job1">
    <step id="main"> ←①
      <partition step="step1" partitioner="partitioner">          ←②
        <handler grid-size="4" task-executor="taskExecutor" /> ←③     ←Ⓐ
      </partition>
    </step>
  </job>

  <step id="step1">
    <tasklet>
      <chunk reader="productItemReader" writer="productItemWriter" commit-interval="1" />   ←Ⓑ
    </tasklet>
  </step>

  <bean id="partitioner"
    class="org.springframework.batch.core.partition.support.MultiResourcePartitioner"> ←④
    <property name="resources" value="classpath:/product_csv/p*.csv" />              ←⑤
  </bean>
  <bean id="taskExecutor" class="org.springframework.core.task.SimpleAsyncTaskExecutor" />
...（省略）...
```

リスト 9.25 リソースを MultiResourcePartitioner から受け取る

```
...（省略）...
  <bean id="itemReader" scope="step">
    <property name="resource" value="#{stepExecutionContext[fileName]}" />
  </bean>
...（省略）...
```

## 9.3.5 Spring Batch の Unit テスト

Spring Batchでは，Unitテストでテストすべきところは，概ね1つだと考えている。

それは，プログラマが実装したItemReaderやItemProcessor，ItemWriterだ。

これらの部分でSpring Batchだからと気にするべきところは，基本的にない。ファイルを出力するのであればJUnitのメソッドassertFileEqualsで，RDBを扱うのであればDbUnitなどを使って普通のアプリケーション同様にJUnitでUnitテストを行えばよい。

もし必要であれば，これをUnitテストと呼ぶかどうかは別として，JobLuncherのメソッドrunが正しく動くか否かを動かしてみるのもよいだろう（**リスト 9.26**）。

そのほかにもSpring Batchのテスト用ライブラリ（Mavenの場合，spring-batch-testを依存関係に記述する必要がある）を使いStepを単独で動かすことなども可能だが，テスト用のBean定義ファイルを作成する必要があるなど面倒なので，使わずに済めばそれに越したことはない。

9

リスト 9.26　JobLuncher の起動テスト

```
@ContextConfiguration(locations={"batch-context.xml"})
@RunWith(SpringJUnit4ClassRunner.class)
public class jobConfigTest {
  @Autowired
  private JobLauncher jobLauncher;

  @Autowired
  private Job job;

  @Test
  public void testRun() throws Exception {
    jobLauncher.run(job, new JobParameters());
  }
}
```

# 第10章

# Cloud Nativeの入り口

# 第10章 Cloud Nativeの入り口

この章では，第1章でも紹介したCloud Nativeとは何かを体感してほしい。章のタイトルにあるように「入り口」ということで，詳細な解説は省略して，Cloud Nativeなアプリケーションの開発を簡単に体感してもらえるようにした注1。本章では，Spring Bootを使って素早くWebアプリケーションを作成して，それをPWSにデプロイし，クラウド上のWebアプリケーションとして公開，動作させる。

作成するWebアプリケーションはすごく簡単なものだが，これをマイクロサービスと考えれば，本章を読み終えたときにはきっとCloud Nativeの入り口に立っているはずだ。

もし，入り口から先へ進みたい場合は，日本Springユーザ会などで発表されたスライドやハンズオン資料がネット上で公開されているので参考にしてほしい。

## 10.1 Spring Boot

Spring Bootというのを聞いたことがあるだろうか，最近ではSpring Frameworkを超えた人気があり，DIやAOPは知らないが，Spring Bootは知りたいというエンジニアも増えていると聞く。

Spring Bootとは何か。簡単にいうとSpringを使ったアプリケーションを簡単に作るためのフレームワーク（個人的には，インフラのフレームワークと考えたほうがしっくりくる）だ。「アプリケーションを簡単に作るならSpring Rooがあるじゃないか」という話もあるが，Spring RooはRailsライクな，ドメインも含めた自動生成のツールであり，Spring Bootはそうした自動生成のツールではない。少なくとも，Spring Bootはドメインを自動生成しない。じゃあ，Spring用のEclipseの便利なプラグインかと思う向きもあると思うが，そういうわけでもない，インフラなフレームワークなのだ。

では，「簡単に作れるとはなんだ」という話だが，Spring Bootは次のような特徴によって，アプリケーションの開発を簡単にしてくれる。

- 利用するライブラリやフレームワークの依存関係やBean定義を自動で解決してくれる（Auto Configuration）
- TomcatやHSQLDBなどが組み込まれているので，作ったものを素早く簡単に実行できる
- チュートリアル注2やサンプル注3が豊富に用意されているので，それらを使って開発できる

注1　なお，本章で利用するSTS（3.7.1.RELEASE）やPivotal Web Servicesなどは日々更新されているため，記述してあるように動かなくなることもある。実際に数日前（現在，2015/11/29）まで本稿の手順ではPWSにアプリケーションをデプロイできなかった。その点は了承してほしい。

注2　https://spring.io/guides。STSを使えば，簡単にインポートして利用可能だ。

注3　https://github.com/spring-projects/spring-boot/tree/master/spring-boot-samples

## 10.1.1 Spring Bootで作って動かす

まずはその特徴を理解するために,Spring Bootを動かして，体感してみよう。Webアプリケーションとして作るのはブラウザにメッセージ「Hello World」をRESTで返すだけの簡単なモノだ。

ではSTS[注4]を立ち上げよう。

STSが立ち上がったら，［File］メニューを選択して，［New > Spring Starter Project］を選択する。

**図10.1**のダイアログが表示されるので，nameに"hello-cloud"を入力し，Packagingに"War"を選択し，Nextボタンをクリックする。

**図10.2**のダイアログが表示されるので,［Web］をチェックして,［Finish］ボタンをクリックする。

hello-cloudというプロジェクトが作成され（**図10.3**のPackage Explorerビュー参照），Boot Dashboardにもhello-cloudが追加されている（**図10.3**のBootDashboardビュー参照）。

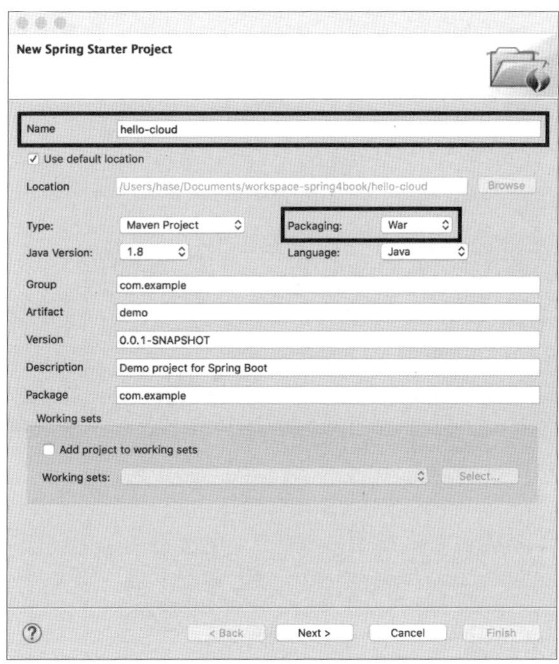


図10.1 New Spring Starter Projectダイアログ-1

注4 本書ではSTSでの操作のみ扱うが，Spring Boot，PWSともにコマンドラインインタフェース（CLI）が用意されている。

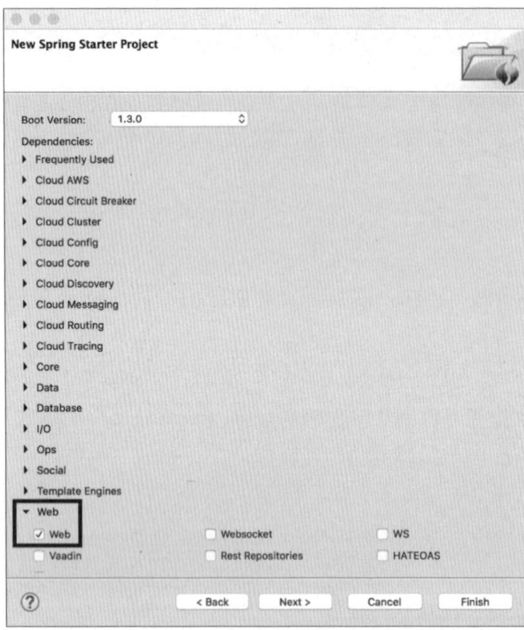


図 10.2　New Spring Starter Project ダイアログ -2

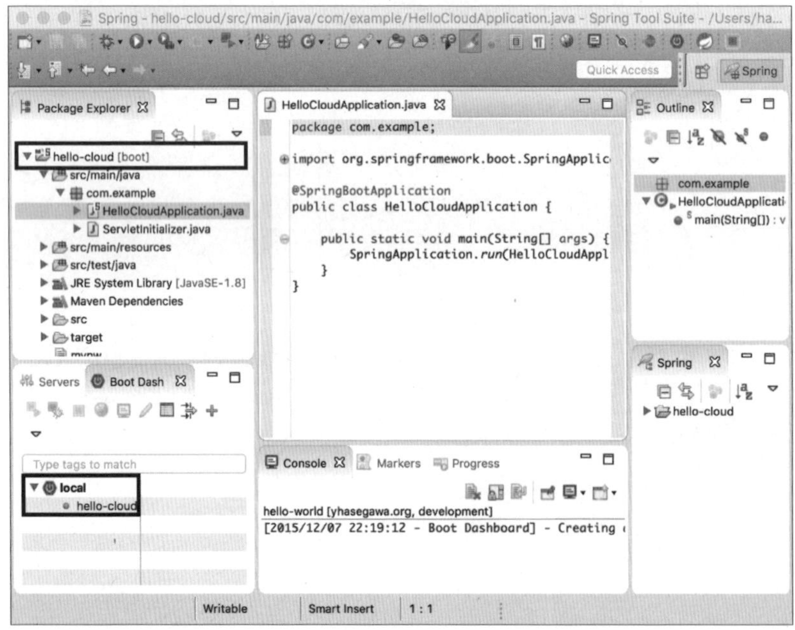


図 10.3　最初の Spring Boot

Spring Bootのプロジェクトができたので，利用するライブラリやフレームワークの依存関係をMavenのpom.xmlで見てみよう。

## 10.1.2 pom.xmlと依存関係

STSのPackage ExplorerにあるMaven Dependenciesを見てみると，log4jやHibernate Validator，組み込みTomcatなど，必要なライブラリやフレームワークが利用可能となっていることがわかる。では，こうした依存関係を定義するpom.xmlはどれだけのことが記述されているのだろうか，見てみよう（リスト10.1）。どうだろう，記述されているのはboot，boot，boot……[注5]，複雑な依存関係の設定がいらないことがわかるだろう。ここからわかることは，わざわざ手動で必要なライブラリやフレームワークの依存関係を設定することなく，Spring Bootでは，すべてお勧めのモノをそろえてくれるというコトだ。

リスト10.1 pom.xml

```
...（省略）...
  <groupId>com.example</groupId>
  <artifactId>demo</artifactId>
  <version>0.0.1-SNAPSHOT</version>
  <packaging>war</packaging>

  <name>hello-cloud</name>
  <description>Demo project for Spring Boot</description>

  <parent>
    <groupId>org.springframework.boot</groupId>
    <artifactId>spring-boot-starter-parent</artifactId>
    <version>1.3.0.RELEASE</version>
    <relativePath/> <!-- lookup parent from repository -->
  </parent>

  <properties>
    <project.build.sourceEncoding>UTF-8</project.build.sourceEncoding>
    <java.version>1.8</java.version>
  </properties>

  <dependencies>
    <dependency>
      <groupId>org.springframework.boot</groupId>
      <artifactId>spring-boot-starter-web</artifactId>
    </dependency>

    <dependency>
      <groupId>org.springframework.boot</groupId>
      <artifactId>spring-boot-starter-tomcat</artifactId>
      <scope>provided</scope>
    </dependency>
    <dependency>
      <groupId>org.springframework.boot</groupId>
      <artifactId>spring-boot-starter-test</artifactId>
      <scope>test</scope>
```

注5 詳細は，「Spring Boot Reference, Starter POMs」
http://docs.spring.io/spring-boot/docs/current/reference/htmlsingle/#using-boot-starter-pomsを参照。

```
    </dependency>
  </dependencies>
...（省略）...
```

## 10.1.3 ソースコードの解析

次に，Spring Bootでサンプルを起動するためのメソッドmainを持ったクラスHelloWorldApplicationのソースコードを見てみよう。

注目すべきは2点。とりあえず，Spring Bootでアプリケーションを起動するために必要なのは，この2点だけおさえておけばOKだ。

1点目はSpring Bootの起動クラスであることの宣言であるアノテーション@SpringBootApplicationがあることだ（**リスト10.2-①**）。このアノテーションは，JavaConfigのための@Configuration，このクラス配下のコンポーネントをスキャンして@Componentや@Service，@Controller，@RepositoryなどをDIする@ComponentScan，Spring Bootとして実行するために必要なさまざまなクラスをロードしたり，DispatcherServletなどのweb.xmlで必要だった設定などを自動で解決してくれる@EnableAutoConfigurationなどを含んでおり，これを記述しておけば面倒な設定がいらなくなるという優れものだ。

2点目はメソッドmainに書かれたSpring Bootの起動，SpringApplication.run（自分自身のクラス，引数となるString配列）だ（**リスト10.2-②**）。メソッドrunは戻り値としてApplicationContextを受け取れるが，特に必要がなければメソッドrunの戻りを受け取る必要はない。

リスト10.2 HelloCloudApplication.java

```
@SpringBootApplication ←①
public class HelloCloudApplication {

  public static void main(String[] args) {
    SpringApplication.run(HelloCloudApplication.class, args); ←②
  }
}
```

しかし，これだけでは動かしても何も起こらないので，"Hello World!"を返すように，@RestController（**リスト10.3-①**）や@RequestMappingを付与したhelloメソッド（**リスト10.3-②**）を追記する。

リスト10.3 更新したHelloCloudApplication.java

```
@SpringBootApplication
@RestController ←①
public class HelloCloudApplication {

  @RequestMapping("/")          ┐
  public String hello() {       │
    return "Hello World!";      │ ←②
  }                             ┘
```

```
    public static void main(String[] args) {
        SpringApplication.run(HelloCloudApplication.class, args);
    }
}
```

## 10.1.4 Spring Boot で Web アプリケーションを実行

Package Explorerビューでhello-cloudプロジェクトを右クリックし，[Run As]→[Spring Boot App]を選択（もしくはSpring Dashboardビューからhello-Cloudプロジェクトを右クリックして[Start]を選択）すれば，Spring Bootが動き出すので，Tomcatが立ち上がったら，ブラウザから"http://localhost:8080/"のURLを指定すれば「Hello World!」のメッセージが返ってくる（**図10.4**）。

Spring Bootの実行は以上で終わり。Tomcatが組み込まれているので，サーバの設定などを別途わざわざせずに動くことがわかるだろう。しかも，web.xmlを自分で設定することは不要だし，Bean定義も同様だ。今回はHSQLDBは使わなかったが，もし使った場合でも，今回同様に面倒な設定がないのだ。そして，こうして作ったアプリケーションをCloud環境にデプロイすれば，マイクロサービス（!?）の出来上がりである。

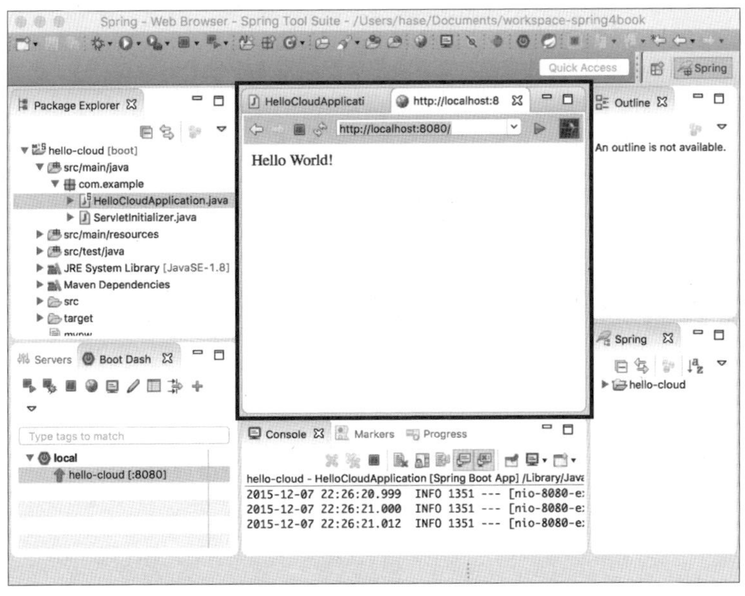

図 10.4 Local な環境での実行

# 10.2 Pivotal Web Servicesを利用して"Hello World!"

本節では，前節で作成したWebアプリケーションをCloud上に配置して動かそう。利用するCloudはPivotal Web Services（以下，PWSと略す。https://run.pivotal.io/）だ。

PWSは，Cloud Foundry（CF）をベースにパブリックなPaaSとして公開されているもので，60日間であれば無料で利用できる。

まずは，PWSのログインサイト（`https://login.run.pivotal.io/login`，**図10.5**）にアクセスして，Create accountをクリックして，PWSのアカウントを作成しよう（**図10.6**）。

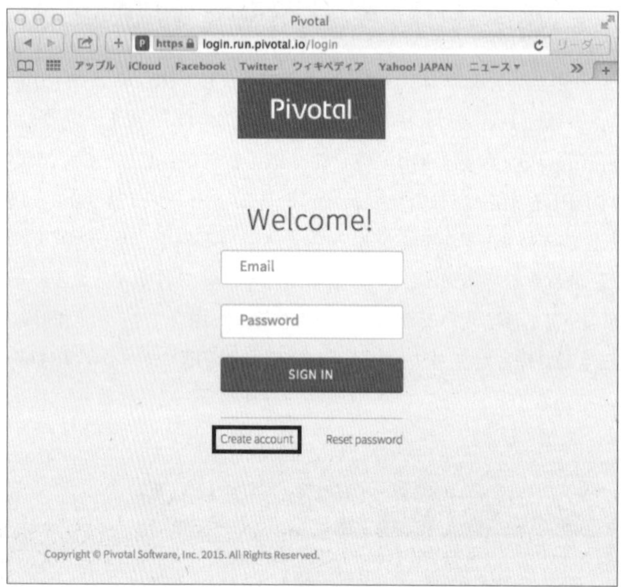


図10.5 ログイン画面

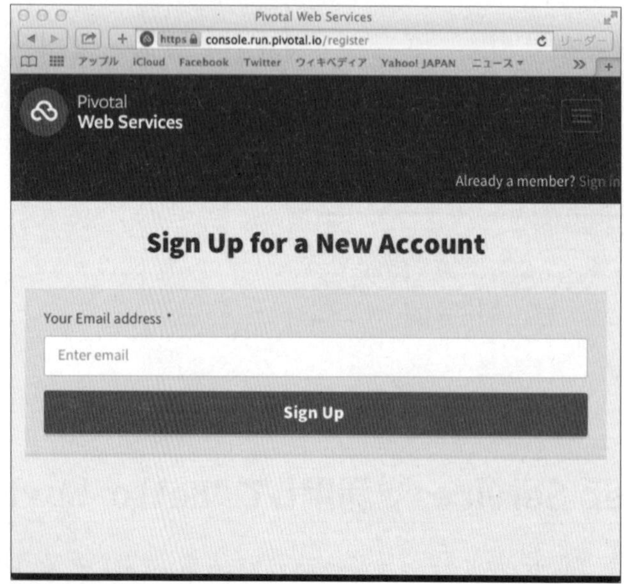


図10.6 アカウント作成画面

## COLUMN　Cloud FoundryとPivotal Cloud Foundry

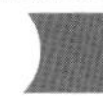

Cloud Foundry（以下，CFと略す）はCloud Foundry Foundationという標準団体で開発されているオープンソースなPaaSプラットフォームであり，通常は，IaaS（AWS，OpenStack，VMware vSphere，Azureなど）やLinuxなどの上にインストールして利用する。HerokuやGoogle App Engine，AWS Elastic Beanstalk，もしくはPWSなどのように，サービスとして公開されているPaaSではないことに注意してほしい。

CFのディストリビューションには，Pivotal Cloud Foundry（以下，PCFと略す。`https://pivotal.io/jp/platform`）があり，HadoopやRabbitMQ，Jenkins，Spring Cloudなどや，さまざまな運用上の便利な機能など，CFには含まれていないさまざまなサービスが提供されている。国内では，NTTデータがアジャイル開発基盤としてPCFを，Yahoo! Japanが自社の次期PaaS基盤としてPCFを発表しており，今後の国内での展開が期待されている。

# 10.3 PWSにログインする

PWSは60日間無料で利用できるようになったところで，ここではyhasegawa.org（皆さんの場合は，「登録したメールアドレスのローカル部.org」になるはずなので，読み替えてほしい）にdevelopmentスペース[注6]が作成されたとして話を進めよう（図10.7）。

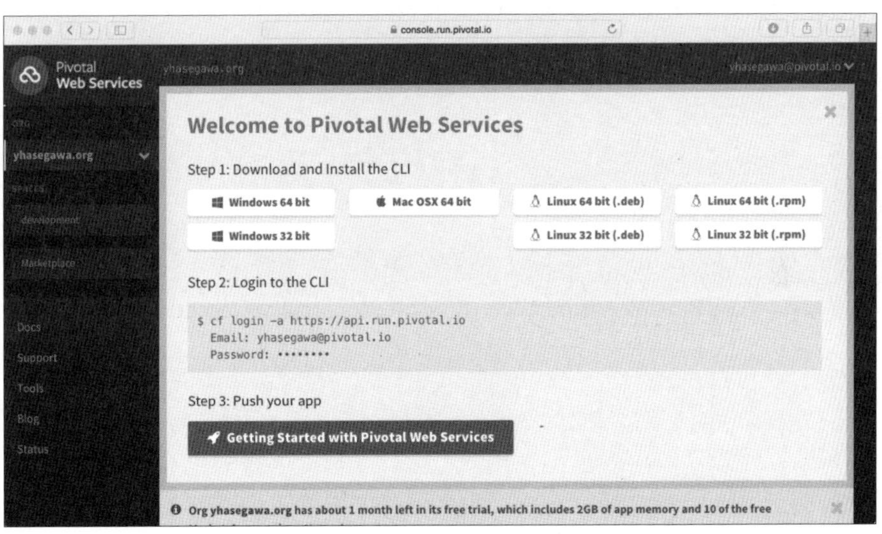


図10.7　PWSのコンソール



注6　CFでは，スペースと呼ばれる管理単位に対してアプリケーションをデプロイする。

## 10.4 PWSにデプロイして実行する

まずは，前節で作ったhello-cloudをPWSにデプロイする。

ここでの手順は，ターゲットとなるPWSをSTS上で扱えるようにし，その後，hello-cloudをPWSにデプロイして，実行するというものだ[注7]。

では最初に，ターゲットとなるPWSをSTS上で扱えるようにしよう。まず，Boot Dashboardビューの上にある緑色の［+］（プラス）のアイコンをクリックする。Add Cloud Foundry Targetダイアログ（**図10.8**）が表示されるので，PWSで登録したメールアドレスとパスワードを入力したあと，［select space］ボタンをクリックしてdevelopmentスペースを選択し，［Finish］ボタンをクリックする。

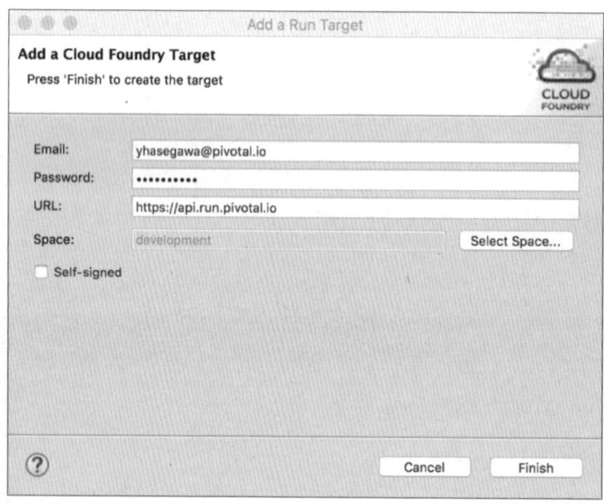


図 10.8　Add Cloud Foundry Targetダイアログ

しばらくするとBoot Dashboardビューに，yhasegawa.org:developmentが作成される（**図10.9**）。

注7　デプロイはコマンドラインからも可能である。

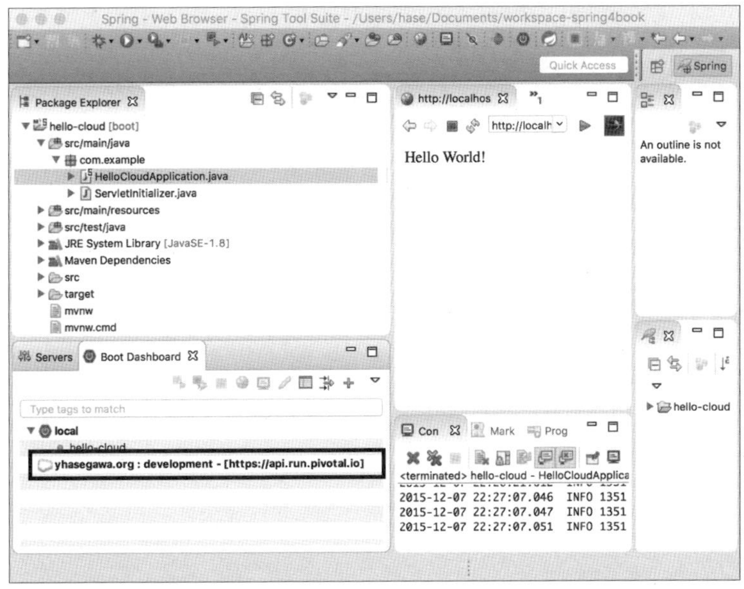


図 10.9　追加された Cloud Foundry Target

ここまででPWSがSTS上で扱えるようになったので，続いて，デプロイしよう。

最初に，hello-cloudプロジェクト（**図10.3**のPackage Explorerビュー参照）をドラッグして，Boot Dashboardビューのyhasegawa.orgにドロップする（**図10.3**のBootDashboardビュー参照）。**図10.10**のEnter Application Deployment Propertiesダイアログが表示されるので，Finishボタンをクリックする。

しばらく待つと，hello-cloudプロジェクトがyhasegawa.orgにデプロイされ，起動される（**図10.11**）。これで，ネットさえつながればどこでも「Hello World!」が表示できるようになった。ブラウザから"http://hello-cloud.cfapps.io/"のURLを指定すれば「Hello World!」のメッセージが返ってくる（**図10.12**）。

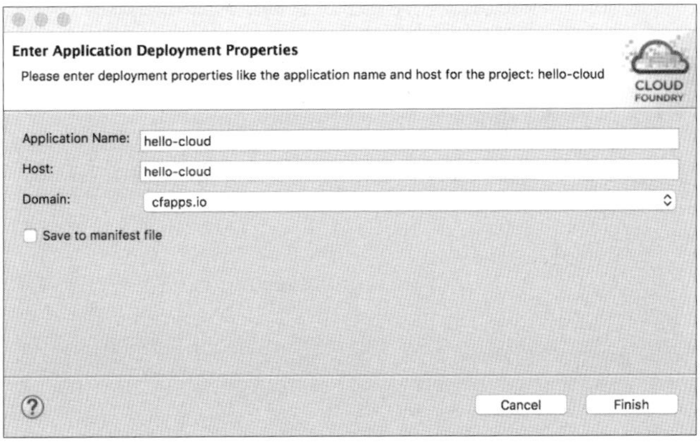

Enter Application Deployment Properties
Please enter deployment properties like the application name and host for the project: hello-cloud
CLOUD FOUNDRY
Application Name: hello-cloud
Host: hello-cloud
Domain: cfapps.io
Save to manifest file
Cancel　Finish

図 10.10　Enter Application Deployment Properties ダイアログ

10

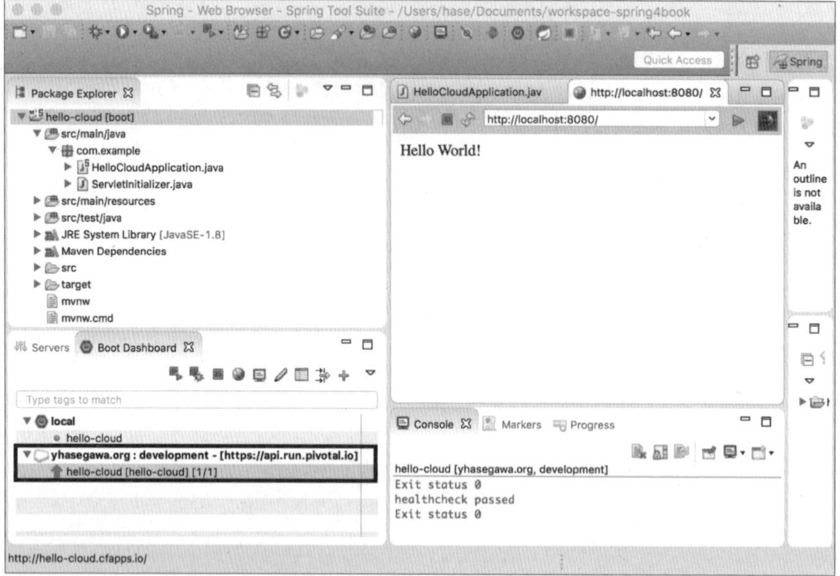


図 10.11　追加された hello-cloud プロジェクト

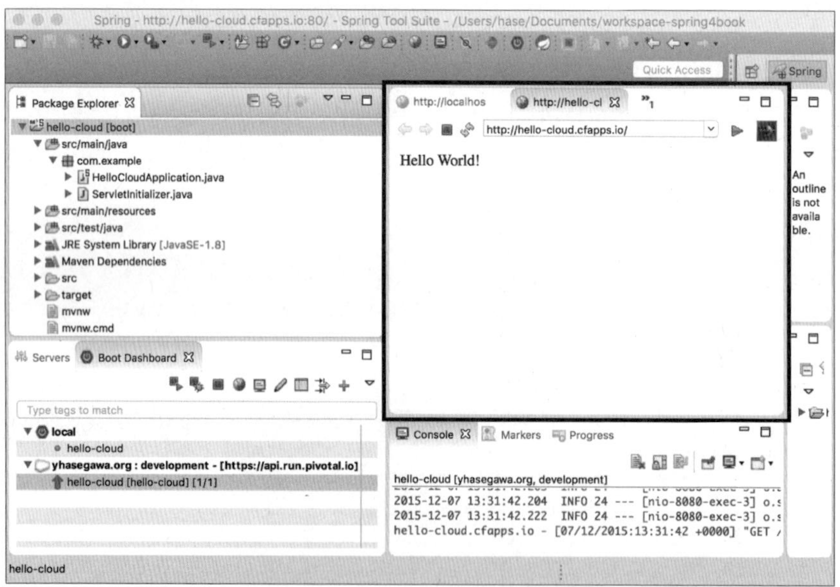


図 10.12　Cloud での実行

最後にPWSのコンソールにアクセスしてhello-cloudの状態を確認しよう（**図10.13**）。なお，hello-cloudのストップやスタートは，STSのBootDashboardビューでも，PWSのコンソールでも可能だ。

なお，今回は実施してもあまり意味がないのだが，PWSのコンソールからインスタンスやメモリを増やすことも可能なので，いろいろと触ってみてほしい。

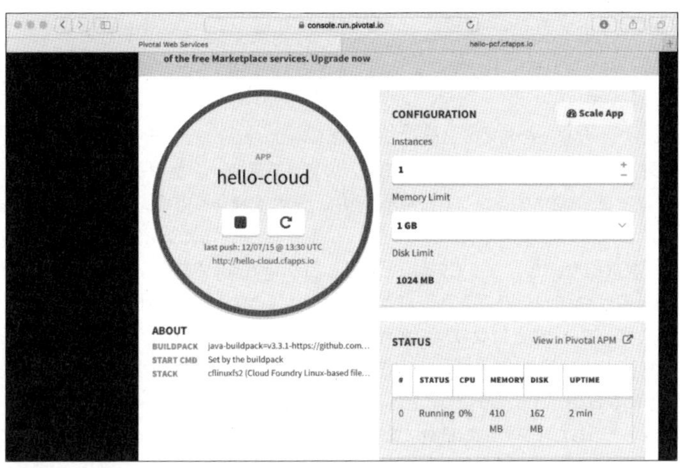


図10.13　PWSのコンソール-2

## 10.5 おわりに

ここまでで，簡単なマイクロサービス（作成したWebアプリケーションのこと）をSpring Bootで素早く作成して，PWSにデプロイし，クラウド上のWebアプリケーションとして公開，動作させることができた。

これでCloud Nativeの入り口には立てたはずだ。入り口より先では，本章で作成したマイクロサービスよりももっと価値のある複数のマイクロサービスをCloud上で動作させ，Spring Cloudを使ってそれらのマイクロサービスを管理するようになる。

たとえば，Spring Cloud ConfigでBean定義ファイルを複数のマイクロサービスが使えるようにしたり，Spring Cloud Netflixで複数のマイクロサービスを連携することなどだ。

残念だが本章はここで終わりである。入り口から先へ進みたい方は，ネットの情報やJSUGの勉強会などを利用して，自力で先に進んでほしい。

しかし，販売や物流，金融などといった業務システムを開発する現場に，本当にCloud Nativeが必要な時代はくるのだろうか？（その1つの回答は次のコラムを参照。）

10

## COLUMN Cloud Nativeは業務システムでも有効か？

Cloud Nativeはビジネスで儲けるハナシだと思う。

今までの業務システムの多くは，業務の効率化によるコストダウンに主眼がおかれていた。

しかし，新しいビジネスでは儲けを出すことに主眼がおかれつつある。古い業務システムはビジネスを実現するシステムに追随するカタチになるだろう。

たとえば物流システムを考えるとき，「倉庫（業務）をどう改善すればバイトを減らせるか」と考えるのではなく，「今トイレで困っている人に，今トイレットペーパーを届けよう」ということを考えるのが主眼になるのだ。

システムの主人公が社員（お金を使う人）から，お客さん（お金をくれる人）に変わったのだと考えてもいい。その代表例がAmazonだと考えてもいい。

そうしたお客さんを主人公にした，今までの業務システムにない新しいサービスをシステムで実現しようとすると，従来のように「ハードを用意して云々」なんて手順を踏んでいたのではできない。重厚長大なソフトウェアを何年もかけて作っていられない。実際に動作するソフトを素早く作り，それを素早く市場に届けなければならないからだ。

だから，Cloud Nativeという選択肢が必要になってくる。だから，Spring Bootであり，アジャイルなのだ。

マイクロサービスアーキテクチャが最初から必要か否かはわからない。しかし，新しいビジネスで儲けようとすれば，アジャイルにサービスを作っていくことになり，いずれはそうしたサービスが増え，それぞれのサービスがライフサイクルごとに機能が拡張されデプロイされる。そして，それぞれのサービスが連携して，いつの間にかマイクロサービスアーキテクチャになっていた，そういうことはあるのだと思う。

そして，従来の業務システムは，そうしたビジネスの邪魔にならないように，変更を迫られるであろうと思うのだ。

# おわりに

ある日，Springフレームワークを使ったCloud Nativeなアプリケーションの完成にやっと漕ぎ着けることができた僕と後輩達はよく冷えたビールとうまそうな食材を前に呑み屋で語り合う。

「今回のプロジェクトではいろいろと勉強になりました」

「そうだね，Springは今の時点ではJavaのベースとなる技術ともいえるからね。Springが理解できれば，しばらくは技術者としては食べていけると思うよ。でもね，やっぱりSpringだけでこの先も勝負していこうと君が思っていたら，それは間違いだよ。この世界は新しい技術がどんどん出てきているからね。今回もそうだったけど，エンタープライズの世界ではSpringは当たり前，その上で，お客さんのドメインをどう作っていくかがわかってないといけない」

「はい，そのとおりだと思いました。いくらSpringを使っても，業務プログラムがダメだと，結局は変更容易性とかテスト容易性がダメなWebアプリケーションになってしまうんですよね」

「そういうこと。そのためにはDDD（ドメイン駆動設計）や，クラスやメソッドを小さく作ろうっていうS-OP（Small-Object Programming）なんかを勉強するとよいよね。それにプラスして，クラウドなどの新しい技術を利用して，最終的に運用のコストを下げたりするってことも考えなくっちゃいけない。新しいビジネスのソリューションだって技術駆動で考えられないといけないかもしれない。そういった意味では，現在のITは経営に直結しているといえると思うんだ。これから上を目指す人は，今までのような，技術ができますだけじゃ通用しないと思うね」

「それじゃあ，いつまで経っても勉強勉強ですね」

「そうかもしれないね。でも，君もせっかくこの世界に片足を突っ込んだんだから，「とりあえず言われたことだけやってます」なんていう間抜けなサラリーマンみたいにならずに，1人のエンジニアとして頑張ってほしいな」

「もちろんです。これからもエンジニアとして頑張っていきますよ」

「うん，その意気だ」

「じゃあ，まだこれからも僕達と一緒に仕事をして，いろいろと教えてくださいね」

「もちろんさ。ところでさ，次はアレを試してみようと思ってるんだ」

「アレってなんですか？」

「実はさ，この前の震災もあって，作り上げたシステムをどう終わらせるかということを考えてみたんだよ。ほら，建築物とか作ったモノってのは大概終わらせ方を考えてないから，たとえば首都高なんてのは補強補強で維持しようとしてるだろ。ITのシステムは今まで建築とかに例えられてたけど，これからは建築の奴らがITを見習うように，きれいな終わらせ方を考えるってのはどうだろう。たとえば，こういうことを思いついたんだけど……」

そう，僕達の夜は楽しい将来と希望を語り合いながらふけていく。僕達は現状に留まることが嫌いだ。なぜなら僕達の胸のうちは，今よりもっと楽しい将来と希望で満ちているのだから。

いつの日か，皆さんとお会いして大いに語り合うことができることを願いつつ，本書を終わりにしたいと思う。

ここまでお付き合いくださりありがとうございました。皆さんのかかわるプロジェクトが成功しますように。そしてなにより愉快な仲間と楽しい開発ができますように。

# 索引

## アノテーション

## ■ A

## B



## C



## D

## I



## J

## Q



## R



## S

## T



## U

## V



## W



## X



## Y



## あ行



## か行



## さ行



## た行

## ■ な行



## ■ は行



## ■ ま行



## ■ や行



## ■ ら行

## 著者紹介

### 土岐 孝平

1976年宮崎生まれ。大学で情報工学を専攻したにも関わらず，卒業後某カジュアルショップの販売員になる。次の年に上京しIT業界へ。非効率な開発現場に多々遭遇する中，教育やコンサルティングの重要性を痛感し，現在はJava関連の教育やコンサルティングに従事する。家で作業することが多く，テレビなどの誘惑には勝てるようになってきたが，衝動的にゴルフの打ちっぱなしに行くことがある。

### 大野 渉

1976年富山県高岡市生まれ。Starlight & Stormのメンバーとして，主に研修講師や技術支援を担当する。オブジェクト指向設計や，Javaオープンソースフレームワークをベースとしたアプリケーションアーキテクチャ構築に強みを持つ。2008年に結婚し，今年ようやく念願のマイホームを手に入れる。今後の生活に思いを馳せる今日このごろである。

### 長谷川 裕一

1964年東京生まれ。自分達らしい仕事を目指して2007年10月に独立しStarlight&Storm LLC (http://www.starlight-storm.com/) を興しました。世の中，理不尽なことも多いですが，僕達はエンジニアの信念に従って理不尽なことははねのけて，これからも仕事を続けていく所存です。

さて，もちろん仕事は大事ですが，書籍の執筆も一段落したところで，これからは奥さん孝行して，末永く幸せに暮らしたいと思っています(^^)

### 合同会社Starlight&Storm (http://www.starlight-storm.com)

近年のシステム開発は，登山に例えるなら，新しい技術（オープン）で，巨大（大規模・分散）で困難（ミッションクリティカル）な山（システム）を短期間（短納期）で登ろう（開発）とするものです。しかし，多くの登山隊（開発プロジェクト）は，ハイキングしかやったことのない人間を集め，登山計画をたて，その山に挑みます。それが，どんなに無謀で危険なものかは，登山をしたことのない人にもわかっていただけるでしょう。

山岳ガイドは，自らの優れた技術や知識と豊富な経験をもとに，お客様の訓練をし，お客様のスキルを補いながら，お客様を巨大で困難な山の頂へと安全に導き，お客様の喜びを自らの喜びとする登山のエキスパートです。

Starlight&Stormは，山岳ガイドと同様の技量と志を持った，オブジェクト指向によるシステム開発を成功へと導く，優秀なITのガイド達が集う，2009年に設立された会社です。

# 改訂新版 Spring 入門

——Java フレームワーク・より良い設計とアーキテクチャ

2016 年 7 月 15 日　初版　第 1 刷発行

著者　長谷川裕一，大野渉，土岐孝平

発行者　片岡　巌

発行所　株式会社技術評論社

東京都新宿区市谷左内町 21-13

電話　03-3513-6150　販売促進部

電話　03-3513-6170　雑誌編集部

印刷／製本　港北出版印刷株式会社

定価はカバーに表示してあります。





ISBN 978-4-7741-8217-9 C3055

Printed in Japan

■ Staff

| | |
|---|---|
| 本文組版 | ● 株式会社トップスタジオ |
| 装丁 | ● 轟木亜紀子（トップスタジオデザイン室） |
| 担当 | ● 池本公平 |
| Web ページ | ● http://gihyo.jp/book/2016/978-4-7741-8217-9 |

※本書記載の情報の修正・訂正については当該 Web ページで行います。


■お問い合わせについて

●ご質問は，本書に記載されている内容に関するものに限定させていただきます。本書の内容と関係のない質問には一切お答えできませんので，あらかじめご了承ください。

●電話でのご質問は一切受け付けておりません。FAX または書面にて下記までお送りください。また，ご質問の際には，書名と該当ページ，返信先を明記してくださいますようお願いいたします。

●お送りいただいた質問には，できる限り迅速に回答できるよう努力しておりますが，お答えするまでに時間がかかる場合がございます。また，回答の期日を指定いただいた場合でも，ご希望にお応えできるとは限りませんので，あらかじめご了承ください。


<問合せ先>

〒 162-0846　東京都新宿区市谷左内町 21-13

株式会社技術評論社　雑誌編集部

「改訂新版 Spring 入門」係

FAX　03-3513-6179